悟道领域驱动设计

Thinking in Domain-Driven Design

覃玉杰◎著

電子工業出版社
Publishing House of Electronics Industry
北京 · BEIJING

内容简介

本书系统介绍领域驱动设计的理论知识与实践方法，不仅讲解领域驱动设计的战术设计（如实体、值对象、聚合、聚合根、领域服务、领域事件等）、战略设计（如限界上下文、上下文映射、子域等）、领域建模等理论知识，还探讨领域驱动设计的应用架构、类型变化链、一致性、CQRS、事件溯源、编码指南、架构可视化（基于C4模型）等工程实践，探索如何将领域驱动设计与当前业界流行的开发方法（如低代码、敏捷开发、测试驱动开发等）融合，使领域驱动设计成为真正可落地的开发方法。本书在介绍概念时，提供了代码层面的讲解，这样可以极大地降低读者对概念的理解难度。此外，书中还提供两个热门领域的项目案例——基于领域驱动设计开发的视频直播服务和AIGC产品，帮助读者理解、掌握、应用领域驱动设计。

本书适合计算机相关行业的从业人员阅读，包括初级、中级和高级研发者，也适合架构师、技术总监等高级技术管理者阅读。

图书在版编目（CIP）数据

悟道领域驱动设计 / 覃玉杰著. -- 北京 : 电子工业出版社, 2024. 10. -- ISBN 978-7-121-48979-2

Ⅰ. TP311.1

中国国家版本馆CIP数据核字第2024G99728号

责任编辑：宋亚东
文字编辑：李利健
印　　刷：三河市华成印务有限公司
装　　订：三河市华成印务有限公司
出版发行：电子工业出版社
　　　　　北京市海淀区万寿路173信箱　　邮编：100036
开　　本：787×980　1/16　印张：25.75　字数：606千字
版　　次：2024年10月第1版
印　　次：2024年10月第1次印刷
定　　价：118.00元

凡所购买电子工业出版社图书有缺损问题，请向购买书店调换。若书店售缺，请与本社发行部联系，联系及邮购电话：（010）88254888，88258888。

质量投诉请发邮件至 zlts@phei.com.cn，盗版侵权举报请发邮件至 dbqq@phei.com.cn。

本书咨询联系方式：faq@phei.com.cn。

推荐语

作者基于多年在大厂的实战经验，紧密结合自身实际场景，汲取了之前领域驱动设计理念的精华部分，并将其浓缩到本书中。这本书深入浅出地介绍了领域驱动设计的核心概念，并通过具体案例展示了在实际项目中如何应用领域驱动设计。它通过生动的实例，将抽象的领域驱动设计原则转化为切实可行的落地实践，助力读者将 PPT 上的空谈理论转化为可行的解决方案。相信通过阅读本书，读者能够更好地理解领域驱动设计的核心理念，并将其应用于实际项目中。

——武伟峰，京东商城前中间件架构师，CSDN 知名博主“天涯泪小武”，
Gitee GVP 项目“hotkey”“JLog”“asyncTool”“md_blockchain”作者

当我看到本书的那一刻，顿时眼前一亮。领域驱动设计一直备受业界关注，奈何其门槛过高。但本书秉持着“从实践中来，到实践中去”的理念，全面且详细地阐述了领域驱动设计的基本内容、重要意义和不同的观点，是一部不可多得的上乘之作！

——肖宇，Apache Member，Apache ShenYu VP /Dromara 开源组织创始人，
《深入理解分布式事务：原理与实战》作者

本书有很多亮点，它讲解了领域驱动设计的很多实战细节，为初学者带来了完整的领域驱动设计学习路线，还探讨了如何将领域驱动设计与当今业界流行的开发方法相结合等内容，极具阅读价值。

——康伟，中国医学科学院阜外医院信息中心

玉杰的《悟道领域驱动设计》为我指明了领域驱动设计的学习方向，使我受益匪浅，甚至可以说改变了我的职业发展轨迹。他在书中构建了一个完整的领域驱动设计知识体系图谱，通过翔实的章节规划与安排，为读者搭建起一座从理论到实践的桥梁。我相信，这本书将会成为学习领域驱动设计的佳作。

——周起仝，曾担任京东、58 集团资深架构师，开源爱好者

《悟道领域驱动设计》是一本深度剖析领域驱动设计理念的优秀图书，覃老师在书中带领读者深入探讨了领域驱动设计的核心概念和实践经验。全书内容丰富，从理论基础到实际应用，循序渐进，对学习者友好。此外，覃老师的讲座和培训课程也给我留下了深刻的印象，受益匪浅。

——牛路，曾担任京东、国美、字节跳动资深技术总监

我推荐这本书给所有对领域驱动设计感兴趣并希望在项目中实施领域驱动设计的软件开发人员和架构师。作者通过实战案例和理论知识相结合的方式，为读者提供了一条清晰的领域驱动设计学习路线，帮助大家深入理解并应用领域驱动设计来解决实际问题。

——赵忠孝，曾任京东、阿里巴巴、松果出行、米哈游等公司技术专家

本书深入浅出地介绍了领域驱动设计的核心理念与最佳实践。无论你是初学者还是资深开发者，都能从本书中获得宝贵的知识与灵感。推荐给每一位追求卓越软件架构的同行阅读。

——李光新，蚂蚁数字科技资深质量效能专家，曾任职于京东、盒马

《悟道领域驱动设计》是一本不可多得的技术图书，它从多个维度深入探讨了领域驱动设计的相关知识。通过阅读本书，读者能够全面提升对领域驱动设计的理解和应用能力，从而更好地应对复杂的软件系统开发挑战。值得软件架构师和开发者们阅读。

——周军，中国软件技术专家、高级项目管理者

杰哥在《悟道领域设计驱动》一书中将自己多年的大厂架构实践经验倾囊相授。本书系统地梳理了领域驱动设计开发体系，由浅入深、由理论到实践，全面讲解了领域驱动设计方法论在实战中的运用。通过阅读本书，我相信读者一定会有所收获。

——项凯，搜狗前高级前端技术专家

本书全面且透彻地阐释了领域驱动设计的理念与实践，从基础概念到高级应用，层层递进。作者将理论知识与丰富的案例相结合，帮助读者快速掌握领域驱动设计的核心知识，领悟其精髓，提升技术能力。无论对个人技术能力提升还是团队应用，本书都不容错过！

——朱家星，曾任乐视、陌陌、伴鱼等公司技术专家

推荐序1

在 17 世纪科学兴起之际，英国哲学家弗朗西斯·培根有一段关于科学潜力的解释，并警告过科学技术造福人类的同时可能带来的弊端。他充分赞美了通过科学技术追求“知识和技能”的意义，但同时提出追求科学进步应该以“人性与慈善”为导向，其宗旨应该是“改善生活”。

近代以来，科学技术的发展与社会发展的不匹配引发了许多实际困扰。企业管理也受到了软件技术高速发展的强烈冲击。在日常的企业运营中，人们无不感到具体的业务能力发挥和价值实现受到系统架构的各种强烈约束，无法充分展示特色业务能力的优越性。

企业所应用的大型软件系统的分布式架构经历了从 SOA 体系到如今基于云原生的大规模 API 应用的变化，依赖关系从系统级依赖演变为 API 功能级别的依赖，分布式体系治理能力越来越重要，系统规模越来越大，亟需一种新的设计方法来最终解决这个问题。

现实中有很多因素使得软件研发过程变得复杂，但是究其根本是业务领域本身的错综复杂、各种业务之间的一致性协调、业务技术的匹配、实际商业价值评估，以及未来发展的适应性等。在控制和解决复杂性方面，首要任务是找到一种能够应对大型复杂系统的设计方法论。

2004 年，Eric Evans 在他的著作 *Domain-Driven Design：Tackling Complexity in the Heart of Software*（《领域驱动设计：软件核心复杂性应对之道》）中提出了领域驱动设计的概念。通过战略设计来指导拆分复杂系统，通过战术设计来指导实现复杂系统；通过规范业务术语的通用语言来进行工作的沟通、模型驱动的迭代研发过程等，帮助企业最终实现整个复杂系统的科学建设过程。

我与玉杰有多年的交情，是他的好友、前同事和领导，他对技术精进的追求给我留下了深刻的印象。多年前，他在担任研发中心架构师期间，主导设计并实现了面向互联网应用的分布式医疗服务平台。在这个过程中，他展现了良好的技术素养、扎实的理论基础和卓越的团队领导力。在玉杰之后的职业生涯中，我们一直保持着沟通和交流。

玉杰一直是 DDD 方法论的践行者和布道者。在他的书中，他给出了基础理论、概念分析、常见问题解答、实践分析与现实指导等，为想全面理解 DDD 的技术人员提供了全面和深入的指导。特别是书中提到的直播和 AI 技术，以及企业数字化转型过程中的重头戏——系统重构，均值得仔细研究。

作为一名服务于国内外企业数字化转型和高新技术企业创新业务的战略顾问，我了解许多企业的技术体系发展过程，并经常带领团队为企业规划未来的技术体系和发展战略。我深刻体会到 DDD 方法论在指导技术实践层面的重要作用，DDD 也是我们日常会议中经常提及的专业术语。对于技术人员来说，掌握 DDD 这种适应未来技术市场需求的总体设计方法论非常重要。幸运的是，这本书能够为技术人员提供全面的学习路径和实践指引，帮助他们提升个人竞争力。

最后，我要感谢玉杰花费大量的个人时间和精力，本着坚持分享的精神为广大技术人员提供了一本好书。我推荐这本书作为践行领域驱动设计的指导手册。

高铁成

埃森哲（中国）有限公司资深架构师

推荐序2

领域驱动设计（DDD）的概念诞生于二十多年前。二十多年来，DDD 的热度一直持续增长，在微服务时代，DDD 更是受到了业界的广泛关注。尽管 DDD 的概念已经有二十多年的历史，且有许多实践者致力于将其应用到实际开发中，但成功的案例仍然较少，行业缺乏足够的完整实战经验供借鉴。

在这样的背景下，本书应运而生。在本书中，作者不仅继承了 DDD 的理论精髓，讲解了领域驱动设计的核心概念，还分享了自己多年的实战经验，聚焦于在实际项目中实现这些理论。书中通过翔实的落地场景和具体的案例分析，展示了如何逐步将 DDD 的理论应用于实际项目，为开发者提供了从理论到实践的完整指导。这本书不仅是对 DDD 理论的一次全面回顾，还是对 DDD 实战经验的总结。

本书的独特之处在于特别关注实际应用中的难点，结合国内开发环境的特点，深入浅出地解析了 DDD 的实现细节，帮助读者拼起知识的碎片。这种详尽的指导对于开发者学习和掌握 DDD 尤其有实际意义。我相信无论是资深开发者，还是刚接触 DDD 的初学者，都能从这本书中受益匪浅。

作为玉杰多年的同事兼好友，我与玉杰在工作之余就 DDD 的概念、落地实践等主题进行过多次探讨和交流。受玉杰邀请，我参与了 DDD-HCMS 项目的前期架构设计和开发。DDD-HCMS 是一个基于 DDD 理论开发的 Headless CMS，融入了 DDD 战略设计、战术设计、应用架构、CQRS 等理论，旨在为 DDD 行业提供一个重量级的应用案例。

玉杰曾告诉我，他准备写一本关于 DDD 的图书。DDD 的理论殿堂恢宏壮丽，其中的概念繁多，如同浩瀚星空中的星辰、广袤大海中的波涛，多少人甚至钻研多年也未能真正入门，否则也不会导致二十多年来有关 DDD 的著作如此稀少。因此，我非常理解本书创作过程的艰辛和曲折。在收到本书手稿时，我非常激动，当即拜读了一遍，许多百思不得其解的问题，刹那间如春回大地般冰雪消融，可谓醍醐灌顶，收获满满。

在此，感谢玉杰的辛勤付出，为业界带来了这样一部优秀的作品。希望本书的出版能进一步推动 DDD 在开发领域的普及和应用，为行业和开发者带来更多的可能性。

周顶

京东前架构师

前　言

领域驱动设计（Domain-Driven Design，DDD）自提出以来，备受业界推崇，长盛不衰。众多从业者对领域驱动设计表现出极大的兴趣，然而，其学习门槛常常让人望而却步。我亦曾与大多数初学者一样，在初次接触领域驱动设计时便感受到了它的艰深复杂。即使经过长时间的摸索，始终不能融会贯通并将其应用于实践，这让我一度对领域驱动设计的理论产生怀疑，甚至认为其只是纸上谈兵、空洞无物。

后来，又经过了很长时间的“磕磕碰碰”，我终于对领域驱动设计有了一些了解，并且从领域驱动设计中获益，但我也深刻体会到初学者面对这一庞大的理论体系时的无助和困惑。因此，我希望将自己对领域驱动设计的理解分享出来，与他人交流探讨，共同进步。最初，我撰写了一些关于领域驱动设计的文章并发布在微信公众号上，得到了读者的支持和反馈。在与他们的互动中，我获益匪浅，并听取他们的建议，在 GitHub 中创建了“Thinking-in-DDD”项目，专门汇总整理我关于领域驱动设计的实践经验和学习资源。一篇篇技术文章的沉淀，最终形成了这本书。

本书只是我个人在实践领域驱动设计过程中的经验教训和总结，相较于领域驱动设计宏伟的理论体系，这本书还是显得太单薄了。如果本书能成为初学者学习领域驱动设计的入门读物，帮助他们少走弯路，我便心满意足了。

主要内容

本书共 21 章，主要内容如下。

第 1 章主要带领读者初步了解领域驱动设计，包括其历史背景、基本理解、意义、困境，以及学习难点和学习路线，也探讨了业界对领域驱动设计的一些争议。

第 2 章介绍充血模型和常用的应用架构，并带领读者从贫血三层架构出发，逐步演化出一套可落地的应用架构。另外介绍了如何在这套架构中实现领域对象生命周期的维护和类型变化链。

第 3 ～ 5 章对战术设计的基本概念进行介绍，包括实体、值对象、聚合、聚合根、Factory、Repository 和领域服务。

第 6、7 章探讨如何在领域驱动设计中应用设计模式来解决复杂的业务问题。

第 8 ～ 10 章介绍领域事件、CQRS、事件溯源，探讨事件驱动的应用实现。

第 11 章探讨领域驱动设计的一致性实现，包括聚合内事务、跨聚合事务的一致性方案，并介绍经典的分布式事务解决方案。

第 12、13 章分别探讨战略设计和领域建模。

第 14 ～ 16 章探讨如何将业界流行的开发方法与领域驱动设计相融合，使领域驱动设计成为实际开发的利器。

第 17 章介绍基于 C4 模型的架构可视化方法。

第 18 章探讨如何将领域驱动设计应用于系统重构。

第 19 章探讨如何在团队内推广领域驱动设计。

第 20、21 章提供两个综合实战案例，基于领域驱动设计开发视频直播服务和 AIGC 产品。

如何阅读本书

本书的章节内容是按照 1.2.2 节中给出的学习路线安排的，零基础的读者可以按照顺序逐章节阅读，具有一定基础的读者可以根据实际情况选择自己感兴趣的内容阅读。

读者可以通过“读者服务”提示获得领域驱动设计相关的学习资源，具体包括：读者群的公开技术分享视频教程、随书源码和案例代码、章节实战作业等资源。这些资源能帮助读者更好地理解并应用领域驱动设计。

读者在学习过程中遇到疑问时，可以通过微信公众号“悟道领域驱动设计”与我交流探讨。我会定期整理收到的读者疑问，并将其发布在微信公众号中。

致谢

感谢我的家人和朋友，是你们的支持和鼓励，使本书得以顺利完成创作。

感谢电子工业出版社博文视点公司和宋亚东编辑，感谢你们对本书的认可和付出。

感谢“悟道领域驱动设计”微信公众号的读者，是你们的日常催更，坚定了我创作的信心。

由于作者水平所限，书中难免存在谬误，恳请各位同行和前辈不吝批评、指正。

章玉杰

读者服务

微信扫码回复：48979

- 获取本书配套代码资源，也可在 GitHub 中搜索“feiniaojin/Thinking-in-DDD”访问。
- 加入本书读者交流群，与作者互动。
- 获取【百场业界大咖直播合集】（持续更新），仅需 1 元。

目 录

第 1 章 领域驱动设计预热

1.1 初步理解领域驱动设计

1.1.1 领域驱动设计简史

领域驱动设计（Domain-Driven Design，DDD）是一种以业务为核心的软件开发方法论，通过深入理解业务，将业务知识建模为领域模型，最终解决复杂业务场景下的软件开发问题。

领域驱动设计最早由 Eric Evans 在他的著作《领域驱动设计：软件核心复杂性应对之道》（*Domain-Driven Design: Tacking Complexity in the Heart of Software*）中提出。该书是领域驱动设计方法论的代表作之一。

在《领域驱动设计》中，Eric Evans 提出了一系列的概念和方法，包括领域模型、限界上下文、聚合、实体、值对象、领域服务等。这些概念和方法旨在帮助开发人员更好地理解业务需求，并将其转化为高质量、可维护的软件代码。

在之后的岁月里，领域驱动设计受到了业界越来越多的关注和认可，其理论也在实践中被不断地完善和发展。

随着互联网和移动互联网的快速发展，业务领域的复杂性不断增加，服务端架构也步入了微服务时代。在微服务的背景下，越来越多的开发者意识到领域驱动设计的价值，同时微服务的成功也证明了领域驱动设计在解决复杂软件系统设计问题时的有效性。

许多企业将领域驱动设计视为高级开发人员的必备技能，尤其是在招聘高级软件开发工程师、架构师、技术总监等职位时，往往明确要求应聘者掌握领域驱动设计思想。

1.1.2 领域驱动设计的基本内容

1. 领域模型提供核心价值

领域模型是对领域知识的抽象建模，描述业务流程，定义业务规则，执行业务操作，提供核心业务价值。

领域模型来自对业务的深入理解和抽象，这个理解和抽象业务知识的过程被称为领域建模。为了得到有效的领域模型，业界提出了许多经过实践检验的建模理论，如事件风暴法。通过事件风暴法，团队成员可以共同参与到领域建模过程中，分享自己的关注点以及业务理解，并按照事件风暴法约定的建模元素将其表达出来，将这些业务理解转化为领域模型。

在领域建模的过程中，领域驱动设计提倡开发者与领域专家通力合作，在领域专家的帮助下深入理解业务。实际上，在任何阶段都应该加强与领域专家的沟通和合作，持续优化领域模型。这里提到的领域专家可能是产品经理（或者产品负责人）、运营团队、最终用户等，只要是对交付的软件有利益关系的相关方，都可以被视为领域专家。

领域驱动设计提倡将业务逻辑封装在领域模型中，这意味着开发者要避免将业务逻辑与基础设施操作混杂在一起，也就意味着要尽量避免贫血模型。

2. 战术设计提供实现细节

战术设计关注的是领域模型的实现细节。

通过领域建模得到领域模型后，需要将领域模型实现成高质量的代码。领域驱动设计提出了一些常用的模式，如实体（Entity）、值对象（Value Object）、聚合（Aggregate）、聚合根（Aggregate Root）、领域服务（Domain Service）、工厂（Factory）、防腐层（Anti-Corruption Layer）、仓储（Repository）等。这些模式提供了行之有效的实现方法，通过这些模式可以很好地使用代码表达领域模型，使领域模型能准确和完整地实现为高质量的代码。

可以说，逃避战术设计的领域驱动设计实践，都没有真正实践领域驱动设计，因为领域模型根本就没有被真正实现。

3. 战略设计提供全局视角

战术设计关注的是领域模型的技术实现细节，而战略设计关注的是领域模型之间的整体协作。战略设计在领域模型的基础上，首先根据业务边界提出了限界上下文的概念，然后根据限界上下文之间的协作方式提出了上下文映射的概念，最后根据限界上下文的业务价值提出了子域的概念。限界上下文、上下文映射和子域这些概念的提出，都是为了从全局的视角划分业务边界，以便制定清晰的业务规划。

由于战略设计提供了全局的视角，因此战略设计是梳理大型复杂业务系统的利器。通过战略设计，可以将大型复杂的业务不断切分为相对简单的子域、上下文，达到化整为零的效果。

战略设计的核心还是理解业务知识，在领域模型的基础上探讨如何实现复杂的业务。在Eric Evans的书中，战略设计有三大主题：上下文、精炼和大型结构。

1）上下文

上下文指的是业务之间存在的边界，某些领域知识可能只在特定的业务边界内发挥作用，其他业务可能对其不感兴趣。比如，用户个人信息管理的业务方可能不会关心某些计费规则。

上下文大主题包括限界上下文和上下文映射两个核心议题。限界上下文用于定义领域模型的边界，上下文映射用于定义位于不同限界上下文的模型的关系和协作方式。常见的上下文映射关系有共享内核、客户 / 供应商、跟随者、各行其道、开放主机服务、防腐层、发布语言等。在微服务时代，需要重点关注开放主机服务、防腐层和发布语言等映射关系。

2）精炼

得到描述整体业务的领域模型之后，此时的模型已经定义好了限界上下文和上下文映射，需要进一步思考，寻找整体模型中最有价值和最特殊的部分。因为这些核心的模型是主要商业价值的提供者，最需要投入更多的资源对其进行开发，其余起到支撑作用的组件虽然也是不可或缺的，但是并不需要投入同等的资源。

核心的模型所在的相关限界上下文构成了核心子域（Core Subdomain），其余的限界上下文则构成了非核心子域。有时候会将非核心子域区分为支撑子域（Supporting Subdomain）和通用子域（Generic Subdomain）：支撑子域一般指不直接提供核心商业价值的子域，但是核心子域需要其支持才能运行，并且业界没有成熟、通用的解决方案；通用子域也不会直接提供核心商业价值，核心子域也需要其支持才能运行，但是业界已经存在通用的解决方案，可以通过采购或者引入开源产品的方式获得。

核心子域的识别主要有两个途径：规划和精炼。

规划是指还没有开始进行领域建模时，就已经可以初步确定一些核心的业务。例如直播带货平台，即使还没有进行领域建模，依旧可以清晰地明确直播就是这个平台的核心业务，因为当前没有直播的电商平台就只是一个普通的电商平台。规划是一种自上而下的过程。

精炼则是在得到领域模型之后进一步分析，找出其提供核心商业价值的部分，划分成为核心子域。精炼是一种自下而上的过程。

不必苛求完美的上下文和子域，因为随着业务的发展，这些会逐步调整，能够产出一个符合当前业务阶段的领域模型即可。

3）大型结构

大型结构是针对领域模型而言的，主要是为了解决大型系统中领域层代码的组织问题。

大型系统的业务规则繁杂，代码庞大，领域建模后可能存在数不清的实体和值对象。如果随意放置，很容易造成领域模型代码结构混乱、难以维护。

战略设计的大型结构使我们能够根据代码的职责对其进行分层，并且形成一定的代码规范，使大型结构可以持续演进。

本书第 2 章讲到了应用架构，请注意将这里的大型结构与第 2 章的应用架构进行区分。第 2 章的应用架构是针对项目整体的，包括领域层、基础设施层、应用层和用户接口层。这里的“大型结构”是战略设计，是针对领域层讲的，研究如何组织领域层的领域模型。

1.1.3　领域驱动设计的意义

笔者认为可以从以下几个方面理解实践领域驱动设计的意义。

1. 更流畅的团队沟通

领域驱动设计提倡在团队中建设通用语言，团队成员（包括领域专家）之间都采用通用语言进行沟通和交流。通用语言是团队内部达成的共识，采用通用语言进行沟通不会引起歧义，减少了沟通障碍，可以帮助开发人员更好地理解业务需求。

2. 更深入的业务理解

领域驱动设计提倡开发者加强与领域专家的沟通和合作，在沟通的过程中不断完善通用语言，减少业务理解难度。

领域驱动设计通过事件风暴法等领域建模方法，将业务知识建模成领域模型，领域建模的过程也就是理解业务的过程。在领域模型中完整地表达了业务规则和业务过程，业务相关的知识都被封装到领域模型中，得到了很好的抽象和维护，也更方便开发者理解业务。

3. 更良好的系统架构

领域驱动设计将领域模型作为系统的核心，将业务逻辑尽可能地封装在领域对象中。除了领域模型，系统其余的部分不包括业务逻辑，可以根据需要进行技术选型。这意味着可以选择性能更高的中间件、选择扩展性更好的应用架构、选择可用性更好的部署方案，完成高性能、高流量、高可用的系统架构设计。

领域驱动设计是微服务的灵魂，这是业界目前已经形成的共识。一方面，通过战略设计使业务的边界更清晰，可以用于指导微服务的划分；另一方面，核心子域的概念可使核心业务得到更多的关注，从而可以用于指导资源的分配。

对于不同上下文之间的集成，领域驱动设计提供了非常多的上下文映射方式，例如开放主机服务、防腐层等，可以指导不同服务之间的交互实现。

4. 更优秀的代码质量

领域驱动设计将业务逻辑封装到领域模型中，可以非常高效和方便地对业务代码进行测试，结合测试驱动开发（TDD）、静态代码分析等，可以很好地提高代码的质量。

此外，领域驱动设计还提供了一系列的模式，如实体、值对象、聚合、仓储、领域事件等，可以帮助开发人员处理复杂的业务场景，提高系统的可扩展性和灵活性。

5. 更从容地应对需求变更

在传统的软件开发过程中，需求变更往往意味着代码的大规模修改，甚至需要重新设计整个系统，给软件的顺利交付带来风险。

在领域驱动设计中，业务代码和基础设施操作是分离的。代码是领域模型的实现，而领域模型和业务逻辑之间存在较强的映射关系。在变更业务需求时，由于开发者只需要关注领域模型的调整，因此可以将业务逻辑变更的影响范围控制在领域模型内。而对于领域模型以外的技术实现细节，即使技术实现方案产生了变更，也不会对领域模型造成影响。

由此可见，领域驱动设计可以使开发者更从容地应对需求变更。

6. 更高效的开发效率

领域驱动设计通过将复杂业务逻辑和技术性的基础设施操作分离，使开发人员能够更专注于业务需求的实现，避免了对基础设施操作的过度关注。这种聚焦于业务的开发方式能够提高开发效率，减少返工和变更频次。

1.1.4　领域驱动设计的困境

领域驱动设计理论自从被提出以来就备受业界关注，并持续受到关注。随着微服务时代的到来，领域驱动设计的重要性更加凸显。越来越多的公司开始关注领域驱动设计，并将其应用于实际项目中。

然而，与业界的火爆程度相比，领域驱动设计的落地现状则稍显尴尬，主要体现在以下几个方面。

1. 没有业界认可的开发标准

领域驱动设计的理念和方法非常抽象和灵活，每个团队对领域驱动设计的理解不尽不同。这导致缺乏统一的标准和规范，使得开发者很难在实际项目中应用领域驱动设计。此外，由于缺乏标准，也很难评估和比较不同团队和个人的领域驱动设计实践水平，从而限制了领域驱动设计的普及和推广。

有些团队过于注重战略设计而忽视了战术设计，认为只要制作一些精美的限界上下文和子域划分图，就能够完成领域驱动设计的落地，并急于分享这种“成功经验”。

有些团队则过于注重战术设计而忽视了战略设计。他们一直在纠结于实体、值对象、Repository 等概念的实现方式，以及类的放置和方法的实现方式，忽视了战略设计，从而陷入战术设计的困境无法自拔。领域驱动设计的战略设计提供了落地的全局视角，而战术设计则提供了具体实现的局部细节，这两条腿缺失任意其一，都不算真正落地。

领域驱动设计的理解层面都千差万别了，更别谈领域驱动设计的实现层面了。只有同时考虑这两个方面，领域驱动设计才能被真正落地。

在实现编码层面，领域驱动设计缺乏统一的开发规范和编码标准，因此业界有很多质疑声音，质疑领域驱动设计是否可以被真正落地。

本书根据作者在领域驱动设计实践中的经验，除了提供许多代码层面的案例，还提供了两个综合实战案例（视频直播服务和 AIGC 产品）。本书的目的不是提供编码层面的开发标准，而是希望帮助读者拓宽思路，坚信“领域驱动设计可以被落地应用”。当然，作者也非常期待领域驱动设计在未来能够发展出一套统一的开发标准，相信届时领域驱动设计将展现出更加强大的活力。

2. 没有统一的技术框架

尽管领域驱动设计强调将业务领域的概念直接映射到软件系统中，但具体如何实现这种映射并没有明确的指导和建议。这使得开发者需要在实践中自行选择和设计相应的技术框架来支持领域驱动设计的实施。然而，由于缺乏统一的技术框架，开发者通常需要花费大量时间和精力来研究和设计适合自己项目的框架，这增加了项目的复杂性和风险。

许多技术框架号称实现了领域驱动设计，然而这些框架实在是太难上手了。本来领域驱动设计的学习难度就够高了，这些技术框架又增加了学习成本，导致初学者望而却步。

领域驱动设计不是一种技术架构，其实现与技术无关，任何面向对象的语言都可以用来实现领域驱动设计。这些技术框架只是其开发者自己的实践总结，未必适合所有团队和所有业务。

本书不会讲解任何一种领域驱动设计技术框架，本书所有的实践案例均采用业界事实标准上的技术组件，例如Spring Boot。本书希望让读者意识到，哪怕不使用任何一种领域驱动设计框架，也可以完整实现领域驱动设计。

3. 缺乏可供参考的成功案例

虽然领域驱动设计很火爆，但是真正可供参考的完整案例却少之又少，对于初学者来说，这无疑增加了学习难度。

领域驱动设计的质疑者认为领域驱动设计无法落地的理由之一，便是领域驱动设计鲜有开源的成功案例。他们提出这样的质疑是有依据的，笔者曾经试图在GitHub上寻找开源的领域驱动设计案例代码，结果发现大部分代码都是示例案例阶段的，很少有可以应用于生产的代码。

本书结合直播带货和AIGC场景，提供了两个可运行且具有实际应用价值的案例，并将其源码开放给所有读者，希望能提供一些启发。

本案例配套源代码获取地址详见前言结尾的“读者服务”。

1.2 如何学习领域驱动设计

在学习领域驱动设计前，我们要对其学习难点有清晰的认识。针对其学习难点，本书提供了一条行之有效的学习路线。

1.2.1 学习难点

1. 难以建立知识体系

领域驱动设计涉及许多新的概念和术语，如实体、值对象、聚合根、领域服务、工厂、仓储、领域事件等。这些概念和术语不仅需要记忆，还需要深入理解其含义和作用。

此外，领域驱动设计还涉及一些特定的设计模式和架构，从战略设计到战术设计，从经典四层架构到端口适配器架构等。知识的跨度比较大，初学者如果不清楚知识点之间的先后顺序，很难快速建立知识体系，导致无法从整体上掌握领域驱动设计。

2. 案例有限

如前文所述，很难找到成功的开源项目案例。

3. 难以结合实际开发过程进行应用

在实际开发中，很难孤立地使用领域驱动设计完成工作，通常需要结合许多开发方法，如设计模式、敏捷开发、测试驱动开发等。

1.2.2 学习路线

本书提供了领域驱动设计的学习路线如图1-1所示。

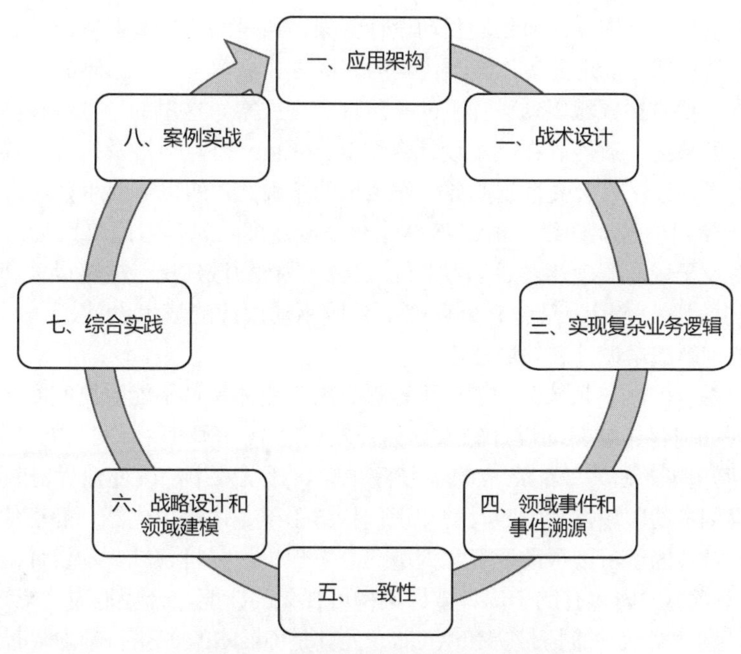

图 1-1　领域驱动设计的学习路线

该学习路线分为几个阶段，分别如下：

第一阶段，解决应用架构的问题。本书带领读者从经典的三层贫血架构出发，推导可以落地领域驱动设计的应用架构。之所以要自己推导，是希望读者掌握这个演化的过程，加深印象，以便在实践中灵活应用。接下来关于领域驱动设计的知识，不管是战术设计还是战略设计，都可以按图索骥地在这个应用架构中实现。要了解领域对象的生命周期，只有掌握了其生命周期，才能对领域模型在应用架构中的类型变化了如指掌。

第二阶段，掌握领域驱动设计的战术设计。这个阶段需要学习战术设计相关的核心概念，包括：实体、值对象、聚合 / 聚合根、领域服务、Repository、Factory 等。掌握这些战术设计的概念后，基本上就可以开发一些简单的应用了。

第三阶段，掌握使用领域驱动设计实现复杂业务逻辑的基本思路。这个阶段要学习使用设计模式、防腐层、规约模式等实现复杂的业务逻辑，并将其应用在领域驱动设计的开发中。通过这个阶段的学习，读者能够使用领域驱动设计解决大部分的业务问题。

第四阶段，掌握领域事件和事件溯源。这个阶段首先需要学习幂等设计，因为它可以确保服务支持安全的重试，避免重复请求影响业务的正确性。在幂等的前提下，掌握如何建模领域事件并安全可靠地发布、订阅，以及如何实现命令查询责任分离（Command Query Responsibility Segregation，CQRS）和事件溯源。业界部分开发者对 CQRS 的理解是存在误区的，读者在 CQRS 的学习过程中需要关注概念的理解。本书针对事件溯源提供了 3 个可以运行的案例代码，它们没有依赖任何领域驱动设计框架，通过阅读这些案例，读者可以非常轻松地掌握事件溯源的原理和实现方案。案例代码的获取方式见本书前言结尾的“读者服务”。

第五阶段，需要掌握领域驱动设计下的一致性实现方案。这里的一致性包括聚合内的强一致性以及跨聚合的最终一致性。在战术设计介绍 Repository 时，会涉及一些一致性的讨论，但是由于一致性太重要了，直接关系到业务操作结果的正确性，所以需要单独探讨。

第六阶段，学习领域驱动设计的战略设计和领域建模。先学习战略设计，理解限界上下文、上下文映射及子域的概念，之后学习事件风暴法进行领域建模。战略设计和领域建模之所以被放在靠后的阶段，是因为只有充分理解了领域驱动设计的战术设计，有了一定的知识储备，才能清晰地理解战略设计和领域建模。

第七阶段，综合实践。领域驱动设计不是孤立的理论体系，不能脱离实际研发过程。本阶段的目标是掌握如何将领域驱动设计融入其他开发理论中，例如，研发效能、测试驱动开发、敏捷开发、C4 模型等。研发效能章节的学习旨在提高开发效率，改变业界对领域驱动设计笨重、慢、糟糕等刻板的印象，其中涉及的知识包括脚手架、代码生成器、静态代码扫描、低代码等。敏捷开发章节的学习则帮助读者掌握敏捷开发理论，并将领域驱动设计融入实际的敏捷开发中。C4 模型章节的内容有助于读者掌握架构可视化的技能，合理地表达架构设计思路。

第八阶段，案例实战。直播带货和 AIGC（尤其是 ChatGPT）是目前业界最火爆的两个概念。本书针对这两个场景分别提供了代码案例。这两个案例完全采用本书的知识点进行实现，代码完全开源且可以正常运行。通过实战案例阶段的学习，可以将繁杂的知识融会贯通，使领域驱动设计真正成为读者具有竞争力的技能。

根据该学习路线，本书领域驱动设计的知识体系全景图如图 1-2 所示。

1.3 领域驱动设计常见争议探讨

业界对于领域驱动设计存在不少的争议，本节针对一些常见的争议进行探讨。

1.3.1 领域驱动设计的适用范围

一直以来，业界流行着这样的观点：简单的系统不适合领域驱动设计，复杂的系统才适合。事实真的如此吗？有什么量化的标准可以评价系统是否适合实施领域驱动设计吗？

如果一套实践理论在简单的场景中表现不佳，但在复杂的场景中表现较好，那么这套理论在复杂场景下真的能够取得好的效果吗？笔者认为不能。复杂系统在拆分之后也由许多简单的子系统构成，并且领域驱动设计在许多情况下也是通过将复杂系统拆分为简单的系统来解决业务复杂的问题。

“简单的系统不适合领域驱动设计，复杂的系统才适合”的观点在业界盛传，笔者认为并不是因为领域驱动设计在简单的系统中没有可行性，更多的是基于其他方面的考虑，例如学习成本、研发效率、风险控制等。

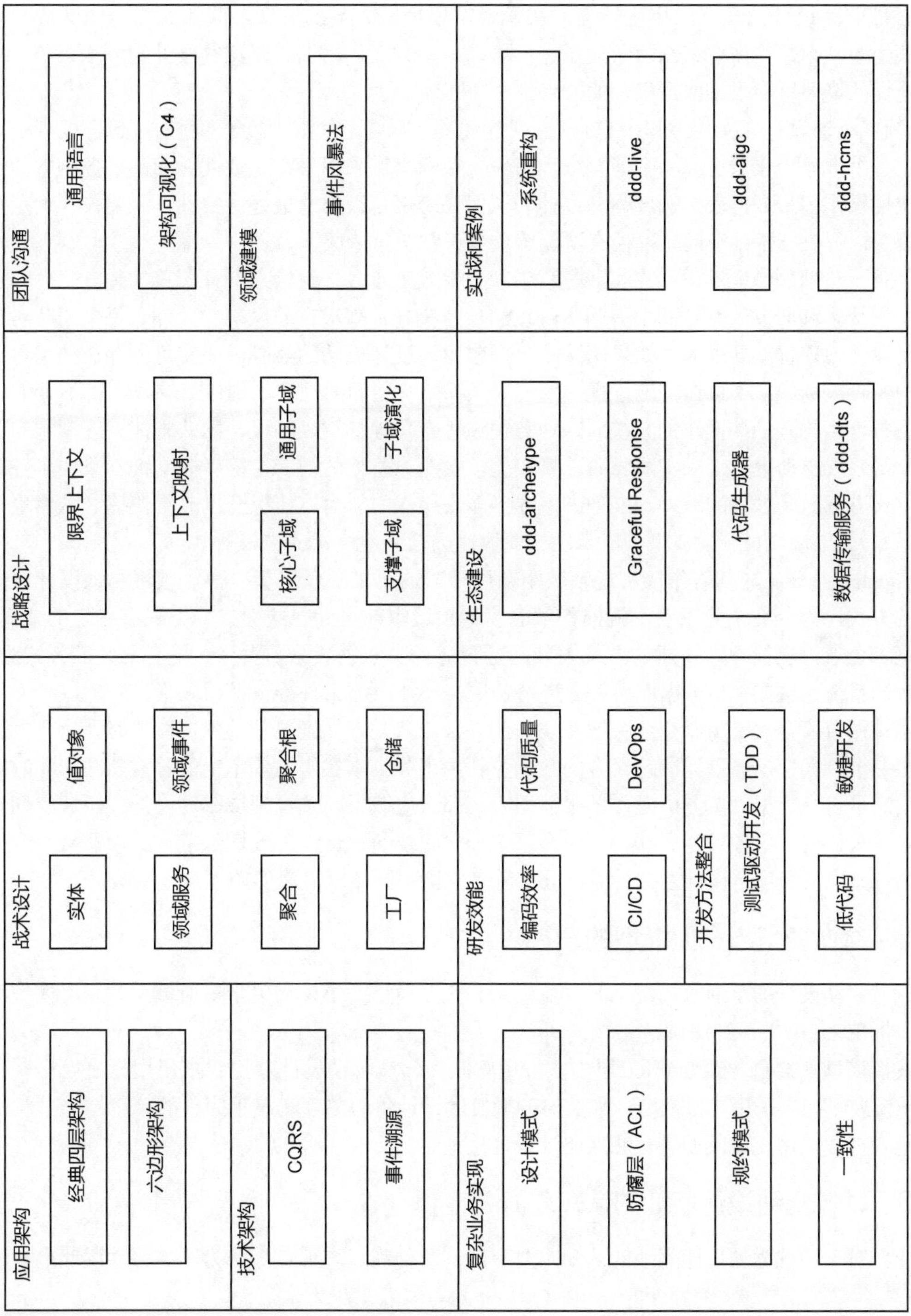

应用架构
- 经典四层架构
- 六边形架构

技术架构
- CQRS
- 事件溯源

战术设计
- 实体
- 值对象
- 领域服务
- 领域事件
- 聚合
- 聚合根
- 工厂
- 仓储

战略设计
- 限界上下文
- 上下文映射
- 核心子域
- 通用子域
- 支撑子域
- 子域演化

团队沟通
- 通用语言
- 架构可视化（C4）

领域建模
- 事件风暴法

复杂业务实现
- 设计模式
- 防腐层（ACL）
- 规约模式
- 一致性

研发效能
- 编码效率
- 代码质量
- CI/CD
- DevOps

开发方法整合
- 测试驱动开发（TDD）
- 低代码
- 敏捷开发

生态建设
- ddd-archetype
- Graceful Response
- 代码生成器
- 数据传输服务（ddd-dts）

实战和案例
- 系统重构
- ddd-live
- ddd-aigc
- ddd-hcms

图 1-2　本书领域驱动设计的知识体系全景图

领域驱动设计的学习门槛比较高，初学者需要理解大量的概念。假如大部分团队成员缺乏实战经验，则往往需要组织团队成员进行培训。一方面，培训需要花费额外的成本。另一方面，仓促的培训可能很难取得很好的效果。

领域驱动设计在实现过程中也存在一些可能影响研发效率的地方。例如，聚合根有一个原则：一个事务操作只更新一个聚合根，跨聚合根的操作采用最终一致性。相比事务脚本的方式一次性操作多张数据表，领域驱动设计为了保证跨聚合操作的最终一致性，需要投入大量的研发资源以解决技术细节问题，很有可能给项目正常交付造成压力。

另外，目前领域驱动设计在实践过程中缺乏提效工具，导致给人一种笨重的感觉。

学习成本和研发效率这两个方面本身也给项目实施带来潜在的风险。此外，每个团队对领域驱动设计的理解差异很大，如果团队缺乏领域驱动设计成功的经验，还有可能存在技术可行性上的风险，例如，项目在实施过程中发现对某些架构层面的理解不到位，导致不得不返工。

另外，当构建一些简单的系统时，业务往往处在落地的初级阶段，团队整体缺乏领域专业知识，给领域驱动设计带来实践障碍。事实上，在业务落地的初期，笔者非常推荐采用事务脚本的方式进行面向过程的编程。事务脚本提供多表操作的能力，使得开发非常快捷（虽然也很显得粗暴）。尽快交付开发成果，能帮助企业快速进行商业模式试错。

Vaughn Vernon 在其著作《实现领域驱动设计》的第 1 章介绍了一种“领域驱动设计计分卡”的方式，得分在 7 分以上，就推荐考虑实施领域驱动设计。这种打分方式有一定的依据，但是笔者会通过更简单、快捷的方式去判断是否适合实施领域驱动设计。笔者的判断方式为：如果目标系统无法在一个数据库事务里进行跨聚合更新，那么直接选择领域驱动设计。

当采用分库分表、将某个业务服务切分到外部团队并存储到单独的数据库中时，没有办法保证在一个数据库事务里完成跨聚合的数据更新，事务脚本在研发效率上的收益骤减。此时既然无法满足一个数据库事务中操作多张数据表，那么应该果断选择领域驱动设计。领域驱动设计要求一次数据库事务只能更新一个聚合，聚合之间要通过最终一致性保持一致，非常适合这种场景。如果某个项目设计之初就需要分库分表，则一开始就可以实施领域驱动设计。

1.3.2 贫血模型与充血模型的选择

领域驱动设计的落地永远绕不开贫血模型和充血模型的争议。关于贫血模型和充血模型的选择，将在 2.1 节中详细探讨。

贫血模型最终会导致 Service 层方法过度膨胀。领域驱动设计理论要求使用充血模型来建模领域模型，如果采用贫血模型，那么对领域驱动设计落地的理解是不完整的。

笔者推荐使用充血模型进行领域驱动设计落地。

1.3.3 领域驱动设计落地的认知差异

业界对于领域驱动设计落地的认知主要有以下两种观点：观点一认为领域驱动设计只有战

略设计层面的落地；观点二认为领域驱动设计只关注战术落地。

1. 观点一：领域驱动设计只有战略设计层面的落地

持这种观点的实践者认为，领域驱动设计只能进行战略层面的落地，战术层面的落地是行不通的。

这部分实践者主要是被领域驱动设计战术落地难的困境所吓倒，他们找不到正确的实现方案，因此对战术设计持悲观的态度。

战略设计层面的实践无疑是具有极大价值的，至少在大方向上完成了限界上下文的划分和子域的识别。然而，忽略战术设计会丢弃战术设计相关的良好实践，因此无法产出高质量的代码。经常看到很多号称落地了领域驱动设计的项目，到最后又开倒车改成贫血分层架构，这正是因为缺乏战术设计方面的努力。

读者也要理解，此类观点之所以在业界盛行，主要是因为领域驱动设计落地缺乏很好的案例、规范和配套研发提效工具。这也是笔者目前正在致力的方向：写教程、给案例、出规范、定标准、建生态、推工具。

2. 观点二：领域驱动设计只关注战术落地

持这种观点的大部分人是刚接触领域驱动设计的实践者。由于他们对领域驱动设计理解的深度不够，所以习惯性地从技术角度去理解领域驱动设计，这导致他们经常纠结于选用什么架构、如何实现某个类、哪种方法适合放在哪里等细节问题。由于过分关注细节，因此忽略了从整体上把握领域驱动设计，既不了解战略设计，也不理解战术设计，在实践的过程中束手束脚、举步维艰，往往会放弃拥抱领域驱动设计。

1.2.2 节正是为这些对领域驱动设计缺乏全局理解、缺少学习方向的初学者提供的。

1.3.4　领域驱动设计的技术选型

领域驱动设计是一种与技术无关的开发方法，不管使用什么开发语言、采用什么技术框架，都不会影响领域驱动设计的实施。

在技术选择方面，只需使用当前业界常用的开源组件，就可以实现领域驱动设计。本书案例的技术选型见表 1-1。

表 1-1　领域驱动设计技术选型

技术点	选型	说明
后端框架	Spring Boot	Spring Boot 为 Java 业界事实上的开发框架标准
对象关系映射框架	MyBatis、Spring Data JDBC	MyBatis 用于解决复杂查询
缓存	Redis	开源 NoSQL 数据库
数据库	MySQL	开源关系数据库
消息处理	Kafka	开源消息队列
前端框架	Vue	用于开发前端页面

本书的一个特点就是使用常见、通用的开源技术组件实现领域驱动设计，不将领域驱动设计落地与冷门偏门、学习成本高的组件进行捆绑销售。

用于实现领域驱动设计的应用架构有很多，例如，经典的四层架构、六边形架构等，很多初学者仅仅在选择架构上就感到眼花缭乱。本书将会在第 2 章中专门讲解领域驱动设计的应用架构，并带领读者完整地推导出自己的应用架构。本书所有随书案例均基于这个应用架构开发。

1.3.5 领域驱动设计与面向对象编程

笔者经常被提问关于领域驱动设计与面向对象编程的关系问题，例如："既然已经有了面向对象编程，为什么还需要领域驱动设计？""领域驱动设计将面向对象编程颠覆了吗？""面向对象编程经常讲的 SOLID 原则在领域驱动设计下还适用吗？"等。

既然已经有了面向对象编程，为什么还需要领域驱动设计呢？首先，两者的关注点不一样。面向对象编程强调的是对象的行为和状态，而领域驱动设计不仅关注对象的行为和状态，还会关注业务的边界，将模型对象分配到对应的边界中，并定义不同边界的模型的协作方式，使模型之间的交互过程更清晰、依赖关系耦合更少。其次，领域驱动设计提供了一些实践经验和工具，帮助开发团队更好地理解和应对复杂业务场景。例如，领域驱动设计中的聚合、实体、值对象等概念能够帮助开发者更好地组织代码结构，降低系统的复杂度。

领域驱动设计将面向对象编程颠覆了吗？并不是。领域驱动设计并不是要取代面向对象编程，而是在面向对象编程的基础上，站在业务的层面上进一步完善和优化软件设计方法。事实上，领域驱动设计中的许多概念和原则都与面向对象编程密不可分。例如，聚合、实体、值对象等概念都基于面向对象编程中的类和对象。从面向对象的三大特征（继承、封装、多态）可以看出，面向对象编程研究的是对象个体，而从领域驱动设计的限界上下文、子域等理论可以看出，领域驱动设计研究的是对象的组织和组织间的协作。

如何理解领域驱动设计和面向对象编程的关系呢？举一个汽车厂的例子，有一家可以同时生产卡车和公交车的汽车厂，起初在一个车间里同时生产卡车和公交车。这种将零件组装成整车的过程就是面向对象编程。后来，厂家发现同时在一个车间生产两种车很容易造成人员安排混乱、设备升级困难（因为要兼顾两种类型的车）等问题，于是分别梳理这两种车的生产过程，将其安排到不同的车间中生产，各自只生产一种类型的车，这个过程就是领域驱动设计。拆分后的车间在生产卡车或者公交车时，依旧是将零件装成整车，也就是说，还是面向对象编程。所以，面向对象编程是领域驱动设计的基础，领域驱动设计是对面向对象编程的拓展和完善。

SOLID 原则在领域驱动设计下还适用吗？答案是肯定的。SOLID 原则包括的单一职责原则、开闭原则、里氏替换原则、接口隔离原则和依赖倒置原则在领域驱动设计中依旧是适用的。领域驱动设计同样可以从 SOLID 原则中受益，提高代码的可读性、可维护性、可扩展性和可重用性。例如，在领域驱动设计中，聚合就是一个高度内聚、低耦合的业务单元，它与单一职责原则是一致的；而在实现领域服务时需要遵循开闭原则，对扩展开放而对修改关闭，以便领域服务能够适应多变的需求场景。

1.3.6　不要过度迷信领域驱动设计

领域驱动设计并不总是最好的解决方案，学了领域驱动设计也不能保证开发者一定能合理地划分业务边界。领域驱动设计只是一种设计方法，它并不能自动地划分业务边界，也没有提供定量的实践标准。因此，不要寄希望于学习了领域驱动设计之后，就一定能完美地划分业务边界。

划分业务边界需要对业务有深入的了解，需要与领域专家紧密合作，需要对各种业务场景有全面的认知。

实际上，“合理的业务边界”本身就是伪命题，没有放之四海而皆准和一成不变的业务边界，只能寻求当下合理的业务边界。

至于该如何使用领域驱动设计去划分业务边界，以下是笔者的一些建议。

首先，加强对业务的理解。这包括了解业务的核心概念、业务流程、业务规则等。只有对业务领域有全面的认识，才有可能合理地划分业务边界。在了解业务领域的过程中，需要与领域专家紧密合作。领域专家是对业务最了解的人，他们能够提供关于业务流程、规则等方面的详细信息，帮助我们更好地理解业务需求。

其次，活用领域建模和战略设计。划分业务边界的过程也是将一个大型复杂的业务领域划分为多个小而简单的子领域的过程。通过领域建模，可以得到具体的领域模型，进而得到明确的限界上下文；通过战略设计，从这些限界上下文中精炼得到子域。在划分子领域时，考虑每个子领域所包含的核心概念、业务流程、规则等方面，并将其与其他子领域进行区分。明确限界上下文、子域的范围，可以帮助我们更好地划分业务边界。

最后，不断迭代优化。业务是不断演进和调整的，划分业务边界也是一个不断迭代优化的过程。在实际应用中，可能会发现一些子领域之间的关系不太清晰，或者某些子领域需要进一步拆分。在这种情况下，要及时调整和优化，以确保划分出来的子领域能够更好地支持业务需求。

第 2 章

应用架构

2.1 贫血模型和充血模型

2.1.1 对象的属性和行为

在学习贫血模型和充血模型之前，首先要理解对象的属性和对象的行为两个概念。

对象的属性：指的是对象的内部状态，通常表现为类的属性，如下文中 Computer 类的 os、keyboard 字段。

对象的行为：指的是对象具备的能力，通常表现为类的方法，如下文中 VideoPlayer 类的 play 方法。

2.1.2 贫血模型

贫血模型指的是只有属性而没有行为的模型。目前业界开发中经常用的 Java Bean 实际上就是贫血模型。例如下面的 Computer 类：

```
/**
 * Computer类中只有属性，没有行为，所以是贫血模型
 */
@Data
public class Computer {
  /**
   * 操作系统
   */
  private String os;
  /**
   * 键盘
   */
```

```
  private String keyboard;
  //……其他属性
}
```

2.1.3　充血模型

充血模型是指既有属性又有行为的模型。如果采用面向对象的思想建模，产出的模型既具有属性，又具有行为，这种模型就是充血模型。

例如下面的 VideoPlayer 类，既有属性（playlist），也有行为（play 方法），VideoPlayer 就是充血模型。

```
/**
 * 视频播放器
 */
@Data
public class VideoPlayer {
  /**
   * 播放列表
   */
  public List<String> playlist;
  /**
   * 播放节目
   */
  public void play() {
    for (String v : playlist) {
      System.out.printf("正在播放：" + v);
    }
  }
}
```

2.1.4　领域驱动设计对模型的要求

由于使用贫血模型编写代码非常方便，因此大部分的 Java 程序员都习惯使用这种模型。贫血模型的使用方式大致如下：首先，通过 ORM 框架从数据库查询数据；然后，在 Service 层的方法中操作这些数据对象完成业务逻辑；最后，在 Service 层中调用 ORM 框架将执行结果更新到数据库。

虽然贫血模型的使用很方便，但是采用贫血模型实现的代码通常会存在一些问题。

从业务逻辑封装的角度来看，贫血模型只提供了业务数据的容器，并不会发生业务行为。贫血模型通过将这些属性暴露给 Service 方法来完成业务逻辑的操作。实际上，Service 方法承担了实现所有业务逻辑的责任，这导致业务知识分散在 Service 层的各个方法中。经常会发现某个业务验证逻辑在每个 Service 方法中都会出现一次，这是因为业务知识没有被封装起来。

从业务代码与基础设施操作分离的角度来看，贫血模型实现的 Service 层通常无法将二者分离。Service 层的方法在实现业务的同时，还需要与外部服务、中间件交互，例如 RPC 调用、缓存、事务控制等，导致业务代码中夹杂着基础设施操作的细节。

通过贫血模型构建的系统经过多次迭代后，其中的Service方法变得非常臃肿，难以持续地演进。前文中，笔者提到贫血模型无法真正实践领域驱动设计，这正是因为贫血模型存在这些问题。想象一下，如果连基本的业务知识封装都无法实现，又怎么能真正创建一个面向业务的领域模型呢？

接下来看看充血模型。充血模型具有完整的属性，同时包含业务行为（即业务方法），充血模型内部封装了完整的业务知识，不存在业务逻辑泄露的问题。Service层的方法获得充血模型对象后，只需调用充血模型对象上的行为方法，充血模型内部就会自行修改相应的状态来完成业务操作。这时，Service层的方法就不再需要理解领域的业务规则，同时将业务逻辑与基础设施操作分离了。

以上述的VideoPlayer为例，展示了充血模型在Service层的使用方法，代码如下。

```
public class VideoApplicationService {
  public void play() {
    //TODO 1. 获得领域对象
    //2. 执行业务操作，Service只需要调用充血模型的行为就能完成业务操作，
    //    不再需要了解播放的逻辑
    videoPlayer.play( );
  }
}
```

可以看到，采用充血模型的建模方式后，业务逻辑由对应的充血模型维护，被很好地封装在模型中，与操作基础设施的代码分离开了，Service方法会变得更清晰。至此，相信读者能理解领域驱动设计要求使用充血模型的合理性了。

2.2 经典贫血三层架构

2.2.1 解读贫血三层架构

目前业界许多项目使用的架构大都是贫血三层架构，这种架构通常将应用分为三层：Controller层、Service层、Dao层。有时候贫血三层架构还会包括Model层，但是Model层基本上是贫血模型的数据对象，内部不包含任何逻辑，完全可以被合并到Dao层。贫血三层架构如图2-1所示。

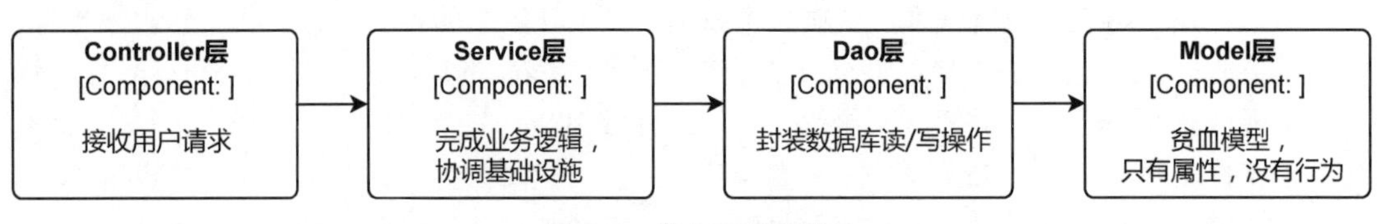

图2-1 贫血三层架构

Controller 层：接收用户请求，调用 Service 完成业务操作，并将 Service 输出拼装为响应报文向客户端返回。

Service 层：初衷是在 Service 层实现业务逻辑，往往还需要与基础设施（数据库、缓存、外部服务等）交互。

Dao 层：负责数据库读 / 写。

Model 层：贫血模型，往往与数据库的表字段一一对应，用于充当数据库读 / 写的数据容器。

其中，Controller 层依赖 Service 层，Service 层依赖 Dao 层，Dao 层依赖 Model 层。由于 Model 层只有普通的贫血对象，往往也会将其合并到 Dao 层，此时只有 Controller 层、Service 层、Dao 层这三层，因此被称为贫血三层架构。

2.2.2　贫血三层架构的优点

贫血三层架构具有以下优点。

1. 关注点分离

贫血三层架构将系统的不同功能模块分别放置在不同的层次中，使得每个层次只关注自己的责任范围。Controller 层负责接收用户请求并进行请求处理，Service 层负责业务逻辑的处理，Dao 层负责数据的持久化操作。这种分离关注点的设计使得系统更加清晰，易于扩展和维护。

2. 复用性强

不同功能模块放置在不同的层次中，使得每个层次也可以独立重用。Controller 层可以通过调用 Service 层提供的接口来处理用户请求，Service 层可以通过调用 Dao 层提供的接口来处理业务逻辑，Dao 层可以通过调用数据库驱动来处理数据持久化操作。这种可复用性的设计使得系统的代码可以更加灵活地组织和重用，有助于提高开发效率。

3. 前期开发效率高

在产品和业务的初期，使用贫血三层架构可以快速实现最小可行产品（MVP），帮助企业进行商业模式验证。

2.2.3　贫血三层架构的问题

如果在开发过程中缺乏思考，贫血三层架构也会引入一些问题。

1. 底层缺乏抽象

经常能看到这样的情况：每层的方法名字都是一样的，并没有体现出“越上层越具体，越底层越抽象”的设计思路。

Controller 层：

```
public class Controller {
  public void updateTitleById(Param param) {
    service.updateTitleById(param);
```

```
  }
}
```

Service 层：

```
public class Service {
  public void updateTitleById(Param param) {
    dao.updateTitleById(param);
  }
}
```

Dao 层：

```
public class Dao {
  public void updateTitleById(Param param) {
    //TODO update db
  }
}
```

上面的 Controller、Service、Dao 各层的 updateTitleById 方法中，分别根据自己所处的分层进行了对应的处理。但是，如果 Controller 每增加一个业务方法，那么 Service 和 Dao 都会增加一个对应的方法，也就意味着底层的方法缺乏抽象。

解决的办法也很简单：Service 是具体业务操作的实现，所以在新增业务操作时，增加新的业务方法无可厚非，但是 Dao 层可以抽象出更通用的方法。

2. 业务逻辑分散

这个主要是由贫血模型造成的。贫血模型对于领域对象的封装程度较低。由于领域对象只包含数据属性，对于复杂的业务逻辑或数据操作，可能需要在 Service 层或 Dao 层中进行处理。这可能导致领域对象的封装程度较低，使得代码变得分散和难以管理。

贫血三层架构将系统的业务逻辑分散在不同的层次中，使得系统的业务逻辑分散、难以维护。例如，某个业务逻辑可能涉及多个层级的操作，需要在不同的层级之间进行数据传递和协调。这种业务逻辑分散会增加系统的复杂性和维护成本。

3. 难以持续演化

在贫血三层架构中，业务逻辑分散到代码的各处，并且与基础设施的操作紧密耦合，会导致代码越来越臃肿和难以维护。在这种情况下，很难编写有效的单元测试用例，代码质量会越来越难以保证。

因此，贫血三层架构缺乏持续演化的潜力。

2.3 DDD 常见的应用架构

2.3.1 经典的四层架构

经典的四层架构将软件系统分为四个层次，每个层次都有不同的职责和功能。经典的四层架构如图 2-2 所示。

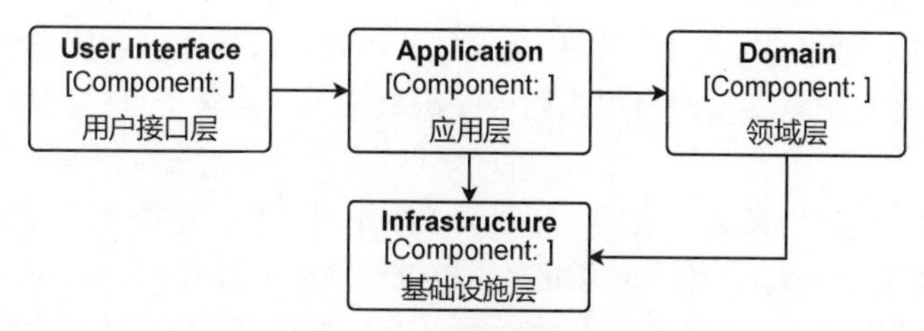

图 2-2　经典的四层架构

1. 用户接口（User Interface）层

用户接口层将应用层的服务按照一定协议对外暴露。用户接口层接收用户请求，并将请求的参数经过处理后，传递给应用层进行处理，最后将应用层的处理结果按照一定的协议向调用者返回。

用户接口层是应用的最上层，通常表现为 Controller 接口、RPC 服务提供者的实现类、定时任务、消息队列的监听器等。

用户接口层不应包含任何业务处理逻辑，仅用于暴露应用层服务。用户接口层的代码应该非常简单。

2. 应用（Application）层

应用层协调领域模型和基础设施层完成业务操作。应用层自身不包含业务逻辑处理的代码，它收到来自用户接口层的请求后，通过基础设施层加载领域模型（聚合根），再由领域模型完成业务操作，最后由基础设施层持久化领域模型。

应用层的代码也应该是简单的，仅用于编排基础设施和领域模型的执行过程，既不涉及业务操作，也不涉及基础设施的技术实现。

3. 领域（Domain）层

领域层是对业务进行领域建模的结果，包含所有的领域模型，如实体、值对象、领域服务等。

所有的业务概念、业务规则、业务流程都应在领域层中表达。

领域层不包括任何技术细节，相关的仓储、工厂、网关等基础设施应先在领域层进行定义，然后交给基础设施层或者应用层进行实现。

4. 基础设施（Infrastructure）层

基础设施层负责实现领域层定义的基础设施接口，例如，加载和保存聚合根的仓储（Repository）接口、调用外部服务的网关（Gateway）接口、发布领域事件到消息中间件的消息发布（Publisher）接口等。基础设施层实现这些接口后，供应用层调用。

基础设施层仅包含技术实现细节，不包含任何业务处理逻辑。基础设施层接口的输入和输出应该是领域模型或基础数据类型。

2.3.2　端口和适配器架构

端口和适配器架构（Ports and Adapters Architecture）又被称为六边形架构（Hexagonal

Architecture），其核心思想是将业务逻辑从技术细节中解耦，使业务逻辑能够独立于任何特定的技术实现。端口和适配器架构通过引入两个关键概念来达到这个目标：端口（Port）和适配器（Adapter）。

端口是系统与外部进行交互的接口，它定义了系统对外提供的服务以及需要外部提供的支持。“定义系统对外提供的服务”通常是指定义可以被外部系统调用的接口，将业务逻辑实现在接口的实现类中，这种端口属于入站端口（Inbound Port）。“定义需要外部提供的支持”，是指执行业务逻辑的过程中，有时候需要依赖外部服务（例如从外部服务加载某些数据以用于完成计算），此时定义一个接口，通过调用该接口完成外部调用，这种端口属于出站端口（Outbound Port）。

适配器则细分为主动适配器（Driving Adapter）和被动适配器（Driven Adapter）两种。主动适配器用于对外暴露端口，例如将端口暴露为 RESTful 接口，或者将端口暴露为 RPC 服务；被动适配器用于实现业务逻辑执行过程中需要使用的端口，如外部调用网关等。

六边形架构如图 2-3 所示。

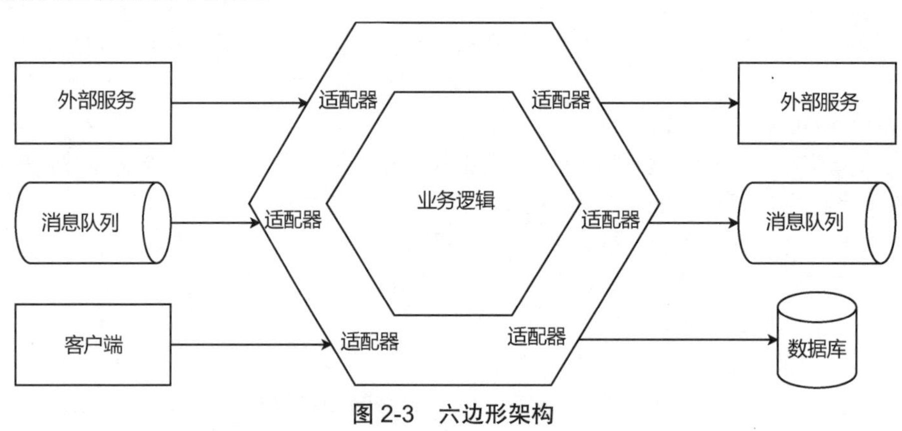

图 2-3　六边形架构

端口和适配器之间的交互关系如图 2-4 所示。

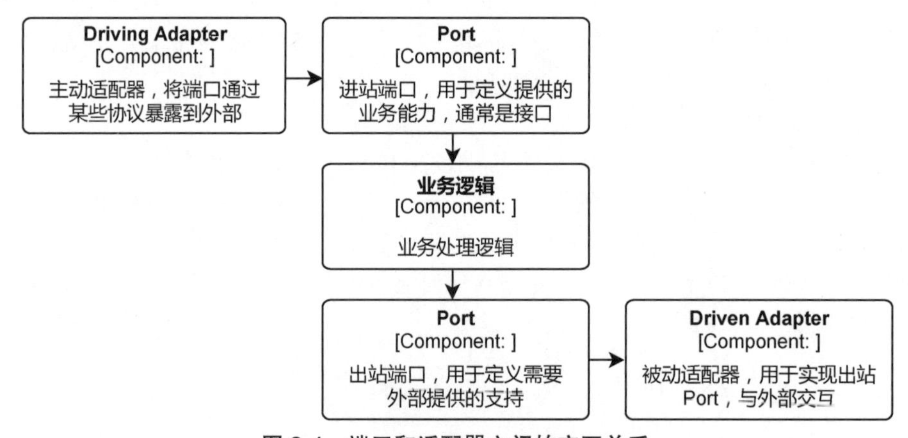

图 2-4　端口和适配器之间的交互关系

主动适配器伪代码如下。

```
/**
 * 主动适配器，将创建文章的 Port 暴露为 HTTP 服务
 */
@RestController
public class ArticleController {
  @Resource
  private ArticleService service;
  @RequestMapping("/create")
  public void create(DTO dto) {
    service.create(dto);
  }
}
```

进站端口伪代码如下。

```
public interface ArticleService {
  /**
   * 端口和适配器架构中的 Port，提供创建文章的能力
   * 这是一个进站端口
   * @param dto
   */
  void create(DTO dto);
}
```

出站端口伪代码如下。

```
public interface AuthorServiceGateway {
  /**
   *  端口和适配器架构中的 Port，查询作者信息
   *  这是一个出站端口
   * @param authorId
   * @return
   */
  AuthorDto queryAuthor(String authorId);
}
```

被动适配器伪代码如下。

```
/**
 * 被动适配器
 */
public interface AuthorServiceGatewayImpl implements AuthorServiceGateway {
  /**
   * 作家 RPC 服务
   */
  @Resource
  private AuthorServiceRpc rpc;
  AuthorDto queryAuthor(String authorId) {
    // 拼装报文
```

```
        AuthorRequest req = this.createRequest(authorId);
        // 执行 RPC 查询
        AuthorResponse res = rpc.queryAuthor();
        // 解析查询结果并返回
        return this.handleAuthorResponse(res);
    }
}
```

2.4 应用架构演化

前文讲解的经典的四层架构以及端口和适配器架构（六边形架构）并无优劣之分。本节将从日常的三层架构出发，演绎出落地领域驱动设计的应用架构。

再回顾一下贫血三层架构（见图 2-1）。Model 层只有一些贫血模型对象，都是一些简单的 Java Bean，其中的字段与数据库表中的列（column）一一对应。这样的模型实际上是数据模型。有些应用程序将其作为单独的层来使用，但实际上可以与 DAO 层合并，因此被称为“三层架构”，而不是“四层架构”。接下来对三层架构进行抽象和精简。

2.4.1 合并数据模型

为什么要将数据模型与数据访问层合并呢？

首先，数据模型是贫血模型，它不包含业务逻辑，仅作为装载模型属性的容器。

其次，数据模型与数据库表（table）的列（column）是一一对应的。数据模型的主要应用场景是在持久层中用来进行数据库读 / 写操作，将数据库查询结果封装为数据模型，并返回给 Service 层供其获取模型属性以执行业务逻辑。

最后，数据模型的类或属性字段上通常带有 ORM 框架的一些注解，与 DAO 层关联密切。可以认为数据模型是 DAO 层用来查询或持久化数据的工具。如果将数据模型与 DAO 层分离，那么其意义将大打折扣，数据模型与 DAO 层合并后的架构图如图 2-5 所示。

图 2-5　数据模型与 DAO 层合并后的架构图

2.4.2 抽取领域模型

下面是一个常见的 Service 方法的伪代码。该方法中既涉及缓存、数据库等基础设施的调用，也包含实际的业务逻辑。这种混合了基础设施操作与业务操作的代码非常难以维护，也很难测试。

```
public class Service {
  @Transactional
  public void bizLogic(Param param) {
    //校验不通过则抛出自定义的运行时异常
    checkParam(param);
    //查询数据模型
    Data data = queryOne(param);
    object obj;
    //根据业务条件执行对应的操作
    if(condition1 == true) {
       obj = method1(param.getProperty1());
    } else {
       obj = method2(param.getProperty1());
    }
       data.setProperty1(obj);

    //省略其他条件处理逻辑

    //省略一堆 set 方法

    //更新数据库
    mapper.updateXXXById(data);
  }
}
```

伪代码中演示的 Service 方法执行逻辑是：首先进行参数校验，然后通过 method1、method2 等子方法进行业务操作，并将其结果通过一系列的 Set 方法设置到数据模型中，再将数据模型更新到数据库。这是典型的事务脚本式的代码。

由于所有的业务逻辑都实现在 Service 方法中，稍微复杂一点的业务流程就很容易导致 Service 方法变得臃肿。而且，Service 需要了解所有的业务规则，同样一条规则很有可能在每个方法中都出现，例如 if(condition1==true) 可能在每个方法中都会判断一次。

Service 方法还需要协调基础设施进行相关的支持，例如查询数据模型、更新执行结果等。

如果可以将业务逻辑抽取出来，形成一个只执行业务操作的方法，Service 方法调用这个方法完成业务逻辑，再调用基础设施层进行数据的加载和保存，那么 Service 方法就实现了业务逻辑与技术细节分离的效果，Service 层的代码也就变得非常清晰且易于维护了。

假如将业务逻辑从 Service 方法中提取出来，形成一个模型，让这个模型的对象去执行具体的业务逻辑，业务相关的规则都封装到这个模型中，Service 方法就不用再关心其中的 if/else 业务规则了。Service 方法只需要获取这个业务模型，再调用模型上的业务方法，即可完成业务操作。将业务逻辑抽象成模型，这样的模型就是领域模型的雏形。

在此先不关心领域模型如何获取，如果能实现与基础设施操作分离的领域模型，则 Service 方法的执行过程应该是这样的：根据输入参数完成领域模型的加载，再由模型进行业务操作，业务操作的结果保存在模型的属性中，最后通过 DAO 层将模型中的执行结果更新到数据库。

这种包含纯粹业务逻辑的模型，既包括属性，也包含业务行为。因此，这应该是充血模型。

抽取之后，将得到如下伪代码。

```
public class Service {
  public void bizLogic(Param param) {
    // 如果校验不通过，则抛一个运行时异常
    checkParam(param);
    // 加载模型
    Domain domain = loadDomain(param);
    // 调用外部服务取值
    SomeValue   someValue =
        this.getSomeValueFromOtherService(param.getProperty2());
    // 模型自己去做业务逻辑，Service 不关心模型内部的业务规则
    domain.doBusinessLogic(param.getProperty1(), someValue);
    // 保存模型
    saveDomain(domain);
  }
}
```

如伪代码演示，领域相关的业务规则封装在充血的领域模型内部。将业务逻辑抽取出来后形成单独的一层，被称为领域层，此时 Service 方法非常直观，就是获取模型、执行业务逻辑、保存模型，再协调基础设施完成其余的操作。此时架构图如图 2-6 所示。

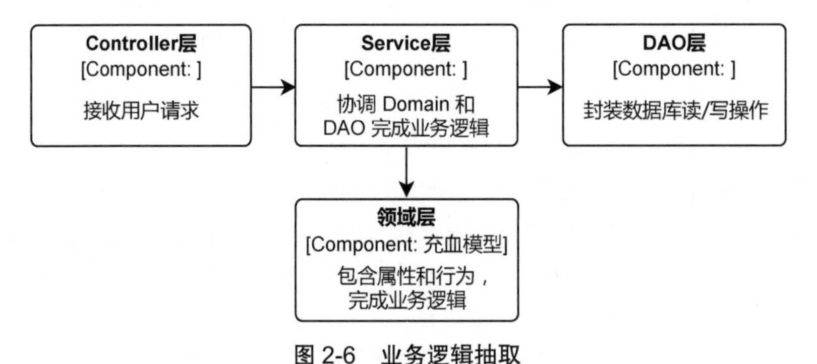

图 2-6　业务逻辑抽取

2.4.3　维护领域对象生命周期

在 2.4.2 节的伪代码中，引入了两个与领域模型实例对象相关的方法：加载领域模型实例对象的 loadDomain 方法和保存领域模型实例对象的 saveDomain 方法，这两个方法与领域对象的生命周期密切相关。本节将对这两个方法进行探讨。

关于领域对象的生命周期的知识，将在 2.5 节进行详细讨论。

无论是 loadDomain 还是 saveDomain，一般都依赖于数据库或其他中间件，所以这两个方法的实现逻辑与 DAO 相关。

保存或加载领域模型的两个操作可以抽象成一种组件——Repository。Repository 组件内部调用 DAO 完成领域模型的加载和持久化操作，封装了数据库操作的细节。

需要注意的是，Repository 是对加载或保存领域模型的抽象，这里的领域模型指的是聚合根，因为只有聚合根才会拥有 Repository。由于 Repository 需要对上层屏蔽领域模型持久化的细节，因此其方法的输入或输出参数一定是基本数据类型或领域模型（实体或值对象），不能是数据库表对应的数据模型。

此外，由于这里提到的 Repository 操作的是领域模型，为了与某些 ORM 框架（如 JPA、Spring Data JDBC 等）的 Repository 接口区分开，可以考虑将其命名为 DomainRepository。

以下是 DomainRepository 的伪代码。

```
public interface DomainRepository {
  void save(AggregateRoot root);
  AggregateRoot load(EntityId id);
}
```

接下来探讨在哪一层实现 DomainRepository 接口。

首先可以考虑将 DomainRepository 的实现放在 Service 层，在其实现类中调用 DAO 层进行数据库操作，但是这意味着 Service 层必须了解数据库的实现细节。Service 层只需要关心通过 DomainRepository 加载和保存领域模型，并不关心领域模型的存储和加载细节。Service 无须了解使用哪种数据模型对象、使用哪些 DAO 对象进行操作、将领域模型存储到哪张表、如何通过数据模型拼装领域模型、如何将领域模型转化为数据模型等细节。因此，在 Service 层实现 DomainRepository 并不是很好的选择。

接下来考虑将 DomainRepository 的实现放在 DAO 层。在 DAO 层直接引入 Domain 包，并在 DAO 层提供 DomainRepository 接口的实现。在 DomainRepository 接口的实现类中调用 DAO 层的 Mapper 接口完成领域模型的加载和保存。加载领域模型时，先查询出数据模型，再将其封装成领域模型并返回。保存领域模型时，先通过领域模型拼装数据模型，再持久化到数据库中。

经过这样的调整之后，Service 层不再直接调用 DAO 层数据模型的 Mapper 接口，而是直接调用 DomainRepository 加载或保存领域模型。DAO 层不再向 Service 返回数据模型，而是返回领域模型。DomainRepository 隐藏了领域模型和数据模型之间的转换细节，也屏蔽了数据库交互的技术细节。

此时，Service 层只与 DAO 层的 DomainRepository 交互，因此可以将 DAO 层换个名字，称之为 Repository，如图 2-7 所示。

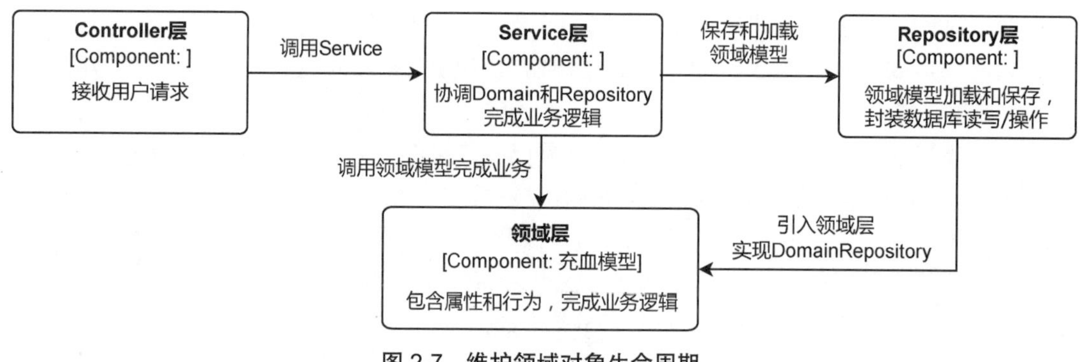

图 2-7　维护领域对象生命周期

2.4.4　泛化抽象

在 2.4.3 节中得到的架构图已经和经典四层架构非常相似了，在实际项目中不仅仅是 Controller、Service 和 Repository 这三层，还可能包括 RPC 服务提供者实现类、定时任务、消息监听器、消息发布者、外部服务、缓存等组件，本节将讨论如何组织这些组件。

1. 基础设施层

Repository 负责加载和持久化领域模型，并封装数据库操作细节，不包括业务操作，但为上层服务的执行提供支持，因此 Repository 是一种基础设施。因此，可以将 Repository 层改名为 infrastructure-persistence，即基础设施层持久化包。

之所以采取这种 infrastructure-×××的命名格式，是因为在应用中可能存在多种基础设施，如缓存、消息发布者、外部服务等，通过这种命名方式，可以非常直观地对技术设施进行归类。

举个例子，许多项目还有可能需要引入缓存，此时可以采用类似的命名，再加一个名为 infrastructure-cache 的包。

对于外部服务的调用，领域驱动设计中有防腐层的概念。防腐层可以将外部模型与本地上下文的模型隔离，避免外部模型污染本地领域模型。Martin Fower 在其著作《企业应用架构模式》的 18.1 节中，使用入口（Gateway）来封装对外部系统或资源的访问，因此可以参考这个名称，将外部服务调用这一层称为 infrastructure-gateway。

注意：基础设施层的门面接口应先在领域层进行定义，其方法的入参、出参，都应该是领域模型（实体、值对象）或者基本数据类型，不应该将外部接口的数据类型作为参数类型或者返回值类型。

2. 用户接口层

Controller 层的名字有很多，有的叫 Rest，有的叫 Resource，考虑到这一层不仅有 RESTful 接口，还可能有一系列与 Web 相关的拦截器，所以笔者一般更倾向于称之为 Web。

而 Controller 层不包含业务逻辑，仅将 Service 层的方法暴露为 HTTP 接口，实际上是一种用户接口，即用户接口层。因此，可以将 Controller 层命名为 user-interface-web，即用户接口层的 Web 包。

由于用户接口层是按照一定的协议将 Service 层进行对外暴露的，这样就可能存在许多用户接口分别通过不同的协议提供服务，因此可以根据实现的协议进行区分。例如，如果有对外提供的 RPC 服务，那么服务提供者实现类所在的包可以命名为 user-interface-provider。

有时候引入某个中间件既会增加基础设施，又会增加用户接口。如果是给 Service 层调用的，属于基础设施；如果是调用 Service 层的，属于用户接口。

例如，如果引入 Kafka，就需要考虑是增加基础设施还是增加用户接口。Service 层执行完业务逻辑后，调用 Kafka 客户端发布消息到消息中间件，则应增加一个用于发布消息的基础设施包，可以命名为 infrastructure-publisher；如果是订阅 Kafka 的消息，然后调用 Service 层执行业务逻辑，则应该增加一个用户接口包，可以命名为 user-interface-subscriber。

3. 应用层

经过 2.4.3 节的处理后，Service 层已经没有业务逻辑了，业务逻辑都被抽象封装到领域层中。Service 层只是协调领域模型、基础设施层完成业务逻辑。

因此，可以将 Service 层改名为应用层或者应用服务层。

完成以上泛化抽象后，应用的架构如图 2-8 所示。

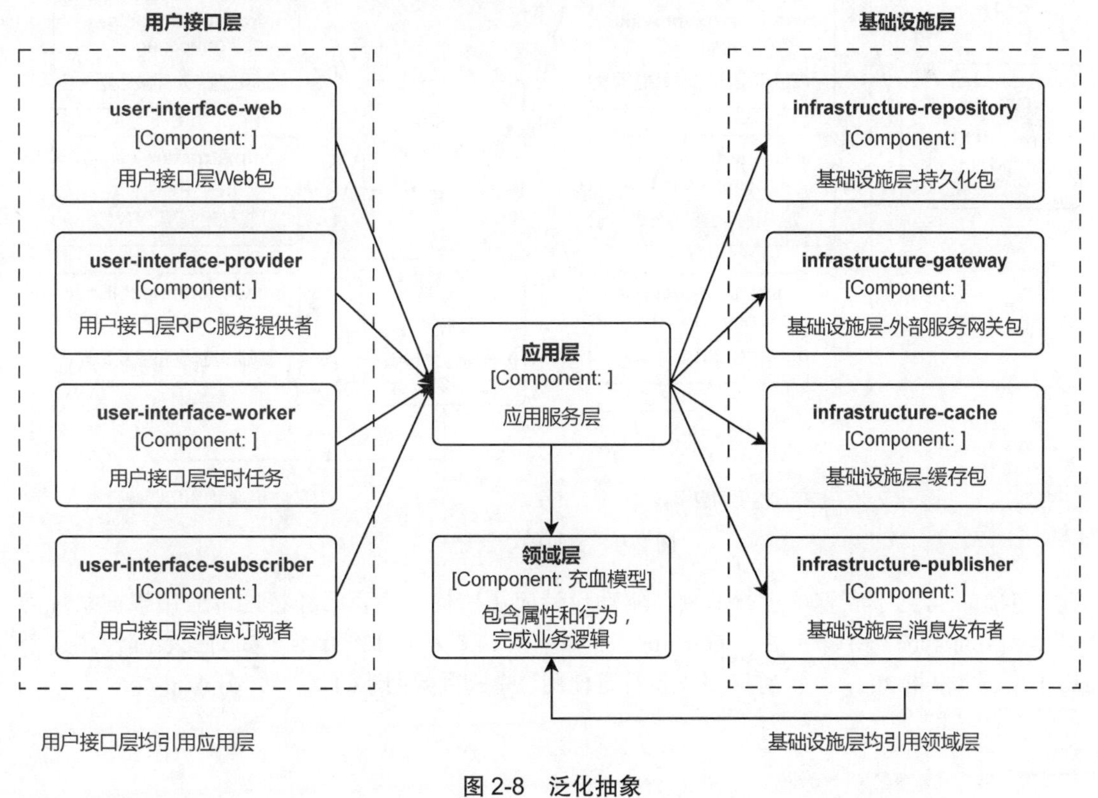

图 2-8　泛化抽象

2.4.5 完整的项目结构

将 2.4.4 节涉及的包进行整理，并加入启动包，就得到了完整的项目结构。

此时还需要考虑一个问题，项目的启动类应该放在哪里？因为有很多用户接口，所以启动类放在任意一个用户接口包中都不合适，并且放置在应用服务中也不合适。因此，启动类应该存放在单独的模块中。又因为 application 这个名字被应用层占用了，所以将启动类所在的模块命名为 launcher。

一个项目可以存在多个 launcher，按需引用用户接口即可。launcher 包需要提供启动类以及项目运行所需要的配置文件，例如数据库配置等。完整的项目结构如图 2-9 所示。

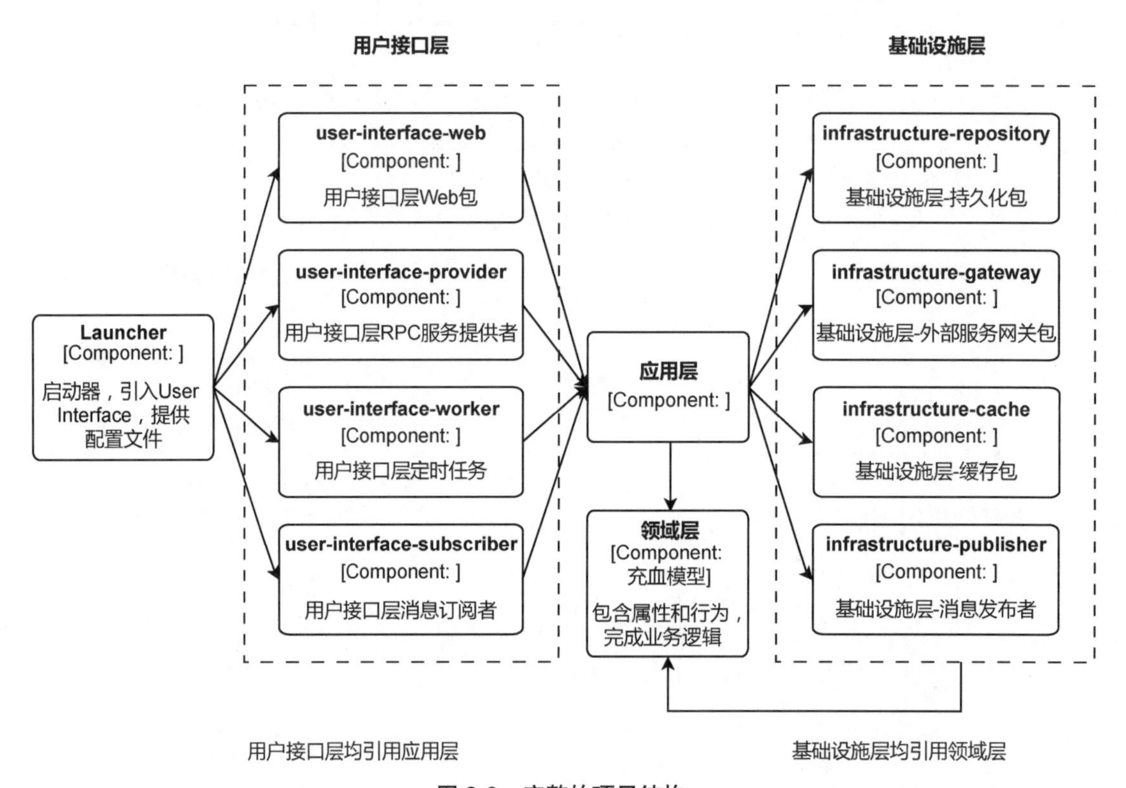

图 2-9 完整的项目结构

至此，得到了完整可运行的领域驱动设计应用架构。笔者已经将这个应用架构实现为 Maven Archetype 脚手架，并在 GitHub 上开源。在 14.1 节中详细介绍了如何安装和使用这个脚手架。本书第 20 章和第 21 章的案例都是使用这个脚手架创建的。

2.5　领域对象的生命周期

2.5.1　领域对象的生命周期介绍

领域对象的生命周期如图 2-10 所示。该图是理解领域对象生命周期以及领域对象与各个组件交互的关键。

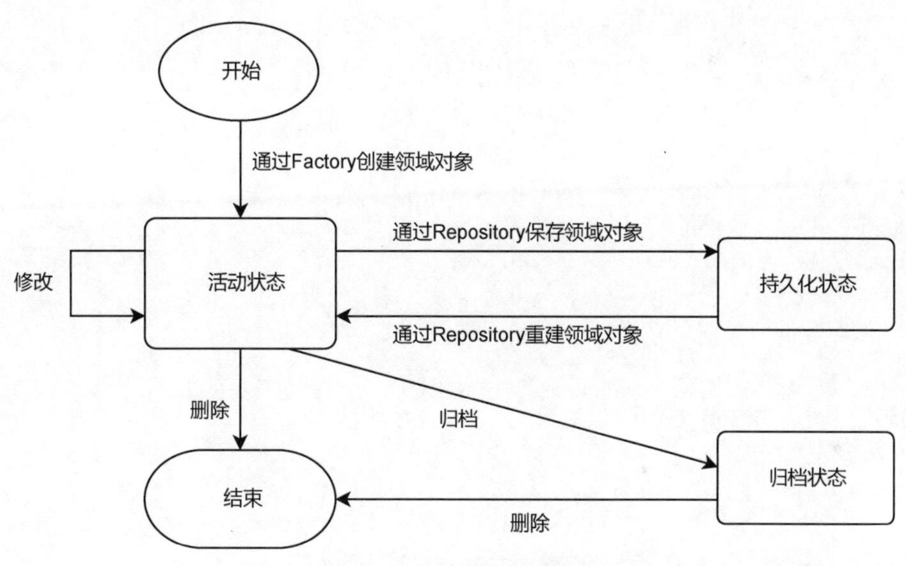

图 2-10　领域对象的生命周期

领域对象的生命周期包括创建、重建、归档和删除等过程，接下来分别探讨。

2.5.2　领域对象的创建过程

领域对象创建的过程是领域对象生命周期的首个阶段，包括实例化领域对象，设置初始状态、属性和关联关系。

在创建领域对象时，通常需要提供一些必要的参数或初始化数据，用于设置其初始状态。简单的领域对象可以直接通过静态工厂方法创建，复杂的领域对象则可以使用 Factory 创建。

Factory 的示例代码如下。

```
/**
 * 通过 Factory 创建领域对象
 */
public interface ArticleDomainFactory {
  ArticleEntity newInstance(ArticleTitle articleTitle,
          ArticleContent articleContent);
}
```

```
/**
 * ArticleDomainFactory的实现类
 */
@Component
public class ArticleDomainFactoryImpl implements ArticleDomainFactory{
  /**
   * IdService是一个Id生成服务
   */
  @Resource
  IdService idService;
  public ArticleEntity newInstance(ArticleTitle articleTitle,
                ArticleContent articleContent){
    ArticleEntity entity = new ArticleEntity();
    // 为新创建的聚合根赋予唯一标识
    entity.setArticleId(new ArticleId(idService.nextSeq()));
    entity.setArticleTitle(articleTitle);
    entity.setArticleContent(articleContent);
    //TODO 其余逻辑
    return entity;
  }
}
```

在应用层调用Factory进行领域对象的创建，伪代码如下。

```
/**
 * ArticleEntity的唯一标识是一个值对象
 */
@Getter
public class ArticleId{
  private final String value;
  public ArticleId(String input){
    this.value=input;
  }
}
@Service
public class ApplicationService{
  @Resource
  private Factory factory;
  public void createArticle(Command cmd){

  // 创建ArticleTitle值对象
  ArticleTitle title = new ArticleTitle(cmd.getTitle());
  // 创建ArticleContent值对象
  ArticleContent content = new ArticleContent(cmd.getContent());
    // 通过Factory创建ArticleEntity
    ArticleEntity root= factory.newInstance(title,content);
    //TODO 省略后续操作
```

```
  }
}
```

2.5.3 领域对象的保存过程

领域对象的保存过程是将活动状态下的领域对象持久化到存储设备中，其中的存储设备可能是数据库或者其他媒介。

领域对象的保存过程是通过 Repository 完成的。Repository 提供了 save 方法，使用该方法先将领域模型转成数据模型，再将数据模型持久化到数据库。

关于 Repository 保存领域对象的实现细节，将在 5.2 节中进行讨论，读者在此仅需要清楚领域对象是通过 Repository 进行持久化的即可。

2.5.4 领域对象的重建过程

重建是领域对象生命周期中的一个重要过程，用于恢复、更新或刷新领域对象的状态。创建的过程由 Factory 来支持，领域对象重建的过程则通过 Repository 来支持。

领域对象的重建过程一般发生在以下几种场景。

数据持久化和恢复。当从持久化存储（如数据库、文件系统等）中加载领域对象时，需要使用持久化状态的数据对领域对象进行重建。在这种情况下，我们通过 Repository 的 load 方法对领域对象进行加载。在 load 方法中，需要先将持久化存储的数据查询出来，一般利用 ORM 框架可以很方便地完成这个查询过程，查询的结果为数据模型，最后将得到的数据模型组装成领域模型。

业务重试。在业务执行的过程中，例如更新数据库时发生了乐观锁冲突，导致上层代码捕获到异常，此时需要重新加载领域对象，获得领域对象的最新状态，以便正确执行业务逻辑。此时捕获到异常后，重新通过 Repository 的 load 方法进行领域对象重建。

事件驱动。在事件驱动架构中，领域对象通常通过订阅事件来获取数据更新或状态变化的通知。当用户接口层收到相关事件后，需要对领域对象进行重建，以响应捕获到的领域事件。在事件溯源的模式中，还需要通过对历史事件的回放，以达到领域对象重建的目的。

重建领域对象的伪代码如下。

```
/**
 * 重建，通过 Repository
 */
public interface ArticleDomainRepository {
  /**
   * 根据唯一标识加载领域模型
   */
  ArticleEntity load(ArticleId articleId);
  // 省略其他方法
}
@Component
```

```
public class ArticleDomainRepositoryImpl implements ArticleDomainRepository{
  @Resource
  ArticleDao articleDao;
  public ArticleEntity load(ArticleId articleId){
    Article data = articleDao.getByArticleId(articleId.getValue());
    ArticleEntity entity =new ArticleEntity();
    entity.setArticleId(articleId);
    //创建 ArticleTitle 值对象
    ArticleTitle title = new ArticleTitle(data.getTitle());
    entity.setArticleTitle(title);
    //创建 ArticleContent 值对象
    ArticleContent content = new ArticleContent(data.getContent());
    entity.setArticleContent(content);
    //TODO 省略其他重建 ArticleEntity 的逻辑
    return entity;
  }
}
```

在应用层，重建领域对象的伪代码如下。

```
@Service
public class ApplicationService{
  @Resource
  private Repository repository;
  public void modifyArticleTitle(Command cmd){

    //重建领域模型
    ArticleEntity entity = repository.load(new ArticleId(cmd.getArticleId()));
    //创建 ArticleTitle 值对象
    ArticleTitle title = new ArticleTitle(cmd.getTitle());
    //修改 ArticleEntity 的标题
    entity.modifyTitle(title);
    //TODO 省略后续操作
  }
}
```

值得注意的是，要避免在应用层直接将 DTO 转成聚合根来执行业务操作，这种做法实际上架空了 Factory 和 Repository，造成领域模型生命周期缺失，而且直接转换得到的领域对象有可能状态并不完整。

错误的示例伪代码如下。

```
@Service
public class ApplicationService{
  public void newDraft(ArticleCreateCmd cmd) {
    //错误!!! 直接将 Command 转成领域模型
    ArticleEntity articleEntity = converter.convert(cmd)
    //省略后续业务逻辑
```

```
    }
}
```

2.5.5　领域对象的归档过程

归档是指将领域对象从活动状态转移到非活动状态的过程。

对于已经不再使用的领域对象，可以将其永久存储在归档系统中。这些数据可以用于后续的分析、审计或法律要求等。

领域对象也就是业务数据，通常会定期进行数据结转，将一定时间之前（例如三年前）的数据首先从生产库迁移到历史库或大数据平台，然后从生产库中清理已结转的数据。

2.6　应用架构的类型变化链

本节将探讨应用架构中每层涉及的对象，以及对象在应用架构各层传递时的类型变化。整体的类型变化链如图 2-11 所示。

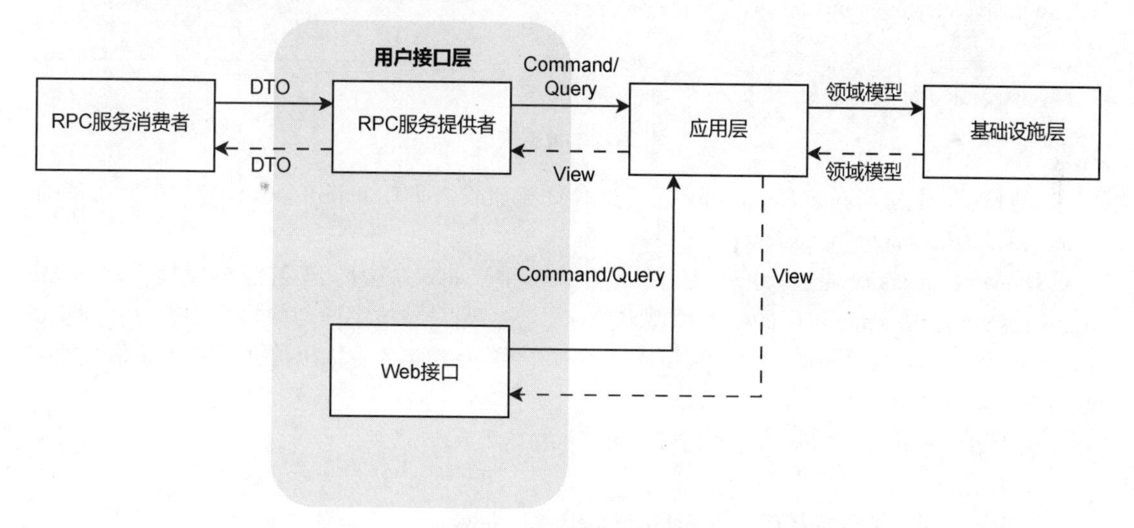

图 2-11　整体的类型变化链

2.6.1　应用架构各层的对象类型

2.4 节的应用架构包含四层，分别是用户接口层、应用层、领域层和基础设施层。应用架构的每层都会有不同的对象类型。在完成一次完整的业务过程中，需要不同层次的对象类型进行协作，在这个过程中会涉及对象类型的转换。

1. 领域层

领域层是系统的核心，包含业务领域对象和业务规则。在领域层中，数据以领域模型的形式存在，对象类型包括实体（Entity）、值对象（Value Object）和领域事件（Domain Event）。

一般不会直接对外部暴露领域层的领域模型。

2. 基础设施层

在基础设施层，对象以数据模型的形式存在。数据模型通常是对数据库表（table）逆向生成的贫血模型，其字段与 table 的 column 一一对应，如图 2-12 所示。

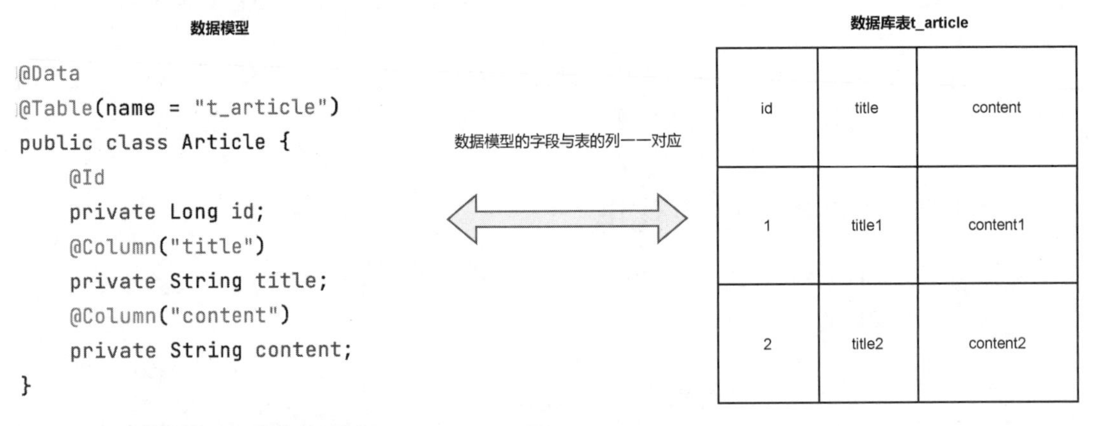

图 2-12　数据模型

领域模型通过 DomainRepository 进行持久化和加载，而 DomainRepository 的实现在基础设施层的 infrastructure-persistence 包中。

DomainRepository 通过 save 方法保存领域模型，save 方法内部会将领域模型转换成 infrastructure-persistence 包中的数据模型对象，数据模型对象的字段与数据库的表一一对应；DomainRepository 通过 load 方法加载领域模型，需要先从数据库查询出数据模型，再将数据模型拼装为领域模型。

关于 DomainRepository 的详细内容，可以参考 5.2 节。

3. 应用层

应用层的对象类型主要有 Command、Query 和 View。

Command 是指命令对象，代表应用层收到的更新请求。执行这些操作将会引起聚合根内部状态的改变，并且往往会触发领域事件。Command 类型的对象用于应用层方法的入参。

Query 是指查询对象，代表应用层收到的查询请求。执行查询操作不会引起领域对象内部状态的改变。Query 类型的对象也用于应用层方法的入参。

View 是指视图对象，代表应用层执行 Query 请求进行查询后得到的结果，用于应用服务方法的返回。View 对象的字段按需提供，可以对外隐藏领域模型的实现细节。

这几种数据类型的使用示例如下。

```
public interface ApplicationService{
  /**
  * Command 类型用于应用层方法的入参，代表将改变领域对象状态
  */
  void modifyTitle(ModifyTitleCommand cmd);
  /**
  * Query 类型用于应用层方法的入参，代表查询条件
  * View 对象应用应用服务 Query 方法返回，代表查询结果
  */
  ArticleView getArticle(AeticleQuery query);
}
```

4. 用户接口层

用户接口层主要通过各种协议暴露应用服务以供外部调用。因此，用户接口层的逻辑应该尽量简洁。用户接口层主要使用数据传输对象（Data Transfer Object，简称 DTO）作为主要对象类型，用于在不同的服务之间进行数据传输。

对于 HTTP 接口而言，一般会返回 JSON 格式的数据给调用者，因此可以直接使用应用层的 Command、Query 和 View，无须额外定义 DTO 对象。

对于 RPC 接口，服务提供者通常会在单独的 jar 包中定义接口，并在该 jar 包中定义接口的入参和出参对象类型。这些入参和出参都是 DTO。当服务提供者的用户接口层实现这些接口时，需要将 DTO 转换为其自身的 Command、Query 和 View 对象。

RPC 接口的伪代码如下。

```
public interface ArticleApi {
  public void createNewDraft(ArticleCreateRequest req);
  public ArticleDTO queryArticle(ArticleQueryRequest req);
}
```

涉及的几个 DTO 对象的定义如下。

```
public class ArticleCreateRequest implements Serializable{
  private String title;
  private String content;
  //getter 和 setter
}
public class ArticleQueryRequest implements Serializable{
  private String title;
  //getter 和 setter
}
public class ArticleDTO implements Serializable{
  private String title;
  private String content;
  //getter 和 setter
}
```

下面将分别对查询、创建、修改这几个过程的类型转换进行梳理。

2.6.2 查询过程的类型变化

查询过程的类型变化过程有两种情况，一种是经典领域驱动设计中加载单个聚合根的查询，另一种是实现 CQRS 后通过数据模型的查询。

加载单个聚合根的过程如图 2-13 所示。

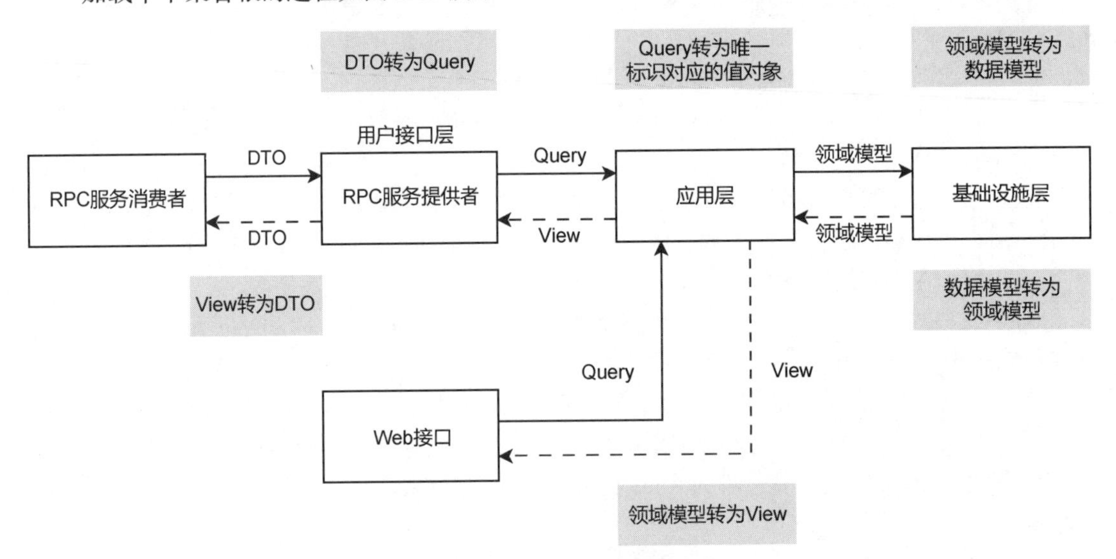

图 2-13 加载单个聚合根的过程

加载单个聚合根时，应用层首先从收到的 Query 查询对象中取出实体的唯一标识，然后通过 Repository 加载聚合根，因此在这种场景下应用层和基础设施层持久化包（即 infrastructure-persistence）都通过领域模型交互。

CQRS 后通过数据模型查询进行的过程如图 2-14 所示。

通过 CQRS 进行数据查询时，应用层收到 Query 查询对象后，将数据传递给基础设施层，基础设施层的数据查询接口（例如 MyBatis 的 Mapper 接口）直接查询数据库并返回数据模型。应用层收到数据模型后，将其转为 View 对象向上返回。

在图 2-13、图 2-14 中，RPC 消费者和 RPC 服务提供者直接通过 DTO 进行数据传递。DTO 一般定义在接口契约的 jar 包中。例如，使用 Apache Dubbo 进行微服务开发时，服务提供者通常会将接口定义在独立的 jar 包中，并将该 jar 包提供给服务消费者。服务消费者通过引用该 jar 包进行服务调用，接口入参和出参的 DTO 也会定义在该 jar 包中。

用户接口层的服务提供者在实现这些 RPC 服务接口时，会将 DTO 转为 Query 对象并向应用层传递。应用层使用 Query 执行数据查询并将查询结果封装为 View 对象进行返回，服务提供者再将这些 View 对象拼装成 DTO 向 RPC 服务消费者返回。

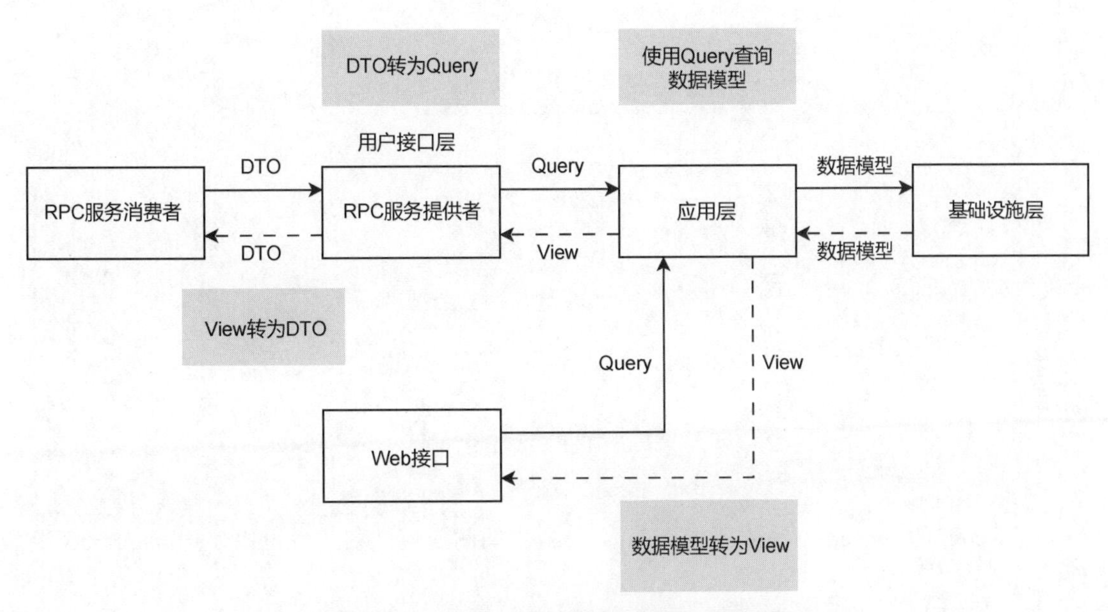

图 2-14　CQRS 后通过数据模型查询的过程

为了提高开发效率，考虑到 Web 接口通常采用 JSON 格式进行数据传输，我们可以直接使用 Query 接收入参，使用 View 返回出参。

以下是更详细的探讨。

1. 用户接口层

对于 HTTP 接口，由于一般向调用方返回 JSON 格式的数据，因此此时可以直接使用应用层的 Query、View。伪代码如下。

```
@RestController
@RequestMapping("/article")
public class ArticleController{
  /**
   * 直接使用 Query 对象作为入参
   */
  @RequestMapping("/getArticle")
  public ArticleView getArticle(@RequestBody AeticleQuery query){
    ArticleView view = applicationService.getArticle(query);
    // 直接返回 View 对象
    return view;
  }
}
```

对于 RPC 接口，实现上面的 ArticleApi，伪代码如下。

```
/
```

```
**
 * RPC 接口实现类
 */
public class ArticleProvider implements ArticleApi {
  @Resource
  private ApplicationService applicationService;
  public ArticleDTO queryArticle(ArticleQueryRequest req){
    //将接口定义中的 ArticleQueryRequest 翻译成 Query 对象
    ArticleQuery query = converter.convert(req);
    //调用应用服务进行查询，返回 View 对象
    ArticleView view = applicationService.getArticle(query);
    //将 View 对象转成 DTO 并返回
    ArticleDTO dto = converter.convert(view);
    return dto
  }
    //TODO 省略其他方法
}
```

converter 的 convert 方法主要用于 Java Bean 之间的属性映射，也可以使用 MapStruct 组件，既简单，又高效。

2. 应用层

在加载领域模型的场景中，应用层会将接收到的 Query 对象转换成领域模型中的值对象，之后通过 Repository 加载聚合根，并将聚合根转换为 View 对象进行返回。

转换为 View 对象的原因是，需要对外隐藏领域模型的实现细节，避免未来领域模型调整时影响到调用方。伪代码如下。

```
@Service
public class  ApplicationServiceImpl implements ApplicationService{

  @Resource
  private Repository repository;
  /**
   * Query 类型用于应用层方法的入参，代表查询条件
   * View 类型通常用于应用层 Query 方法的返回值，代表查询结果
   */
  public ArticleView getArticle(AeticleQuery query){
    //Query 对象换成领域模型中的值对象（即 ArticleId)
    ArticleId articleId =new ArticleId(query.getArticleId());
    //加载领域模型
    ArticleEntity entity = repository.load(articleId);
    //将领域模型转成 View 对象
    ArticleView view = converter.convert(entity);
    return view;
  }
}
```

在 CQRS 的场景中，应用层通过 Query 对象获得查询条件，并将查询条件交给数据模型的 Mapper 接口进行查询，Mapper 接口查询后得到数据模型，应用层再将数据模型转化为 View 对象。

伪代码如下。

```
/**
 * CQRS 后的查询服务
 */
public class QueryApplicationService {
  /**
   * 数据模型的 Mapper
   * 即 MyBatis 中的 Mapper 接口
   */
  @Resource
  private DataMapper dataMapper;
  public View queryOne(Query query) {
    // 取出 Query 的查询条件
    String condition = query.getCondition();
    // 查询出数据模型
    Data data = dataMapper.queryOne(condition);
    // 数据模型换成 View
    View view = this.toView(data);
    return view;
  }
}
```

3. 基础设施层

对于非 CQRS 的场景，基础设施层会先查询出数据模型，再将数据模型组装为领域模型并向上返回，伪代码如下。

```
/**
 * Repository 加载聚合根的过程
 */
@Component
public class ArticleDomainRepositoryImpl implements ArticleDomainRepository {
  @Resource
  private ArticleDao dao;
  /**
   * 根据唯一标识加载领域模型
   */
  public ArticleEntity load(ArticleId articleId){
    // 查询数据模型
   Article data = dao.selectOneByArticleId(articleId.getValue());
   ArticleEntity entity = new ArticleEntity();
   entity.setArticleId(article);
   entity.setTitle(new ArticleTitle(data.getTitle()));
   entity.setArticleContent(new ArticleContent(data.getContent()));
```

```
    // 省略其他逻辑
    return entity;
  }
}
```

2.6.3 创建过程的类型转换

创建过程的类型转换如图 2-15 所示。

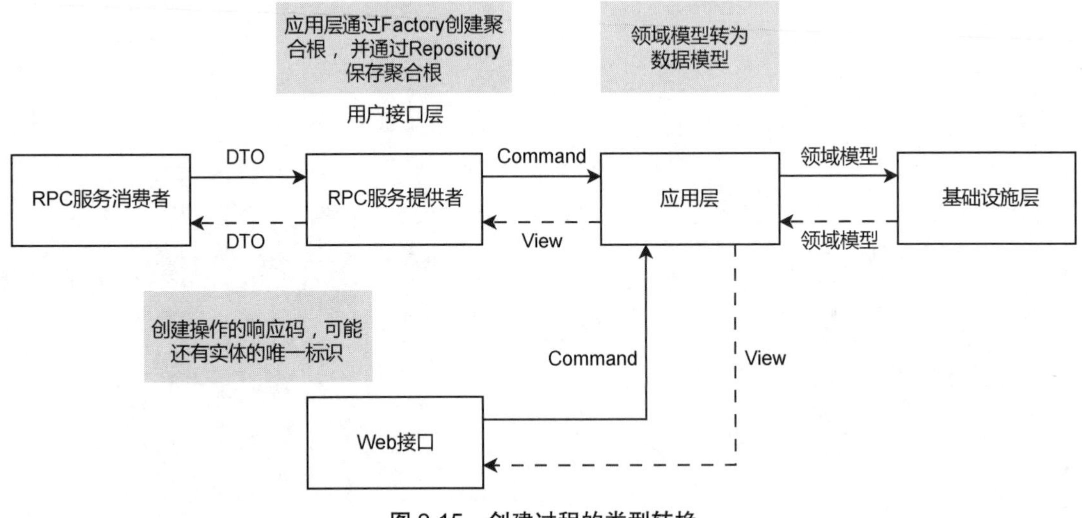

图 2-15 创建过程的类型转换

1. 用户接口层

如果用户接口层方法的入参复用了应用层的 Command，则透传给应用层即可；如果用户接口层有自己的入参类型，例如，RPC 接口会在 API 包中定义一些类型，则需要在用户接口层中将其转换为应用层的 Command。

对于 HTTP 接口，示例如下：

```
/**
 * 创建过程的用户接口层，HTTP 接口
 */
@RestController
@RequestMapping("/article")
public class ArticleController {
  @RequestMapping("/createNewDraft")
  public void createNewDraft(@RequestBody CreateDraftCmd cmd) {
    // 直接透传给应用层
    applicationService.newDraft(cmd);
  }
}
```

对于 RPC 接口，示例代码如下：

```
/**
* 创建过程的用户接口层，RPC 接口
*/
@Component
public class ArticleProvider implements ArticleApi {
  public void createNewDraft(CreateDraftRequest req) {
    //将 CreateDraftRequest 换成 Command
    CreateDraftCmd cmd = converter.convert(req);
    applicationService.newDraft(cmd);
  }
}
```

2. 应用层

在创建的过程中，有可能先使用 Command 携带的数据创建值对象，再将值对象传递给 Factory 完成领域对象的创建。例如，Command 中定义的 content 字段是 String 类型，而领域内定义了一个 ArticleContent 的领域类型，此时需要使用 String 类型的 Content 创建 ArticleContent 类型。

示例代码如下。

```
/**
* 应用层的命令对象省略 get/set 方法
*/
public class CreateDraftCmd {
  private String title;
  private String content;
}
```

应用层方法如下：

```
/**
* 应用层的创建草稿方法
*/
public class ArticleApplicationService {
  @Resource
  private ArticleEntityFactory factory;
  @Resource
  private ArticleEntityRepository repository;
  /**
  * 创建草稿
  */
  public void newDraft(CreateDraftCmd cmd) {
    //将 Command 的属性换成领域内的值对象，传递给领域工厂以创建领域模型
    //此处需要将 String 类型的 title、content 分别转成值对象
    ArticleTitle title = new ArticleTitle(cmd.getTitle());
    ArticleContent content = new ArticleContent(cmd.getContent());
    ArticleEntity articleEntity =factory.newInstance(title,content);
```

```
    // 执行创建草稿的业务逻辑
    articleEntity.createNewDraft();
    // 保存聚合根
    repository.save(articleEntity);
  }
}
```

3. 领域层

领域模型内部执行创建草稿的业务逻辑。

创建草稿看起来很像一个对象的初始化逻辑，但是不要将创建草稿的逻辑放在对象的构造方法中，因为创建草稿是业务操作，对象初始化是编程语言的技术实现。

每个对象都会调用构造方法初始化，但是不可能每次构造一个对象都创建一遍草稿。有的article对象已经发布了，如果将创建草稿的初始化放在构造方法中，那么已经发布的article对象也会再次创建一遍草稿，可能再次产生一个新的事件，这是不合理的。

```
public class ArticleEntity {
  public void createNewDraft() {
    Objects.requireNonNull(this.title);
    Objects.requireNonNull(this.content);
    this.state = ArticleState.NewDraft;
  }
}
```

4. 基础设施层

infrastructure-persistence包内部有用于对象关系映射的数据模型，作为领域模型持久化过程中的数据容器。

值得注意的是，领域模型和数据模型的属性不一定是一对一的。在一些领域模型中，值对象可能会在数据模型中有单独的对象类型。例如，Article在数据库层面可能拆分为多个表存储，比如主表cms_article和正文表cms_article_content。在Repository内部，也需要完成转换并进行持久化。

一些ORM框架（例如JPA）可以通过技术手段，直接在领域模型上加入一系列注解，将领域模型内的字段映射到数据库表中。

存在即合理，这种方式如果使用得当，就可能会带来一些便利，但是本书不会采用这种方法。因为这样会使得领域模型承载过多的责任：领域模型应该只关心业务逻辑的实现，而不必关心领域模型如何持久化，这是基础设施层和数据模型应该关心的事情。

infrastructure-persistence包的伪代码如下。

```
/**
 * Repository保存聚合根的过程
 */
@Component
public class ArticleDomainRepositoryImpl implements ArticleDomainRepository {
  @Resource
```

```
    private ArticleDao dao;
    /**
     * 保存聚合根
     */
    @Transactional
    public ArticleEntity save(ArticleEntity entity){
        //初始化数据模型对象
        Article data = new Article();
        //赋值
        data.setArticleId(entity.getArticleId().getValue());
        data.setArticleTitle(entity.getArticleTitle().getValue());
        data.setArticleContent(entity.getArticleContent().getValue());
        //插入数据模型记录
        dao.insert(data);
    }
}
```

2.6.4　修改过程的类型转换

修改过程的类型转换如图 2-16 所示。

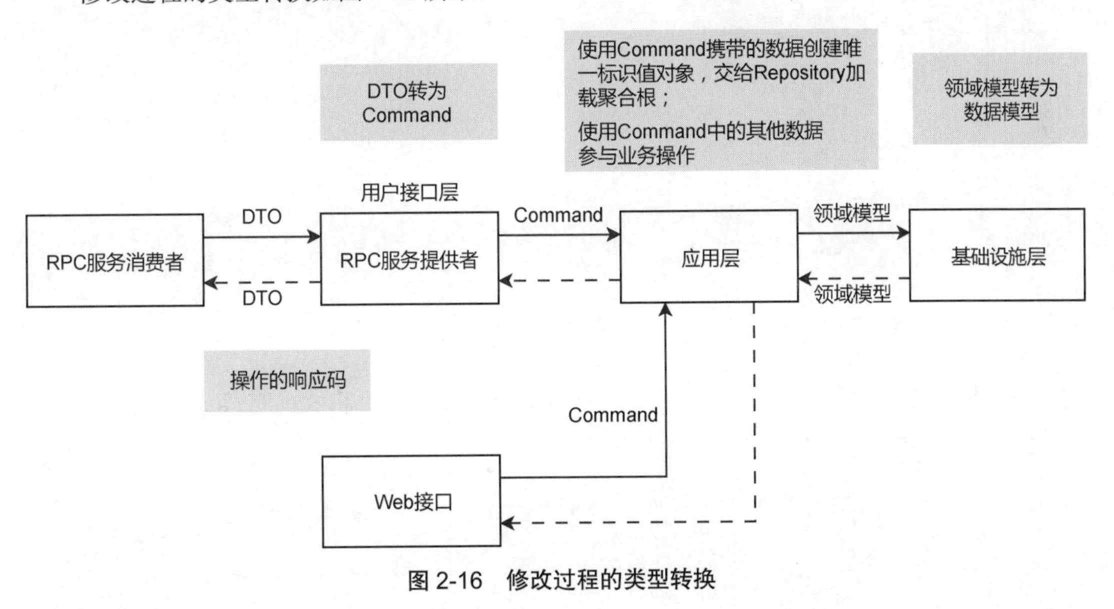

图 2-16　修改过程的类型转换

修改过程与创建过程的区别仅在于创建时用 Factory 生成聚合根，而修改时用 Repository 加载聚合根。

```
/**
 * 应用层的 Command
 */
```

```
public class ModifyTitleCmd {
  private String articleId;
  private String title;
}
@Service
public class ArticleApplicationService {
  @Resource
  private ArticleEntityRepository repository;
  public void modifyTitle(ModifyTitleCmd cmd) {
    // 以 Command 中的参数创建值对象
    ArticleId articleId = new ArticleId(cmd.getArticleId());
    // 由 Repository 加载聚合根
    ArticleEntity articleEntity = repository.load(articleId);
    // 聚合根执行业务操作
    articleEntity.modifyTitle(new ArticleTitle(cmd.getTitle()));
    // 保存聚合根
    repository.save(articleEntity);
  }
}
```

第 3 章 实体和值对象

3.1 实体

3.1.1 实体的概念

实体（Entity）是指在对业务知识进行领域建模后，在业务上具备唯一性和连续性的一类领域模型。

实体最重要的特征是具有唯一标识。

3.1.2 实体的建模

本节以一个电商应用中的收货地址信息为例，讲解实体的建模。

电商应用中一般都会包含地址管理功能，该功能由用户收货地址服务提供支持。通过地址管理功能，用户可以预先录入地址信息，并将某个地址设置为默认地址。在用户下单时，可以直接选择已录入的地址信息，避免多次重复输入，提升用户体验。

收货地址管理示意图如图 3-1 所示。收货地址信息一般包括省、市、区、街道、门牌号、收件人姓名、收件人手机号等信息，这些信息关系非常紧密，而且需要形成一个整体才会有意义。单独的街道、门牌号是没有办法构成收货地址的，因此应该将这些关系非常密切的信息抽取出来形成一个整体概念，也就是建模成领域模型。

对于地址服务来说，“将某个地址设置为默认地址”这句话体现了两个逻辑：

第一，用户可以录入自己的收货地址，并且在后续可以对其进行某些业务操作，例如，设置为默认地址、取消设置默认地址，这体现了收货地址这个领域模型的连续性，因为后续操作的都是同一条地址记录。

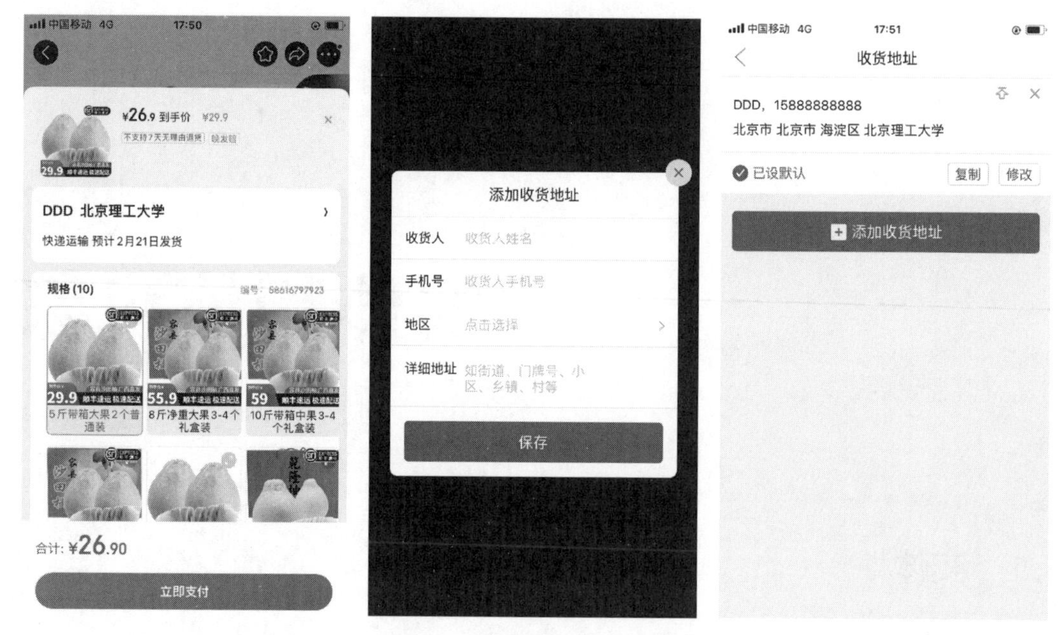

图 3-1　收货地址管理示意图

第二，用户可以将某个地址信息设置为默认地址，而不是将其他的地址设置为默认，也就意味着这些地址信息之间是需要区分的，这体现了唯一性。在收货地址服务中，哪怕是省、市、区、街道、门牌号、收货人、收货人手机号等每个字段都完全相同的 A 和 B 两个地址，用户选择将 A 设置为常用地址，可以看出其属性（省、市、区、街道、门牌号等）并不是其核心特征，只要确定了“A”这个地址，A 的属性是可以任意修改的，因此“A”这个唯一标识，才是区分“A”和“B”的关键。

有读者会感到疑惑，地址信息不一样的两个地址，例如，一个是北京市朝阳区的地址，一个是北京市海淀区的地址，将朝阳区的地址设置为默认地址的过程，是不是地址信息的属性起了决定作用？其实这种情况本质上是先根据属性筛选出某个唯一标识，再将这个唯一标识对应的地址信息设置为默认地址。

在用户地址服务中并不关心地址信息的各个属性：某个被设置为默认的收货地址，通过唯一标识获取到其对应的属性后，完全有可能将省、市、区、街道、门牌号等信息全部都修改为新的值，但这个地址依旧被标记为默认地址，虽然可能已经和原来代表的地理位置相差了很远。可见，对于地址服务，唯一标识才是区分两个地址实例的关键。

因此，在用户地址服务中，自然而然地将地址信息建模成实体，并且在用户添加地址时赋予一个业务上的唯一标识。

要注意的是，这个唯一标识是业务上的，在互联网场景下通常不会使用数据库中表（table）的自增主键作为业务的唯一标识，而是通过分布式 ID 服务申请一个唯一标识。

对于实体的唯一标识，通常将其建模为值对象，本书将在 3.2 节对值对象探讨，在此仅展示用法。

地址唯一标识的示例代码如下。

```
/**
 * 地址唯一标识，是一个值对象
 */
public class AddressId {
  private final String value;
  public AddressId(String value) {
    this.value = value;
  }
  public String getValue() {
    return value;
  }
}
```

地址实体的示例代码如下。

```
/**
 * 地址服务的地址实体
 */
public class AddressEntity {
  /**
   * 唯一标识
   */
  private AddressId addressId;
  /**
   * 省
   */
  private String province;
  /**
   * 市
   */
  private String city;

  //TODO 省略其他属性
  /**
   * 修改地址信息的行为
   */
  public void changeAddressInfo(String province,String city,...){
    //TODO 修改地址信息的行为
  }

  //TODO 省略其他行为
}
```

3.1.3 实体的创建

在领域对象的生命周期中，实体会涉及创建、持久化和重建等过程。

实体的创建指从无到有生成一个实体，并为其赋予唯一标识的过程。创建实体的方式可以是构造方法、静态工厂方法、Factory、Builder 等。

实体的创建过程应该是原子的：不管通过何种方式创建实体，创建完成的实体对象必须包含其必需的属性，并且必须符合业务规则。在创建实体的过程中，如果任何必需的业务规则得不到满足，则创建过程都必须终止。

创建实体时，需要为实体授予唯一标识。业界有多种方式生成唯一标识：用户提供唯一标识，如用户在提交表单时要填写唯一标识；应用程序生成唯一标识，在本地上下文通过 UUID 等方式获得唯一标识；持久化机制生成唯一标识，如数据库自增主键等；另一个限界上下文提供唯一标识，如通过分布式 ID 服务申请唯一序列号等。在此不对这几种方式展开，笔者一般在 Factory 创建实体时请求分布式 ID 服务，为实体申请一个唯一标识。

本书将在 5.1 节介绍 Factory 创建实体的实现细节。

3.1.4 实体的重建

实体的重建是指实体已经被创建了，只不过暂时被持久化到数据库而不在内存中，需要通过其唯一标识重新加载到内存。这个把实体重新加载到内存的过程就是重建，重建实体的过程往往通过 Repository 完成。

注意，重建实体的过程是面向聚合根的，因为只有聚合根才会拥有自己的 Repository。非聚合根的实体的重建过程只是聚合根重建的一个子过程。

关于聚合、聚合根相关的知识，将在第 4 章进行详细介绍。

Repository 对聚合根进行持久化时，先将聚合根（领域模型）翻译成数据库对应的数据模型，再通过数据模型对应的 ORM 组件 (如 MyBatis 的 Mapper 接口)，将数据模型持久化到数据库。

Repository 加载聚合根时，先通过 ORM 组件将数据库记录读取为数据模型，再根据数据模型携带的状态，创建聚合根并完成赋值。

许多 ORM 框架提供了将领域模型（实体或者值对象）直接映射为数据模型的能力，通过这些 ORM 框架可以直接将领域模型持久化到数据库。笔者不推荐这种实践，原因有两个：第一，这样做会使领域模型承担的职责不再单一，领域模型既充当业务承载者，又要被迫参与持久化的过程，导致领域模型的很多字段上被加了 @ID、@Column 等 ORM 框架注解；第二，这样做使得领域模型被数据库设计绑架，在设计数据库时要考虑领域模型的实现逻辑，在进行领域建模时又要兼顾数据库的设计，左右为难。

此外，有的领域驱动设计实践者会将聚合根的创建和重建过程都放到 Repository 中。笔者认为这样做并不合适，因为实体（此处即聚合根）的重建和创建是不同的概念：创建实体时

Factory 不需要通过数据模型获取数据，直接操作领域模型（实体和值对象）即可，并且创建的过程需要为实体生成唯一标识；重建实体一般发生在基础设施持久化层，Repository 需要了解如何将数据模型拼装为领域模型，由于此时实体已经拥有唯一标识，因此并不需要生成唯一标识。

可以从现实生活的场景中理解这两个过程的区别：汽车通过工厂（Factory）从无到有被生产出来，这是创建的过程；司机将汽车暂存到车库（Repository）后，并不关心车库是如何存放这辆车的，可能车库将车的一个个零件拆下来存放（对应“将实体翻译为数据模型，再将数据模型持久化到数据库中”的操作），也可能整体存放（对应“直接转成 JSON 字符串存入缓存”的操作），只要根据车牌号（即唯一标识）到车库取车时，车库能正常将车交接给司机即可。

3.2　值对象

3.2.1　值对象的概念

值对象（Value Object）是指对业务知识进行领域建模之后，对某些业务概念仅进行描述的对象，值对象没有唯一标识。

实体和值对象是对业务知识进行领域建模后的两种表现形式，两者在技术实现上的区别在于有唯一标识。

一些领域驱动设计的实践者将技术上的差异当成实体和值对象的根本区别，但技术实现是一种表象，其根本原因是在一个限界上下文内，是否关心某个对象在业务上的唯一性和连续性：如果关心，则将其建模为实体；如果不关心，则建模为值对象。

一般推荐将值对象建模为不可变对象，值对象一经创建，则值对象的属性不能修改，如果需要修改值对象的属性，必须重新生成值对象，并使用新的值对象整体替换旧的值对象。有时会直接将值对象的属性设置为 final，通过构造方法实例化对象之后，其属性就无法更改，这当然是非常好的实践。

但有时不得不进行一些妥协，例如，需要对值对象进行序列化和反序列化，这就导致值对象不得不暴露其 set 方法。在这种情况下，建议在研发团队内部形成开发规范，对值对象的使用方式进行约定，如：不通过 set 方法修改值对象的属性、通过无副作用函数产生新的值对象、使用新的值对象替换旧的值对象等。

值对象是基于其业务上的属性值进行比较和相等性判断的。因此，如果涉及判断两个值对象相等的情况，需要根据值对象的业务属性重写 equals 和 hashCode 方法。

3.2.2　值对象的实现

值对象的实现非常简单，使用普通的类即可实现值对象。类中包含一些属性和一些方法，用于描述该值对象的状态和行为。例如，可以创建一个名为 Money 的类来表示货币，代码如下。

```
public class Money {
  private final BigDecimal amount;
  private final Currency currency;
  public Money(BigDecimal amount, Currency currency) {
    this.amount = amount;
    this.currency = currency;
  }
  public BigDecimal getAmount() {
    return amount;
  }
  public Currency getCurrency() {
    return currency;
  }
  public Money add(Money other) {
    if (!currency.equals(other.currency)) {
      throw new IllegalArgumentException("Cannot add different currencies");
    }
    return new Money(amount.add(other.amount), currency);
  }
  public Money subtract(Money other) {
    if (!currency.equals(other.currency)) {
      throw new IllegalArgumentException("Cannot subtract different currencies");
    }
    return new Money(amount.subtract(other.amount), currency);
  }
  public boolean equals(Object obj) {
    if (obj == this) {
      return true;
    }
    if (!(obj instanceof Money)) {
      return false;
    }
    Money other = (Money) obj;
    return amount.equals(other.amount) && currency.equals(other.currency);
  }
  public int hashCode() {
    return Objects.hash(amount, currency);
  }
  public String () {
    return amount + " " + currency;
  }
}
```

3.2.3 值对象的建模

在 3.1 节中，地址服务将地址信息建模为实体，接下来探讨订单或者配送服务中对地址信息的建模。

用户在下单时，订单、配送服务通常会保存地址的快照，订单或者运单并不关心地址信息是否有唯一标识，也不关心是用户下单时录入的，还是用户从地址簿里选择的，它只是对订单（或者运单）的配送地址进行描述。

订单（或者运单）的地址信息的生命周期与订单、运单等实体的生命周期相同。通常不会单独关注订单（或者运单）的地址信息，而是关注某个特定订单、运单的地址信息。这是因为地址信息描述的是对应聚合根的"配运信息"特征，只有在其订单（或者运单）的语境下才有意义。

在订单、配送服务中，在设计数据库时，有时会将地址信息存储在单独的一张表中，称之为扩展表。此时虽然该扩展表的记录有 table 的自增主键，但是并没有业务上的唯一标识，因此读者不要将其错误地认为地址信息被建模成实体了。

此外，一般是通过订单号从数据库查询某个订单的地址信息，脱离了订单的收货地址，即使强行为其赋予了唯一标识，业务上也没有意义。

关于这种用扩展表来存储的值对象的技术实现，读者可参考 5.2 节的内容，该节详细讲解了在使用扩展表存储的数据模型时，如何将多表数据模型映射为领域模型。

3.2.4　无副作用的值对象方法

值对象的属性要求不可变，值对象对外提供的方法不能修改值对象自身的属性。因此，值对象对外提供的方法应当实现为无副作用函数。无副作用函数的定义和用法，请参考 3.3 节。

对于值对象的方法，如果返回类型也是值对象，则应该创建新的值对象进行返回，而不是修改原有值对象的属性。

案例如下：

```
public class CustomInt{
  private int a;
  public CustomInt(int a){
    this.a=a;
  }
  public CustomInt add(int x){
    return new CustomInt(a+x);
  }
}
```

add 方法需要返回 CustomInt 类型的结果，不应该修改自身的属性并返回当前对象，而是通过创建新的值对象进行返回。

常用的 BigDecimal 类也有类似的实现。

```
public class BigDecimalTest {
  public static void main(String[] args) {
    BigDecimal a = new BigDecimal("100");
    BigDecimal b = new BigDecimal("10");
```

```
    BigDecimal c = a.add(b);
    System.out.println("a=" + a);
    System.out.println("b=" + b);
    System.out.println("c=" + c);
  }
}
```

该代码将输出：

```
a=100
b=10
c=110
```

3.2.5 值对象的创建

与实体的创建过程类似，对于简单的值对象，可以通过直接使用有入参的构造方法进行创建。对于复杂对象，也可以提供工厂或者建造者来创建。

同样地，值对象在创建完成后，所有的属性都必须被正确初始化，并满足业务规则。不同之处在于，一旦创建过程结束，值对象不允许对属性进行重新赋值或修改，所有修改属性的操作都必须通过创建新的值对象来实现。

1. 通过 Factory 创建

```
public class ValueObjectFactory{
  public ValueObject newInstance(prop1,prop2,prop3……){
    //校验逻辑
    Objects.requireNonNull(prop1,"prop1 不能为空");
    Objects.requireNonNull(prop2,"prop2 不能为空");
    Objects.requireNonNull(prop3,"prop3 不能为空");
    ValueObject valueObject = new ValueObject();
    valueObject.setProp1(prop1);
    //省略其余赋值语句
    return valueObject;
  }
}
```

2. 通过 Builder 创建

如果值对象需要初始化的属性比较多，很容易导致工厂方法入参过多，此时可以采用建造者模式改善这种情况。

```
public class CustomValue {
  private String prop1;
  private String prop2;
  private String prop3;
  public static class Builder {
    private String prop1;
    private String prop2;
    private String prop3;
    public Builder withProp1(String prop1) {
```

```
      this.prop1 = prop1;
      return this;
    }
    public Builder withProp2(String prop2) {
      this.prop2 = prop2;
      return this;
    }
    public Builder withProp3(String prop3) {
      this.prop3 = prop3;
      return this;
    }
    public CustomValue build() {
      Objects.requireNonNull(prop1,"prop1 不能为空");
      Objects.requireNonNull(prop2,"prop2 不能为空");
      Objects.requireNonNull(prop3,"prop3 不能为空");
      CustomValue customValue = new CustomValue();
      customValue.setProp1(prop1);
      customValue.setProp2(prop2);
      customValue.setProp3(prop3);
      return customValue;
    }
  }
  // 省略 get/set 方法
}
```

需要创建 CustomValue 实例时，通过其 Builder 进行实例化。

```
CustomValue customValue = new Builder().withProp1("prop1")
        .withProp2("prop2")
        .withProp3("prop3").build();
```

3.2.6　Domain Primitive

Domain Primitive（DP）可以理解为领域内的基本数据类型。将某些隐藏的领域概念显式抽取出来建模成值对象，并在值对象中提供业务校验，则形成了 DP。

以上文中的 Money 类为例，在没有抽象出该类之前，amount 和 currency 可能是某个类的属性。

```
public class Entity{
  // 省略其他属性
  /**
   * 金额
   */
  private BigDecimal amount;
  /**
   * 货币
   */
  private String currency;
```

```
  // 省略行为
}
```

金额和货币两个属性的联系非常紧密，需要一起配合才能完整表达金钱的概念。因此将金额和货币抽取出来，建模成值对象 Money。

同时，由于这两个属性必须同时具备才能表达业务含义，因此在创建 Money 时必须校验。

```
public class Money{
   /**
   * 金额
   */
  private final BigDecimal amount;
  /**
   * 货币
   */
  private final String currency;
  public Money(BigDecimal amount,String currency){
    // 业务规则校验，amount 和 currency 任一个都不能为空
    if(Objects.isNull(amount)||Objects.isNull(currency)){
      throw new IllegalArgumentException();
    }
    this.amount=amount;
    this.currency=currency;
  }
}
```

在引用了货币和金额的实体中，可以使用 Money 替代原来的属性：

```
public class Entity{
  // 省略其他属性
  /**
   * 金钱
   */
  private Money money;
  // 省略行为
}
```

在任意创建 Money 的地方，都会默认对 amount 和 currency 进行校验，不需要每个用例都校验一遍，避免了业务逻辑的泄露，代码会更清晰可读。

3.3 无副作用函数

3.3.1 无副作用函数的定义

无副作用函数的概念在《领域驱动设计——软件核心复杂性应对之道》《实现领域驱动设计》《重构——改善既有代码的设计》等图书中均有提及。

函数的副作用指的是函数除了其声明的作用，还在函数体内部进行了一些“暗箱操作”，

主要是针对未声明的写操作，例如，修改某些全局配置项、修改某些状态值等。

这种未声明的副作用很容易导致系统出现无法预知的异常，引发线上事故。一般来说，某个特定的调用方，在某个特定的调用时机调用这种具有未声明副作用的函数，可以得到正确的结果。然而，一旦其他调用者调用了这类函数，或者在错误的时机进行了调用，就很有可能得到错误的执行结果。

函数产生副作用的问题在查询和命令不分离的方法中也很常见：一个方法本应该执行命令（Command）操作，引起领域对象状态改变，但却返回了查询结果；一个方法本应该是查询（Query）操作，不应引起领域对象状态改变，但却在内部进行了写操作，改变了领域对象或系统的状态。因此，查询和命令要分开：要么实现为查询，纯粹返回查询结果；要么实现为命令，纯粹进行状态变更，不返回查询结果。

无副作用函数就是除函数声明的作用外，不会引起其他隐藏变化的函数。调用某个函数（即方法）时，不会修改入参，也不会修改内外部的状态。无副作用函数之所以在领域驱动设计中再次被提及，主要是因为无副作用函数的特性与值对象非常贴合，无副作用函数搭配值对象使用，能使值对象更加强大。

关于函数产生副作用的问题，举个例子：

```
public ArticleEntity findById(String articleId){
  // 根据 id 加载某个实体
  ArticleEntity entity=repository.load(articleId);
  // 生成一个缓存 key，用于统计某个实体被访问的次数
  String key="article:pv:"+articleId;
  // 缓存中访问次数加 1
  cache.incr(key,1);
  return entity;
}
```

以上这段代码的主要逻辑是：在 CMS 应用中，读者阅读某篇文章时需要加载文章详情，因此提供了 findById 方法，根据 articleId 加载文章实体。然而，在将实体返回之前，该方法还会操作缓存，使该文章的访问次数加 1。findById 方法本应只进行查询并返回文章实体，但却在执行过程中修改了文章的访问次数，因此该方法具有副作用。

函数的副作用很容易导致难以排查的错误。以上面的代码为例，一开始可能正常运行，在其他地方读取该文章访问次数的缓存时，也能返回正确的访问次数。然而，随着需求的迭代，某天有个定时任务不断地根据 articleId 调用 findById 方法查询实体，就会突然出现访问次数突增的问题。当然，在实际项目中统计某个页面的访问次数通常通过埋点和大数据进行实时处理，此处只是用来展示函数的副作用，并非实际生产环境中的解决方案。

另外，方法缓存自己的查询结果是无副作用的，例如：

```
public ArticleEntity findById2(String articleId){
  String key="article:"+articleId;
  ArticleEntity entity=cache.get(key);
  if(entity!=null){
```

```
        return entity;
    }
    entity=repository.load(articleId);
    cache.set(key,entity);
    return entity;
}
```

findById2 方法通过 articleId 查询文章。在查询时，先尝试从缓存中获取文章。如果能获取到，则直接返回从缓存中取出来的文章；如果获取不到，则通过 repository 的 load 方法加载并将其缓存起来。虽然在这个方法中也操作了缓存，但是并没有对外造成影响，所以 findById2 也是无副作用的。

3.3.2 无副作用函数的实现

无副作用函数有两种实现方式：纯函数和非纯函数。

1. 纯函数实现无副作用函数

纯函数是指用于计算的所有输入均来自方法的入参，函数计算时不依赖非入参的数据，函数执行的结果只通过返回值传递到外部，不会修改入参的函数。

举个例子：

```
public int sum(int x,int y){
    return x+y;
}
```

2. 非纯函数实现无副作用函数

非纯函数在执行的过程中依赖了函数外部的数据，如果希望非纯函数成为无副作用函数，那么非纯函数不应该修改函数外部的值。

```
public class CustomInt{
    private int a;
    public CustomInt(int a){
        this.a=a;
    }
    //这个方法依赖了属性 a，但是并没有修改 a 的值
    public CustomInt add(int x){
        return new CustomInt(a+x);
    }
}
```

以上这个 add 方法在计算时不仅依赖入参 x，还需要依赖 CustomInt 的属性 a，因此 add 方法不是纯函数。

虽然 add 方法依赖了 CustomInt 的属性 a，但是 add 方法并没有修改 a 的值，而是创建了新的 CustomInt 进行返回，因此 add 方法也是没有副作用的。

第 4 章

聚合与聚合根

4.1 领域模型相关概念梳理

许多初学者对聚合、聚合根、实体、值对象这几个领域模型相关的概念之间的关系感到疑惑，笔者对这些概念及其关系进行了梳理，如图 4-1 所示。

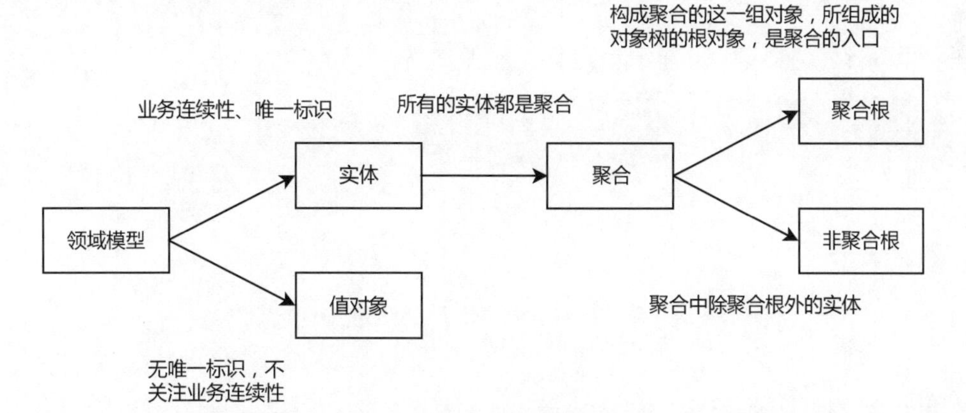

图 4-1　领域对象概念的关系梳理

领域模型通常被建模为实体或值对象。实体是具有唯一标识并描述业务的连续性的对象，值对象则仅描述业务而不具备唯一标识。

所有的实体都是聚合，即使是单个实体也是如此。

聚合是由一组对象组成的，这些对象形成了一棵对象树。对象树的根对象被称为聚合根，它是进入聚合的入口。单个实体本身也可以作为聚合根。

4.2 聚合与聚合根的定义

实体和值对象是对业务知识的建模，而聚合与聚合根则是对领域模型一致性的建模。

采用面向对象的方式对领域知识进行建模之后，得到了实体和值对象两类领域模型。这些领域模型的对象不会孤立地存在，往往存在引用关系，形成一棵对象树。这棵对象树就是一个聚合（Aggregate）。

聚合根（Aggregate Root）则是指这棵对象树的根（Root），聚合根必定是一个实体（Entity）。

下面的 Role 类就是一个聚合，并且聚合根就是 Role 这个类，通过它可以访问到聚合内所有的状态。除非通过 Role 聚合根，否则外部无法访问该聚合内部的状态。

```
/**
 * 这一组紧密关联的领域对象形成了 Role 聚合
 * Role 类是这个聚合的聚合根
 * 需要通过 Role 才能访问内部状态
 */
public class Role {
  private RoleId roleId;
  private String roleName;
  /**
   * Role 聚合下的其他实体
   */
  private Set<Resource> resources = new HashSet<>();
  public void modifyRoleName(String roleName) {
    this.roleName = roleName;
  }
  /**
   * 外部看不到 Resource 实体，为 Role 新增资源时需要将资源的 key 和 name 传进来
   * @param resourceKey
   */
  public void addResource(String resourceKey, String resourceName) {
    // 创建 Resource 实例
    Reource r = this.createReource(resourceKey, resourceName);
    this.resources.add(r);
  }
  /**
   * 判断是否存在某个资源的 key
   * 需要通过 Role 才能访问内部状态
   * @param resourceKey
   * @return
   */
  public boolean hasResource(String resourceKey) {
    Objects.requireNonNull(resourceKey, "resourceKey 为空");
    return resources.stream()
```

```
        .anyMatch(e -> e.getResourceKey().equals(resourceKey));
    }
}
```

4.3　聚合与聚合根的作用

聚合是一致性的边界。聚合内的领域对象都必须接受一致性约束，聚合内的对象状态是强一致的，而跨聚合之间是最终一致的。此外，聚合内的对象都必须满足固定的业务规则，可以起到维护业务规则的作用。

在实际应用中，聚合的强一致性可以通过一些技术手段来实现。例如，可以使用数据库事务来保证对聚合的操作是原子性的，要么全部成功，要么全部失败。另外，可以使用乐观锁或悲观锁来控制对聚合的并发访问，避免出现数据不一致的问题。

以 Role 为例，在修改角色名称时，只是修改了 roleName 的值，并没有修改角色对应的 Resource，所以在保存 Role 时，如果角色对应的 Resource 已经被其他请求修改过，虽然本次操作只更新了资源名称，但出于一致性的考虑，需要重新加载 Role 聚合的最新状态来进行业务重试，直至 Role 聚合被一致地更新。

```
public class RoleApplicationService {
  @Resource
  private RoleRepository roleRepository;
  public void modifyRoleName(Long roleId, String roleName) {
    Role role = roleRepository.load(new RoleId(roleId));
    role.modifyRoleName(roleName);
    roleRepository.save(role);
  }
}
```

聚合内保证一致性的过程如图 4-2 所示。

聚合根可以控制外部对聚合内状态的访问。外部对象只能引用聚合根，不能直接引用聚合内的对象，避免了外部对象绕过聚合根来修改内部对象的状态，确保任何状态变化都符合聚合的固定规则。

以 Role 这个聚合为例，当需要给角色添加资源时，我们必须通过聚合根 Role 提供的 addResource 方法进行操作，而不是从某个方法返回 resources，再通过 resources 进行添加。

```
/**
 * 以下是正例，通过聚合根操作内部状态
 */
public class RoleApplicationService {
  @Resource
  private RoleRepository roleRepository;
  public void addResource(String roleId, String resourceKey,String resourceName) {
    Role role = roleRepository.load(new RoleId(roleId));
    role.addResource(resourceKey,resourceName);
```

```
    roleRepository.save(role);
  }
}
```

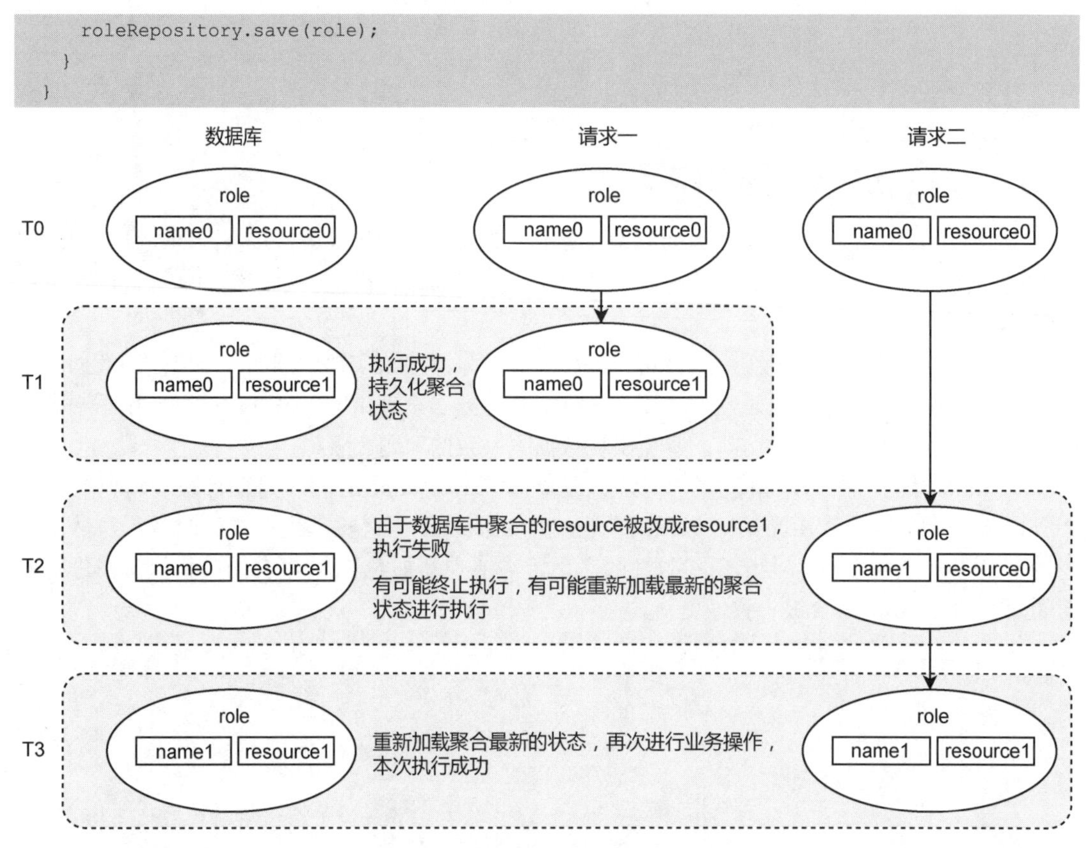

图 4-2 聚合内保证一致性的过程

以下示例是通过某个方法返回聚合根内部的状态，直接操作聚合根状态，这是不推荐的。

```
/**
 * 以下是反例，暴露聚合内的状态，直接绕开聚合根进行操作
 */
public class RoleApplicationService {
  @Resource
  private RoleRepository roleRepository;
  /**
   * 反例
   * @param roleId
   * @param resourceKey
   * @param resourceName
   */
  public void addResource(String roleId,
            String resourceKey,
            String resourceName) {
    Role role = roleRepository.load(new RoleId(roleId));
```

```
    // 错误！对外暴露了聚合内部的状态
    Set<Resource> resources = role.getReources();
    // 错误！绕开聚合根操作聚合内部状态
    resources.add(new Resource(resourceKey,resourceName));
    roleRepository.save(role);
  }
}
```

通过以上的示例代码，相信读者也理解了聚合根内部不会直接持有其他聚合根的引用，而是持有外部聚合根实体的 ID 的原因。

外部对象如果需要获取聚合的内部状态，可以通过聚合根创建一个状态副本并返回这个副本，避免了外部私自修改聚合内部状态的风险。

示例如下，getResources 方法返回了一个新的 Resource Set，调用方修改这个 Set，不会影响到聚合内部状态。

```
public class Role {
  private Gson gson = new Gson();
  private RoleId roleId;
  private String roleName;
  /**
   * Role 聚合下的其他实体
   */
  private Set<Resource> resources = new HashSet<>();
  // 省略其他方法
  /**
   * 当需要暴露聚合内部状态时，不能直接返回内部状态的引用，而是应当返回一个副本
   * @return resourceIds 副本
   */
  public Set<Resource> getResources() {
    String json = gson.toJson(this.resources);
    Set<Resource> newSet = gson.fromJson(json,
        new TypeToken<Set<Resource>>() {
        }.getType());
    return newSet;
  }
}
```

因为聚合的状态是通过聚合根进行维护的，要避免绕开聚合根进行状态修改，因此，只有聚合根拥有 Repository，非聚合根的实体是没有 Repository 的。

本书 5.2 节将对 Repository 进行详细介绍，此处仅简单介绍。

聚合根的 Repository 只有两个方法：load 和 save。load 方法通过聚合根唯一标识（聚合根实体 ID）加载聚合根；save 方法保存聚合根，注意要进行事务控制。

示例：

```
public class RoleRepository {
  public Role load(RoleId roleId) {
```

```
        //TODO 从数据库查询 Role 相关的数据对象
        //TODO 将数据对象转成领域对象，返回
    }
    /**
     * 保存领域对象，事务操作
     * @param role 领域对象
     */
    @Transactional
    public void save(Role role) {
        //TODO 将领域模型转成数据模型
        //TODO 将数据模型保存到数据库中
    }
}
```

4.4 聚合设计的原则

Vaughn Vernon 在其《实现领域驱动设计》一书中，列举了一些聚合的原则，我们“站在巨人的肩膀上”——在此基础上进行讲解。

4.4.1 设计小而全的聚合

若聚合设计得过大，则在聚合状态变更时，维护聚合内一致性的成本会很高。举个例子，某个比较大的聚合具有 100 个属性，拆分成 2 个聚合之后，可能一个有 40 个属性，另一个有 60 个属性，100 个属性的聚合比 40 或者 60 个属性的聚合被更新的概率高。

用极端的思维去考虑，如果将系统建模成只有一个聚合，那么系统就变成串行的了，因为每个事务只能更新一个聚合，所有的操作必须逐一执行。

若聚合设计得过小，则没有办法完整地表达领域概念，这也是需要避免的。这里也举个极端的例子，将某个聚合的所有属性一一单独拆分为聚合，那么领域的业务概念无法被正确地表达出来。

因此，推荐将聚合设计得尽可能小，小到刚好包含某个完整的领域概念，在最理想的情况下，当然是一个实体（Entity）作为一个聚合，但达不到的时候也不必苛求，只需要尽可能满足小而全即可。

此外，不要苛求一次性将聚合设计得很完美，导致研发流程卡在建模阶段迟迟得不到推进，这是不可取的。领域建模得到领域模型后，可以先应用于实际开发，在实践中不断调整，由于业务概念已经被建模为值对象或者实体，业务逻辑高度内聚在领域对象内，调整聚合的大小是轻而易举的事。

4.4.2 通过唯一标识引用其他聚合根

聚合代表着一致性的边界，直接在一个聚合内引用其他聚合根会破坏这个边界，而通过唯

一标识引用其他聚合根，则可以保证聚合内部的一致性。

假如在一个聚合根内部直接通过对象引用了其他的聚合根，此时就会遇到“如何确保这两个聚合根的一致性”的问题。在聚合根内直接引用其他聚合如图 4-3 所示。

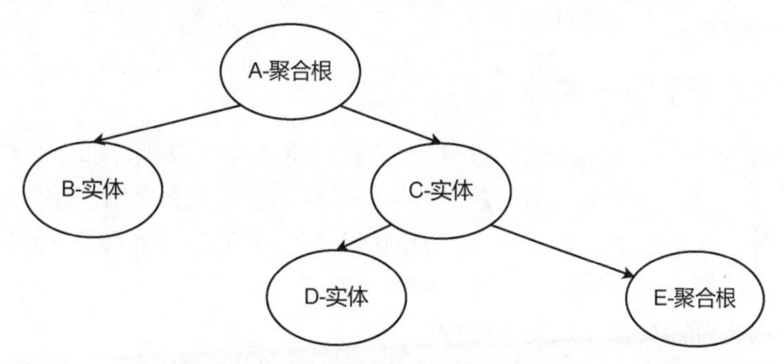

图 4-3　在聚合根内直接引用其他聚合

在图 4-3 中，A 和 E 都是聚合根，它们是操作聚合状态的入口。由于在聚合范围内需要保证状态的强一致性，聚合的状态必须通过聚合根来维护。然而，由于 A 和 E 都是聚合根，所以很难选择是通过 A 还是 E 来修改聚合状态的时机：如果所有的聚合状态都通过 A 聚合根来维护，那么 E 就不应该是聚合根；如果 E 确实是聚合根，那么 A 就不应该维护 E，否则 E 的状态就不独立，这就破坏了聚合所代表的一致性边界。

因此，在聚合根内直接通过对象引用其他聚合根是不可行的，所以需要通过聚合根的唯一标识来引用其他聚合。

通过唯一标识引用其他聚合还可以将系统分解成更小、更独立的部分，从而降低了聚合之间的耦合度，使它们之间的状态更容易被维护。

4.4.3　一个事务只更新单个聚合

聚合是一组相关的领域对象的集合，它们共同构成了一个有边界的整体。聚合内部的对象之间具有非常强的业务关联，它们的状态必须保持一致。如果一个事务同时更新了多个聚合，就会破坏聚合的一致性边界。

一个事务只更新单个聚合会使聚合的概念更清晰，并且一个事务只更新单个聚合可以使并发控制变得简单。在分库分表成为标配的微服务时代，同时更新多个库、多张表意味着分布式事务。要实现这种强一致性的分布式事务，不仅实现复杂，而且可能对系统性能造成影响。

多个事务同时对聚合进行更新时，如果每个事务只更新单个聚合，那么可以避免死锁等并发问题的发生。如果每个事务都要同时更新多个聚合，为了确保数据的一致性，就需要对待更新的所有聚合进行锁定，这会导致并发性能的下降。以 4.3 节中更新聚合根引起冲突为例，如果一个事务更新多个聚合，那么产生这种冲突的概率明显会增大，也就意味着需要重试的概率增大，这会对系统的性能造成影响。

一个事务只更新单个聚合，还可以使代码更加清晰和易于维护。如果每个事务都要同时更新多个聚合，那么就需要编写更加复杂的代码来处理这些操作。当业务逻辑变得越来越复杂时，这些代码也会变得越来越难以维护。

关于聚合内事务的控制，详见第 11 章。

4.4.4 跨聚合采用最终一致性

最终一致性是指在分布式系统中，如果没有新的更新操作发生，那么最终所有的节点都会达到一致的状态。与强一致性不同的是，最终一致性不会要求每个节点都立即获得最新的数据。这是因为在分布式系统中，各节点之间的网络延迟、故障等因素可能导致数据同步的不及时，因此最终一致性是一种更加灵活的数据一致性模型。

那么为什么跨聚合需要采用最终一致性呢？

首先，“一个事务只更新单个聚合”这个原则既然约束了一个事务只更新单个聚合，那么跨聚合就不能在一个事务里进行更新了，也就只好退而求其次采用最终一致性。

其次，在分布式系统中，跨聚合的操作可能会涉及多个聚合之间的数据交互，这些聚合的数据模型可能存放在不同的数据库中，跨聚合的事务操作意味着分布式事务。如果为了保证强一致性而采用分布式事务模型，则有可能会影响系统的性能。

可以通过领域事件的方式实现跨聚合的最终一致性：某个聚合完成事务之后，对外发布领域事件，其他聚合通过订阅感兴趣的领域事件，完成自身的状态更新。

关于跨聚合事务的处理，详见第 11 章。

4.5 聚合的拆分

聚合过大，即聚合中包含的领域对象过多，加载和保存聚合时需要读写更多的数据，容易影响性能。另外，大聚合有可能导致一个聚合中糅合了过多的业务概念，这些业务概念都有可能引起状态变更，由于聚合内的领域对象必须保持强一致，因此维护一致性的成本很高。

聚合过小，即包含的领域对象过少，则没有完整地表达领域概念，不能体现出聚合封闭业务规则的特点。

以 RBAC 权限模型的 Role 和 Resource 为例进行讲解。以下是 Role 的初始版本 Role0，接下来对 Role 的聚合范围进行探讨。

```
public class Role0 {
  private RoleId roleId;
  private String roleName;
  private Set<Resource> resources;
}
```

对于 Role0 聚合，其中包含了非常多的 Resource 实体。假设某个 Role0 实例 A 改变了 roleName 属性，在 A 持久化之前，如果其他的 Role0 实例 B 对某个 Resource 进行了修改，那么 A 实例对 resources 的修改就会失效，必须进行业务重试。

聚合过小时无法封闭聚合内的业务规则，这个很好理解，在此就不举例了。

对于聚合的拆分，目前没有统一的标准，笔者只介绍自己的拆分经验。

4.5.1　第一次拆分

首先根据聚合的定义，将一些外部聚合根移出聚合，通过聚合根的 ID 进行引用。

如何判断一个实体是不是外部聚合呢？一般来说，如果某个实体被多个聚合根引用，那么这个实体就可以被提升为聚合根。例如上面的 Resource，一般会被多个 Role 引用，因此可以判断 Resource 可以被提升为聚合根。

以下是第一次拆分后的 Role1 聚合根：

```
public class Role1 {
  private RoleId roleId;
  private String roleName;
  private Set<ResourceId> resourceIds;
}
```

4.5.2　第二次拆分

在 Role1 中将 Resource 移出了聚合，但是留下了对 ResourceId 的引用。考虑到不仅需要根据 Role 查询到其关联的 Resource，有时候还需要清楚某个 Resource 被哪些 Role 引用。如果按照 Role1 的设计，那么在 Resource 中，显然也需要持有对 RoleId 的引用。例如：

```
public class Resource {
  private ResourceId resourceId;
  private String resourceName;
  private Set<RoleId> roleIds;
}
```

这会造成循环依赖的问题。假设 Role1 中需要移除某个 ResourceId，那么不仅需要在 Role1 中操作，还需要到 Resource 中将对应的 RoleId 移除。这明显是不合理的。

因此，我们开始第二次拆分。将 resourceIds 也移出 Role 聚合，并将 Role 与 Resource 的关联关系提升为一个聚合，将其命名为 RoleResourceBinding。其业务意义是为某个 Role 分配的 Resource。

```
/**
 * 角色聚合
 */
public class Role2 {
  private RoleId roleId;
  private String roleName;
}
/**
 * 角色与资源绑定聚合根
```

```
 */
public class RoleResourceBinding {
  private BindingId bindingId;
  private RoleId roleId;
  private ResourceId resourceId;
  private Integer active;
  private Date bindTime;
}
```

通过两次拆分，可以总结出以下经验：

重点关注容易被多个聚合根持有的公共实体，这些实体可能被提升为聚合根，并被移出聚合。

重点关注 1 : N 的集合属性，这些属性有可能因为业务需要，需要被提升为聚合根。

4.6 聚合根的配套组件

复杂领域对象的创建可以通过 Factory 完成，聚合根自身也是一种实体，因此聚合根也拥有自己的 Factory。Factory 的实现细节见 5.1 节。

聚合根作为维护聚合状态的入口，聚合的持久化、加载操作都是面向聚合根的，并且都通过 Repository 来完成。另外，只有聚合根才拥有对应的 Repository。Repository 的实现细节见 5.2 节。

第 5 章

Factory、Repository 和领域服务

5.1 Factory

5.1.1 Factory 的定义

工厂模式（Factory Pattern）是一种设计模式，可用于对象的创建。在领域驱动设计中，对于复杂的领域对象，不管是实体还是值对象，都可以使用工厂（Factory，在后文中将统一使用 Factory）进行创建。通过将领域对象的创建过程交由统一的对象进行管理，可以避免过多地关注其创建过程。

需要注意的是，Factory 创建领域对象的过程是原子的：创建完成的领域对象必须包含其必要的属性，并且创建完成的对象必须符合业务规则。

5.1.2 Factory 的实现

对于实体来说，往往需要在创建时指定唯一主键，因此 Factory 可以交由 Spring 进行实例化管理，在创建的过程中注入某些依赖的基础设施。

```
@Component
public class EntityFactory{
  /**
  * id 生成器
   */
  @Resource
  private IdGenerator idGenerator;
```

```
  public Entity newInstance(){
    Entity entity = new Entity();
    entity.setEntityId(new EntityId(idGenerator.newId()));
    //TODO 其他初始化过程
    return entity;
  }
}
```

值对象没有唯一标识，可以直接使用静态的方法完成创建。

5.1.3 Factory 的职责辨析

有的实践者使用 Repository 创建领域对象，笔者认为这不是很好的实践。

Repository 是面向聚合根的，更多的是作为仓储来保存或者加载聚合根。如果也由 Repository 创建领域对象，那么 Repository 就承担了过多的职责。

可能一些普通的实体、值对象比较复杂，也需要封装创建过程，如果由 Repository 进行创建，就与"只有聚合根才拥有 Repository"产生了矛盾。因此，本书将单独使用 Factory 完成领域对象的创建。

要注意 Repository 加载聚合根和 Factory 创建领域对象两者过程的区别：Repository 是已经存在了聚合根，只是将其从持久化的数据库（或者其他持久化存储）加载到内存中，并将其重新组装为聚合根；Factory 是从无到有地创建领域对象。虽然两者在创建过程中可能都会先创建空对象，再设置属性，但是两者的语义并不相同。

5.2 Repository

5.2.1 Repository 的定义

Repository 是领域驱动设计中非常重要的组件，可用来保存和加载聚合根。Repository 主要有以下几种职责：

- 将聚合根持久化到数据库。在 Repository 的 save 方法中，先将聚合根转换为数据对象，再将其持久化到数据库。
- 将聚合根从数据库加载到内存。在 Repository 的 load 方法中，先查询数据库获取数据对象，再将数据对象组装成聚合根。
- 数据库事务控制。在保存聚合根时进行事务控制，确保数据的一致性。

5.2.2 Repository 的实现

Repository 的实现方案有两种：表级的 Repository 和行级的 Repository。

1. 表级的 Repository

表级的 Repository 是指 Repository 的方法在进行查询或者更新时会操作多个聚合根。例如：

```
/**
 * 表级的 Repository
 */
public class Repository {
  public List<Entity> queryForList() {
    // 省略业务逻辑
  }
  public void batchSave(List<Entity> entityList) {
    // 省略业务逻辑
  }
  // 省略其他的方法
}
```

queryForList 方法返回多个 Entity 实例，batchSave 方法同时保存多个聚合根实例，因此这个 Repository 是表级的。

表级的 Repository 下也会有针对单个聚合根的操作，例如，保存单个聚合根和加载单个聚合根。

2. 行级的 Repository

行级的 Repository 是指 Repository 的方法在进行查询或者更新时只操作一个聚合根。例如：

```
/**
 * 行级的 Repository
 */
public class Repository {
  public Entity load(EntityId entityId) {
    // 省略业务逻辑
  }

  @Transactional
  public void save(Entity entity) {
    // 省略业务逻辑
  }
}
```

load、save 方法都只操作一个聚合根，对应数据库中的一行数据，因此这种实现是行级的。

在领域驱动设计中，有的实践者会将 Repository 实现为表级的，本书要求将 Repository 实现为行级的。表级 Repository 中涉及多个聚合根的查询方法，如 queryForList，应通过 CQRS 将其分离出去。由于一个事务只更新一个聚合，因此，Repository 不应提供更新多个聚合根的方法，如 batchSave 这种批量更新的方法是不推荐提供的。

5.2.3　Repository 实战

本节将以一个 CMS 应用为例，讲解 Repository 的实现细节，展示领域模型与数据模型阻抗不匹配的问题，以及探讨如何实现领域模型与数据模型的映射。

1. 初步领域建模

CMS 应用最核心的功能是创建文章草稿、发布文章、阅读文章，对文章相关的业务逻辑进行领域建模，得到一个名为 Article 的实体，Article 也是一个聚合根。

首先，分析 Article 的行为。

用户一般会先创建一个文章草稿，所以 Article 有创建草稿的行为。

- 创建好的文章（不管是草稿状态还是已发布状态）可以被修改标题或者内容，所以 Article 有修改标题和内容的行为。
- 草稿状态的文章发布出去后，读者可以阅读已发布状态的文章，所以 Article 有发布文章的行为。

其次，分析 Article 的属性。

- Article 需要有标题（title）和正文（content）两个基本的字段。
- Article 作为一个实体，需要有自己的唯一标识，称为 ArticleId。
- Article 涉及草稿和已发布两种状态，所以还需要有记录 Article 状态的字段，称为 state。

综上分析，可以得到一个实体 Article，并且 Article 是一个聚合根。Article 的代码如下，方法的入参 / 出参暂时先不用过多地关注。

```
public class Article {
  private String articleId;
  private String title;
  private String content;
  private Integer state;
  public void createDraft( ) {
  }
  public void modifyTitle( ) {
  }
  public void modifyContent( ) {
  }
  public void publishArticle( ) {
  }
}
```

2. 领域知识封装

进一步思考，每次通过 articleId 进行业务操作时，都需要判断 articleId 是否存在，非常烦琐。根据 3.2.6 节的内容，可以将 articleId 字段建模为一个 Domain Primitive（值对象）。这样每次创建 ArticleId 时，在构造方法中都会进行非空判断，相当于将 ArticleId 的业务规则封装到值对象中，在创建 ArticleId 值对象时自动进行业务规则校验，避免了规则校验逻辑分散到业务方法中。

ArticleId 的代码如下。

```
/**
 * Article 的唯一标识，是一个值对象
 */
```

```java
public class ArticleId {
  private String value;
  public ArticleId() {
  }
  public ArticleId(String value) {
    this.check(value);
    this.value = value;
  }
  public void setValue(String value) {
    // 在有值的情况下不允许修改
    if (this.value != null) {
      throw new UnsupportedOperationException();
    }
    this.check(value);
    this.value = value;
  }
  private void check(String value) {
    Objects.requireNonNull(value);
    if ("".equals(value)) {
      throw new IllegalArgumentException();
    }
  }
  public String getValue() {
    return this.value;
  }
}
```

领域驱动设计不推荐在应用层直接使用set方法进行赋值，但有时候一些底层使用的技术框架需要使用set/get方法，所以我们做了适当妥协，依然提供了set方法。需要注意的是，在关键属性的set方法中也需要进行业务校验。另外，要在团队内部形成开发指南（或者代码规范），在开发者层面达成共识，避免在应用层无意义地使用set方法。

接下来讨论title和content两个字段，它们自身可能包含非空、长度限制等业务规则，并且，它们的生命周期与聚合根的生命周期相同，也没有自己的唯一标识，因此合理地将其建模为值对象。假设title字段有一个不允许超过64个字符长度的业务规则，那么可以得到以下的值对象。

titile建模后的代码如下。

```java
/**
 * 文章标题建模为值对象 (Value Object)
 */
public class ArticleTitle {
  private String value;
  public ArticleTitle() {
  }
  public ArticleTitle(String value) {
```

```
    this.check(value);
    this.value = value;
  }
  public String getValue() {
    return this.value;
  }
  public void setValue(String value) {
    if (this.value != null) {
      throw new UnsupportedOperationException();
    }
    this.check(value);
    this.value = value;
  }
  private void check(String value) {
    Objects.requireNonNull(value, "title 不能为空");
    if ("".equals(value) || value.length() > 64) {
      throw new IllegalArgumentException();
    }
  }
}
```

content 建模后的代码如下。

```
/**
 * 正文内容建模为值对象(Value Object)
 */
public class ArticleContent {
  private String value;
  public ArticleContent() {
  }
  public ArticleContent(String value) {
    this.check(value);
    this.value = value;
  }
  public void setValue(String value) {
    if (this.value != null) {
      // 在有值的情况下不允许修改
      throw new UnsupportedOperationException();
    }
    this.check(value);
    this.value = value;
  }
  private void check(String value) {
    Objects.requireNonNull(value);
    if ("".equals(value)) {
      throw new IllegalArgumentException();
    }
  }
```

```
  public String getValue() {
    return this.value;
  }
}
```

至此，实体 Article 的代码如下，为了标识 Article 是一个实体，将其命名为 ArticleEntity。

```
/**
 * Article 实体，也是聚合根
 */
public class ArticleEntity {
  private ArticleId articleId;
  private ArticleTitle title;
  private ArticleContent content;
  private Integer state;
  public void createDraft() {
  }
  public void modifyTitle() {
  }
  public void modifyContent() {
  }
  public void publishArticle() {
  }
}
```

当然，也可以用枚举表达 state，在此则直接用 Integer 类型。

3. 领域模型与数据模型阻抗不匹配

领域模型的建模不涉及持久化，只关注领域模型内的领域知识是否完整。然而，在基础设施层实现 Repository 时，就需要考虑如何建模数据库表结构。

以 ArticleContent（文章正文）值对象为例，它的值通常是富文本，文本长度可变且较长。这类文本可能会使用对象存储或列式存储等方式单独存储，为简化起见，在此处直接使用 text、Blob 等类型进行存储。通常情况下，为了考虑性能，还会使用单独的一张表来存储文章正文，并通过 articleId 进行查找。

因此，ArticleEntity 在数据库层面需要使用两张表存储聚合根。

此外，根据公司的数据库开发规范，每张表必须包含以下几个字段：

deleted（逻辑删除，0 代表数据有效，1 代表数据已删除）、created_by（数据库记录的创建者）、created_time（创建时间）、modified_by（数据库记录的修改者）、modified_time（数据库记录的修改时间）、version（数据库的乐观锁）。

最后，还要求每张表都必须有一个自增主键的 id 字段，并且自增 id 不能用于业务操作。

综上，得到了文章实体 ArticleEntity 在数据存储层的表结构，如下：

- ArticleEntity 的基本属性由 cms_article 表进行存储。

```
CREATE TABLE 'cms_article' (
 'id' bigint NOT NULL AUTO_INCREMENT COMMENT '自增主键',
```

```
 'article_id' varchar(64) NULL COMMENT 'article业务主键',
 'title' varchar(64) NULL COMMENT '标题',
 'publish_state' int NOT NULL DEFAULT 0 COMMENT '发布状态,默认为0,0未发布,1已发布',
 'deleted' tinyint NULL DEFAULT 0 COMMENT '逻辑删除标记[0-正常;1-已删除]',
 'created_by' VARCHAR(100) COMMENT '创建人',
 'created_time' DATETIME NULL DEFAULT CURRENT_TIMESTAMP COMMENT '创建时间',
 'modified_by' VARCHAR(100) COMMENT '更新人',
 'modified_time' DATETIME NULL DEFAULT CURRENT_TIMESTAMP ON UPDATE CURRENT_TIMESTAMP
COMMENT '更新时间',
 'version' bigint DEFAULT 1 COMMENT '乐观锁',
 PRIMARY KEY ('id'),
 INDEX 'idx_articleId'('article_id')
 ) ENGINE = InnoDB AUTO_INCREMENT = 1 CHARACTER SET = utf8mb4 COLLATE utf8mb4_bin
COMMENT 'article主表';
```

- Article 的正文属性由 cms_article_content 表进行存储。

```
CREATE TABLE 'cms_article_content' (
 'id' bigint NOT NULL AUTO_INCREMENT COMMENT '自增主键',
 'article_id' varchar(64) NULL COMMENT 'article业务主键',
 'content' text NOT NULL COMMENT '正文内容',
 'deleted' tinyint NULL DEFAULT 0 COMMENT '逻辑删除标记[0-正常;1-已删除]',
 'created_by' VARCHAR(100) COMMENT '创建人',
 'created_time' DATETIME NULL DEFAULT CURRENT_TIMESTAMP COMMENT '创建时间',
 'modified_by' VARCHAR(100) COMMENT '更新人',
 'modified_time' DATETIME NULL DEFAULT CURRENT_TIMESTAMP ON UPDATE CURRENT_TIMESTAMP
COMMENT '更新时间',
 'version' bigint DEFAULT 1 COMMENT '乐观锁',
 PRIMARY KEY ('id'),
 INDEX 'idx_articleId'('article_id')
 ) ENGINE = InnoDB AUTO_INCREMENT = 1 CHARACTER SET = utf8mb4 COLLATE utf8mb4_bin
COMMENT 'article正文内容表';
```

现在 ArticleTitle、ArticleContent 都需要记录很多数据库层面的信息，例如 deleted、created_by、created_time、modified_by、modified_time、version 字段。

上述字段不属于领域知识，如果直接将这些字段放入值对象，则可能造成误解，但是为了正确持久化不得不做适当的妥协。

通过层超类型（Layer Supertype）的模式，可以将这些额外的字段抽取封装到一个抽象类中。在项目案例中，本书将其命名为 AbstractDomainMask，可以理解为领域模型掩码或者领域模型面具，主要是为了隔离这些数据库层面的字段。

AbstractDomainMask 的代码如下。

```
@Data
public abstract class AbstractDomainMask {
  /**
   * 自增主键
   */
```

```
  private Long id;
  /**
   * 逻辑删除标记 [0- 正常 ;1- 已删除 ]
   */
  private Integer deleted;
  /**
   * 创建人
   */
  private String createdBy;
  /**
   * 创建时间
   */
  private Date createdTime;
  /**
   * 更新人
   */
  private String modifiedBy;
  /**
   * 更新时间
   */
  private Date modifiedTime;
  /**
   * 乐观锁
   */
  private Long version;
}
```

需要进行持久化的实体和值对象都会继承该抽象类。

ArticleContent 还提供了工厂方法，用于从旧的 ArticleContent 对象中生成新的对象，在生成的过程中需要将 AbstractDomainMask 中的字段带过去。

ArticleContent 的代码如下。

```
/**
 * 正文内容建模为值对象 (Value Object)
 */
public class ArticleContent extends AbstractDomainMask {
  private String value;
  public ArticleContent() {
  }
  public ArticleContent(String value) {
    this.check(value);
    this.value = value;
  }
  public void setValue(String value) {
    this.check(value);
    this.value = value;
  }
```

```
  private void check(String value) {
    Objects.requireNonNull(value);
    if ("".equals(value)) {
      throw new IllegalArgumentException();
    }
  }
  public String getValue() {
    return this.value;
  }
  /**
   * 从一个旧的 ArticleContent 中得到一个新的 ArticleContent
   *
   * @param old
   * @param value
   * @return
   */
  public static ArticleContent newInstanceFrom(AbstractDomainMask old,
                               String value) {
    ArticleContent newContent = new ArticleContent();
    newContent.setDeleted(old.getDeleted());
    newContent.setCreatedBy(old.getCreatedBy());
    newContent.setCreatedTime(old.getCreatedTime());
    newContent.setModifiedBy(old.getModifiedBy());
    newContent.setModifiedTime(old.getModifiedTime());
    newContent.setVersion(old.getVersion());
    newContent.setId(old.getId());
    newContent.setValue(value);
    return newContent;
  }
}
```

此时，ArticleEntity 的代码如下。

```
/**
 * Article 实体，也是聚合根
 */
public class ArticleEntity extends AbstractDomainMask {
  private ArticleId articleId;
  private ArticleTitle title;
  private ArticleContent content;
  private Integer state;
  public void createDraft() {
  }
  public void modifyTitle() {
  }
  public void modifyContent() {
  }
```

```
  public void publishArticle() {
  }
}
```

ArticleContent 是一个值对象。当 content 发生变更时，会创建一个新的对象来替换旧的对象。但是，在创建新的 ArticleContent 对象时，需要将旧对象中 AbstractDomainMask 的字段带过去。

以下是 content 变更时应用层的示例代码。

```
/**
 * 应用层
 */
public class ArticleApplicationService {
  @Resource
  private DomainRepository domainRepository;

  @Retryable(value = OptimisticLockingFailureException.class,
      maxAttempts = 2)
  public void modifyContent(ArticleModifyContentCmd cmd) {
    ArticleEntity entity = domainRepository.load(
        new ArticleId(cmd.getArticleId()));
    ArticleContent oldContent = entity.getArticleContent();
    String contentString = cmd.getContent();
    //从旧的 ArticleContent 中创建新的值对象，将层超类型的数据带过去
    ArticleContent newContent = ArticleContent.newInstanceFrom(oldContent,
        contentString);
    entity.modifyContent(newContent);
    domainRepository.save(entity);
  }
  //省略其他代码
}
```

以下是 ArticleEntity 的示例代码。

```
/**
 * Article 实体，也是聚合根
 */
public class ArticleEntity extends AbstractDomainMask {
  //省略其他代码
  //修改内容
  public void modifyContent(ArticleContent articleContent) {
    this.content = articleContent;
  }
  //省略其他代码
}
```

4. load 和 save 方法的实现

接下来详细探讨 Repository 中 load 和 save 方法的实现。

1）load 方法

load 方法的实现要点如下：

要点一，从数据库加载数据模型，将数据模型拼装为领域模型。

要点二，维护 version（数据库乐观锁）、id（数据库表的自增主键）等层超类型中的字段。

要点三，load 方法的入参应该是聚合根的唯一标识。

2）save 方法

save 方法的实现要点如下：

要点一，将领域模型携带的状态转化为数据模型。

要点二，将层超类型中的 version（数据库乐观锁）、id（数据库表的自增主键）等同步到数据模型中。

要点三，注意事务控制，要将 save 内的操作放在一个数据库事务中执行。

ArticleEntity 的 DomainRepository 实现如下。

```
@Repository
@Slf4j
public class ArticleDomainRepositoryImpl implements ArticleDomainRepository {
  @Override
  public ArticleEntity load(ArticleId articleId) {
    CmsArticle article = articleMapperEx.findOneByBizId(articleId.getValue());
    if (article == null) {
       log.error("查询不到article,articleId={}", articleId.getValue());
       throw new NotFoundDomainException();
    }
    ArticleEntity entity = new ArticleEntity();
    entity.setArticleTitle(new ArticleTitle(article.getTitle()));

    entity.setPublishState(PublishState.getByCode(article.getPublishState()).getCode());
    entity.setArticleId(articleId);
    entity.setVersion(article.getVersion());
    entity.setId(article.getId());
    entity.setCreatedBy(article.getCreatedBy());
    entity.setCreatedTime(article.getCreatedTime());
    entity.setModifiedTime(article.getModifiedTime());
    entity.setModifiedBy(article.getModifiedBy());
    entity.setDeleted(article.getDeleted());
    CmsArticleContent content = contentMapperEx.findOneByBizId(articleId.getValue());
    ArticleContent articleContent = new ArticleContent();
    articleContent.setValue(content.getContent());
    articleContent.setVersion(content.getVersion());
    articleContent.setId(content.getId());
    articleContent.setCreatedBy(content.getCreatedBy());
    articleContent.setCreatedTime(content.getCreatedTime());
    articleContent.setModifiedTime(content.getModifiedTime());
    articleContent.setModifiedBy(content.getModifiedBy());
```

```
        articleContent.setDeleted(content.getDeleted());
        entity.setContent(articleContent);
        return entity;
    }
    @Override
    @Transactional
    public void save(ArticleEntity entity) {
        CmsArticle cmsArticle = new CmsArticle();
        cmsArticle.setTitle(entity.getArticleTitle().getValue());
        //region
        cmsArticle.setArticleId(entity.getArticleId().getValue());
        cmsArticle.setPublishState(entity.getPublishState());
        cmsArticle.setId(entity.getId());
        cmsArticle.setCreatedBy(entity.getCreatedBy());
        cmsArticle.setCreatedTime(entity.getCreatedTime());
        cmsArticle.setModifiedBy(entity.getModifiedBy());
        cmsArticle.setModifiedTime(entity.getModifiedTime());
        cmsArticle.setVersion(entity.getVersion());
        cmsArticle.setDeleted(entity.getDeleted());
        //endregion
        ArticleContent content = entity.getContent();
        CmsArticleContent cmsArticleContent = new CmsArticleContent();
        cmsArticleContent.setContent(content.getValue());
        //region
        cmsArticleContent.setArticleId(entity.getArticleId().getValue());
        cmsArticleContent.setId(content.getId());
        cmsArticleContent.setVersion(content.getVersion());
        cmsArticleContent.setDeleted(content.getDeleted());
        cmsArticleContent.setCreatedBy(content.getCreatedBy());
        cmsArticleContent.setCreatedTime(content.getCreatedTime());
        cmsArticleContent.setModifiedBy(content.getModifiedBy());
        cmsArticleContent.setModifiedTime(content.getModifiedTime());
        //endregion
        cmsArticleRepository.save(cmsArticle);
        cmsArticleContentRepository.save(cmsArticleContent);
    }
}
```

5.3 领域服务

5.3.1 领域服务的基本概念

通过领域建模，可以将领域中绝大部分的业务过程和业务规则清晰地归属到对应的实体和值对象中。然而，当领域中的某个操作涉及多个聚合根，或者不是实体和值对象的自然职责时，如果将其强加到实体或者值对象中，就会显得非常突兀，并且不合理。

在这种情况下，应该定义一个独立的接口，在接口中声明这样的操作，这个接口就是领域服务（Domain Service）。领域服务也是领域模型的一种表现形式。

例如，在本书第 21 章中，有一个根据多个贴纸聚合根生成日记正文的操作，因为要读取多个聚合根的信息，这个业务操作放在贴纸聚合根上并不合适，所以更适合将其抽取成为领域服务。

5.3.2 领域服务的特点

相较于实体和值对象，领域服务主要有以下特点：

第一点，领域服务是领域中的业务操作，但是该操作无法归属于实体和值对象。

第二点，推荐根据操作来命名领域服务，如 5.3.3 节的数据导出领域服务被命名为 DomainExportService。

第三点，领域服务是无状态的。

5.3.3 领域服务实战

创建领域服务时要经过慎重考虑，确认真正需要将业务操作建模为领域服务，否则会造成领域服务的滥用，形成新的贫血模型。

领域服务通常根据其实现的功能进行命名，例如，导出数据到 Excel 的领域服务可命名为 DataExportDomainService。数据导出服务的操作界面如图 5-1 所示，用户选中多行记录并单击“导出”按钮后，系统将通过该领域服务来准备数据，并将数据导出到 Excel 文件中。

图 5-1 数据导出服务的操作界面

DataExportDomainService 的示例代码如下。

```
public interface DataExportDomainService {
  /**
   * 聚合数据导出
   */
  List<Map<String,Object>> export(List<EntityId> entityIdList);
}
```

实现DataExportDomainService后，将在Application Service中使用它：

```
public class ApplicationService {
  @Resource
  private DataExportDomainService dataExportDomainService;
  public Excel exportToExcel(DataExportCommand cmd) {
    // 从请求中获得选中的聚合根的唯一标识，此时是基本类型
    List<String> ids = cmd.getEntityIds();
    // 用基本类型生成聚合根唯一标识的值对象
    List<EntityId> entityIdList = this.toEntityIdList(ids);
    // 根据唯一标识集合加载多个聚合根，读取这些聚合根的信息，生成渲染Excel所需要的数据
    List<Map<String,Object>> excelData = dataExportDomainService.export(entityIdList);
    // 调用Excel的工具类生成Excel文件并返回
    Excel excel = ExcelUtil.render(excelData);
    return excel;
  }
}
```

5.3.4 领域服务与应用服务的区别

领域服务（Domain Service）位于领域层，是领域模型的一部分。领域服务用于完成领域内特定的业务操作，通常这些业务操作不适合由实体或值对象来完成。领域服务是无状态的，通常涉及多个聚合根之间的协调和交互。与其他领域模型（实体、值对象）一样，领域服务需要由应用服务来协调，不能单独存在。

应用服务（Application Service）位于应用层，负责定义业务用例并协调业务用例的整体流程，同时协调领域层和基础设施层来完成业务操作。应用服务不了解业务的具体细节，也不会参与具体的业务逻辑处理，仅仅提供领域模型和领域服务执行操作的场所。

伪代码如下。

```
public class ApplicationService {
  @Resource
  private DomainService domainService;
  @Resource
  private Gateway gateway;
  /**
   * 应用服务定义了doSomething方法，即定义了业务一个用例
   * 内部协调Gateway、DomainService完成整个用例
   * @param command
   */
  public void doSomething(Command command) {
    ValueObject =gateway.queryFromOtherContext(command.getSomeValue());
    //DomainService完成具体的业务操作
    domainService.changeState(valueObject);
  }
}
```

第 6 章
设计模式

6.1 设计模式与领域驱动设计

设计模式常用于解决一些复杂的业务场景。使用设计模式可以使代码更清晰、可扩展性更好。将设计模式融入领域驱动设计中可以极大地提高处理复杂业务流程的能力。

在常见的 23 种 GOF 设计模式中，工厂模式和建造者模式可以用来创建领域对象，使复杂领域对象的创建过程更清晰。适配器模式可以用来实现防腐层，相关内容将在第 7 章进行讲解。其他的设计模式也完全可以应用在领域驱动设计中。由于篇幅限制，本书只选择了部分设计模式进行举例。

此外，规约模式不属于 GOF 设计模式，但是使用规约模式可以很好地维护业务规则，相关内容将在 6.5 节进行讲解。

6.2 责任链模式

6.2.1 责任链模式的定义

责任链模式是一种行为型设计模式，它可以将请求的发送者和接收者解耦，使多个对象都有机会处理请求。在责任链模式中，请求沿着一个链传递，链中的每个节点按照顺序进行处理。

在责任链模式中，通常有一个抽象处理者（Handler）和具体的处理者（Concrete Handler）。

- 抽象处理者：定义了一个处理请求的接口，以及一个指向下一个处理者的引用。
- 具体处理者：实现了抽象处理者的接口，并且可以选择性地将请求传递给下一个处理者。

● 客户端：创建责任链，并向其发送请求。

责任链模式的类图如图 6-1 所示。

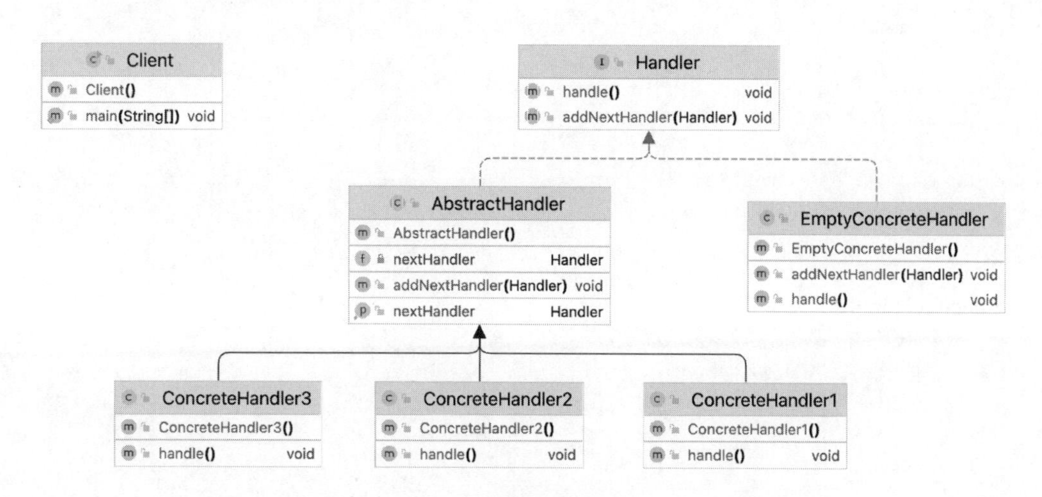

图 6-1　责任链模式的类图

6.2.2　责任链的案例代码

Handler 接口：

```
/**
 * Handler 接口，业务处理节点的抽象
 */
public interface Handler {
  /**
   * 业务处理
   */
  public void handle();
  /**
   * 添加下一个节点
   * @param nextHandler
   */
  public void addNextHandler(Handler nextHandler);
}
```

AbstractHandler 抽象类：

```
/**
 * Handler 抽象实现
 */
public abstract class AbstractHandler implements Handler {
```

```
  /**
   * 默认下一个 Handler 是空的，避免多次判断
   */
  private Handler nextHandler = EmptyConcreteHandler.EMPTY_HANDLER;
  @Override
  public void addNextHandler(Handler nextHandler) {
    this.nextHandler = nextHandler;
  }
  public Handler getNextHandler() {
    return this.nextHandler;
  }
}
```

ConcreteHandler1 类：

```
public class ConcreteHandler1 extends AbstractHandler {
  @Override
  public void handle() {
    System.out.println("ConcreteHandler1--->handle()");
    getNextHandler().handle();
  }
}
```

ConcreteHandler2 类：

```
public class ConcreteHandler2 extends AbstractHandler {
  @Override
  public void handle() {
    System.out.println("ConcreteHandler2--->handle()");
    getNextHandler().handle();
  }
}
```

ConcreteHandler3 类：

```
public class ConcreteHandler3 extends AbstractHandler {
  @Override
  public void handle() {
    System.out.println("ConcreteHandler3--->handle()");
    getNextHandler().handle();
  }
}
```

EmptyConcreteHandler 类：

```
public class EmptyConcreteHandler implements Handler {
  public static final Handler EMPTY_HANDLER = new EmptyConcreteHandler();
  @Override
  public void handle() {
    System.out.println("EmptyConcreteHandler--->空实现");
  }
  @Override
  public void addNextHandler(Handler nextHandler) {
```

```
  }
}
```

Client 类：

```
public class Client {
  public static void main(String[] args) {
    ConcreteHandler1 handler1 = new ConcreteHandler1();
    ConcreteHandler2 handler2 = new ConcreteHandler2();
    handler1.addNextHandler(handler2);
    ConcreteHandler3 handler3 = new ConcreteHandler3();
    handler2.addNextHandler(handler3);
    handler1.handle();
  }
}
```

运行结果：

```
ConcreteHandler1--->handle()
ConcreteHandler2--->handle()
ConcreteHandler3--->handle()
EmptyConcreteHandler--->空实现
```

6.2.3　责任链框架——Pie

责任链模式的使用要点在于要将维护责任链的代码与业务代码分开。在实际应用中，经常看到开发者将业务代码与维护责任链的代码耦合到一起，以至于代码难以维护，背离了使用设计模式的初衷。在此，向读者推荐笔者开源的责任链框架 Pie。Pie 框架的核心代码提取自 Netty。通过使用 Pie 框架，可以像使用 Netty 一样优雅地实现责任链模式，同时达到业务代码和框架代码解耦的目的，使开发者只需要关注业务代码，不需要再关注责任链的执行细节。

关于 Pie 框架更多的使用细节，请读者到 GitHub 搜索 /feiniaojin/pie。

1. 引入 Maven 依赖

Pie 框架目前已打包发布到 Maven 中央仓库，开发者可以直接通过 Maven 坐标将其引入项目中。

```
<dependency>
  <groupId>com.feiniaojin.ddd</groupId>
  <artifactId>pie</artifactId>
  <version>最新版本</version>
</dependency>
```

请到 Maven 中央仓库获得最新的版本。

2. 实现出参工厂

在 Pie 框架中，出参就是执行结果，一般的执行过程都要求返回执行结果。通过 OutboundFactory 接口提供出参工厂，用于产生接口默认的返回值。

例如：

```
public class OutFactoryImpl implements OutboundFactory {
  @Override
  public Object newInstance() {
    Result result = new Result();
    result.setCode(0);
    result.setMsg("ok");
    return result;
  }
}
```

3. 实现 Handler 接口完成业务逻辑

在 Pie 框架的案例工程（请到 GitHub 搜索“/feiniaojin/pie-example”）的 Example1 中，为了展示 Pie 框架的使用方法，虚构了一个业务用例：CMS 类应用修改文章标题、正文。该案例分别将参数校验、修改文章的标题和修改文章的正文的过程实现在不同的 Handler 中。

三个 Handler 及其功能如下。

- CheckParameterHandler：用于参数校验。
- ArticleModifyTitleHandler：用于修改文章的标题。
- ArticleModifyContentHandler：用于修改文章的正文。

CheckParameterHandler 的代码如下。

```
public class CheckParameterHandler implements ChannelHandler {
  private Logger logger = LoggerFactory.getLogger(CheckParameterHandler.class);
  @Override
  public void channelProcess(ChannelHandlerContext ctx,
                Object in,
                Object out) throws Exception {
    logger.info("参数校验：开始执行");
    if (in instanceof ArticleTitleModifyCmd) {
       ArticleTitleModifyCmd cmd = (ArticleTitleModifyCmd) in;
       String articleId = cmd.getArticleId();
       Objects.requireNonNull(articleId, "articleId不能为空");
       String title = cmd.getTitle();
       Objects.requireNonNull(title, "title不能为空");
       String content = cmd.getContent();
       Objects.requireNonNull(content, "content不能为空");
    }
    logger.info("参数校验：校验通过，即将进入下一个 Handler");
    ctx.fireChannelProcess(in, out);
  }
  @Override
  public void exceptionCaught(ChannelHandlerContext ctx,
                Throwable cause,
                Object in,
                Object out) throws Exception {
    logger.error("参数校验：异常处理逻辑", cause);
```

```
        Result re = (Result) out;
        re.setCode(400);
        re.setMsg("参数异常");
    }
}
```

ArticleModifyTitleHandler 的代码如下。

```
public class ArticleModifyTitleHandler implements ChannelHandler {
  private Logger logger = LoggerFactory.getLogger(ArticleModifyTitleHandler.class);
  @Override
  public void channelProcess(ChannelHandlerContext ctx,
               Object in,
               Object out) throws Exception {
    logger.info("修改标题：进入修改标题的 Handler");
    ArticleTitleModifyCmd cmd = (ArticleTitleModifyCmd) in;
    String title = cmd.getTitle();
    //修改标题的业务逻辑
    logger.info("修改标题:title={}", title);
    logger.info("修改标题：执行完成，即将进入下一个 Handler");
    ctx.fireChannelProcess(in, out);
  }
  @Override
  public void exceptionCaught(ChannelHandlerContext ctx,
               Throwable cause,
               Object in,
               Object out) throws Exception {
    logger.error("修改标题：异常处理逻辑");
    Result re = (Result) out;
    re.setCode(1501);
    re.setMsg("修改标题发生异常");
  }
}
```

ArticleModifyContentHandler 的代码如下。

```
public class ArticleModifyContentHandler implements ChannelHandler {
  private Logger logger = LoggerFactory.getLogger(ArticleModifyContentHandler.class);
  @Override
  public void channelProcess(ChannelHandlerContext ctx,
               Object in,
               Object out) throws Exception {
    logger.info("修改正文：进入修改正文的 Handler");
    ArticleTitleModifyCmd cmd = (ArticleTitleModifyCmd) in;
    logger.info("修改正文,content={}", cmd.getContent());
    logger.info("修改正文：执行完成，即将进入下一个 Handler");
    ctx.fireChannelProcess(in, out);
  }
  @Override
```

```
  public void exceptionCaught(ChannelHandlerContext ctx,
                Throwable cause,
                Object in,
                Object out) throws Exception {
    logger.error("修改标题：异常处理逻辑");
    Result re = (Result) out;
    re.setCode(1502);
    re.setMsg("修改正文发生异常");
  }
}
```

4. 通过 BootStrap 拼装并执行

具体代码如下。

```
public class ArticleModifyExample1 {
  private final static Logger logger = LoggerFactory.getLogger(ArticleModifyExample1.class);
  public static void main(String[] args) {
    //构造入参
    ArticleTitleModifyCmd dto = new ArticleTitleModifyCmd();
    dto.setArticleId("articleId_001");
    dto.setTitle("articleId_001_title");
    dto.setContent("articleId_001_content");
    //创建引导类
    BootStrap bootStrap = new BootStrap();
    //拼装
    Result result = (Result) bootStrap
        .inboundParameter(dto)//入参
        .outboundFactory(new ResultFactory())//出参工厂
        .channel(new ArticleModifyChannel())//自定义 channel
        .addChannelHandlerAtLast("checkParameter", new CheckParameterHandler())//第一个
Handler
        .addChannelHandlerAtLast("modifyTitle", new ArticleModifyTitleHandler())//第二个
Handler
        .addChannelHandlerAtLast("modifyContent", new ArticleModifyContentHandler())//第
三个 Handler
        .process();//执行
    //result 为执行结果
    logger.info("result:code={},msg={}", result.getCode(), result.getMsg());
  }
}
```

5. 执行结果

以下是运行 ArticleModifyExample1 的 main 方法输出的日志，可以看到定义的 Handler 被逐一执行了。以下文本均为控制台的日志输出：

```
CheckParameterHandler.channelProcess: 24 参数校验: 开始执行
CheckParameterHandler.channelProcess: 35 参数校验: 校验通过，即将进入下一个 Handler
rticleModifyTitleHandler.channelProcess: 22 修改标题: 进入修改标题的 Handler
```

```
ArticleModifyTitleHandler.channelProcess: 28 修改标题: title=articleId_001_title
ArticleModifyTitleHandler.channelProcess: 30 修改标题: 执行完成，即将进入下一个 Handler
ArticleModifyContentHandler.channelProcess: 22 修改正文: 进入修改正文的 Handler
ArticleModifyContentHandler.channelProcess: 24 修改正文, content=articleId_001_content
ArticleModifyContentHandler.channelProcess: 25 修改正文: 执行完成，即将进入下一个 Handler
ArticleModifyExample1.main: 37 result: code=0, msg=ok
```

6.2.4　在领域驱动设计中使用责任链模式

在领域驱动设计中使用责任链模式时，要注意不能将责任链的维护放在应用层或者领域模型中，应该创建一个领域服务，在领域服务中完成责任链的创建和执行。

另外，尽量不要在责任链的处理器（Handler）中通过 set 方法修改领域对象（聚合根）的状态。责任链应该仅用于进行某些值的计算，最终将计算结果交给聚合根来完成业务操作。

例如，以 CMS 发布文章时的内容审核为例，以下是审核内容的领域服务。

```
/**
 * 审核内容的领域服务
 */
@Service
public class PublishDomainServiceImpl implements  PublishDomainService{
  /**
   * 领域服务
   */
  public Integer allowPublish(ArticleEntity article) {
    //创建引导类
    BootStrap bootStrap = new BootStrap();
    //拼装并执行，所有的 Handler 都不会修改聚合根状态
    Interger result = bootStrap.inboundParameter(article)//入参
        .outboundFactory(new ResultFactory())//出参工厂
        .addChannelHandlerAtLast("IllegalTextDetection", new IllegalTextDetectionHandler())
    //违规文字检测
        .addChannelHandlerAtLast("IntelligentAuditing", new IntelligentAuditingHandler())
    //智能检测
        .process();//执行
    //返回发布结果
    return result;
  }
}
```

该领域服务将在应用层使用：

```
@Service
public class ArticleApplicationService{
  @Resource
  private ArticleEntityRepository repository;
  @Resource
  private PublishDomainService publishDomainService;
```

```
    public void publish(PublishCommand cmd){
      //加载聚合根
      ArticleEntity entity = repository.load(new EntityId(cmd.getEntityId()));
      //领域服务计算发布状态
      Integer publishState = publishDomainService.allowpublish(entity);
      //更新聚合根的发布状态
      entity.publish(publishState);
      //保存聚合根
      repository.save(entity);
    }
}
```

6.3 策略模式

6.3.1 策略模式的定义

策略模式是一种行为型设计模式，它允许在运行时选择算法的行为。策略模式将每个算法封装成一个独立的类，并使它们可以互相替换。这样可以使算法的变化独立于使用算法的客户端。

策略模式的类图如图 6-2 所示。

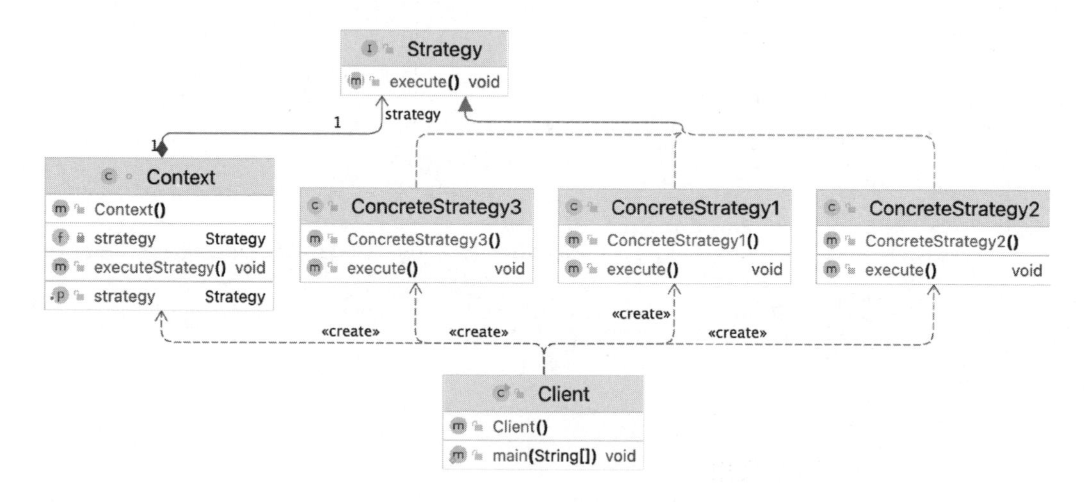

图 6-2 策略模式的类图

在策略模式中涉及以下几种角色。

- Strategy：策略的抽象，定义了策略接口，内部的 execute 方法定义了策略执行的算法。
- ConcreteStrategy：策略的实现类，实现了 Strategy 策略接口。

- Context：上下文类，它持有一个 Strategy 对象，并通过 setStrategy 方法来设置具体的策略对象。
- Client：创建了一个 Context 对象，并分别使用了三种不同的策略来执行相应的操作。

6.3.2 策略模式的案例代码

策略模式案例代码的结构如图 6-3 所示。

```
∨ strategy
    Client
    ConcreteStrategy1
    ConcreteStrategy2
    ConcreteStrategy3
    Context
    Strategy
```

图 6-3　策略模式案例代码的结构

Strategy、ConcreteStrategy、Context、Client 这几种角色的代码分别如下。

Strategy 类：

```
/**
 * 定义策略接口
 */
public interface Strategy {
  void execute();
}
```

ConcreteStrategy1 类：

```
public class ConcreteStrategy1 implements Strategy{
  @Override
  public void execute() {
    System.out.println("ConcreteStrategy1--->execute()");
  }
}
```

ConcreteStrategy2 类：

```
public class ConcreteStrategy2 implements Strategy{
  @Override
  public void execute() {
    System.out.println("ConcreteStrategy2--->execute()");
  }
}
```

ConcreteStrategy3 类：

```
public class ConcreteStrategy3 implements Strategy{
```

```
  @Override
  public void execute() {
    System.out.println("ConcreteStrategy3--->execute()");
  }
}
```

Context 类：

```
/**
 * 上下文类
 */
class Context {
  private Strategy strategy;
  public void setStrategy(Strategy strategy) {
    this.strategy = strategy;
  }
  public void executeStrategy() {
    strategy.execute();
  }
}
```

Client 类：

```
public class Client {
  public static void main(String[] args) {
    Context context = new Context();
    // 使用策略 1
    context.setStrategy(new ConcreteStrategy1());
    context.executeStrategy();
    // 使用策略 2
    context.setStrategy(new ConcreteStrategy2());
    context.executeStrategy();
    // 使用策略 3
    context.setStrategy(new ConcreteStrategy3());
    context.executeStrategy();
  }
}
```

运行结果：

```
ConcreteStrategy1--->execute()
ConcreteStrategy2--->execute()
ConcreteStrategy3--->execute()
```

6.3.3 在领域驱动设计中使用策略模式

在领域驱动设计中使用策略模式时，通常先定义一个领域服务接口，再在其实现类中完成策略的加载、选择和执行。需要注意屏蔽策略模式的实现细节，避免上层关注领域服务内的设计模式细节。

领域服务接口的定义如下。

```
/**
 * 实现某个业务逻辑的领域服务
 */
public interface DomainService {
  /**
   * 完成某个业务逻辑
   * @param domainModel 某个领域对象，可能是实体或者值对象
   */
  public void doSomething(DomainModel domainModel);
}
```

领域模型的定义如下，注意这个 DomainModel 可能是实体或者值对象，具体根据业务需要来定。

```
public class DomainModel {
  private Integer type;
  public DomainModel(int type) {
    this.type = type;
  }
  public Integer getType() {
    return type;
  }
}
```

接下来定义策略类如下。

```
/**
 * 定义策略接口
 */
public interface Strategy {
  /**
   * 匹配的业务类型
   *
   * @return
   */
  Integer matchType();
  /**
   * 业务操作
   */
  void execute();
}
```

策略类多了一个 matchType 属性，用于找到匹配的策略。有的开发者采用注解的方式提供从策略到业务类型的映射也是可行的，在此采用简单增加字段的方式。

策略实现类 1：

```
public class ConcreteStrategy1 implements Strategy {
  /**
   * 匹配的类型是 1
   *
```

```
     * @return
     */
    @Override
    public Integer matchType() {
        return 1;
    }
    @Override
    public void execute() {
        System.out.println("DDD:ConcreteStrategy1--->execute()");
    }
}
```

策略实现类 2：

```
public class ConcreteStrategy2 implements Strategy {
    /**
     * 匹配的类型是 2
     *
     * @return
     */
    @Override
    public Integer matchType() {
        return 2;
    }
    @Override
    public void execute() {
        System.out.println("DDD:ConcreteStrategy2--->execute()");
    }
}
```

策略实现类 3：

```
public class ConcreteStrategy3 implements Strategy {
    /**
     * 匹配的类型是 3
     * @return
     */
    @Override
    public Integer matchType() {
        return 3;
    }
    @Override
    public void execute() {
        System.out.println("DDD:ConcreteStrategy3--->execute()");
    }
}
```

DomainService 这个领域服务比较复杂，需要完成两件事情：根据不同的业务类型定义不同的业务执行策略，在完成初始化后加载所有的策略，并建立业务类型和对应策略实现类的映射关系；在具体执行业务操作时，首先根据业务类型匹配到对应的策略，然后执行匹配到的策略。

DomainServiceImpl 的代码如下。

```
/**
 * 领域服务实现类
 */
@Service
public class DomainServiceImpl implements DomainService {
  private Map<Integer, Strategy> map = new ConcurrentHashMap<>();
  @Override
  public void doSomething(DomainModel domainModel) {
    Integer type = domainModel.getType();
    // 获得对应的策略
    Strategy strategy = map.get(type);
    // 执行策略
    strategy.execute();
  }
  /**
   * 项目初始化执行
   * 加载所有的策略，并将业务类型与策略进行映射
   */
  @PostConstruct
  public void init() {
    map.put(1, new ConcreteStrategy1());
    map.put(2, new ConcreteStrategy2());
    map.put(3, new ConcreteStrategy3());
  }
}
```

测试代码如下。

```
@SpringBootTest(classes = App.class)
public class DomainServiceImplTest {
  @Resource
  private DomainService domainService;
  @Test
  public void test0() {
    DomainModel model1 = new DomainModel(1);
    domainService.doSomething(model1);
    DomainModel model2 = new DomainModel(2);
    domainService.doSomething(model2);
    DomainModel model3 = new DomainModel(3);
    domainService.doSomething(model3);
  }
}
```

执行结果如下。

```
DDD: ConcreteStrategy1--->execute()
DDD: ConcreteStrategy2--->execute()
DDD: ConcreteStrategy3--->execute()
```

6.4 桥接模式

6.4.1 桥接模式的定义

桥接模式是一种结构型设计模式，它可以将抽象部分与实现部分分离，使它们可以独立地变化，从而更好地适应需求的变化。

在桥接模式中，抽象部分和实现部分分别由两个继承层次结构来表示。抽象部分包含一个指向实现部分的引用，通过该引用可以调用实现部分的方法。这样，抽象部分就可以在不了解具体实现的情况下调用实现部分的方法。

桥接模式涉及的角色有以下几个。

- 抽象部分（Abstraction）：定义抽象部分的接口，通常包含指向实现部分对象的引用。
- 扩展抽象部分（Refined Abstraction）：扩展抽象部分，通常包含对抽象部分接口的方法实现。
- 实现部分（Implementor）：定义实现部分的接口，通常包含具体实现的方法。
- 具体实现部分（Concrete Implementor）：具体实现部分用于实现 Implementor 接口定义的方法。

桥接模式的类图如图 6-4 所示。

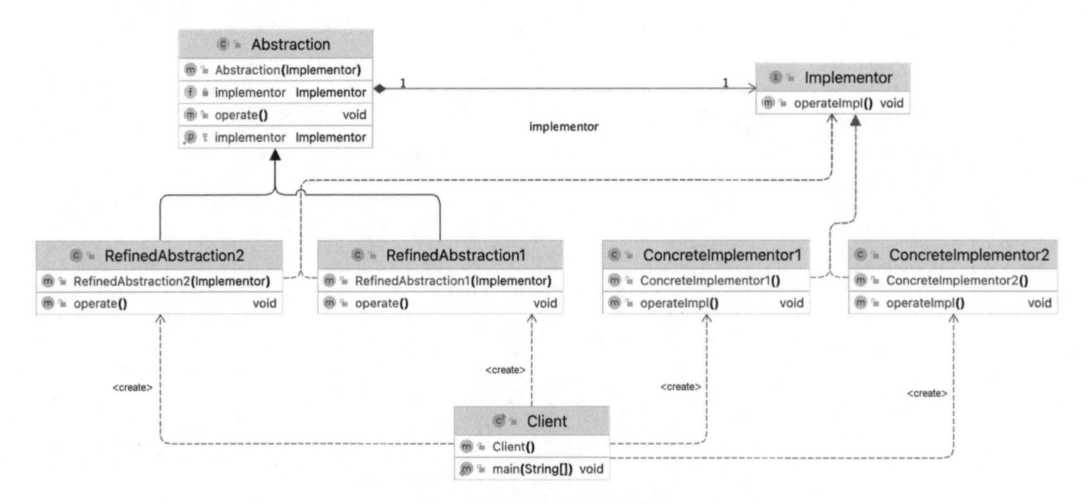

图 6-4　桥接模式的类图

6.4.2　桥接模式的案例代码

抽象部分——Abstraction：

```
/**
 * 抽象部分
 */
public abstract class Abstraction {
  /**
   * 持有实现部分的引用
   */
  private Implementor implementor;
  /**
   * 构造时传入
   *
   * @param implementor
   */
  public Abstraction(Implementor implementor) {
    this.implementor = implementor;
  }
  /**
   * 执行的操作
   * 有时在本类中调用 implementor.operateImpl()
   */
  public abstract void operate();
  /**
   * 获得实现部分的引用
   * @return
   */
  protected Implementor getImplementor() {
    return this.implementor;
  }
}
```

实现部分——Implementor：

```
/**
 * 实现部分
 */
public interface Implementor {
  /**
   * 实现的操作
   */
  void operateImpl();
}
```

具体的实现 1——ConcreteImplementor1：

```
/**
 * 具体的实现 1
 */
public class ConcreteImplementor1 implements Implementor{
  @Override
  public void operateImpl() {
    System.out.println("ConcreteImplementor1--->operateImpl()");
  }
}
```

具体的实现 2——ConcreteImplementor2：

```
/**
 * 具体的实现 2
 */
public class ConcreteImplementor2 implements Implementor{
  @Override
  public void operateImpl() {
    System.out.println("ConcreteImplementor2--->operateImpl()");
  }
}
```

修正抽象 1——RefinedAbstraction1：

```
/**
 * 修正抽象 1
 */
public class RefinedAbstraction1 extends Abstraction {
  public RefinedAbstraction1(Implementor implementor) {
    super(implementor);
  }
  @Override
  public void operate() {
    System.out.println("RefinedAbstraction1--->operate()");
    super.getImplementor().operateImpl();
  }
}
```

修正抽象 2——RefinedAbstraction2：

```
/**
 * 修正抽象 2
 */
public class RefinedAbstraction2 extends Abstraction{
  public RefinedAbstraction2(Implementor implementor) {
    super(implementor);
  }
  @Override
  public void operate() {
```

```
        System.out.println("RefinedAbstraction2--->operate()");
        super.getImplementor().operateImpl();
    }
}
```

Client:

```
public class Client {
    public static void main(String[] args) {
        System.out.println("-----START-----");
        System.out.println("RefinedAbstraction1+ConcreteImplementor1");
        ConcreteImplementor1 implementor1 = new ConcreteImplementor1();
        RefinedAbstraction1 refinedAbstraction1 = new RefinedAbstraction1(implementor1);
        refinedAbstraction1.operate();
        System.out.println("-----END-----");
        System.out.println("");
        System.out.println("-----START-----");
        System.out.println("RefinedAbstraction2+ConcreteImplementor1");
        ConcreteImplementor1 implementor11 = new ConcreteImplementor1();
        RefinedAbstraction2 refinedAbstraction2 = new RefinedAbstraction2(implementor11);
        refinedAbstraction2.operate();
        System.out.println("-----END-----");
        System.out.println("");
        System.out.println("-----START-----");
        System.out.println("RefinedAbstraction2+ConcreteImplementor2");
        ConcreteImplementor2 implementor2 = new ConcreteImplementor2();
        RefinedAbstraction2 refinedAbstraction22 = new RefinedAbstraction2(implementor2);
        refinedAbstraction22.operate();
        System.out.println("-----END-----");
    }
}
```

运行结果：

```
-----START-----
RefinedAbstraction1+ConcreteImplementor1
RefinedAbstraction1--->operate()
ConcreteImplementor1--->operateImpl()
-----END-----

-----START-----
RefinedAbstraction2+ConcreteImplementor1
RefinedAbstraction2--->operate()
ConcreteImplementor1--->operateImpl()
-----END-----

-----START-----
RefinedAbstraction2+ConcreteImplementor2
```

```
RefinedAbstraction2--->operate()
ConcreteImplementor2--->operateImpl()
-----END-----
```

6.4.3 在领域驱动设计中使用桥接模式

在领域驱动设计中，使用桥接模式可以解决复杂的业务问题。第 20 章介绍了使用领域驱动设计开发视频直播服务的案例。在视频直播案例中，涉及推流和拉流地址的生成。其中，对于推流，目前许多公有云服务主要提供两种协议：RTMP 和 RTS；对于拉流，公有云服务则提供了多种协议，如 RTMP、RTS、FLV 和 M3U8 等。一般而言，推拉流又分别存在鉴权和不鉴权两种情况。

以 RTMP 推流为例，其鉴权和不鉴权的地址分别如下。

鉴权的推流链接：

```
rtmp: //push-domain/ddd-live/943868899?auth_key=1699895478-0-0-0136859ad25d5526ea1c3c2c6e788999
```

不鉴权的推流链接：

```
rtmp://push-domain/ddd-live/943868899
```

因此，推拉流地址生成逻辑一共有 12 种。视频直播推拉流地址的思维导图如图 6-5 所示。

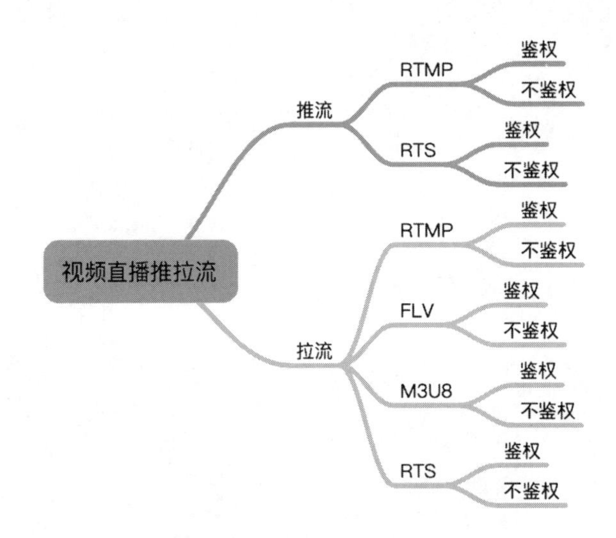

图 6-5 视频直播推拉流地址的思维导图

如果直接用 if/else 生成推拉流链接，那么无疑会使代码变得非常复杂。在此，可以采用桥接模式解决这个问题。

定义一个生成流链接的领域服务——GenerateLiveStreamUrlDomainService，代码如下。

```
public interface GenerateLiveStreamUrlDomainService {
  /**
```

```
   * 生成流链接
   * @param liveEntity 直播的实体
   * @param streamType    流的类型,1:RTMP 推流; 2:RTMP 拉流; 5:flv 拉流
   * @param auth  是否鉴权,0 表示不鉴权,1 表示鉴权
   * @return
   */
  String generateLiveStreamUrl(LiveEntity liveEntity,
                Integer streamType,
                Integer auth);
}
```

Implementor 的使用场景可能有很多，可以将其调整为范型，支持自定义输入、输出的具体类型。

```
/**
 * 实现部分—引入范型
 */
public interface Implementor<IN, OUT> {
  /**
   * 实现的操作
   */
  OUT operateImpl(IN in);
}
```

鉴权的 Implementor——AuthImplementor，继承了 Implementor 并指定了接口入参和出参类型：

```
/**
 * 实现部分—鉴权
 */
public interface AuthImplementor extends
    Implementor<String, String> {
}
```

不鉴权的 AuthImplementor 实现：

```
/**
 * 不鉴权
 */
public class ConcreteAuthImplementor0 implements AuthImplementor {
  @Override
  public String operateImpl(String s) {
    System.out.println("ConcreteAuthImplementor0---> 不鉴权");
    return s;
  }
}
```

鉴权的 AuthImplementor 实现：

```
/**
 * 鉴权
```

```
 */
public class ConcreteAuthImplementor1 implements AuthImplementor {
  /**
   * 鉴权逻辑，此处硬编码仅进行模拟
   * @param s
   * @return
   */
  @Override
  public String operateImpl(String s) {
    System.out.println("ConcreteAuthImplementor1--->鉴权");
    return s + "?auth_key=鉴权key";
  }
}
```

直播对应的领域模型 LiveEntity，既是实体，也是聚合根，在此仅有一个 liveId 属性用于演示。

```
/**
 * 领域模型-直播-实体
 */
public class LiveEntity {
  private String liveId;
  public String getLiveId() {
    return liveId;
  }
  public void setLiveId(String liveId) {
    this.liveId = liveId;
  }
}
```

直播流的抽象：

```
/**
 * 抽象部分—流的抽象
 */
public abstract class StreamAbstraction {
  /**
   * 持有鉴权实现的引用
   */
  private AuthImplementor authImplementor;
  /**
   * 构造时传入
   *
   * @param authImplementor
   */
  public StreamAbstraction(AuthImplementor authImplementor) {
    this.authImplementor = authImplementor;
  }
  /**
```

```
  * 执行的操作——计算地址
  */
 public abstract String operate(LiveEntity liveEntity);
 /**
  * 获得鉴权实现的引用
  *
  * @return
  */
 protected AuthImplementor getAuthImplementor() {
   return this.authImplementor;
 }
}
```

RTMP 推流：

```
/**
 * RTMP 推流
 */
public class RTMPPushStreamAbstraction extends StreamAbstraction {
  /**
   * 实际的域名 pus-domain 和应用 ddd-live 都是可以配置的
   */
  private String urlTemplate = "rtmp://push-domain/ddd-live/{0}";
  public RTMPPushStreamAbstraction(AuthImplementor authImplementor) {
    super(authImplementor);
  }
  @Override
  public String operate(LiveEntity liveEntity) {
    String originPushUrl = MessageFormat.format(urlTemplate, liveEntity.getLiveId());
    String resultUrl = getAuthImplementor().operateImpl(originPushUrl);
    return resultUrl;
  }
}
```

RTMP 拉流：

```
/**
 * RTMP 拉流
 */
public class RTMPPullStreamAbstraction extends StreamAbstraction {
  /**
   * pull-domain 和应用 ddd-live 都是可以配置的
   */
  private String urlTemplate = "rtmp://pull-domain/ddd-live/{0}";
  public RTMPPullStreamAbstraction(AuthImplementor authImplementor) {
    super(authImplementor);
  }
  @Override
  public String operate(LiveEntity liveEntity) {
```

```
    String originPushUrl = MessageFormat.format(urlTemplate, liveEntity.getLiveId());
    String resultUrl = getAuthImplementor().operateImpl(originPushUrl);
    return resultUrl;
  }
}
```

FLV 拉流：

```
/**
 * FLV 拉流
 */
public class FlvPullStreamAbstraction extends StreamAbstraction {
  /**
   * 在实际应用中，pull-domain 和应用 ddd-live 都是可以配置的
   */
  private String urlTemplate = "http://pull-domain/ddd-live/{0}.flv";
  public FlvPullStreamAbstraction(AuthImplementor authImplementor) {
    super(authImplementor);
  }
  @Override
  public String operate(LiveEntity liveEntity) {
    String originPushUrl = MessageFormat.format(urlTemplate, liveEntity.getLiveId());
    String resultUrl = getAuthImplementor().operateImpl(originPushUrl);
    return resultUrl;
  }
}
```

StreamAbstraction 的工厂类：

```
/**
 * StreamAbstraction 的工厂类
 */
public class StreamAbstractionFactory {
  private static final Map<Integer, Class<? extends StreamAbstraction>> map
      = new ConcurrentHashMap<>();
  static {
    map.put(1, RTMPPushStreamAbstraction.class);
    map.put(2, RTMPPullStreamAbstraction.class);
    map.put(5, FlvPullStreamAbstraction.class);
  }
  public static StreamAbstraction newInstance(Integer streamType,
                         AuthImplementor authImplementor) {
    try {
      Class<? extends StreamAbstraction> aClass = map.get(streamType);
      Constructor<? extends StreamAbstraction> constructor
         = aClass.getConstructor(AuthImplementor.class);
      return constructor.newInstance(authImplementor);
    } catch (Exception e) {
      throw new RuntimeException(e);
    }
```

```
    }
}
```

单元测试以及执行结果如下：

```
@SpringBootTest(classes = App.class)
public class GenerateLiveStreamUrlDomainServiceImplTest {
  @Resource
  private GenerateLiveStreamUrlDomainService domainService;
  /**
   * RTMP 推流 + 不鉴权
   * 无断言，仅用于观察，读者单元测试不要这么写
   */
  @Test
  public void test0() {
    LiveEntity liveEntity = new LiveEntity();
    liveEntity.setLiveId("943868899");
    System.out.println("RTMP 推流 + 不鉴权");
    String url0 = domainService.generateLiveStreamUrl(liveEntity, 1, 0);
    System.out.println(url0);
  }
  /**
   * RTMP 拉流 + 不鉴权
   * 无断言，仅用于观察，读者单元测试不要这么写
   */
  @Test
  public void test1() {
    LiveEntity liveEntity = new LiveEntity();
    liveEntity.setLiveId("943868899");
    System.out.println("RTMP 拉流 + 不鉴权");
    String url0 = domainService.generateLiveStreamUrl(liveEntity, 2, 0);
    System.out.println(url0);
  }
  /**
   * RTMP 推流 + 鉴权
   * 无断言，仅用于观察，读者单元测试不要这么写
   */
  @Test
  public void test2() {
    LiveEntity liveEntity = new LiveEntity();
    liveEntity.setLiveId("943868899");
    System.out.println("RTMP 推流 + 鉴权");
    String url0 = domainService.generateLiveStreamUrl(liveEntity, 1, 1);
    System.out.println(url0);
    System.out.println();
  }
  /**
   * flv 拉流 + 鉴权
   * 无断言，仅用于观察，读者单元测试不要这么写
```

```
     */
    @Test
    public void test3() {
      LiveEntity liveEntity = new LiveEntity();
      liveEntity.setLiveId("943868899");
      System.out.println("flv 拉流 + 鉴权");
      String url0 = domainService.generateLiveStreamUrl(liveEntity, 5, 1);
      System.out.println(url0);
      System.out.println();
    }
}
```

test0 输出：

```
RTMP 推流 + 不鉴权
ConcreteAuthImplementor0---> 不鉴权
rtmp: //push.live.feiniaojin.com/ddd-live/943868899
```

test1 输出：

```
RTMP 拉流 + 不鉴权
ConcreteAuthImplementor0---> 不鉴权
rtmp: //pull.live.feiniaojin.com/ddd-live/943868899
```

test2 输出：

```
RTMP 推流 + 鉴权
ConcreteAuthImplementor1---> 鉴权
rtmp: //push.live.feiniaojin.com/ddd-live/943868899?auth_key= 鉴权 key
```

test3 输出：

```
flv 拉流 + 鉴权
ConcreteAuthImplementor1---> 鉴权
http: //pull.live.feiniaojin.com/ddd-live/943868899.flv?auth_key= 鉴权 key
```

6.5 规约模式

6.5.1 规约模式的定义

对于简单的实体和值对象，其业务约束规则可以直接在领域对象内部实现，起到非常好的封装作用，例如 3.2.2 节中的 Money 类。

如果领域对象的业务约束规则过于复杂，则可能导致约束规则充斥整个领域对象，进而导致业务规则难以理解。在这种情况下，可以采用规约模式将业务规则抽取出来，简化领域对象，使得业务规则更加清晰。

规约模式是一种用于定义业务领域中规则和约束的模式，它通常由两部分组成：规则接口（Specification）和验证器（Validator）。

规则接口：是业务领域中的具体规则，比如订单总金额不能为负数、某个业务字段不能为空。规则接口里面只有一个 isSatisfiedBy 方法，如果验证通过，则返回 true，否则返回 false。

其接口定义代码如下。

```
/**
 * 规则接口
 */
public interface Specification<T> {
  boolean isSatisfiedBy(T t);
}
```

验证器：用于验证规则是否被满足的代码逻辑，其接口定义如下。

```
/**
 * 验证器
 */
public interface Validator<T> {
  void validate(T t);
}
```

在实际业务中往往有多个规则接口共同起作用，因此验证器的实现类中往往包含多个规则接口，这些规则接口共同完成业务校验过程。

6.5.2　规约模式的应用场景

规约模式的应用场景主要有两个：定义业务规则和验证对象的状态。

定义业务规则：通过规约，可以将领域中的业务规则形式化地表示出来，使开发者能够更清晰地理解和实现这些规则。

验证对象的状态：规约可用于确保领域对象的状态满足业务规则，例如，在订单对象中规定订单金额不能为负数。

规约模式常作用于聚合根，以确保聚合根符合一定的业务规则，避免保存不符合业务规则的聚合根。

以下都是适合使用规约模式的场景。

- 聚合根中某个属性有自己的业务规则，例如，地址中省市信息不能为空。
- 聚合根中某些属性之间有业务上的关联关系，例如，某个字段与单据类有关，只在某一类的单据中才有值，在其他类型的单据中该字段可能是空的，在保存这类单据的聚合根时，就必须确保聚合根实例中该字段是合法的。

6.5.3　规约模式的案例代码

案例背景：快到年底了，某互联网大厂开始评选年度优秀员工。由于公司数据运营战略的实施，今年的评选规则与以往有所不同，为避免直接由基层管理者上报的情况，今年的年度优秀员工将使用代码结合一些数据指标自动评选，力求“公平、公开、公正”。

该公司的开发者在实现年度优秀员工评选的需求时，采用了规约模式，具体涉及员工类（Employee）、校验规则和校验器几个类。

评选年度优秀员工的规则只有两条：在职员工和工作努力。这两条评选规则将被作为校验规则。

员工类的代码如下。

```
/**
 * 员工信息
 * @Data 是 lombok 注解
 */
@Data
public class Employee {
  /**
   * 姓
   */
  private String lastname;
  /**
   * 名
   */
  private String firstname;
  /**
   * 员工年龄
   */
  private Age age;
  /**
   * 员工状态：0 表示试用期，1 表示正式员工，2 表示已离职，3 表示领了大礼包
   */
  private Integer status;
  /**
   * 加班时长
   */
  private BigDecimal overtimeDuration;
  /**
   * 是否老板嫡系，0：不是，1：是
   */
  private Integer sonOfBoss;
  /**
   * 构造方法
   * @param age 年龄
   * @param status 在职状态
   * @param overtimeDuration 每天加班时长
   * @param sonOfBoss  是否老板嫡系
   */
  public Employee(Age age,
          Integer status,
          BigDecimal overtimeDuration,
          Integer sonOfBoss) {
    this.age = age;
    this.status = status;
```

```
        this.overtimeDuration = overtimeDuration;
        this.sonOfBoss = sonOfBoss;
    }
    // 省略其他属性
    // 省略业务方法
}
```

在职状态校验规则：

```
/**
 * 在职员工校验规则，status 必须等于 1
 */
public class EmployeeStatusSpecification implements Specification<Employee> {
    @Override
    public boolean isSatisfiedBy(Employee employee) {
        return employee.getStatus() != null
                && employee.getStatus() == 1;
    }
}
```

员工年龄不大于 35 岁的校验规则：

```
/**
 * 员工年龄不大于 35 岁的校验规则
 */
public class EmployeeAgeSpecification implements Specification<Employee> {
    @Override
    public boolean isSatisfiedBy(Employee employee) {
        return employee.getAge() != null
                && employee.getAge().getValue() <= 35;
    }
}
```

每天加班时长大于或等于 3 小时的校验规则：

```
/**
 * 每天加班时长的校验规则，大于或等于 3 小时
 */
public class EmployeeOvertimeDurationSpecification implements Specification<Employee> {
    /**
     * 每天加班时长的标准
     */
    private BigDecimal requireOvertimeDuration = new BigDecimal("3");
    @Override
    public boolean isSatisfiedBy(Employee employee) {
        BigDecimal overtimeDuration = employee.getOvertimeDuration();
        return overtimeDuration != null
                && overtimeDuration.compareTo(requireOvertimeDuration) >= 0;
    }
}
```

老板嫡系的校验规则：

```
/**
 * 老板嫡系的校验规则
 */
public class SonOfBossSpecification implements Specification<Employee> {
  @Override
  public boolean isSatisfiedBy(Employee employee) {
    return employee.getSonOfBoss() != null
        && employee.getSonOfBoss() == 1;
  }
}
```

年度优秀员工校验器——YearEmployeeValidator：

```
/**
 * 年度优秀员工的校验规则
 */
public class YearEmployeeValidator implements Validator<Employee> {
  /**
   * 在职状态的校验规则
   */
  private EmployeeStatusSpecification statusSpecification = new EmployeeStatusSpecification();
  /**
   * 员工年龄的校验规则
   */
  private EmployeeAgeSpecification ageSpecification = new EmployeeAgeSpecification();
  /**
   * 加班时长的校验规则
   */
  private EmployeeOvertimeDurationSpecification overtimeDurationSpecification = new
EmployeeOvertimeDurationSpecification();
  /**
   * 是否老板嫡系的校验规则
   */
  private SonOfBossSpecification sonOfBossSpecification = new
SonOfBossSpecification();
  @Override
  public void validate(Employee t) {
    // 老板嫡系立即校验通过
    if (sonOfBossSpecification.isSatisfiedBy(t)) {
      System.out.println("恭喜你，你的努力得到了认可，评选上了年度优秀员工，公司的未来就交给你了");
      return;
    }
    // 年度员工公开评选标准：正式员工 + 工作努力（每天加班时长 >=3)
    if (statusSpecification.isSatisfiedBy(t)
        && overtimeDurationSpecification.isSatisfiedBy(t)) {
      // 为建设年轻富有活力的团队，管理层连夜开会，紧急加需求，年龄必须小于或等于 35 岁
      if (ageSpecification.isSatisfiedBy(t)) {
```

```
            System.out.println("恭喜你，你的努力得到了认可，评选上了年度优秀员工，公司的未来就交给
你了");
            return;
        }
      }
      // 其他团队成员同样优秀，安抚
      System.out.println("很遗憾！你没有被评上年度优秀员工，但你在 B 里面是靠前的，希望你下次继续努力");
      throw new RuntimeException();
  }
}
```

在 Client 类中进行调用校验：

```
public class Client {
  public static void main(String[] args) {
    // 年度优秀员工的规则校验器（以 28 岁、正式员工、无加班、老板嫡系为例）
    YearEmployeeValidator yearEmployeeValidator = new YearEmployeeValidator();
    Employee employee1 = new Employee(new Age(28), 1, new BigDecimal("0"), 1);
    yearEmployeeValidator.validate(employee1);
  }
}
```

运行 Client 类的 main 方法，输出结果为：

```
恭喜你，你的努力得到了认可，评选上了年度优秀员工，公司的未来就交给你了
```

6.5.4 在领域驱动设计中使用规约模式

在领域驱动设计中，规约模式并不是在聚合根进行业务操作之前做前置校验，而是在聚合根完成业务操作之后做后置校验，以此保证 Repository 保存的聚合根符合业务规则。

使用规约模式的伪代码如下。

```
/**
 * 应用层
 */
public class ApplicationService {
  public void handleCommand(Command cmd) {
    // 加载聚合根
    Entity entity = repository.load(new EntityId(cmd.getId()));
    // 聚合根做业务逻辑
    entity.doSomething(cmd.getSomeValue());
    // 业务规则校验
    Validator.validate(entity);
    // 保存聚合根
    repository.save(entity);
  }
}
```

规约模式不仅可以应用于聚合根，而且对于值对象和实体，只要其业务规则过于复杂，都可以使用规约模式。

规约模式中的规则属于领域知识，应该在领域层进行维护。

6.5.5 规约模式的使用误区

规约模式在实际使用中有不少误区。

1. 将规约模式应用于应用层方法入参校验

规约模式用于业务校验，验证执行业务操作后的聚合根是否符合业务规则，属于后置校验。参数校验属于前置校验，不应该由规约模式来承担。

2. 过度规约

不应该在所有的情况下都过度规约，只有在业务领域确实复杂到需要明确的规则时才使用规约模式。

3. 规约与业务逻辑混淆

规约应该关注领域规则，而不是业务逻辑。业务逻辑应该实现为领域模型的方法，而不是混淆在规约模式的校验规则和校验器中。

规约模式只读取领域对象的状态以进行校验，校验过程不会修改领域对象的状态。

4. 规约过于复杂

规约模式不应该导致领域模型过于复杂。对规约类进行适度地简化和抽象是必要的，以确保领域模型的可理解性和可维护性。

另外，规约自身也要尽量简洁。许多开发者在定义规则接口时，还会配套 and、or、not 方法，如下面的代码：

```
/**
 * 不推荐的 Specification 定义
 */
public interface Specification<T> {
  boolean isSatisfiedBy(T t);
  Specification<T> and(Specification<T> spec);
  Specification<T> or(Specification<T> spec);
  Specification<T> not();
}
```

此时，Specification 接口中还附带了几个方法，可以将多个规约结合起来使用。但是笔者并不推荐这样定义规则，原因如下：首先，Specification 接口是专门用来定义业务规则的，而 and、or、not 这些方法实际上是用来与其他规则进行组合的。显然，这样会使 Specification 接口的职责不够单一，规则之间的关系可以在验证器中明确定义。其次，and、or、not 这些方法会使 Specification 接口的实现和使用过于复杂，与追求代码简捷易读的理念相矛盾。

5. 规约类过于庞大

规约类应该专注于一个特定的业务规则，避免将多个不同的规则堆积在一个规约类中，使其因过于庞大而令人难以理解。

第 7 章
防腐层

7.1 防腐层的概念理解

防腐层（Anti-Corruption Layer，ACL）是领域驱动设计中的一个重要概念，它是一种用于隔离外部上下文的方法，可以保持本地上下文的领域模型的独立性和纯净性。

在实际开发中，本地系统通常需要与外部系统进行交互。这些外部系统可能是遗留系统、其他团队开发的系统或第三方服务。外部系统具有自己独立的数据结构和操作方式，与本地上下文的领域模型存在差异。如果直接将外部系统的数据结构和操作方式引入领域模型，往往会导致许多问题，例如命名冲突、数据类型不匹配、业务逻辑不一致，以及外部上下文模型的变更对本地上下文模型的改动等。

防腐层的作用是将外部上下文接口（如开放主机服务）返回的模型转换为本地上下文定义的领域模型，并将本地上下文的操作转换为对外部上下文的操作。防腐层可以有效地隔离外部上下文的领域模型，避免外部上下文对本地上下文领域模型的影响。

举个例子，假设有两个上下文 A 和 B，其中 B 通过开放主机服务向外提供服务。当 A 上下文请求 B 上下文的 RPC 接口时，B 会返回一个模型。如果 A 直接在领域模型中引用 B 返回的模型，将导致 A 上下文的领域模型受到污染。

B 上下文对外提供的 RPC 接口 BRpcQueryService 的伪代码如下。

```
package com.feiniaojin.ddd.bcontext.api;
/**
 * B 上下文的开放主机服务，提供查询服务
 */
public interface BRpcQueryService{
  /**
   * 查询 B 上下文数据
   * @param query B 上下文提供的数据类型
```

```
   * @return
   */
  BResponse<BView> query(BQuery query);
}
```

BQuery 的伪代码如下。

```
package com.feiniaojin.ddd.bcontext.dto;
public class BQuery {
  private Integer property1;
  private String property2;
  //省略其他属性以及 get/set 方法
}
```

BView 的伪代码如下。

```
package com.feiniaojin.ddd.bcontext.dto;
public class BView {
  private Integer property1;
  private String property2;
  //省略其他属性以及 get/set 方法
}
```

当 A 上下文调用 B 上下文的 BRpcQueryService 接口服务下的 query 方法时，将得到 BView 类型的查询结果。如果 A 上下文 的领域模型中直接引用了 BView，那么将导致 A 自己的上下文被污染。这会引发以下一系列问题。

1. 类级别的问题

随着 B 上下文的迭代，BView 类的路径、名称、属性名等可能都会被改变。

举个例子，B 上下文可能会进行系统重构，重构后的新服务需要通过新的 jar 包进行调用，B 的开发团队要求调用方切换到新的 jar 包上。在新的 jar 包中，BRpcQueryService 原来的职责由新的接口 BQueryServiceNew 承担，BQuery 和 BView 被调整到新的 package 路径下，原来的 query 方法也改名为 queryOne。在这种情况下，类名称、包路径、方法名称、入参、出参都改变了，伪代码如下。

BQueryServiceProvider 的伪代码如下。

```
//包名改了
package com.feiniaojin.ddd.bcontext.client;
/**
 * 类名改了
 * 原 BRpcQueryService
 * B 上下文的开放主机服务，提供查询服务
 */
public interface BQueryServiceProvider{
  /**
   * 方法名称、入参、出参都改变了
   * 查询 B 上下文数据
   * @param query B 上下文提供的数据类型
```

```
    * @return
    */
  BResponse<BView> queryOne(BQuery query);
}
```

BQuery 伪代码如下。

```
// 入参包名改变了
package com.feiniaojin.ddd.bcontext.client;
public class BQuery {
  private Integer property1;
  private String property2;
  // 省略其他属性以及 get/set 方法
}
```

BView 伪代码如下。

```
// 出参包名也改了
package com.feiniaojin.ddd.bcontext.client;
public class BView {
  private Integer property1;
  private String property2;
  // 省略其他属性以及 get/set 方法
}
```

可以看到，如果直接将 BQuery 和 BView 引入本地上下文，一旦 BQuery 和 BView 发生变化，A 上下文的领域模型将需要进行大量的改动，并且需要进行大量的回归测试才能确保切换无风险。这种情况看似荒诞，但笔者在实际工作中多次遇到。

2. 属性级别的问题

一种情况是，BView 中的某个属性与 A 上下文中同名的字段代表的业务含义相同，但有可能 BView 中的某个属性的类型与 A 上下文中对应的属性类型并不一致，因而使用时必须进行强转；另一种情况是，BView 中某个字段的名称与 A 上下文某个字段的名称相同，但表示的含义南辕北辙，调用时容易引起歧义。笔者在工作中遇到过外部接口返回的模型中有一个 source 字段，本地领域模型中也有一个 source 字段，但是两者的含义并不一致，如果将外部接口的模型引入本地上下文，使用时容易发生混淆。

7.2　防腐层的实现方案

通常使用设计模式中的适配器模式实现防腐层。适配器模式是 23 种 GoF 设计模式中的一种，为了增加防腐层知识的关联性，本书将其放到这里来讲解。

7.2.1　适配器模式的定义

适配器模式是一种常见的设计模式，它主要用于将一个类的接口转换成客户端所期望的另一种接口，从而使得原本由于接口不兼容而无法一起工作的类可以协同工作。适配器模式属于结构型模式，它通过引入一个适配器类来完成不兼容接口之间的转换。

适配器模式包含以下角色。

- Target：目标接口，客户端所期望的接口。
- Adaptee：被适配者，需要被转换的原始接口。
- Adapter：适配器，将 Adaptee 接口转换成 Target 接口。

7.2.2 适配器模式的实现

适配器模式有多种实现方法，在此介绍类适配器和对象适配器两种。

1. 类适配器

类适配器是通过继承来实现适配器的。适配器继承自需要适配的类，并实现目标接口。需要注意的是，这种实现方法需要重写需要适配的类中的方法。

类适配器的类图如图 7-1 所示。

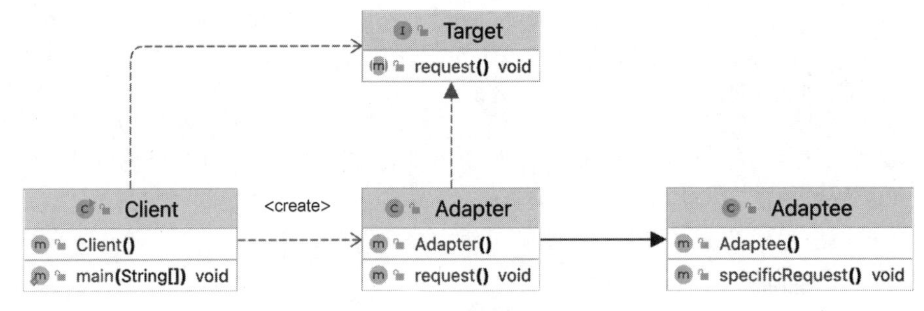

图 7-1 类适配器的类图

类适配器的伪代码如下。

```
/**
 * 被适配者
 */
public class Adaptee {
  public void specificRequest() {
    System.out.println("Adaptee#specificRequest.");
  }
}
/**
 * 目标接口
 */
public interface Target {
  /**
   * 目标方法
   */
  void request();
}
```

```
/**
 * 类适配器
 */
public class Adapter extends Adaptee implements Target {
  @Override
  public void request() {
    //执行 Adaptee 中的 specificRequest 方法
    specificRequest();
  }
}
public class Client {
  public static void main(String[] args) {
    //创建适配器对象，声明为目标接口类型
    Target target = new Adapter();
    //执行目标方法
    target.request();
  }
}
```

2. 对象适配器

对象适配器是通过组合来实现适配器的。适配器包含需要适配的类的一个对象，并实现目标接口。这种实现方法不需要重写需要适配的类中的方法。

对象适配器的类图如图 7-2 所示。

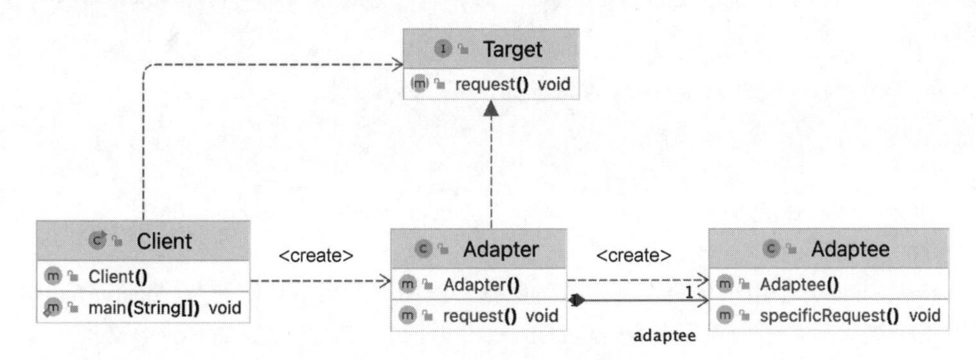

图 7-2　对象适配器的类图

对象适配器的伪代码如下。

```
/**
 * 对象适配器
 */
public class Adapter implements Target {
  /**
   * 可以通过多种方式注入适配器对象
   */
  private Adaptee adaptee = new Adaptee();
```

```
  @Override
  public void request() {
    //执行 Adaptee 中的 specificRequest 方法
    this.adaptee.specificRequest();
  }
}
```

7.2.3 使用适配器模式实现防腐层

使用适配器模式实现防腐层的步骤如下。

第一步：在领域层定义一个服务网关接口，在该网关接口中定义了本地上下文中期望的行为。

假设需要对 B 上下文进行读和写操作，该网关接口 BContextGateway 的伪代码如下。

```
/**
 * 调用 B 限界上下文的网关
 */
public interface BContextGateway {
  /**
   * 查询某个值——演示读操作
   * @param someValue 可能包含 B 上下文聚合根的唯一标识、值对象或者基本类型
   * @return
   */
  ValueObject queryMethod(SomeValue someValue);
  /**
   * 向 B 上下文发起某个命令操作——演示写操作
   * @param someValue 可能包含 B 上下文聚合根的唯一标识、值对象或者基本类型
   */
  void commandMethod(SomeValue someValue);
}
```

在 BContextGateway 接口中，定义了两个方法 queryMethod 和 commandMethod，分别代表数据查询的读操作和状态修改的写操作。

queryMethod 方法用于从 B 上下文查询数据，例如查询用户身份信息。queryMethod 方法在获取查询结果后，会创建值对象 ValueObject 并返回。需要注意的是，queryMethod 的入参 SomeValue 有可能是值对象或者基本数据类型，一般按需传递，不会直接将整个聚合根作为参数传入。

commandMethod 方法用于对 B 上下文进行某些状态修改的操作，例如修改用户名、修改用户手机号等。commandMethod 方法的入参 SomeValue 也有可能是值对象或者基本数据类型，一般也是按需传递，避免传入整个聚合根。commandMethod 方法代表执行某些命令，一般不需要返回值，因此其返回类型定义为 void。

第二步：在基础设施层实现领域层定义的网关接口。

在领域层定义好外部服务网关接口后，需要在基础设施层提供该网关接口的实现类。在第

2 章提到的应用架构中，网关接口实现类将会被放置在 infrastructure-gateway 包内。

第 2 章的应用架构已经被实现为 Maven Archetype 项目脚手架，即 14.1 节提到的 ddd-archetype。ddd-archetype 已经创建了一个名为 infrastructure-gateway 的 Maven Module，读者可以直接使用。

第三步：完成外部上下文的调用适配。

在 BContextGateway 的实现类 BContextGatewayImpl 中，需要完成对 B 上下文的调用适配。

BContextGatewayImpl 的伪代码如下。

```
/**
 * 网关实现类
 */
@Component
public class BContextGatewayImpl implements BContextGateway {
  @Resource
  private BContextServiceProvider serviceProvider;
  @Override
  public ValueObject query(SomeValue someValue) {
    //1. 拼装调用 B 上下文开放主机服务的请求报文，有的还需要做请求签名
    QueryRequest req = this.createQueryRequest(someValue);
    try {
      //2. 调用 B 上下文查询服务，得到查询结果
      QueryResponse<BView> res = serviceProvider.queryOne(req);
    } catch (Exception e) {
      //3. 捕获一些框架或者调用异常，将其转化为本地的业务异常
      throw new CustomRuntimeException(e);
    }
    //4. 如果调用的状态码不是成功状态码，抛出自定义的 Runtime 异常
    // 此处假设响应码 code 为 0，则代表执行成功
    if (res.getCode() != 0) {
       throw new CustomRuntimeException();
    }
    //5. 解析出数据对象
    BView bView = res.getBView();
    // 根据数据对象，创建本地上下文的值对象并返回
    ValueObject valueObject = new ValueObject(bView.getProperty1());
    return valueObject;
  }
  @Override
  public void command(SomeValue someValue) {
    //1. 拼装调用 B 上下文开放主机服务的请求报文，有的还需要做请求签名
    CommandRequest req = this.createCommandRequest(someValue);
    try {
      //2. 调用 B 上下文执行命令请求，得到执行结果
      CommandResponse res = serviceProvider.execCommand(req);
    } catch (Exception e) {
```

```
        //3. 捕获一些框架或者调用异常，将其转化为本地的业务异常
        throw new CustomRuntimeException(e);
      }
      //4. 如果调用的状态码不是成功状态码，抛出自定义的 Runtime 异常
      // 此处假设响应码 code 为 0，则代表执行成功
      if (res.getCode() != 0) {
        throw new CustomRuntimeException();
      }
    }
}
```

防腐层实现完成后，将在应用层进行使用，应用层调用防腐层的伪代码如下。

```
/**
 * 本地上下文的应用层
 */
public class AContextApplicationService {
  @Resource
  private ADomainRepository domainRepository;
  @Resource
  private BContextGateway bContextGateway;
  /**
   * 演示查询外部上下文数据
   * @param command
   */
  public void method1(Command1 command) {
    // 根据实际情况，SomeValue 有几种可能的类型：
    // 第一种，基本数据类型，直接从入参 command 中获得
    // 第二种，值对象，从入参 command 中获得数据之后创建
    // 第三种，值对象，加载聚合根之后，是聚合根的某个字段
    SomeValue someValue = command.getSomeValue();
    // 从 B 上下文查询数据，并在防腐层封装为值对象
    ValueObject valueObject = bContextGateway.queryMethod(someValue);
    // 加载聚合根
    String eid = command.getEntityId();
    Entity entity = domainRepository.load(new EntityId(eid));
    // 聚合根执行业务操作
    entity.doMethod1(someValue);
    // 保存聚合根
    domainRepository.save(entity);
  }
  /**
   * 演示对外部上下文发起命令操作
   * 注意，这种情况存在分布式事务问题
   * @param command2
   */
  public void method2(Command2 command) {
    // 根据实际情况，SomeValue 有几种可能的类型：
```

```
    //第一种，基本数据类型，直接从入参 command 中获得
    //第二种，值对象，从入参 command 中获得数据之后创建
    //第三种，值对象，加载聚合根之后，是聚合根的某个字段
    SomeValue someValue;
    //加载聚合根
    String eid = command.getEntityId();
    EntityId entityId = new EntityId(eid);
    Entity entity = domainRepository.load(entityId);
    //聚合根执行业务操作
    entity.doMethod1(someValue);
    //保存聚合根
    domainRepository.save(entity);
    //从聚合根中获得某些值
    someValue = entity.getSomeValue();
    // 根据执行结果，更新 B 上下文
    // 注意，这个操作存在分布式事务的问题
    // 有可能数据库保存了，但是调用 B 上下文失败了
    // 正常情况下应该使用领域事件通知 B 上下文
    bContextGateway.commandMethod(someValue);
  }
}
```

7.3　防腐层的实现要点总结

防腐层的实现并不难，在实际应用中主要注意以下几点。

7.3.1　封装技术细节

防腐层应尽可能隐藏与外部系统或服务进行交互的技术细节。

当调用外部系统时，通常需要组装请求对象。此组装请求对象的过程应放在防腐层，并对上层调用者透明。某些外部服务要求调用方对请求进行加密或签名，这种处理也应在防腐层中实现。

7.3.2　尽量简单且稳定

防腐层应只关注与外部系统进行交互的技术细节，例如数据转换和接口适配等，并将外部系统的数据转换为本地上下文值对象或基本数据类型。防腐层不应包含领域层的业务逻辑。

防腐层需要遵循单一职责原则，确保每个防腐层只负责与一个外部系统进行交互。如果需要通过多个防腐层进行数据拼接以生成一个值对象，则应由工厂完成。

```
/**
 * 演示多个防腐层的使用
 */
@Component
```

```
public class ValueObjectFactoryImpl implements ValueObjectFactory {
  @Resource
  public BContextGateway bContextGateway;
  @Resource
  public CContextGateway cContextGateway;
  /**
   * 演示使用多个防腐层的执行结果创建值对象
   * @param someValue
   * @return
   */
  public ValueObject newInstance(String someValue) {
    // 从 B 上下文读取数据，B 防腐层最终得到 ValueObject1
    ValueObject1 valueObject1 = bContextGateway.queryOne(someValue);
    // 从 C 上下文读取数据，C 防腐层最终得到 ValueObject2
    ValueObject2 valueObject2 = cContextGateway.queryOne(someValue);
    // 使用 valueObject1、valueObject2 创建 ValueObject 实例
    return new ValueObject(valueObject1, valueObject1);
  }
}
```

7.3.3 入参和出参为本地上下文值对象或基本数据类型

防腐层方法返回值必须是本地上下文的值对象或者基本数据类型，不得返回外部上下文的模型。

伪代码如下。

```
/**
 * 演示返回本地上下文的领域模型
 */
public class BContextGateway {
  @Resource
  private BRpcServiceProvider bRpc;
  public ValueObject query(SomeValue someValue) {
    // 封转查询报文
    Query query = this.createQueryRequest(someValue);
    // 执行查询
    Response<BView> bResponse = bRpc.query(query);
    // 忽略判空、查询失败等逻辑
    BView bView = bResponse.getData();
    // 重点：封装本地上下文的值对象进行返回
    return new SomeValue(bView.getProperty1());
  }
}
```

7.3.4 将外部异常转为本地异常

防腐层在处理外部异常时，要捕获外部异常并抛出的本地上下文自定义的异常。

伪代码如下：

```
/**
 * 演示框架和将外部异常转为本地异常
 */
public class BContextGateway{
  @Resource
  private BRpcServiceProvider bRpc;
  public ValueObject query(SomeValue someValue) {
    //封转查询报文
    Query query = this.createQueryRequest(someValue);
    Response<BView> bResponse;
    try{
       //查询结果
       bResponse=bRpc.query(query);
    }catch(Exception e){
       //重点：捕获异常，并抛出本地自定义的异常
       throw new QueryBContextException(e);
    }
    //省略其他逻辑
  }
}
```

7.3.5 将外部错误码转为本地异常

外部上下文返回的错误码，应该转化成本地异常进行抛出，不应该将错误码返回给上层。

```
/**
 * 演示将外部异常转为本地异常
 */
public class BContextGateway{
  @Resource
  private BRpcServiceProvider bRpc;
  public ValueObject query(SomeValue someValue) {
    //封转查询报文
    Query query = this.createQueryRequest(someValue);
    //执行查询
    Response<BView> bResponse=bRpc.query(query);
    //重点：根据错误码抛出本地自定义的异常
    if("1".equals(bResponse.getCode())){
       throw new QueryBContextException();
    }
    //省略其他逻辑
  }
}
```

7.3.6 按需返回

只返回本地上下文关注的信息，包括字段和数据类型。只返回需要的字段，这个很好理

解。只返回需要的数据类型，举个例子，外部上下文可能返回字符串的 0 和 1，代表 false 和 true，但是本地上下文使用布尔类型，因此要在防腐层转换后再返回。

```
/**
 * 演示将外部执行结果转为本地上下文期待的类型
 * BRpcServiceProvider#check() 方法将返回以下数据格式
 * {"code":"0","msg":"成功","data":{"checkResult":"1"}}
 * checkResult: 检查通过，值为 1
 * checkResult: 检查不通过，值为 0
 */
public class BContextGateway{
  @Resource
  private BRpcServiceProvider bRpc;
  /**
   * 进行某个检查，检查通过则返回 TRUE
   * 将执行结果转为本地上下文期待的类型
   * @param someValue
   * @return
   */
  public Boolean check(SomeValue someValue) {
    //封转查询报文
    Query query = this.createQueryRequest(someValue);
    //执行查询
    Response<Integer> bResponse=bRpc.check(query);
    //重点：查询失败，根据错误码抛出本地自定义的异常
    if("1".equals(bResponse.getCode())){
       throw new QueryContextBException();
    }
    //转换成需要的布尔类型进行返回
    return "1".equals(bResponse.getData().getCheckResult());
  }
}
```

7.3.7 不在实体和值对象中调用防腐层

防腐层也是一种基础设施，因此，不应该在实体和值对象中直接调用防腐层，否则会导致实体和值对象的业务方法承担过多的职责。试想：如果需要调用多个防腐层，那么本该是充血模型的实体和值对象岂不是又与贫血模型的 Service 层一样了？

一般在应用层的应用服务、领域层的领域服务中调用防腐层，并将防腐层执行的结果交给实体和值对象来完成业务操作。

```
/**
 * 本地上下文的应用层
 */
public class AContextApplicationService {
  @Resource
```

```
    private ADomainRepository domainRepository;
    @Resource
    private BContextGateway bContextGateway;
    /**
     * 演示实体使用防腐层执行结果完成业务逻辑
     * @param command
     */
    public void method1(Command1 command) {
      SomeValue someValue = command.getSomeValue();
      //防腐层执行，得到执行结果
      ValueObject valueObject = bContextGateway.query(someValue);
      //加载聚合根
      String eid = command.getEntityId();
      Entity entity = domainRepository.load(new EntityId(eid));
      //聚合根使用防腐层的执行结果完成业务操作
      entity.doMethod1(someValue);
      //保存聚合根
      domainRepository.save(entity);
    }
}
```

第 8 章

领域事件

8.1 幂等设计

8.1.1 幂等设计的定义

幂等设计（Idempotent Design）是指无论进行多少次相同的操作，结果都保持一致的设计模式。之所以在学习领域事件之前要先了解幂等设计，是因为在消费领域事件时，有许多原因可能导致消息消费异常需要进行重试，如果重试的逻辑不是幂等的，往往就会导致错误的结果，比如多次重复扣款造成资损。

幂等设计的应用场景非常广泛，不仅在领域事件消息消费时需要确保幂等性，而且在一些接口的设计中，最好也能实现幂等操作。幂等设计可以使接口在收到同样的重复请求时，得到相同的执行结果。一些服务的消费者在调用服务失败后，往往会进行重试，如果服务提供者没有实现幂等，当同一个请求被多次发送给服务提供者时，服务提供者的业务逻辑会被多次执行，从而导致最终错误的结果。对于重复的请求，如果服务提供者已经处理过，则应该直接向服务消费者返回执行成功。

综上所述，幂等就是进行多次重复操作的结果和只进行一次操作的结果相同。具体到读操作和写操作：读操作不会导致数据的变更，因此读操作天然是幂等的；写操作会导致数据变更，因此需要考虑写操作的幂等性。

8.1.2 写操作的幂等性

写操作最后都可归纳到 SQL 层面 的 insert、update 和 delete 这几个操作，假设有 t_test 这样一张表（table），其建表的 SQL 语句如下。

```
CREATE TABLE 't_test' (
```

```
    'id' bigint NOT NULL AUTO_INCREMENT COMMENT '自增主键',
  'count' INTEGER NULL COMMENT '数量',
    PRIMARY KEY ('id')
) ENGINE = InnoDB AUTO_INCREMENT = 1 CHARACTER SET = utf8mb4 COLLATE utf8mb4_bin COMMENT
'测试表';
```

接下来基于 t_test 表探讨写操作的幂等性。

1. insert

如果没有唯一性约束，每次执行 insert 操作时都使用数据库的自增主键，那么每次操作都将新增一行新的记录。在这种情况下，insert 操作不是幂等的。

如果 insert 操作不指定 id 的值，又没有其他唯一性约束，则每执行一次，就会新增一条记录。这样的操作不是幂等的，如以下 SQL 语句。

```
-- 非幂等，每执行一次会新增一条记录
insert into t_test(count) values (1);
```

如果 insert 操作指定了 id 的值，由于 id 这一列是主键，主键具有唯一性。因此，只有在第一次执行时可以成功插入数据，后续重复执行该语句时会因为已存在相同的主键而导致主键冲突（即唯一性约束），从而导致插入失败。由于后续的重复执行会失败，数据库不会增加新的记录，从而确保了幂等性。以下是示例 SQL 语句。

```
--指定了 id的值，则不管执行多少次，最终都只有一条 id=1 的记录，因此是幂等的
insert into t_test(id,count) values(1,2);
```

2. update

update 操作的幂等性可以根据其是否依赖历史状态进行判断。

如果 update 操作不依赖历史数据，直接设置新的值，则该 update 操作是幂等的。如以下 SQL 语句。

```
-- 幂等操作，直接设置结果，不管设置几次，count 都是 1
update t_test set count=1 where id=1;
```

如果 update 操作依赖历史数据进行计算，则该操作不是幂等的。如以下 SQL 语句。

```
-- 非幂等操作，最终 count 的值跟执行次数有关
update t_test set count=count+1 where id =1;
```

3. delete

delete 是幂等操作，执行一次和执行多次的结果是一样的。如以下 SQL 语句。

```
delete from t_test where id =1;
```

8.1.3　幂等设计的实现方案

1. 唯一索引

幂等设计的一种实现方案是通过数据表（table）的唯一索引来确保操作的幂等性。

唯一索引是一种唯一性约束，保证列或多个列组合的值在表中是唯一的，从而防止插入重复数据。

这种实现方案要求服务的消费者在发起命令操作时，必须携带全局唯一的 RuequestId，服

务提供者收到请求后，将 RuequestId 落库保存到操作记录表（或者叫操作流水表等其他的名字）中，操作记录表要在 RuequestId 对应的列上增加唯一索引。

这样，服务端在收到同一个 RuequestId 标识的操作请求时，由于数据库操作记录表的 RuequestId 列上存在唯一索引，在 RuequestId 已存在的情况下，插入相同的 RuequestId 会发生唯一键冲突，导致 RuequestId 无法正常落库保存；同时，也会在应用中产生 DuplicateKeyException 异常，代码捕获异常后，进行数据库事务回滚并直接返回执行成功（或者重复执行），以此确保幂等性。

唯一索引是实现在数据库层面的幂等控制，虽然看起来比较重量级，但是可以作为最终的兜底方案。为了进行性能优化，可以在唯一索引之前引入其他的幂等确认逻辑，从而减轻数据库压力。但是，性能的优化是建立在业务准确性的基础上的，对于重要的资金交易场景，不管进行了何种性能优化，一般都会有操作记录表作为兜底，操作记录表保存 RequestId（在不同的团队，其名称可能不同）并建立唯一索引。

使用数据库唯一索引实现幂等的方案如图 8-1 所示。

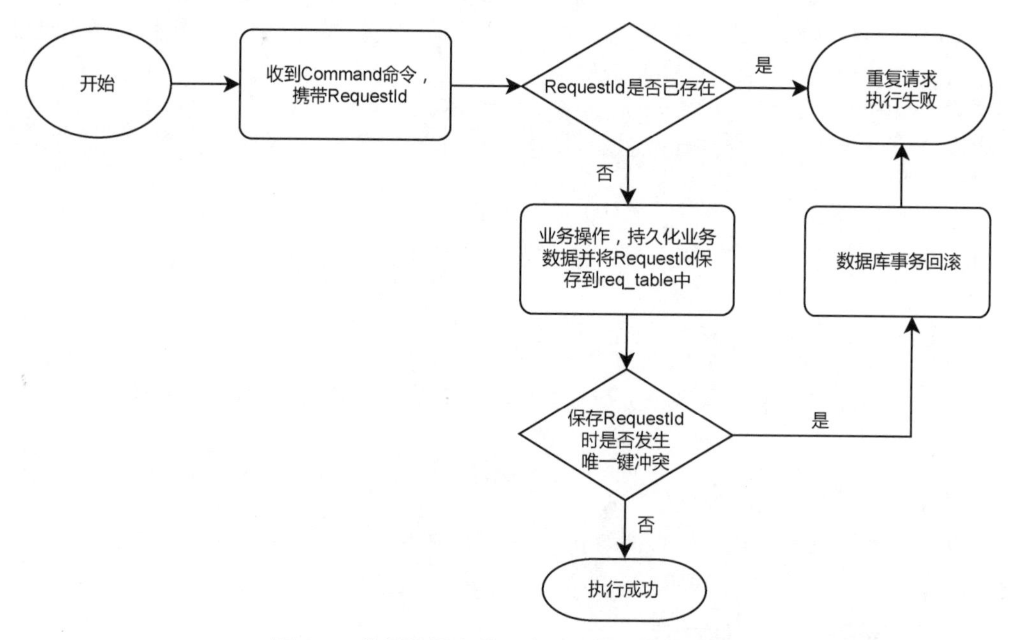

图 8-1 使用数据库唯一索引实现幂等的方案

当服务消费者发起命令操作时，会在请求中携带全局唯一的序列号（即 RequestId）。服务提供者收到请求后，先从请求参数中取出 RequestId，之后在缓存或者数据库中查询该 RequestId 是否已存在。如果能查询到 RequestId，说明已经处理过，则判断该命令操作为重复请求，直接返回成功或者重复请求对应的响应码。

如果 RequestId 被判断为不存在，则开始执行业务操作，在同一个数据库事务中保存

RequestId 并更新业务数据。如果在保存过程中发生 DuplicateKeyException 异常，则说明该请求是重复请求，同样直接返回成功或者重复请求对应的响应码。

关于 RequestId 的存储，可以设计两张表，一张是“main_table”，即业务主表，此处省略业务相关字段，仅展示 id 列；另一张是“req_table”，即请求记录表。同样地，在下面的代码中只展示了 req_table 的 request_id 这一列，并且在 request_id 列上创建了唯一索引。

```
CREATE TABLE 'main_table' (
    'id' bigint NOT NULL AUTO_INCREMENT COMMENT '自增主键',
    PRIMARY KEY ('id')
) ENGINE = InnoDB AUTO_INCREMENT = 1 CHARACTER SET = utf8mb4 COLLATE utf8mb4_bin COMMENT
'主表';

CREATE TABLE 'req_table' (
    'id' bigint NOT NULL AUTO_INCREMENT COMMENT '自增主键',
    'request_id' VARCHAR(100) NOT NULL COMMENT '请求 ID',
    PRIMARY KEY ('id'),
  UNIQUE INDEX unique_request_id (request_id)
) ENGINE = InnoDB AUTO_INCREMENT = 1 CHARACTER SET = utf8mb4 COLLATE utf8mb4_bin COMMENT
'请求表';
```

使用这两张表实现幂等设计的伪代码如下。

```
@Service
public class Service {
  @Transactional
  public void method(Command cmd){
    // 检查 RequestId 已存在
    if(this.isRequestIdExists(cmd.getReqId())){
      throw new DuplicateRequestException();
    }
    try{
      // 保存 RequestId
      RequestId req = new RequestId();
      req.set(cmd.getReqId);
      requestIdMapper.insert(req);
    }catch(DuplicateKeyException e){
      throw new DuplicateRequestException();
    }
    // 业务操作，省略
  }
}
/**
 *req_table 对应的数据模型
 */
@Data
public class RequestId{
  private Long id;
  private String requestId;
}
```

2. 有限状态机

有限状态机（Finite-State Machine，FSM），简称状态机，是表示有限个状态以及在这些状态之间的转移和动作等行为的模型。

例如，账号的激活状态就是一个简单的状态机，包括待激活、已激活、已失效这几种状态。

```
public enum ActiveState {
  Awaiting_Activation(0, "待激活"),
  Activated(1, "已激活"),
  Expired(2, "已失效");
  private final Integer code;
  private final String name;
  ActiveState(Integer code, String name) {
    this.code = code;
    this.name = name;
  }
// 省略 get/set 方法
}
```

对于有限状态机类型的数据，如果状态机已经处于某一个状态，这时候收到上一个状态下的变更请求，我们就可以直接拒绝处理并返回提示。如果账号已经处于“已失效”状态，这个时候收到账号过期的命令时，就可以直接丢弃消息拒绝处理。

通过对用户账号的状态进行判断，可实现幂等操作，伪代码如下。

```
public class AccountService {
 public void expiredAccount(Command cmd) {
  Account account = this.getAccount(cmd.getAccountId());
  if(Objects.isNull(account))
  ||Objects.equals((account.getState (), ActiveState.Expired.getCode())) {
   // 账号已失效，不需要再次操作
   return;
  }
  //TODO 执行业务操作
 }
}
```

在数据库层面对 SQL 做一些限制，代码如下。

```
-- 只有 active_state=1 才会执行
update table_name set active_state=2 where id=1 and active_state=1;
```

8.2 领域事件建模

8.2.1 领域事件的概念

领域事件是聚合中已发生的事实，代表聚合内已经发生的业务操作或状态变化。以电子商务应用为例，用户下单成功、用户支付完成等操作都可以被视为领域事件。

领域事件是领域模型的组成部分，它通常由聚合根产生，并被其他聚合或者限界上下文订阅和处理，触发相应的业务逻辑。

关于领域事件，需要注意以下两点。

1. 应该根据限界上下文中的通用语言来命名事件

如果事件由某个命令操作产生，则通常以该命令操作方法的名字来命名领域事件，并且采用过去式。

例如：账户已激活这个领域事件，由 activateAccount 命令操作成功时生成，采用 AccountActivated 进行命名。

2. 应该将事件建模成值对象或贫血对象

应该将事件建模成值对象或贫血对象，并根据实际情况进行妥协，以适应序列化和反序列化框架需求。

所谓妥协，主要指值对象通常被建模为不可变对象，因此不提供 set 方法。然而，由于领域事件需要进行序列化和反序列化，因此，需要提供空的构造方法和 set 方法，以避免框架运行错误。

8.2.2　领域事件的应用

在领域驱动设计中，领域事件具有多种用途。

1. 解耦领域对象之间的关系

通过引入领域事件，领域对象之间的耦合度可以降低。领域对象可以通过发布事件的方式告知其他对象自身发生了某个重要事件，而不需要直接调用其他对象的方法。

2. 触发其他领域对象的行为

订阅领域事件的其他上下文，可以在领域事件发生时执行对应的操作，例如发送通知、生成报表等。

3. 记录领域内已发生的状态变化

领域事件记录了领域内的一些重要变化，这些记录可以作为系统的审计日志，用于追踪和分析系统的状态变化和业务流程。

此外，通过记录系统中的所有状态变化，可以实现事件溯源（Event Sourcing）。

4. 实现跨聚合的数据一致性

当一个聚合根发生了状态变化时，可通过领域事件的方式，通知其他聚合根进行相应的更新，以保证数据的一致性。

5. 进行限界上下文集成

领域事件可以作为一种发布语言，用于限界上下文之间的协作，实现限界上下文集成。

8.2.3　领域事件的消息体

领域事件可能只包含事件 ID、业务主键、事件发生时间、事件类型，如以下领域事件的消息体。

```
{
 "eventType": "MobileChanged",
```

```
  "entityId": "123456",
  "eventTime": "1681812559707",
  "eventId": "1234555"
}
```

entityId 即聚合根实体的唯一标识，是执行业务操作的业务主键，订阅者可以通过 entityId 获得发生该领域事件的聚合根实体的信息。

eventId 是领域事件的 ID，订阅者可以根据它来实现幂等操作。

eventType 用于区分领域事件的类型。

eventTime 是发生该领域事件的时间。

对于上述消息，消费者可能需要查询发生领域事件的聚合根实体完整的业务信息，以执行业务操作。例如，在 MobileChanged 的消息体中，当事件订阅者消费到该消息后，需要使用 entityId 查找修改后的手机号的值。

领域事件也可以使用事件增强的方式进行设计，即在领域事件中包含消费者需要的完整信息，从而避免消费者进行额外的查询。

```
{
  "eventType": "MobileChanged",
  "entityId": "123456",
  "eventTime": "1681812559707",
  "afterMobile": "168168168",
  "eventId": "1234555"
}
```

afterMobile 是在 MobileChanged 事件发生后，用户手机号的值。由于这个消息采用了事件增强的设计方式，消息中直接提供了修改后的手机号（afterMobile 字段），领域事件的订阅者无须再查询新的手机号的值。

8.2.4　领域事件的建模实现

上文有提到领域事件应该建模为值对象或者贫血对象，可以建模一个抽象的领域事件基类。

示例代码如下。

```
@Data
public abstract class DomainEvent{
  private String eventId;
  private String eventType;
  private String entityId;
  private Long eventTime;
}
```

8.3　领域事件生成

关于领域事件的生成，主要有两种方案：应用层创建领域事件；聚合根创建领域事件。

8.3.1 应用层创建领域事件

应用层创建领域事件最为普遍，尤其是在贫血模型中，基本上都是在 Service 层创建并发布事件到消息中间件。伪代码如下。

```
/**
 * 直接在应用层创建并发布领域事件
 */
@Service
public class ApplicationService{
    @Resource
    private DomainEventPublisher publisher;
    @Resource
    private DomainRepository repository;
    /**
     * 应用层创建并发布领域事件
     */
    public void doBusiness(Command cmd){
        // 加载聚合根
        Entity entity = repository.load(
                                new EntityId(cmd.getEntityIdValue()););
        // 聚合根执行业务操作
        entity.doBusiness(new ValueObject(cmd.getValue()));
        // 保存聚合根
        repository.save(entity);
        // 创建领域事件
        DomainEvent de = new DomainEvent(entity.getSomeValue());
        // 发布领域事件
        publisher.publish(de);
    }
}
```

有的读者可能会对这种创建领域事件的方式持有异议，认为发布领域事件的操作应该由聚合完成，但其实应用层创建领域事件是有其合理性的。

- 领域事件属于值对象或贫血对象，既然可以在应用层创建 EntityId 这样的值对象，那么自然也是可以创建领域事件的。
- 聚合根完成业务逻辑后自行创建领域事件，会导致聚合根的业务方法职责不再单一。此时聚合根既要完成业务逻辑，也要维护创建领域事件的逻辑，实际上做了两件事情，未来如果要额外发布更多的事件，就要调整聚合根业务方法的代码。
- 在现实世界中，发生事件的人不一定就是发起通知的人。举个例子，碰到有人正在做违法乱纪、有碍道德的事情时，群众会向有关部门报案，而实施违法乱纪行为的人自己并不会通知有关部门。聚合根在应用层的方法中执行业务操作，应用层目睹了整个过程，因此创建描述该业务操作的领域事件并对外通知，逻辑上是可以接受的。

8.3.2 聚合根创建领域事件

领域事件是在聚合状态发生变化时产生的，并且聚合知晓自身状态变化前后的值，因此可以在聚合的业务方法中创建领域事件。

聚合根创建领域事件后，如何进行后续的事件发布？下面将详细介绍。

1. 聚合根直接调用基础设施进行发布

聚合根创建领域事件之后，调用基础设施将领域消息发布出去，这种情况需要给聚合根注入消息发送的基础设施 Publisher。如以下伪代码。

```
public class Entity {
  private Publisher publisher;
      //依赖注入发送消息的基础设施 Publisher
      public Entity(Publisher publisher){
           this.publisher = publisher;
      }

  public void doBusiness(Commnad cmd) {
   //1.业务逻辑处理，省略
   //2.创建领域事件，可能不止一个事件
          List<DomainEvent> domainEvents = createDomainEvent();
   //3.发布领域事件
   publisher.publish(domainEvents);
   }
}
```

这种方法的好处是直接在聚合内处理领域事件的发送逻辑，整个过程对上层是透明的，也不影响方法的返回值。但是，聚合根不应该依赖基础设施。如果聚合调用基础设施进行发布，也就意味着一个聚合根做了两件事情：执行业务操作和发布领域事件，这正是贫血模型做的事情。

因此，要避免在聚合根内调用基础设施发布领域消息，应该将领域事件的生成和发布两个过程分开。不推荐使用这种方法创建并发布领域事件。

2. 聚合根业务方法返回领域事件

聚合根自己创建领域事件并调用基础设施发布事件，会导致聚合根方法的职责不单一。此时可以通过以下方案来规避这个问题：将业务方法的返回值改为领域事件。在聚合根创建领域事件之后，通过业务方法的返回值，将领域事件返回给应用层。应用服务再调用基础设施来发布领域事件。

伪代码如下。

```
public class Entity {
      /**
       * 此时方法不再返回 void，返回的是领域事件，
       * 如果事件有多个，则需要返回 List<DomainEvent>
```

```
      */
    public List<DomainEvent> doBusiness(ValueObject valueObject) {
      //1. 业务逻辑处理，省略
      //2. 创建领域事件
      List<DomainEvent> domainEvents = createDomainEvent();
      return domainEvents;
    }
}
```

对应 ApplicationService 的伪代码如下。

```
@Service
public class ApplicationService {
      @Resource
      private DomainRepository domainRepository;
      @Resource
      private DomainEventPublisher publisher;
  /**
   * 应用层接收聚合根返回的领域事件并进行后续处理
   */
  public void doBusiness(Command cmd) {
    EntityId entityId=new EntityId(cmd.getEntityId());
    Entity entity = domainRepository.load(entityId);
    List<DomainEvent> domainEvents = entity.doBusiness(cmd.getValue());
    domainRepository.save(entity);
    // 注意，此处 publisher 和 domainRepository 存在分布式事务的问题
    //repository 有可能正常提交，但是 publisher 发送失败，造成消息丢失
    publisher.publish(domainEvents);
  }
}
```

值得注意的是，publisher（发布领域事件）和 repository（保存聚合根）这两个操作存在分布式事务的问题。可能会出现这样的情况：repository 成功提交数据库事务，但是 publisher 发送失败，造成消息丢失。

3. 聚合根提供抽取领域事件的方法

通过聚合根的业务方法返回值来返回领域事件，虽然解决了聚合根调用基础设施的问题，但又带来了新的问题：聚合根业务方法返回值被篡改，原本正常的聚合根的业务方法是 void、基本数据类型或者值对象，但现在都被改成了领域事件。

为了解决这个问题，考虑新的解决方案：在聚合根内定义一个用来存放事件的集合字段，通常是一个 Collection 类型的事件集合，当聚合根生成事件时，将事件存放到该事件集合中，然后由聚合根提供一个通用的方法进行领域事件抽取，通过该方法可以获得已保存到事件集合中的领域事件。

由于抽取领域事件的方法具有通用性，所有的聚合根都可能需要进行领域事件的抽取，因此，可以定义一个抽象超类型类，该抽象类中定义了用来存放事件的字段，以及注册事件、抽取事件的方法。

伪代码如下。

```
public abstract class AbstractAggregateRoot{
  private List<DomainEvent> domainEvents=new ArrayList<>();
  public void registerDomainEvent(DomainEvent de){
    this.domainEvents.add(de);
  }
  //获得聚合根内领域事件
  public List<DomainEvent> getDomainEvents(){
    return Collections.unmodifiableList(this.domainEvents);
  }
}
```

聚合根继承该层超类型，在执行业务操作时将生成的事件通过注册领域事件的registerDomainEvent方法保存到事件集合中。

```
public class AggregateRoot extends AbstractAggregateRoot{
  public Event doBusiness(ValueObject valueObject) {
    //1.业务逻辑处理

    //2.创建领域事件
    List<DomainEvent> domainEvents = createDomainEvent();
    //3.注册保存起来
    for(DomainEvent e : domainEvents){
    super.registerDomainEvent(e);
        }
  }
}
```

在应用层，应用服务通过抽取领域事件的getDomainEvents方法获取聚合根内的领域事件。

```
public class ApplicationService {
    //省略repository和publisher的依赖注入
    /**
     * 应用层通过聚合根的getDomainEvents方法获得领域事件
     */
  public void doBusiness(Command cmd) {
   AggregateRoot root = repository.load(entityId);
   root.doBusiness(cmd.getValue());
   repository.save(root);
    //抽取聚合根中的领域事件
    List<DomainEvent> domainEvents = root.getDomainEvents();
   //注意，此处publisher和repository存在分布式事务的问题
   //repository有可能正常提交，但是publisher发送失败，造成消息丢失
   publisher.publish(domainEvents);
  }
}
```

8.3.3 领域事件生成总结

对于以上介绍的几种生成领域事件的方案，在此总结如下。

- 应用层创建领域事件这种方案实现起来非常简单，初期可以采用这种方案。
- 聚合根创建领域事件并直接调用基础设施进行发布的方案，容易造成新的贫血模型，在此不推荐使用。
- 聚合根业务方法返回领域事件的方案，耦合性不强，但是修改了方法的返回值，这会导致所有的业务方法都返回领域事件类型。不推荐使用。
- 聚合根创建领域事件并提供抽取领域事件方法的方案，规避了对聚合根方法的返回值的修改，也避免了造成新的贫血模型，在此推荐使用。
- publisher 发布领域事件和 repository 保存聚合根这两个操作存在分布式事务的问题，可能造成领域事件丢失。

8.4　领域事件发布

8.3 节介绍了领域事件的两种生成方案。在这些方案中，直接调用 publisher 发布领域事件时可能会导致消息丢失。本节将探讨如何可靠地发布领域事件。

调用 publisher 发布消息的方案之所以不可靠，是因为消息发布和本地数据库事务提交的两个操作不在一个事件中。要想可靠地发布消息，要么支持分布式事务，要么避免产生分布式事务问题。

通常情况下，分布式事务的性能都不是很好，因此很少会选择支持分布式事务。本书将重点介绍在避免使用分布式事务的前提下如何可靠地发布领域事件。

8.4.1　事件存储

为了可靠地发布领域事件，我们可以考虑将领域事件消息发送的过程整合到本地事务中，作为本地事务的一部分：新增一张本地消息表（下面的 t_event 表），用于记录待发布的领域事件。在同一个数据库事务中保存聚合根，并在本地消息表中保存领域事件。这种存储领域事件的技术实现即为事件存储（Event Store）。

以下是表结构。

```
CREATE TABLE 't_event'(
    'id' bigint NOT NULL AUTO_INCREMENT COMMENT '自增主键',
   'event_id' varchar(64) NOT NULL COMMENT '事件 id',
   'event_data' varchar(4096) NOT NULL COMMENT '事件消息序列化后 JSON串',
   'event_time' datetime NOT NULL COMMENT '事件发生时间',
   'event_type' varchar (32) NOT NULL COMMENT '事件类型',
  'event_state' INT NOT NULL DEFAULT 0 COMMENT '事件状态,0-发布中,1-已发布',
   'deleted' tinyint NULL DEFAULT 0 COMMENT '逻辑删除标记[0-正常;1-已删除]',
    'created_by' VARCHAR(100) COMMENT '创建人',
    'created_time' DATETIME NULL DEFAULT CURRENT_TIMESTAMP COMMENT '创建时间',
```

```
    'modified_by' VARCHAR(100) COMMENT '更新人',
    'modified_time' DATETIME NULL DEFAULT CURRENT_TIMESTAMP ON UPDATE CURRENT_TIMESTAMP
COMMENT '更新时间',
    'version' bigint DEFAULT 1 COMMENT '乐观锁',
   PRIMARY KEY('id'),

   UNIQUE INDEX unique_event_id (event_id)
  ) ENGINE = InnoDB AUTO_INCREMENT = 1 CHARACTER SET = utf8mb4 COLLATE utf8mb4_bin COMMENT
'领域事件表';
```

以上表结构可以根据实际需要增加字段，该表将对应数据模型 Event，Event 的属性与 t_event 表的列一一对应。

一般在 event_id 这一列上创建唯一索引以实现幂等，避免同一个领域事件被重复存储。

同一个 event_id 的领域事件将保存失败，控制台日志如下。

```
Caused by: java.sql.SQLIntegrityConstraintViolationException: Duplicate entry '123456-
ProductCreated' for key 't_event.unique_event_id'
    at com.mysql.cj.jdbc.exceptions.SQLError.createSQLException(SQLError.java: 118) ~
[mysql-connector-j-8.0.33.jar: 8.0.33]
```

引入事件存储机制后，需要对聚合根的仓储 Repository 的 save 方法进行改造，使其在保存聚合根的时候也持久化领域事件。

```
public class DomainRepository {
    //1. 注意事务操作
    @Transactional
    public void save(Entity entity) {
        //2. 获得领域事件
        List<DomainEvent> domainEvents = entity.getEvents();
        //3. 将领域事件转成事件表对应的数据模型
        List<Event> eventList = domainEvents.stream().map(de -> {
            Event event = new Event();
            event.setEventId(de.getEventId());
            event.setEventTime(new Date(de.getEventTime()));
            event.setEventType(de.getEventType());
            event.setEventData(JSON.toJsonString(de));
            event.setDeleted(0);
            return event;
    }).collect(Collectors.toList());
        //4. 持久化领域事件
        eventRepository.saveAll(eventList);
        //5. 将聚合根转成数据模型
        DataModel dotaModel = this.toDataModel(entity);
        //6. 保存数据模型
        articleRepository.save(dotaModel);
    }
}
```

8.4.2　可靠地发布领域事件

有许多方案可以实现领域事件的可靠发布，在此仅对以下两种方案进行探讨。

第一种方案是直接发布并轮询补偿。这种方案的实现思路是：为事件存储中的领域事件增加一个发布状态标识，该标识用于记录是否发布成功。应用层调用 Repository 完成聚合根状态保存和领域事件存储后，直接在应用服务中发布领域事件。如果发布成功，修改事件存储中领域事件的状态为“已发布”。此外，提供一个定时任务，定期到 Event Store 中检索超时未发布成功的事件，并将其读取出来再发布到消息队列中。发布成功后，也将领域事件的状态设置为“已发布”。

第二种方案是采用事务日志拖尾。这种方案的实现思路是：引入变更数据捕获（Change Data Capture，简称 CDC）组件，通过 CDC 组件捕获数据库的事务日志（在 MySQL 中称之为 Binlog）数据变更，将其解析之后，获得 Event Store 中的领域事件，并将领域事件发布到消息队列中。

下面分别探讨这两种实现方案。

1. 直接发布并轮询补偿

这种实现方案主要依赖事件存储。直接发布领域事件并轮询补偿的实现方案如图 8-2 所示。

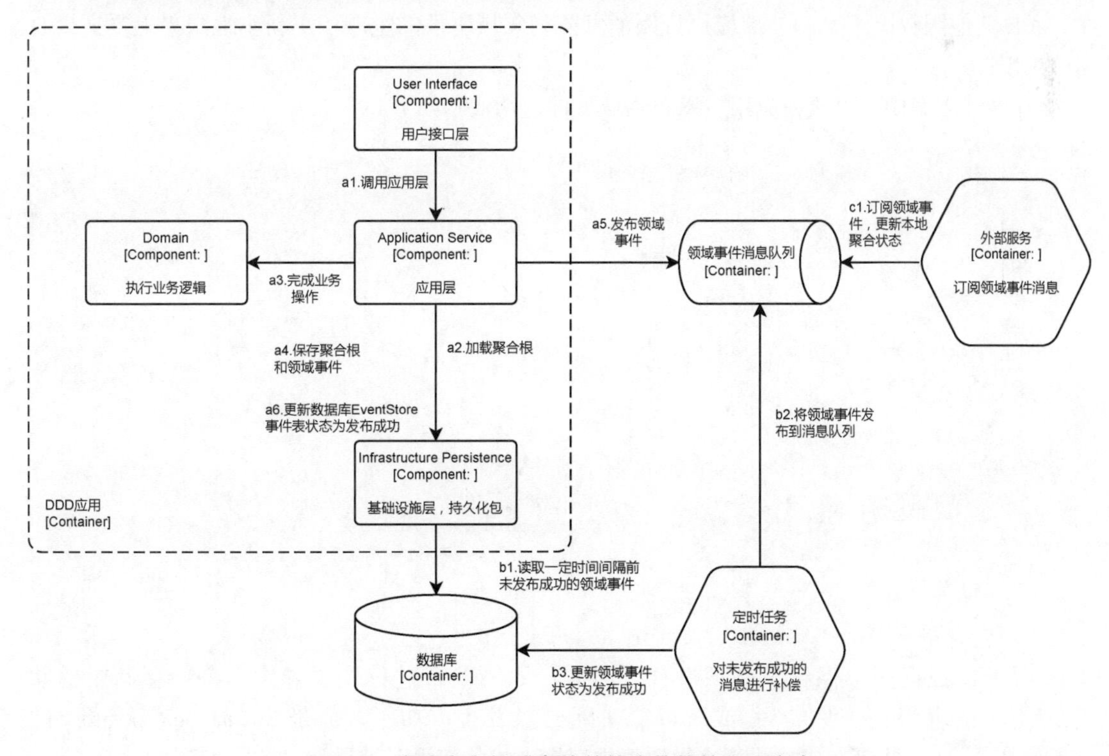

图 8-2　直接发布领域事件并轮询补偿的实现方案

这种方案从整体上可分为 a、b、c 三个阶段。

1）a 阶段

a 阶段主要是 DDD 应用完成业务逻辑并通过应用层发布领域事件的过程，具体如下。

- a1. 用户接口层调用应用层，发起业务操作命令。
- a2. 应用层通过基础设施层加载聚合根。
- a3. 聚合根完成业务操作，并生成领域事件。
- a4. 应用层调用基础设施层保存聚合根和领域事件。
- a5. 应用层发布领域事件。
- a6. 应用层更新数据库 EventStore 事件表状态为发布成功。

2）b 阶段

b 阶段主要是定时任务补偿发送领域事件的过程。

- b1. 定时任务定期扫描数据库，读取一定时间间隔前未发布成功的领域事件，例如，扫描 1 分钟前保存的且发布状态不是“已发布”的领域事件。
- b2. 将未发布成功的领域事件再次发布到消息队列。
- b3. 发布成功后，将领域事件的状态修改为“已发布”。

3）c 阶段

c1. 其他限界上下文的外部应用订阅消息队列领域事件的主题，更新本地限界上下文聚合根的状态。

在这种方案中，直接在应用层发布领域事件，伪代码如下。

```
public class ApplicationService {
    // 省略 repository 和 publisher 的依赖注入
    @Resource
    private EventJdbcRepository eventJdbcRepository;
  public void doBusiness(Command cmd) {
    AggregateRoot root = repository.load(bizId);
    entity.doBusiness(cmd.getValue());
    repository.save(root);
    // 发布领域事件
    List<DomainEvent> domainEvents = entity.getDomainEvents();
    publisher.publish(domainEvents);
   // 通过事件的 EventId 更新 EventStore 中事件的状态为已发布
    List<String> eventIds = domainEvents.stream()
                                       .map(e->e.getEventId())
                                       .collect(Collectors.toList())
    eventJdbcRepository.publishSuccess(eventIds);
  }
}
```

由于在数据库中保存了领域事件，因此，如果发布过程发生异常，事件存储中的状态就不会被置为“已发布”；或者可能实际已经发布成功了，但是 EventJdbcRepository 的 publishSuccess 方法没有成功执行，导致事件存储中的状态没有被置为“已发布”。

定时任务的执行过程如下。

```
public class Task {
  public void doTask() {
    //TODO 1. 扫描数据库超时未发布成功的领域事件
    //TODO 2. 发布领域事件到消息中间件
    //TODO 3. 修改数据库领域事件发布状态为已发布
  }
}
```

2. 事务日志拖尾

定时轮询数据库以补偿未成功发布的领域事件的方案可以可靠地发布领域事件，但频繁查询未成功发布的超时领域事件可能给数据库造成压力。在这种情况下，可以考虑实施事务日志拖尾的方案。

事务日志拖尾的含义是监听数据库的事务日志，以获取增量的新数据。可以通过引入 CDC 中间件来实现事务日志拖尾，常见的 CDC 中间件包括 Debezium 和 Canal 等。

Debezium 基于 MySQL 数据库的增量日志进行解析，提供增量数据订阅，并支持 MySQL、PostgreSQL、Oracle、SQL Server 和 MongoDB 等主流数据库。建议读者学习并掌握它。

采用事务日志拖尾发布领域事件的实现方案如图 8-3 所示。

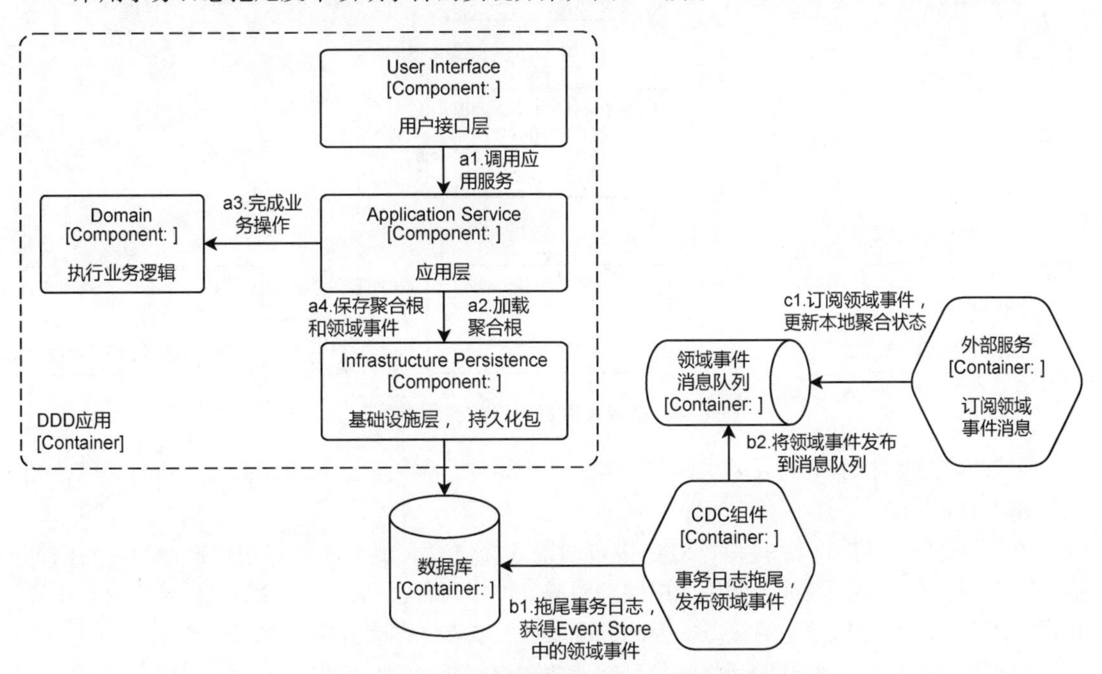

图 8-3 采用事务日志拖尾发布领域事件的实现方案

事务日志拖尾与直接发布并轮询补偿相比，主要优点如下。

- 应用层不再需要手动发布领域事件，也不需要更新数据库事件表的发布状态，因此减轻了数据库的压力；领域事件的发布依赖 CDC 组件，CDC 组件捕获数据库事务日志并推送到消息中间件。

- 不需要额外的定时任务来扫描并标记领域事件的状态，减轻了数据库的压力。
- 应用层不再需要关心领域事件的发布逻辑，简化了开发流程。

8.5 领域事件订阅

8.5.1 应用层

领域事件被发布到消息中间件后，对领域事件感兴趣的限界上下文可以进行订阅消费。领域事件订阅者的实现方案如图 8-4 所示。

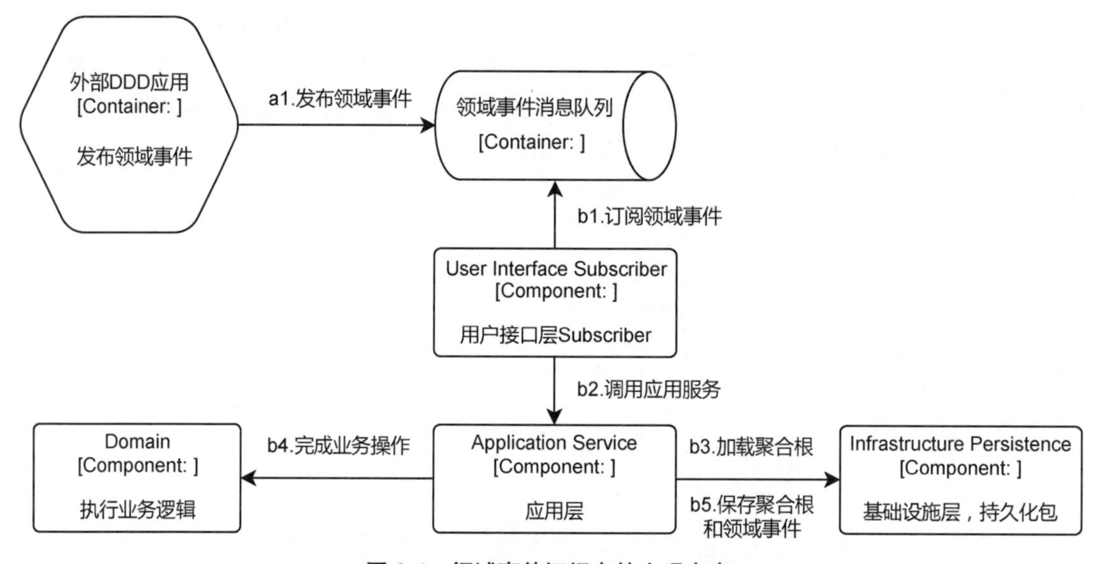

图 8-4 领域事件订阅者的实现方案

领域事件的订阅者收到领域事件后，解析领域事件，调用自己的应用服务，执行相应的处理逻辑。

在第 2 章中，将 HTTP 接口、RPC 接口的服务提供者实现类放置在用户接口层，它们都有一个共同特点，那就是都会调用应用层。领域事件订阅者收到领域事件消息后，也会调用应用服务来更新本地领域模型的状态，因此也可以将领域事件订阅者放置在用户接口层。

在实际开发中，有些开发者将消息订阅者放在应用层，这是值得商榷的，应用层不具备订阅中间件的职责，应用层提供应用服务给用户接口层调用。

领域事件的订阅者需要在其处理逻辑中考虑是否支持幂等性。分布式系统中的消息传递存在不确定性，领域事件的发送过程可能会由于多种原因而进行重试，导致同一个领域事件被发送多次，订阅者需要考虑重复接收相同领域事件的情况。

建议领域事件的订阅者实现幂等设计，即使多次接收到相同的领域事件，也会得到相同的结果。关于幂等设计的技术实现，见 8.1 节。

8.5.2 领域事件订阅者案例代码

Apache Kafka 是业界著名的消息中间件，广泛用于构建实时数据流应用程序。而 Spring Kafka 框架则是 Spring 对 Kafka 的适配，提供了便捷的方式来集成 Apache Kafka，帮助开发者构建高性能的消息消费者。

在此以 Apache Kafka 和 Spring Kafka 为例探讨领域事件订阅者的基本实现逻辑。

领域事件订阅者接收领域事件，调用应用层完成业务逻辑，按照第 2 章的应用架构，应该属于用户接口层。因此，可以将领域事件订阅者所在的 Maven Module 命名为 user-interface-subscriber。以下是某个领域事件订阅者的伪代码。

```
import org.springframework.kafka.annotation.KafkaListener;
import org.springframework.stereotype.Component;
import javax.annotation.Resource;
/**
 * 领域事件订阅者
 */
@Component
public class DomainEventSubscriber {
  @Resource
  private ApplicationService applicationService;
  @KafkaListener(topics = "domain_event_topic", groupId = "local_consumer_group_id")
  public void subscribe(String event) {
    // 解析得到领域事件
    DomainEvent domainEvent = JSON.parse(event, DomainEvent.class);
    // 拼装 Command
    Command command = this.toCommand(domainEvent);
    // 应用层执行领域模型状态变更
    applicationService.handleCommand(command);
  }
  private Command toCommand(DomainEvent domainEvent){
    // 省略从领域事件拼装 Command 的逻辑
  }
}
```

以上领域事件订阅者的核心逻辑是：通过 @KafkaListener 注解定义一个消息监听器；当收到领域事件的消息时，解析该消息以获取领域事件的实例对象；通过领域事件携带的信息拼装命令对象（即 Command）；将 Command 交给应用层执行。

第 9 章 CQRS

9.1 引入 CQRS 的契机

在领域驱动设计中，除了单个聚合根的加载，在实际开发中常常会遇到如分页列表查询、条件查询和跨表查询等需求，这些需求可能需要同时查询多个聚合根的数据。有的实践者会直接在 Repository 中实现这些数据查询的处理逻辑。以下是伪代码示例。

```
/**
 * 聚合根仓储的实现
 */
public class DomainRepositoryImpl implements DomainRepository {
  public Entity load(EntityId entityId) {
    // 省略实现逻辑
  }
  @Transactional
  public void save(Entity entity) {
    // 省略实现逻辑
  }
  /**
   * 为了分页列表查询，将这个方法放到了 Repository 中
   * 不建议！
   * @return
   */
  public PageBean<Entity> pageList(SomeValue someValue) {
    // 省略实现逻辑
  }
}
```

以上的伪代码存在一些问题：Repository 的职责不是单一的。Repository 原本是用来维护单个聚合根的生命周期的，但这种实现会导致 Repository 承担了过多的查询职责，从而造成

职责不再单一。这样做也意味着每次新增一个查询功能时，都需要在领域层的Repository接口中新增方法。为了保持Repository的职责单一，需要想办法在Repository之外支持这类查询操作。

条件查询等查询操作并不需要完整加载聚合根的状态。聚合根是事务一致性的边界，为了保证业务的准确性，Repository在加载聚合根时必须将聚合根的完整状态从数据库中加载出来。然而，在执行查询操作时，例如，分页列表查询、条件查询等操作，往往只需要读取聚合根的状态，而不会对聚合根的状态进行修改。有一些查询仅仅需要获得聚合根的某一部分字段，如果完整加载聚合根的所有状态，则可能会因为读取的数据过多而影响查询性能，并使得查询操作变得更麻烦。因此，在只进行查询而不进行修改的场景下，其实没有必要完整地加载聚合根。

接下来将通过CQRS来解决这些问题。

9.2　CQRS概念理解

CQRS（Command Query Responsibility Segregation，即命令查询责任分离）是一种架构模式，通过使用不同的模型，分别实现修改操作（即命令，Command）与查询操作（即查询，Query），达到命令和查询分离的目的。

领域驱动设计引入CQRS架构后，应用层根据职责被分为两部分：命令应用服务（Command Application Service）和查询应用服务（Query Application Service）。命令应用服务负责处理写操作，写操作通常会引起聚合根状态改变，例如创建、更新和删除数据操作。查询应用服务负责处理读操作，包括查询和展示数据。

引入CQRS后，在领域驱动设计的应用层中，命令和查询分别使用不同的模型来处理。

在命令应用服务中，保持原来使用领域模型执行业务操作的方案，通过Repository加载完整的聚合根，由聚合根修改其内部状态以实现业务逻辑。

在查询应用服务中，使用数据模型执行查询操作，直接从数据库读取数据并将其呈现给用户。在5.2节关于Repository的介绍中，Repository所在的基础设施层持久化包infrastructure-persistence内部拥有数据模型和对应的ORM接口（如MyBatis的Mapper接口），查询操作可以绕过领域模型，直接使用这些数据模型和ORM接口来完成操作。

由于命令操作还是使用领域模型，与之前的应用层相同，下面仅展示查询操作的应用层的伪代码。

```
/**
 * Query 伪代码
 */
public class QueryApplicationService {
  @Resource
  private DataMapper dataMapper;
```

```
    /**
     * 演示调用 dataMapper 完成查询
     * 实际查询时可能还会涉及缓存操作
     * @param query
     * @return
     */
    public List<View> queryList(Query query) {
      // 获得查询条件
      Object condition1 = query.getCondition1();
      Object condition2 = query.getCondition2();
      // 直接调用 dataMapper 完成查询
      List<Data> dataList = dataMapper.queryList(condition1, condition2);
      // 数据对象转成 View 对象
      List<View> viewList=this.toViewList(dataList);
      return viewList;
    }
}
```

在以上伪代码中并没有加载聚合根，而是通过 infrastructure-persistence 层的数据模型完成了整个查询过程。

9.3 CQRS 中的对象命名

我们经常在一些项目中看到各种贫血对象，例如 VO、DO、DTO、PO 等，这些“xO”在不同的团队和不同的项目中，往往具有不同的含义。

- VO：有可能是 Value Object，也可能是 View Object。
- DO：有可能是 Domain Object，也可能是 Data Object。
- PO：有可能是 POJO（即 Plain Old Java Object 或者 Plain Ordinary Java Object）的简写，也可能是 Persistent Object。

其他各种未提及的“O”也存在意义指代不明的问题，虽然可能通过一些项目文档进行约定，但在跨团队交流中往往存在障碍。因此，在探讨如何实现 CQRS 之前，有必要将各种使用到的对象名称确定下来，形成通用语言，避免引起歧义。

应用层通常有三种对象，分别是 Command、Query 和 View。CQRS 架构应用层对象分类如表 9-1。

表 9-1　CQRS 架构应用层对象分类

名称	用于 CQRS 场景	角色（入参 / 出参）	说明
Command	Command	入参	用于命令方法的入参
Query	Query	入参	用于查询方法的入参
View	Query	出参	用于查询方法的出参

在本书以及随书案例中，应用层的服务将全面使用这三种对象命名方式，避免出现容易引起歧义的各种“O”。

这几种对象使用方法的伪代码如下。

```
/**
 * 命令应用服务
 */
public class CommandApplicaitonService{
  /**
   * 修改聚合根状态的业务方法
   * @param command
   */
  void changeAggregateRootState(Command command);
}
/**
 * 查询应用服务
 */
public class QueryApplicationService {
  /**
   * 条件查询
   * @param query
   * @return
   */
  View queryByCondition(Query query);
  /**
   * 分页列表查询
   * @param query
   * @return
   */
  PageBean<View> pageList(Query query);
}
```

9.4 实现 CQRS

CQRS 的实现分为三个层面：方法级的 CQRS、相同数据源的 CQRS 和异构数据源的 CQRS。

9.4.1 方法级的 CQRS

方法级的 CQRS 不涉及数据源和模型，主要是对接口方法层面的约束：一个方法要么执行命令（即 Command）修改对象状态，要么进行查询（即 Query）返回数据，职责要单一，不应该在命令方法中返回查询结果，也不应该在查询操作中修改对象的状态。

方法级的 CQRS 实际上与领域驱动设计无关，不管有没有在实践领域驱动设计，都推荐尽量将方法实现为 CQRS。

方法级的 CQRS 实现的伪代码如下。

```
/**
 * 命令方法，修改模型的状态，无数据返回，因此返回 void
 */
public void modify(Command cmd){
    //TODO 业务逻辑
}
/**
 * 查询方法，不修改模型状态，返回查询结果
 */
public View query(Query query){
    //TODO 查询数据，不涉及模型状态的修改
}
```

在某些情况下，用户在完成新实例的创建操作之后，需要获取新建实例的数据。此时，在命令方法中可以返回新实例的唯一标识，然后使用查询方法根据该唯一标识查询详细信息，如以下伪代码。

```
/**
 * 创建新实例的命令方法，由于业务需要立即通过新实例的 ID 查询数据
 * 因此需要返回唯一标识
 */
public String create(Command cmd){
    //factorey 创建新的实例
    Entity entity = factorey.newInstance(cmd.getValue());
    //保存
    repository.save(entity);
    //返回 ID
    return entity.getEntityId().getValue();
}
```

这种情况谈不上打破 CQRS 对查询和命令进行分离的原则，因为返回的是命令执行过程中的数据，并没有进行查询操作。

9.4.2 相同数据源的 CQRS

只要命令和查询这两个操作使用的不是同一套模型，就已经实现了 CQRS。

在落地 CQRS 过程中，可以先共用一套数据源同时处理读写请求，只不过命令操作由领域模型完成，查询操作由数据模型完成。同数据源的 CQRS 实现起来非常简单，其实已经能满足大部分的业务需要了。

在实现同数据源的 CQRS 时，可以在 DDD 应用架构中将命令和查询分别使用不同的应用服务来实现，以此来区分。

同数据源的 CQRS 实现方案如图 9-1 所示。

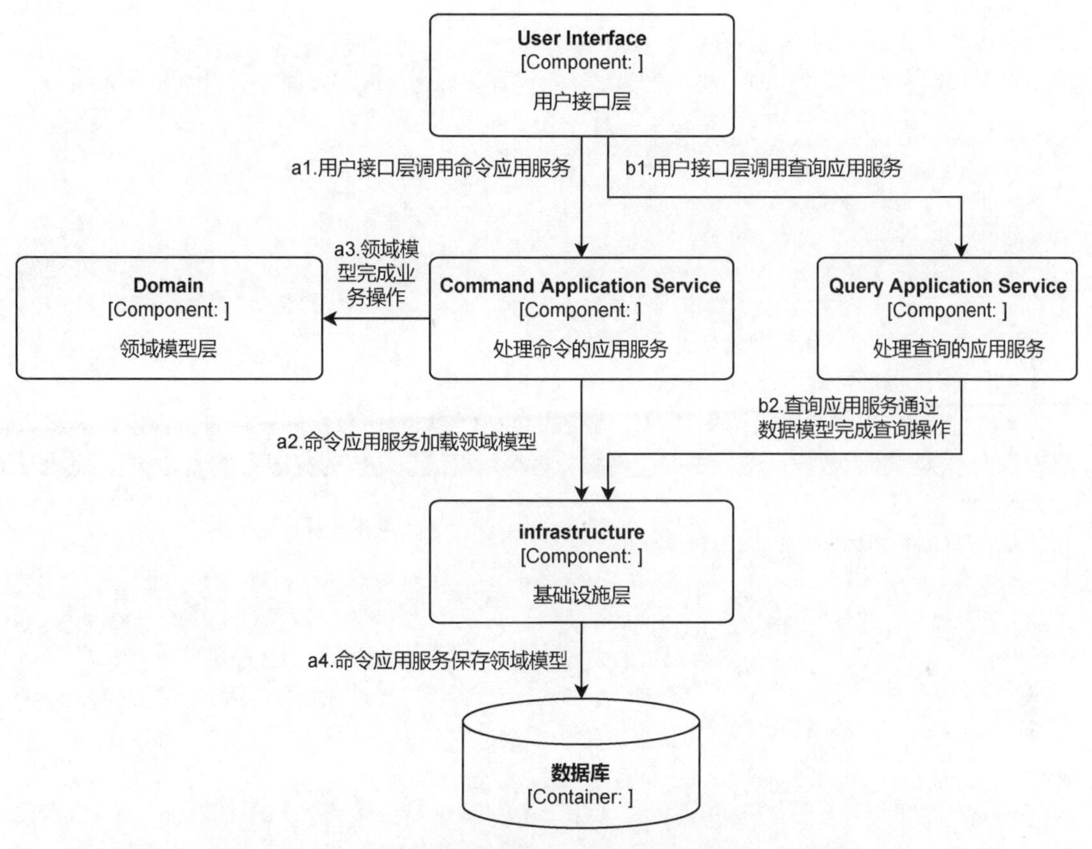

图 9-1　同数据源的 CQRS 实现方案

图 9-1 分为两个过程，a 代表命令执行的过程，b 代表查询执行的过程。

a 阶段是典型的 DDD 应用执行过程。

- a1. 用户接口层调用命令应用服务。
- a2. 命令应用服务加载领域模型。
- a3. 领域模型完成业务操作。
- a4. 命令应用服务保存领域模型。

a 阶段的命令应用服务的伪代码如下。

```
/**
 * 命令应用服务，只有命令操作
 * 典型的领域模型执行业务的过程
 */
public class CommandApplicationService {
```

```
  @Resource
  private DomainRepository domainRepository;
  public void doBusiness(Command cmd) {
    String eidStr=cmd.getEntityId();
    EntityId entityId= new EntityId(eidStr);
    Entity entity=domainRepository.load(entityId);
    entity.doSomething(cmd.getProperty1());
    domainRepository.save(entity);
  }
}
```

b 阶段是典型的贫血模型完成业务的过程。

- b1. 用户接口层调用查询应用服务。
- b2. 查询应用服务直接调用基础设施层的 ORM 接口，向数据库发送查询请求，再将数据库查询结果封装为数据模型。查询应用服务再将数据模型转换为视图对象（View），完成查询操作。

b 阶段的查询应用服务的伪代码如下。

```
/**
 * 查询应用服务，只有查询操作
 */
public class QueryApplicationService {
  /**
   * 数据库表（table）对应的 Mapper
   */
  @Resource
  private DataMapper dataMapper;
  public View queryData(Query query) {
    // 获得查询条件
    SomeValue someValue = query.getSomeValue();
    // 直接调用数据库表对应的 Mapper 执行查询
    List<Data> dataList = datadataMapper.queryList(someValue);
    // 将查询结果转化为 View 进行返回
    View view = this.toView(dataList);
    return view;
  }
}
```

在查询应用服务中，可以引入许多优化措施（如缓存）提升数据查询性能。

CQRS 在实现时，既可以将命令和查询实现在同一个应用中，也可以将命令和查询进行物理上的区分，分别实现在不同的应用中。命令和查询分别实现在不同应用的方案如图 9-2 所示。

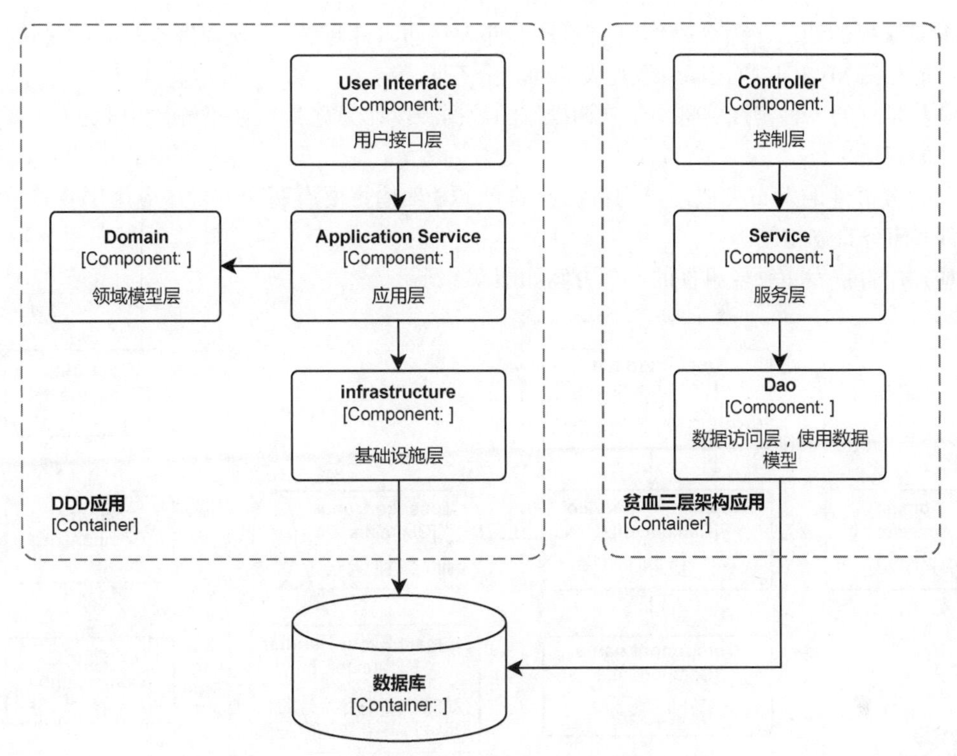

图 9-2　命令和查询分别实现在不同应用的方案

9.4.3　异构数据源的 CQRS

使用相同数据源的 CQRS 基本上可以满足大部分业务场景的需求，然而有时为了解决特定问题，可能会引入其他数据中间件，将业务数据的副本存储到数据中间件中，导致数据异构存储。这时就需要使用异构数据源的 CQRS，即查询和命令两种操作由不同的数据源承接。

举个例子，在本书编写时，利用 MySQL 进行全文检索往往性能较低，而搜索引擎 Elasticsearch 具备很强的全文检索能力，可以说是业界全文检索的事实标准。首先可以在 Elasticsearch 中存储一份数据的副本，然后由 Elasticsearch 完成全文检索操作。Elasticsearch 中的数据副本不一定存储所有的数据字段，只需要存储作为搜索条件的字段和唯一标识，通过 Elasticsearch 检索出唯一标识之后，再通过唯一标识加载完整的数据模型并返回。

此外，异构数据源不一定就是两种不同的数据中间件，两个数据源完全有可能都是 MySQL，但是数据源的表结构不同。例如，事件溯源通常会与 CQRS 一起使用，事件溯源时数据库存储的是聚合根的一系列领域事件，聚合根被“打散”成领域事件进行存储；命令操作加载领域事件并通过事件回放重建聚合根，然后由聚合根完成业务操作并生成领域事件，再将领域事件存储到数据库；为了加速查询，通常会根据领域事件生成聚合根的快照，查询操作直接查询聚合根的快照。命令操作对应的是事件表（即事件存储），查询操作对应的是快照表，二者可能都是 MySQL 数据库，但是表结构完全不同。

业界常见的一种实践是将用于查询操作的数据源设计为宽表，通过冗余字段的方式减少查询的性能消耗。

与领域事件的发布类似，异构数据源的 CQRS 架构主要有两种方式：应用层直接发布领域事件和事务日志拖尾。

应用层直接发布领域事件的实现方案如图 9-3 所示。

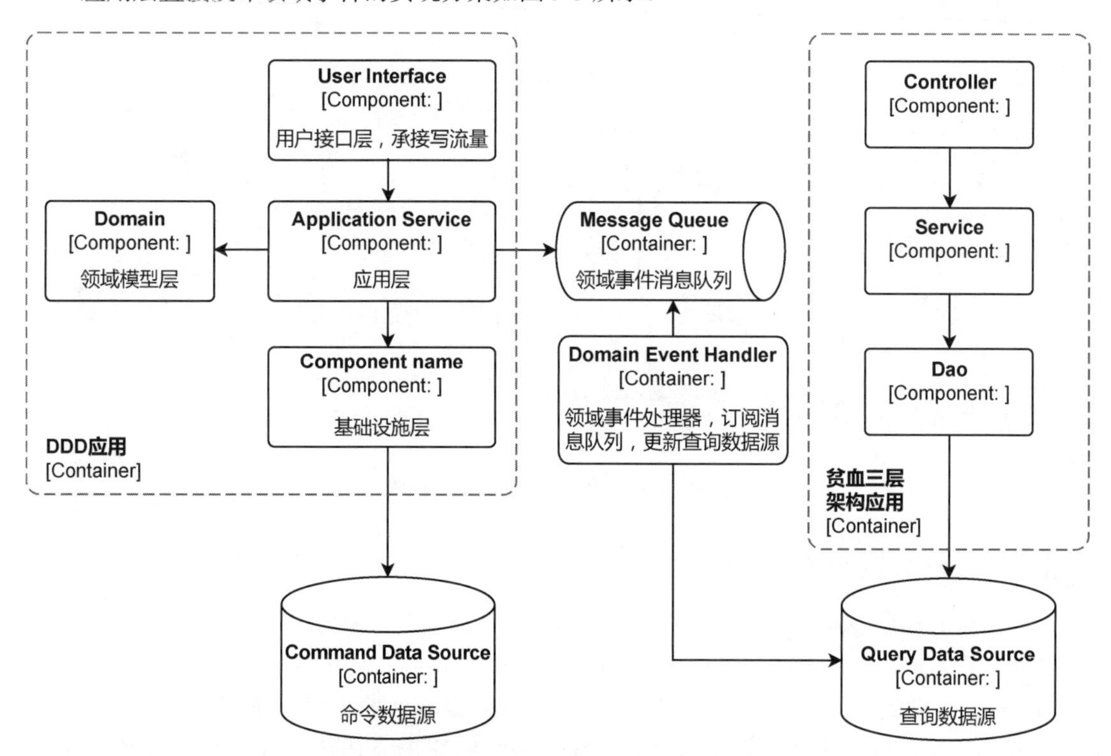

图 9-3　应用层直接发布领域事件的实现方案

在图 9-3 的架构图左边是一个 DDD 应用，主要通过领域模型完成命令操作，其产生的领域事件会发布到消息队列。由于聚合根的保存和领域事件的发布不在同一个事务中，因此存在分布式事务的问题。有可能数据库保存了聚合根，但是领域事件发布失败，导致两个数据源的数据不一致。为了解决可能出现的数据不一致问题，会引入定时任务，定时将发布失败的领域事件发布到消息队列中。这个实现细节已经在 8.4 节进行了探讨，在此不再赘述。

Domain Event Handler 是领域事件的订阅者，会订阅消息队列中的领域事件。Domain Event Handler 收到领域事件后，会根据领域事件更新查询数据源（Query Data Source）。Domain Event Handler 的逻辑也可能整合到贫血三层架构应用中。

在图 9-3 的架构图右边是一个贫血三层架构应用，主要用来处理查询的请求流量。

采用事务日志拖尾的 CQRS 实现方案如图 9-4 所示。

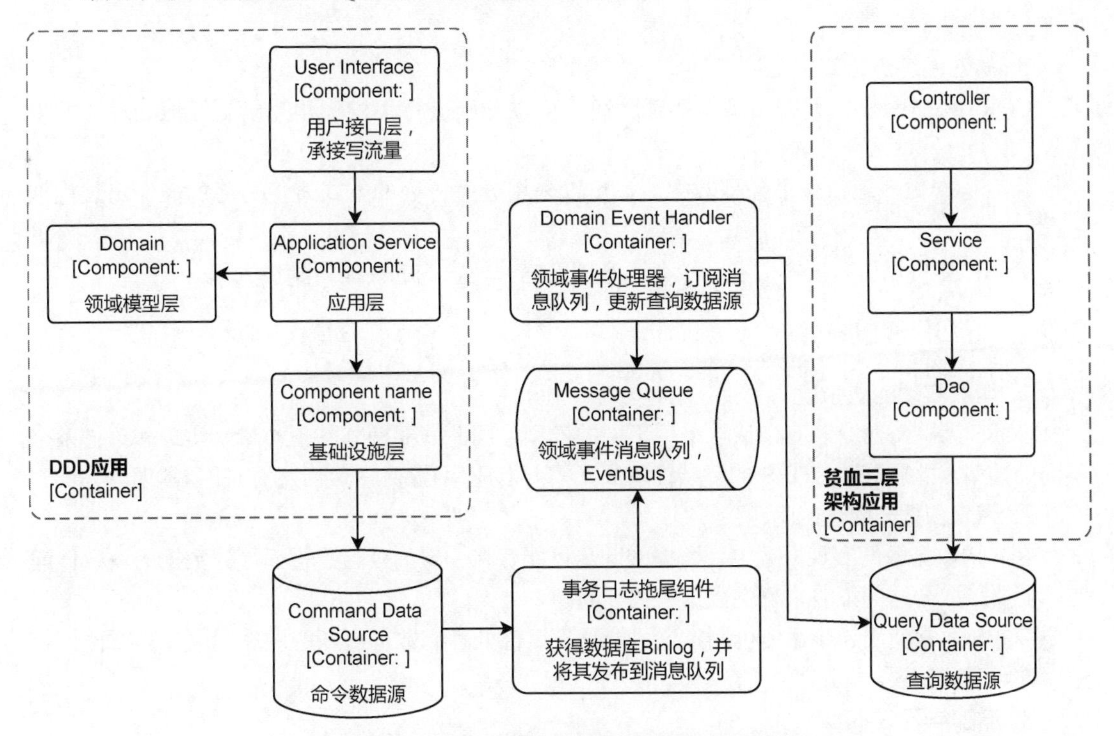

图 9-4　采用事务日志拖尾的 CQRS 实现方案

事务日志拖尾方案与直接发布领域事件方案的区别有两点：在应用代码层面不再手动发布领域事件，从而避免了分布式事务的问题；引入事务日志拖尾组件，订阅数据库事务日志（MySQL 中的 Binlog），并将解析 Binlog 得到的数据发布到消息队列。

笔者开源的数据同步服务（在 GitHub 中搜索“feiniaojin/ddd-dts”），支持全量和增量数据同步。其中，增量数据同步是基于事务日志拖尾实现的，可以非常方便地实现 CQRS。

9.5　CQRS 的优缺点

9.5.1　CQRS 的优点

1. 分离业务关注点

命令操作关心聚合内的一致性，而查询操作不需要关注一致性，两者的分离使得用代码实现时可以分别独立地处理不同的业务需求，更方便地进行变更和迭代。

2. 明确模型职责分工

命令操作由领域模型完成，确保聚合内的强一致性；查询操作由数据模型完成，确保查询操作更轻量级。

3. 针对性地进行架构优化

CQRS 将命令操作和查询操作实现分离，可以分别进行架构优化，以更好地处理高并发情况。

命令操作更多地依赖事务型数据库，可以采用分库分表的方式避免写库的操作出现性能瓶颈。

查询操作可以引入搜索引擎、缓存等基础设施，使查询的性能得到极大提升。

9.5.2 CQRS 的缺点

1. 增加实现的复杂度

CQRS 架构对命令和查询请求采用不同的模型，因此需要额外的工作量来实现和维护两个不同的模型，这就导致 CQRS 的复杂性较高，需要对应用程序进行细致的设计和实现。

2. 带来数据一致性的问题

在异构数据源的实现方案中，数据的同步可能存在一定的延迟，进而导致数据的一致性问题，需要采取合适的策略来解决数据一致性问题。

CQRS 通常使用异步通信机制，这可能导致事件处理和数据更新的顺序问题，需要谨慎处理事件顺序和错误。

3. 增加学习成本

CQRS 架构需要开发人员充分了解 CQRS 整个架构的实现细节，这可能有一定的学习成本。

第10章 事件溯源

10.1 事件溯源概念理解

事件溯源（Event Sourcing）是一种将所有的领域事件（Domain Event）存储到事件存储（Event Store）中，并通过重放历史事件来还原领域对象状态的模式。事件溯源的核心思想是将系统中所有的状态变更都视为事件，将这些事件以时间顺序记录下来，并存储到事件存储中。这样，可以通过重放这些事件，来还原任意时刻的系统状态。

在事件溯源中，记录的是聚合根发生的领域事件，而不是直接记录聚合根的最新状态。每个事件都是不可变的，只能查询，不能修改。通过重放这些领域事件，我们可以还原出任意时刻的聚合根。

在传统的实现中，每个命令作用于聚合根上，都会更新聚合根的状态，数据库保存聚合根的最新状态，如图 10-1 所示。

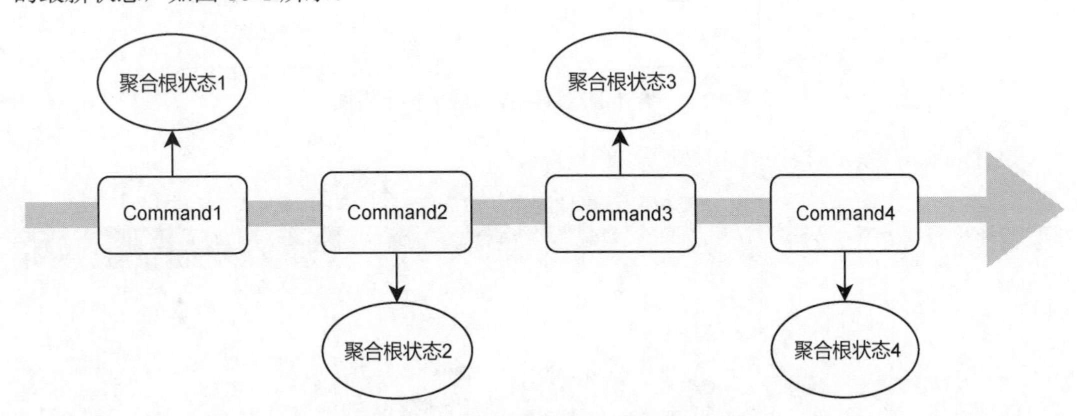

图 10-1 数据库保存聚合根的最新状态

这种方案在数据库中将每个聚合根实例存储为一行，并且当前保存的是聚合根最新的状态。传统的保存聚合根最新状态的数据库表设计如表 10-1 所示。

表 10-1　传统的保存聚合根最新状态的库表结构

id	product_id	product_name	product_count	last_modifed_date	省略其他列
11	P001	A 产品	10	2023-10-01 00:00:00	……
22	P002	B 产品	3	2023-10-01 01:00:00	……

事件溯源的执行方法与之相反，事件溯源不保存聚合根的最新状态，保存的是每个命令作用于聚合根之后产生的领域事件。事件溯源只保存领域事件的示意图如图 10-2 所示。

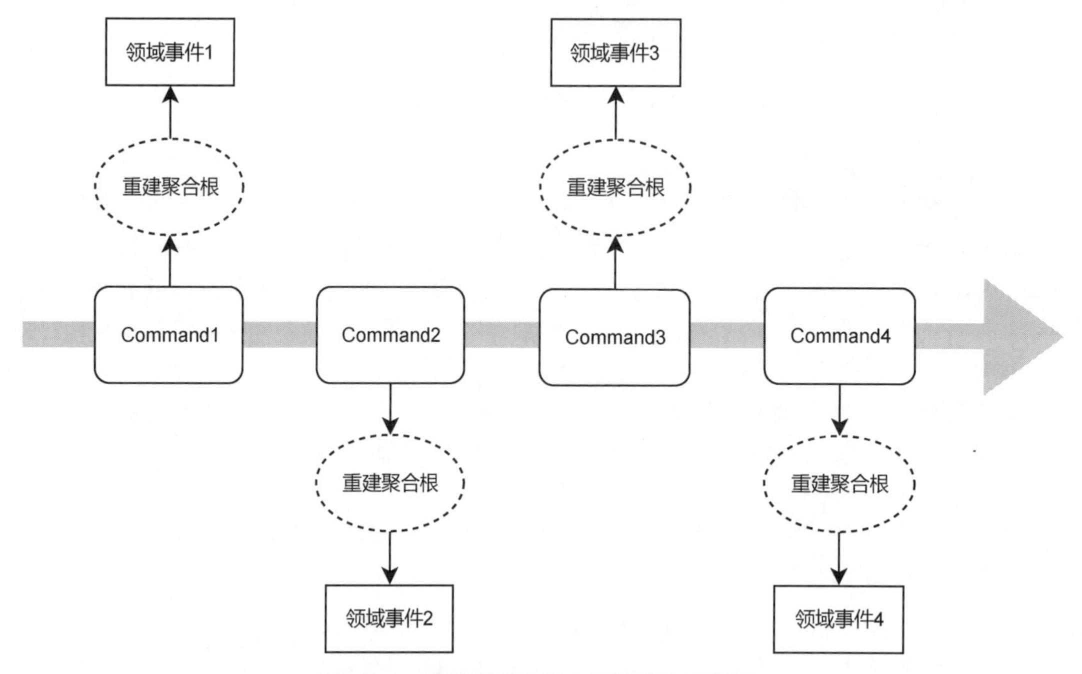

图 10-2　事件溯源只保存领域事件示意图

事件溯源的库表结构如表 10-2 所示。

表 10-2　事件溯源的库表结构

id	event_id	event_type	entity_id	event_data	event_time	省略其他列
1	E01	Created	P001	{"productName"："A 产品 "，……}	2023-10-01 00：00：00	……
2	E02	PictureChanged	P001	{"productPicture"："https：//ddd.[illegible].com/picture.jpg"，……}	2023-10-01 01：01：00	……

表 10-2 中各列的含义如下：

- id 列是表的自增主键。
- event_id 是领域事件 ID。
- event_type 是领域事件类型。
- entity_id 是发生领域事件的聚合根实体的唯一标识。
- event_data 是将领域事件实例对象进行 JSON 序列化后得到的字符串。
- event_time 是领域事件发生的时间。

在事件溯源的实现方案中，数据库保存的是每个领域事件，当有新的命令（Command）需要作用在聚合根上时，需要先从数据库中查询出历史事件，并通过回放历史事件进行重建聚合根，再将命令作用在聚合根上进行验证和计算本次命令对应的领域事件，最后将新的领域事件保存起来。

事件溯源的优点如下。

- 提供了完整的业务跟踪能力。通过历史事件，我们不仅可以了解到聚合根中发生的所有状态修改操作，以及它们发生的时间和顺序，还可以恢复任意时刻聚合根的状态。这对于业务分析和问题定位非常有帮助。
- 支持聚合根状态回滚。由于所有的状态变更都是以事件的形式记录下来的，因此，可以通过删除历史事件来回滚聚合根状态，非常便捷地进行错误修复和数据回复。
- 解决对象关系阻抗失调的问题。对象关系阻抗失调（O/R Impedance Mismatch）是指领域模型和数据模型之间的不匹配或不一致。为了解决这种不匹配，可能需要额外处理领域模型和数据模型之间的转换和映射，从而导致性能下降、代码的复杂性增加，以及维护困难等问题。事实上，这种领域模型和数据模型的转换与映射工作交给了 Repository 完成。事件溯源只存储历史领域事件，通过历史领域事件回放来重建聚合根，整个过程不需要引入数据模型，也就不需要再进行领域模型和数据模型之间的转换与映射。

本书将介绍三种事件溯源的实现方案。

- 第一种，通过回放所有的历史事件重建聚合根。事件存储直接保存所有的历史领域事件，执行命令操作时通过回放所有的历史事件重建聚合根。
- 第二种，通过快照提高重建聚合根的效率。在第一种的基础上进行优化，引入聚合根的快照，提高聚合根重建的效率。
- 第三种，通过拉链表生成所有事件对应的快照。在第二种的基础上进行优化，将聚合根设计为拉链表，支持高效查询任意事件的快照版本。

10.2　第一种事件溯源实现方案

10.2.1　整体方案介绍

在事件溯源的实现方案中，数据库不再存储聚合根的状态，而是存储导致聚合状态发生变更的事件，因此事件溯源的执行过程与经典的领域驱动设计执行过程有一些区别。

首先，事件溯源是基于领域事件的，所以需要实现事件存储（Event Store），8.4.1 节介绍了使用 t_event 表实现事件存储，在此复用该表作为事件存储。

其次，事件溯源中聚合根是通过回放历史领域事件进行重建的，假设同时有两个命令请求修改聚合根，则有可能执行某个命令的线程还没有完成领域事件的持久化，此时另外的线程又将历史事件读取出来重建聚合根执行业务操作，从而产生并发修改数据的问题，导致业务结果不正确。因此可以通过引入乐观锁的机制来避免数据并发更新不正确的问题：创建一张 t_entity 表，这张表主要记录了 entity_id 和 version，其中，entity_id 是聚合根的唯一标识，version 用于实现乐观锁。建表 t_entity 的 SQL 语句如下。

```
CREATE TABLE 't_entity'(
    'id' bigint NOT NULL AUTO_INCREMENT COMMENT '自增主键',
   'entity_id' varchar(64) NOT NULL COMMENT '事件 id',
   'deleted' tinyint NULL DEFAULT 0 COMMENT '逻辑删除标记 [0- 正常 ;1- 已删除 ]',
    'created_by' VARCHAR(100) COMMENT '创建人',
    'created_time' DATETIME NULL DEFAULT CURRENT_TIMESTAMP COMMENT '创建时间',
    'modified_by' VARCHAR(100) COMMENT '更新人',
    'modified_time' DATETIME NULL DEFAULT CURRENT_TIMESTAMP ON UPDATE CURRENT_TIMESTAMP
COMMENT '更新时间',
    'version' bigint DEFAULT 1 COMMENT '乐观锁',
   PRIMARY KEY('id'),
   UNIQUE INDEX unique_entity_id (entity_id)
 ) ENGINE = InnoDB AUTO_INCREMENT = 1 CHARACTER SET = utf8mb4 COLLATE utf8mb4_bin COMMENT
'实体表';
```

接下来分别对聚合根的创建和状态修改两个过程进行方案设计。

1. 创建聚合根的过程

第一种事件溯源方案创建聚合根的流程如图 10-3 所示。

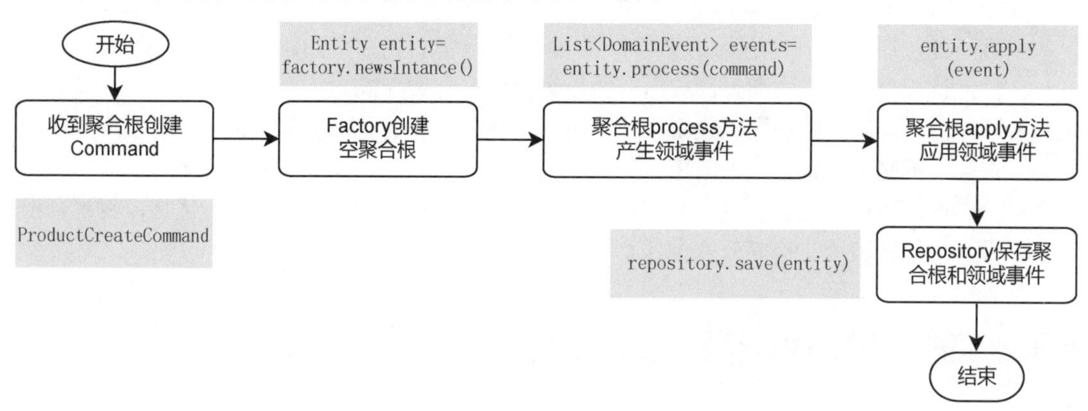

图 10-3　第一种事件溯源方案创建聚合根的流程图

当收到创建聚合根的 CreateCommand 命令时，由于此时聚合根并不存在，所以不涉及聚合根重建的过程，只需要通过 DomainFactory 创建一个空的聚合根即可。

将 CreateCommand 命令应用于聚合根的 process 方法来校验 Command 数据的合法性，校验通过之后将命令携带的信息与聚合根原本的属性进行运算，并生成 CreateCommand 命令对应的领域事件。

process 方法不管是接收创建命令还是修改命令，都只是对聚合根进行状态的读取，不会修改聚合根内部状态的值。process 方法获取聚合根的状态，并与 Command 命令中的值进行计算，将计算结果封装成领域事件，在这个过程中不会修改聚合根的状态。

得到 CreateCommand 命令对应的领域事件后，将领域事件应用于聚合根的 apply 方法会获取领域事件内的信息并更新聚合根内部的状态。

以上过程执行完成后，就得到了最新状态的聚合根，此时使用仓储（Repository）的 save 方法将聚合根进行持久化。事件溯源机制下的仓储处理过程与经典的处理过程有所不同，save 方法做两件事情：持久化 apply 方法保存起来的领域事件；持久化聚合根的唯一标识并为其分配一个 version，未来该 version 将用于实现乐观锁，避免出现并发更新的问题。

考虑到聚合根的 process 方法经常需要与外部服务进行交互，例如，从分布式 ID 服务中为聚合根申请唯一标识，由于不建议在聚合根中依赖注入基础设施层的对象，因此可以将 process 方法从聚合根中抽取出来，形成一个 CommandProcessor 接口，在该接口的实现类中完成聚合根 process 方法相同的处理逻辑，也可以为其依赖注入某些基础设施层对象，使聚合根与基础设施层解耦。相应地，仍然要求 CommandProcessor 不能修改聚合根的状态。

CommandProcessor 接口的伪代码如下。

```
/**
 * 规范：只能读取聚合根的值，不能修改聚合根
 */
public interface CommandProcessor {
  List<DomainEvent> process(AggregateRoot root,Command command);
}
```

CommandProcessor 接口实现类的伪代码如下。

```
@Component
public class CreateCommandProcessor implements CommandProcessor{
    /**
     * 分布式 ID 服务，依赖注入
     */
    @Resource
    private IdService idService;
  @Override
  public List<DomainEvent> process(AggregateRoot root,Command command) {

    //转为目标 Command
    CreateCommand createCommand = (CreateCommand) command;
    CreatedEvent createEvent = new CreatedEvent();
```

```
        //领域事件基本信息赋值
        createEvent.setEventId();
        //赋予聚合根唯一标识
        createEvent.setEntityId(idService.nextId());
        createEvent.setEventTime(new Date());
        createEvent.setEventType(createCommand.getClass().getName());
        //业务数据赋值
        createEvent.setProductName();
        createEvent.setCount();
        createEvent.setPicture();
        return Collections.singletonList(createEvent);
    }
}
```

从以上伪代码可以看到，通过将 process 方法抽取成为 CommandProcessor 组件，可以很方便地完成分布式 ID 服务的依赖注入。

应用层的伪代码如下。

```
@Service
public class ApplicationService {
    //不再涉及复杂的外部调用，可以考虑直接创建
  private DomainFactory domainFactory = new DomainFactory();
  @Resource
  private DomainRepository domainRepository;
  public void create(CreateCommand command) {
    //1.创建一个空聚合
    AggregateRoot root = domainFactory.newInstance();
    //2.找到 Command 对应的处理器
    CommandProcessor commandProcessor =
CommandProcessorRegister.mappingCommandProcessor(command);
    //3.使用 Command 处理器生成领域事件
    List<DomainEvent> domainEvents = commandProcessor.process(product, command);

    //4.应用事件到聚合根中
    product.apply(domainEvents);

    //5.保存聚合根
    productRepository.save(product);
  }
}
```

伪代码中的 CommandProcessorRegister 用于注册 Command 对应的 CommandProcessor，方便通过 Command 找到对应的 CommandProcessor。当然，这可以通过采用反射、注解等技术实现。在此处为了方便读者理解，选择了最简单的实现方法。

CommandProcessorRegister 的代码如下。

```
public class CommandProcessorRegister {
    private static final Map<Class<?>, CommandProcessor> map = new
  ConcurrentHashMap<>();
```

```
    static {
        //注册默认的
    }
    /**
     * 找到匹配的命令处理器
     *
     * @param command
     * @return
     */
    public static CommandProcessor mappingCommandProcessor(Command command) {
        return map.get(command.getClass());
    }
    /**
     * 注册命令以及对应的处理器
     * @param clazz
     * @param commandProcessor
     */
    public static void registerCommandProcessor(Class<? extends Command> clazz,
CommandProcessor commandProcessor) {
        map.put(clazz, commandProcessor);
    }
}
```

以随书代码案例 ddd-event-sourcing 中的 ProductCreateCommandProcessor 为例，其在完成初始化后，主动将自己注册到 CommandProcessorRegister 中。

ProductCreateCommandProcessor 的代码如下。

```
@Component
public class ProductCreateCommandProcessor implements CommandProcessor,
ApplicationContextAware {
    @Override
    public List<DomainEvent> process(Product product, Command command) {
        ProductCreateCommand createCommand = (ProductCreateCommand) command;
        ProductCreated productCreated = new ProductCreated();
        //生成事件 ID
        productCreated.setEventId(command.getRequestId() + "-" +
  productCreated.getClass().getSimpleName());
        productCreated.setEntityId("P01");
        productCreated.setEventTime(new Date());
        productCreated.setEventType(productCreated.getClass().getSimpleName());
        productCreated.setProductName(createCommand.getProductName());
        productCreated.setCount(createCommand.getCount());
        productCreated.setPicture(createCommand.getPicture());
        return Collections.singletonList(productCreated);
    }
    /**
     * 完成初始化后将自己注册到 CommandProcessorRegister 中
```

```
     * @param applicationContext
     * @throws BeansException
     */
    @Override
    public void setApplicationContext(ApplicationContext applicationContext)
throws BeansException {
      CommandProcessorRegister.registerCommandProcessor(ProductCreateCommand.class, this);
    }
}
```

2. 修改聚合根的过程

理解了创建聚合根的过程后，也就很好理解修改聚合根的过程了。第一种事件溯源方案修改聚合根的流程如图 10-4 所示。

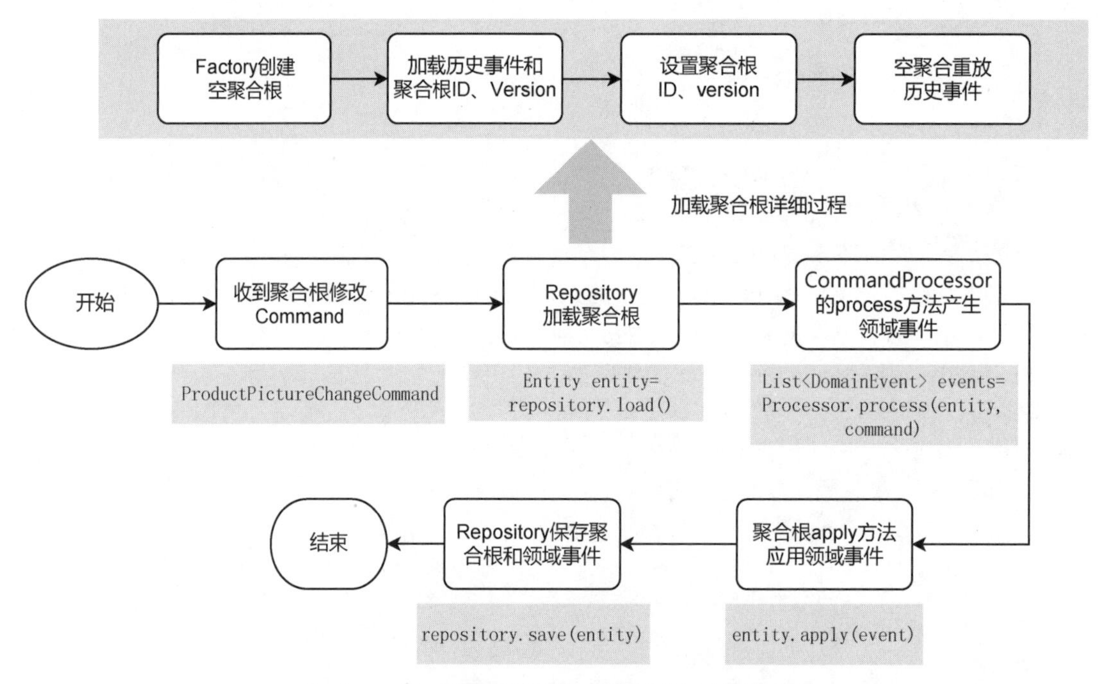

图 10-4　第一种事件溯源方案修改聚合根的流程图

当按照图 10-4 修改聚合根时，应用服务的执行过程如下：

- 通过 Repository 完成聚合根的重建。
- 通过 CommandProcessorRegister 找到与 Command 命令对应的 CommandProcessor。
- 通过 CommandProcessor 的 process 方法校验 Command 数据的合法性，校验通过后，使用 Command 携带的参数与聚合根原本的属性进行运算。
- 使用运算结果创建 Command 命令对应的领域事件。
- 获取本次命令对应的领域事件后，将领域事件应用到聚合根的 apply 方法。

● 最后使用 repository 保存聚合根。

修改聚合根过程的应用服务伪代码如下。

```
@Service
public class ProductApplicationService {
  @Resource
  private ProductRepository productRepository;
  public void modify(Command command) {
    //1.加载聚合根
    Product product = productRepository.load(new ProductId(command.getEntityId()));
    //2.找到 Command 对应的处理器
    CommandProcessor commandProcessor = CommandProcessorRegister.mappingCommandProcessor
(command);
    //3.使用 Command 处理器生成领域事件
    List<DomainEvent> domainEvents = commandProcessor.process(product, command);
    //4.应用领域事件
    product.apply(domainEvents);

    //5.保存聚合根
    productRepository.save(product);
  }
}
```

应用服务收到修改聚合根的 Command 命令时，由于此时聚合根已经存在且 Command 中携带了聚合根的唯一标识 entityId，可以通过 DomainRepository 加载聚合根。

DomainRepository 的 load 方法内部的主要逻辑是：根据 entityId 到数据库中检索出聚合根的版本（t_entity 表的 version 字段，用于乐观锁）和历史领域事件；通过 factory 创建空的聚合根，并为其赋值 entityId 和 version；调用聚合根的 rebuild 方法重放历史事件，完成聚合根的重建。rebuild 方法内部会遍历领域事件列表，分别调用 apply 方法，完成聚合根的重建。

DomainRepository 的 load 方法伪代码如下。

```
@Component
public class DomainRepositoryImpl implements DomainRepository {
  DomainFactory domainFactory = new DomainFactory();
  @Resource
  private EventJdbcRepository eventJdbcRepository;
  @Resource
  private EntityJdbcRepository entityJdbcRepository;
  @Override
  public Product load(ProductId productId) {
    //1.创建空的聚合根
    AggregateRoot root = domainFactory.newInstance();
    //2.查询数据库 t_entity 表获得该聚合根的乐观锁
    DataEntity dataEntity = entityJdbcRepository
                                  .queryOneByEntityId(
                                         productId.getValue());
```

```
    root.setVersion(dataEntity.getVersion());
    root.setDeleted(dataEntity.getDeleted());
    // 省略其他属性
    //3. 查询数据库 t_event 表取出历史事件列表
    List<DataEvent> dataEvents = eventJdbcRepository.loadHistoryEvents(
                                                    productId.getValue());
    List<DomainEvent> domainEvents = this.toDomainEvent(dataEvents);
    //4. 回放重建聚合
    root.rebuild(domainEvents);
    // 省略其他属性
    return root;
  }
}
```

在保存聚合根到 repository 时，会进行两个操作：首先是更新 t_entity 表的 version。如果在保存过程中发现该 version 值已经改变，则表示有其他事件发生了，需要重新加载并执行整个应用服务方法。其次是将领域事件保存到 t_event 表中。在修改聚合根的场景下所使用的仓储的 save 方法与创建聚合根时使用的 save 方法是相同的，这里不再重复粘贴代码。

10.2.2 组件调整总结

事件溯源的实现方案与经典的领域驱动设计实现方案存在一些细节差异，在此进行总结，方便读者学习。

1. 聚合根

1）以 process 方法和 apply 方法替代业务方法

在过去，聚合根通过提供业务方法来修改自身的状态。在事件溯源机制下，聚合根将状态的修改看作两个过程：process 校验参数的合法性，并尝试通过聚合根的状态和 command 中的信息计算出某个命令应该得到的结果。如果可以得到运算结果，则将其封装为领域事件。apply 方法读取领域事件中的信息，并将领域事件的信息更新到聚合根，最后将该领域事件保存起来。

在案例 ddd-event-sourcing 中，创建 Product 聚合根的 apply 方法的代码如下。

```
public void apply(ProductCreated domainEvent) {
    // 新创建的聚合根需要赋予唯一标识
    this.productId = new ProductId(domainEvent.getEntityId());
    this.productName = domainEvent.getProductName();
    this.count = domainEvent.getCount();
    this.picture = domainEvent.getPicture();
    // 注册领域事件，暂存起来，后续进行持久化
    super.registerDomainEvents(domainEvent);
}
```

在该 apply 方法中，方法入参类型 ProductCreated 为领域事件。方法的核心逻辑是根据 ProductCreated 事件的信息，更新聚合根的状态，并将领域事件暂存起来，以便后续交给仓储

进行持久化。

2）rebuild 方法重建聚合根

rebuild 方法接收领域事件列表，并对领域事件列表进行逐一回放，其伪代码如下。

```
public void rebuild(List<DomainEvent> events) {
    try {
        //1. 逐个事件回放
        for (DomainEvent domainEvent : events) {
            this.apply(domainEvent);
        }
        //2. 清空领域事件，因为重建领域事件不需要记录下来保存在库中
        this.clearDomainEvents();
    } catch (Exception e) {
        throw new RuntimeException("找不到对应的 apply 方法");
    }
}
```

rebuild 方法在实现时要注意以下两点。

第一点，需要找到具体的领域事件对应的 apply 方法。由于此时 events 中的领域事件类型被转成了 DomainEvent，因此在重放时无法匹配到对应的方法，需要简单优雅地找到领域事件对应的 apply 方法。

第二点，需要在完成重建之后，清空 apply 方法保存的领域事件。因为这些领域事件已经生效，不需要再重新持久化一次。

rebuild 操作是所有聚合根不可或缺的操作，因此可以将聚合根共同的属性和操作抽取出来，形成抽象的超类型层，命名为 AbstractAggregateRoot，其代码如下。

```
public abstract class AbstractAggregateRoot extends AbstractDomainMask {
  private static final Map<Class<?>, Method> applyMethodMap = new ConcurrentHashMap<>();
  private List<DomainEvent> domainEvents = new ArrayList<>();
//初始化代码块
  {
    if(applyMethodMap.isEmpty()) {
      Method[] methods = getClass().getMethods();
      for(Method method : methods) {
        //跳过非 apply 方法
        if(!method.getName().equals("apply")) {
          continue;
        }
        Class<?>[] parameterTypes = method.getParameterTypes();
        applyMethodMap.put(parameterTypes[0], method);
      }
    }
  }
  public List<DomainEvent> getDomainEvents() {
    return domainEvents;
```

```
    }
    protected final void registerDomainEvents(DomainEvent event) {
      this.domainEvents.add(event);
    }
    protected final void registerDomainEvents(List<DomainEvent> events) {
      this.domainEvents.addAll(events);
    }
    protected final void clearDomainEvents() {
      this.domainEvents = new ArrayList<>();
    }
    public void rebuild(List<DomainEvent> events) {
      try{
        for (DomainEvent domainEvent : events) {
          Method method = applyMethodMap.get(domainEvent.getClass());
          method.invoke(this, domainEvent);
        }
        //清空领域事件，因为重建领域事件不需要被记录并保存在库中
        this.clearDomainEvents();
      }catch (Exception e) {
        throw new RuntimeException("找不到对应的apply方法");
      }
    }
    public void apply(DomainEvent domainEvent) {
      try{
        Method method = applyMethodMap.get(domainEvent.getClass());
        method.invoke(this, domainEvent);
      }catch (Exception e) {
        throw new RuntimeException("找不到对应的apply方法");
      }
    }
public void apply(List<DomainEvent> domainEventList) {
   for(DomainEvent domainEvent: domainEventList) {
      this.apply(domainEvent);
   }
}
    }
```

2. Factory

在事件溯源机制下，Factory 只需要创建空白的聚合根对象即可。原先为初创的聚合根赋值唯一标识的操作已交给 CommandProcessor 完成。

3. Repository

Repository 的调整主要是增加对领域事件的维护逻辑。

load 方法需要查询 t_event 表的历史事件，将历史事件转化为对应的领域事件类型，最后通过回放领域事件重建聚合根，并查询出实体的版本号（version）。

save 方法不再保存聚合根状态，而是保存领域事件。

4. 应用层

应用层最大的调整是，事件溯源只需要使用 create 和 modify 两个方法，即可完成聚合根相关的创建和状态修改操作。

create 方法用于聚合根的创建命令，其过程不涉及聚合根的重建，直接使用 Factory 创建空的聚合根实例即可。

modify 方法用于聚合根的修改命令，其过程需要使用 Repository 的 load 方法重建聚合根。

应用服务会先找到命令的 CommandProcessor，由 CommandProcessor 的 process 方法生成领域事件，之后交给聚合根的 apply 方法应用领域事件。

10.2.3　案例运行展示

本节项目案例为 ddd-event-sourcing，读者可以在前言中找到案例代码的获取方法。

编译构建并启动该项目后，通过接口调用工具调用业务接口来体验事件溯源的整个过程。

1. 创建聚合根

本例演示创建聚合根的过程，调用该接口创建 Product 聚合根。利用第一种方案创建聚合根的接口调用截图如图 10-5 所示。

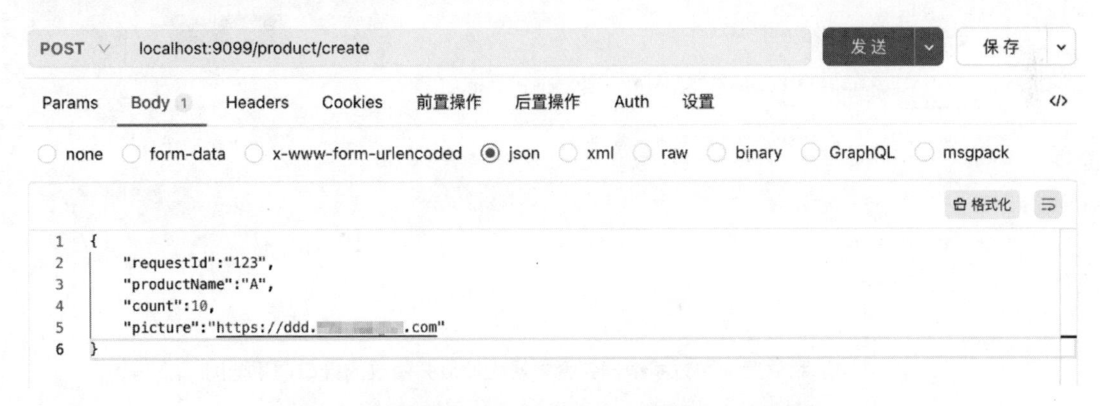

图 10-5　利用第一种方案创建聚合根的接口调用截图

请求路径为：localhost:9099/product/create。请求参数如下。

```
{
  "requestId":"123",
  "productName":"A",
  "count":10,
  "picture":"https://domain/picture.jpg"
}
```

调用该接口后，利用第一种方案调用创建聚合根接口后 t_event 表、t_entity 表的截图分别如图 10-6、图 10-7 所示。

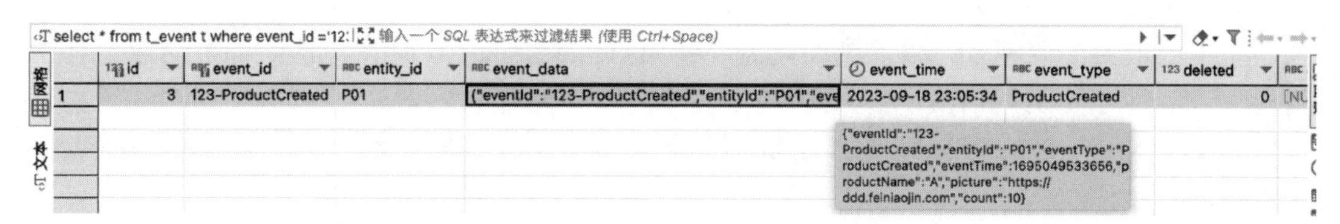

图 10-6　利用第一种方案调用创建聚合根接口后 t_event 表的截图

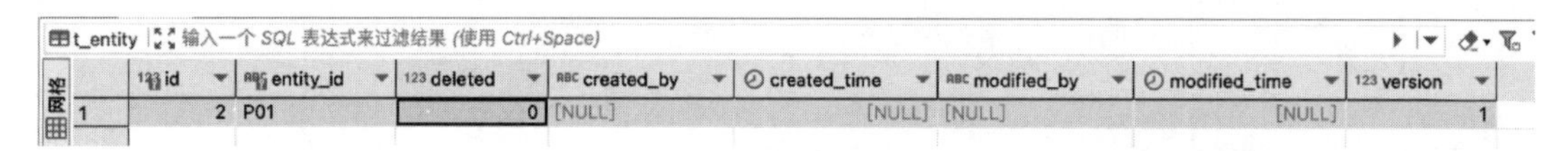

图 10-7　利用第一种方案调用创建聚合根接口后 t_entity 表的截图

可以看到，聚合根 t_entity 表和 t_event 表均已成功落库，并且执行结果正确。

2. 根据聚合根属性计算并修改

本例演示根据聚合根原有的属性，计算出新的值并更新到聚合根中，如图 10-8 所示。

图 10-8　利用第一种方案根据聚合根属性计算并修改的接口调用截图

请求路径为：localhost:9099/product/reduceCount。请求参数如下。

```
{
  "entityId":"P01",
  "count":"2",
  "requestId":"3500"
}
```

利用第一种方案调用根据聚合根属性计算并修改接口后 t_event 表截图如图 10-9 所示。

图 10-9　利用第一种方案调用根据聚合根属性计算并修改接口后 t_event 表截图

本节调用了一个接口来创建一个 Product 聚合根。该聚合根的 count 字段的初始值为 10。现在调用 reduceCount 接口，调用参数中 count 的值为 2（表示将聚合根的 count 减去 2）。在该接口执行完成后，聚合根的 count 字段值会减去 2，并且数据库中保存的领域事件中的 count 值为 8，表示修改后的值为 8。从图 10-9 可知，执行结果是正确的。

3. 直接修改聚合根属性

本例演示直接修改聚合根属性的场景，改变 Product 的 pircture 属性。利用第一种方案直接修改聚合根属性的接口调用截图如图 10-10 所示。

图 10-10　利用第一种方案直接修改聚合根属性的接口调用截图

请求路径为：localhost:9099/product/changePicture。请求参数如下。

```
{
  "entityId":"P01",
  "picture":"https://domain/2023/09/18/pP4rsU0.jpg",
  "requestId":"3503"
}
```

利用第一种方案调用直接修改聚合根属性接口后 t_envent 表截图如图 10-11 所示。

图 10-11　利用第一种方案调用直接修改聚合根属性接口后 t_envent 表截图

10.3 第二种事件溯源实现方案

在第一种实现方案中，执行每个修改的命令都需要查询所有的领域事件来重建聚合根。当历史事件数量庞大时，这种方式是相当低效的，当历史领域事件非常多时，很有可能占用大量的内存资源。

第二种实现方案在第一种实现方案的基础上引入了快照的概念。当领域事件达到一定数量时，将这些领域事件构建的聚合根状态保存为快照。下次收到修改命令时，先读取该快照得到一个聚合根，再读取该快照之后的领域事件，将聚合根更新到最新状态。通过快照，提升了聚合根重建的效率，并且解决了潜在的内存资源占用问题。

为了实现快照，增加了一张快照表 t_snapshot，用于保存聚合根的快照。该表的建表语句如下。

```
CREATE TABLE 't_snapshot'(
    'id' bigint NOT NULL AUTO_INCREMENT COMMENT '自增主键',
   'entity_id' varchar(64) NOT NULL COMMENT '事件 id',
   'event_data' varchar(4096) NOT NULL COMMENT '聚合根序列化后 JSON串',
   'event_id' varchar(64) NOT NULL COMMENT '事件 id',
   'event_time' datetime NOT NULL COMMENT '事件发生时间',
   'deleted' tinyint NULL DEFAULT 0 COMMENT '逻辑删除标记 [0-正常;1-已删除]',
    'created_by' VARCHAR(100) COMMENT '创建人',
    'created_time' DATETIME NULL DEFAULT CURRENT_TIMESTAMP COMMENT '创建时间',
    'modified_by' VARCHAR(100) COMMENT '更新人',
    'modified_time' DATETIME NULL DEFAULT CURRENT_TIMESTAMP ON UPDATE CURRENT_TIMESTAMP
COMMENT '更新时间',
    'version' bigint DEFAULT 1 COMMENT '乐观锁',
   PRIMARY KEY('id'),
   UNIQUE INDEX unique_event_id (entity_id)
  ) ENGINE = InnoDB AUTO_INCREMENT = 1 CHARACTER SET = utf8mb4 COLLATE utf8mb4_bin COMMENT
'快照表';
```

这里使用笔者开源的代码生成器 ddd-generator 逆向生成 Java 数据模型的 Snapshot 类。由于该数据模型与数据库表字段一一对应，在此不再列出。该代码生成器可以通过本书前言中提供的方式获取。

10.3.1 整体方案介绍

引入快照之后，首先要明确以下几点。

1. 快照的作用范围

快照仅用于保存聚合根的状态，因此最好将维护快照的处理逻辑封闭在仓储（Repository）内，使业务对快照的存在无感知，避免将维护快照的代码泄露到应用层。

2. 快照的创建逻辑

业务人员不应该关心快照的创建逻辑，即他们既不需要了解何时创建快照，也不需要了解如何创建快照。

在第一种实现方案中，重建聚合根时需要遍历所有的历史事件，可以在事件溯源聚合根的层超类型中增加一个是否创建快照的标识，该标识可以命名为 takeSnapshot，数据类型为布尔类型。

当聚合根通过 rebuild 方法回放历史事件进行重建时，对当前需要回放的事件数量进行判断，如果超过一定的阈值，则将该 takeSnapshot 设置为 TRUE，然后 Repository 的 save 方法在保存领域事件时，判断 takeSnapshot 的值，如果 takeSnapshot 被设置为 true，则创建或者更新快照。

调整后的 rebuild 方法如下：

```
public abstract class AbstractEventSourcingAggregateRoot extends AbstractAggregateRoot {
  /**
  * 是否需要创建快照
  */
  private Boolean takeSnapshot = Boolean.FALSE;
  // 省略其他属性
  /**
  * 加入判断需要创建快照的逻辑
  */
  public void rebuild(List<DomainEvent> events) {
    try {
      for (DomainEvent domainEvent : events) {
        Method method = applyMethodMap.get(domainEvent.getClass());
        method.invoke(this, domainEvent);
      }
      // 如果有 20 个以上的领域事件需要回放，则生成快照
      if (events.size() > 20) {
        this.takeSnapshot = Boolean.TRUE;
      }
      // 清空领域事件，因为重建领域事件不需要被记录并保存在库中
      super.clearDomainEvents();
    } catch (Exception e) {
      throw new RuntimeException("找不到对应的 apply 方法");
    }
  }
  // 省略其他方法
}
```

3. 创建聚合根的过程

由于创建聚合根的过程不涉及聚合根的重建，因此不需要考虑读取和创建快照。

4. 修改聚合根的过程

在修改聚合根时，涉及加载聚合根和保存聚合根两个过程，下面分别对其进行探讨。

1）加载聚合根

通过 Repository 的 load 方法加载聚合根。利用第二种方案加载聚合根的流程如图 10-12 所示。

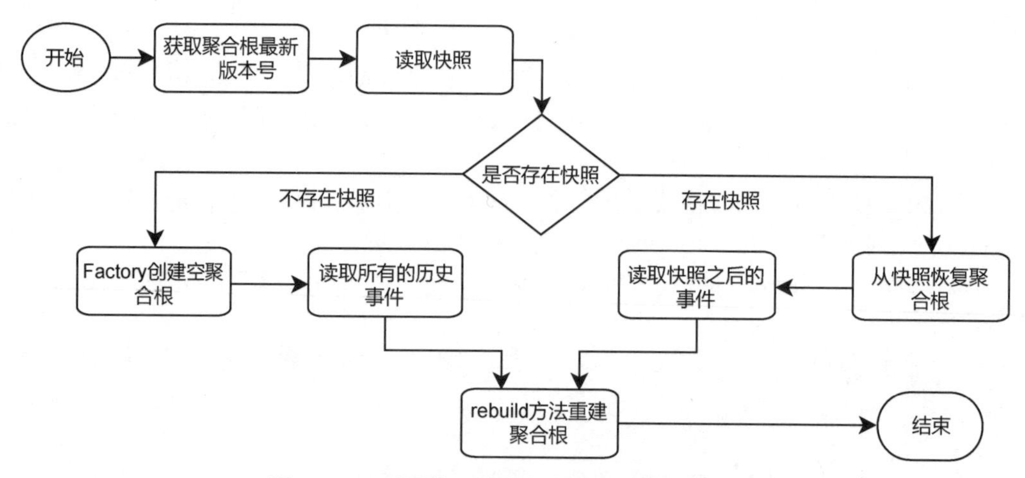

图 10-12　利用第二种方案加载聚合根的流程图

2）保存聚合根

通过 Repository 的 save 方法加载聚合根。利用第二种方案保存聚合根的流程如图 10-13 所示。

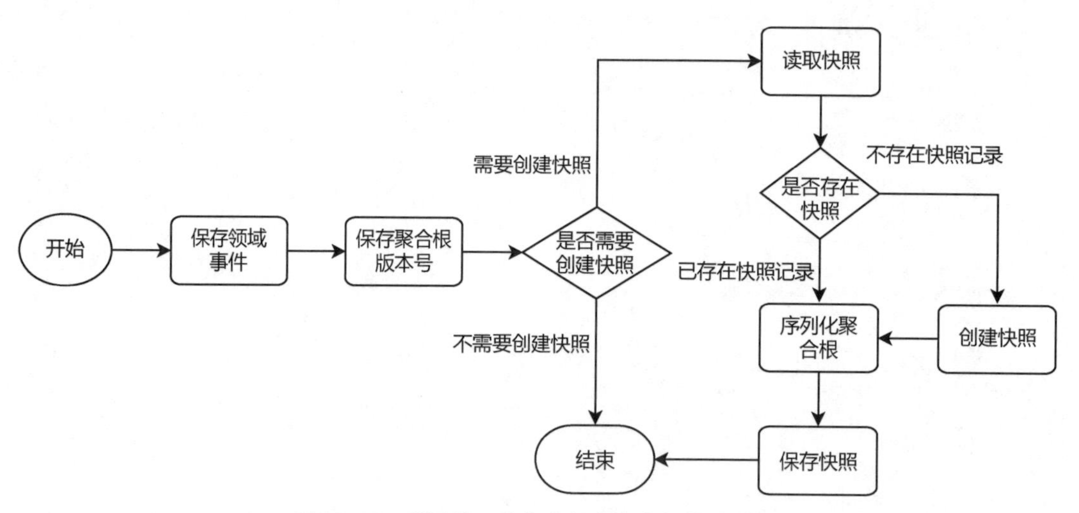

图 10-13　利用第二种方案保存聚合根的流程图

10.3.2　组件调整总结

若要加入快照事件溯源方案，则只需要在第一种方案的基础上调整聚合根和 Repository。

1. 聚合根

聚合根的调整主要有两点：加入判断是否需要创建快照的标志字段 takeSnapshot；在 rebuild 方法中判断是否需要创建快照，并将 takeSnapshot 设置为 TRUE。

这两个调整都可以在层超类型中实现。

2. Repository

Repository 的调整主要是 load 方法和 save 方法要引入维护快照相关的逻辑。调整后的 Repository 参考代码如下。

```
@Component
public class ProductRepositoryImpl implements ProductRepository {
    ProductFactory productFactory = new ProductFactory();
    @Resource
    private EventJdbcRepository eventJdbcRepository;
    @Resource
    private EntityJdbcRepository entityJdbcRepository;
    @Resource
    private SnapshotJdbcRepository snapshotJdbcRepository;
    @Override
    @Transactional
    public void save(Product product) {
        //1.存事件
        List<DomainEvent> domainEvents = product.getDomainEvents();
        List<Event> eventList = domainEvents.stream().map(de -> {
            Event event = new Event();
            event.setEventTime(de.getEventTime());
            event.setEventType(de.getEventType());
            event.setEventData(JSON.toJsonString(de));
            event.setEntityId(de.getEntityId());
            event.setDeleted(0);
            event.setEventId(de.getEventId());
            return event;
        }).collect(Collectors.toList());
        eventJdbcRepository.saveAll(eventList);
        //2.存实体
        Entity entity = new Entity();
        entity.setId(product.getId());
        entity.setDeleted(product.getDeleted());
        entity.setEntityId(product.getProductId().getValue());
        entity.setDeleted(0);
        entity.setVersion(product.getVersion());
        entityJdbcRepository.save(entity);
        //3.生成快照
        if (product.getTakeSnapshot()) {
           Snapshot snapshot = snapshotJdbcRepository.queryOneByEntityId(product.
getProductId().getValue());
           if (Objects.isNull(snapshot)) {
              snapshot = new Snapshot();
              snapshot.setDeleted(0);
              snapshot.setEntityId(product.getProductId().getValue());
           }
```

```
            //最后一个事件的信息
            DomainEvent lastDomainEvent = domainEvents.get(domainEvents.size() - 1);
            snapshot.setEventId(lastDomainEvent.getEventId());
            snapshot.setEventTime(lastDomainEvent.getEventTime());
            //快照中不保存本次的领域事件
            product.getDomainEvents().clear();
            //生成聚合根快照
            snapshot.setEntityData(JSON.toJsonString(product));
            snapshotJdbcRepository.save(snapshot);
        }
    }
    @Override
    public Product load(ProductId productId) {
        //1.加载entity获得乐观锁
        Entity entity = entityJdbcRepository.queryOneByEntityId(productId.getValue());
        //2.获得聚合根和待回放事件
        Product product;
        List<Event> events;
        //查询快照，如果能拿到快照，则直接用快照进行反序列化；如果拿不到快照，则创建空的聚合根
        Snapshot snapshot = snapshotJdbcRepository.queryOneByEntityId(productId.getValue());
        if (Objects.isNull(snapshot)) {
            product = productFactory.newInstance();
            events = eventJdbcRepository.loadHistoryEvents(productId.getValue());
        } else {
            product = JSON.toObject(snapshot.getEntityData(), Product.class);
            events = eventJdbcRepository.loadEventsAfter(productId.getValue(), snapshot.
  getEventTime());
        }
        List<DomainEvent> domainEvents = this.toDomainEvent(events);
        //3.回放事件重建聚合根
        product.rebuild(domainEvents);
        product.setVersion(entity.getVersion());
        product.setDeleted(entity.getDeleted());
        product.setId(entity.getId());
        //省略其他属性
        return product;
    }
    private List<DomainEvent> toDomainEvent(List<Event> events) {
        List<DomainEvent> domainEvents = events.stream().map(e -> {
            String eventType = e.getEventType();
            Class<? extends DomainEvent> typeClass = EventTypeMapping.
getEventTypeClass(eventType);
            DomainEvent domainEvent = JSON.toObject(e.getEventData(), typeClass);
            return domainEvent;
        }).collect(Collectors.toList());
        return domainEvents;
    }
}
```

10.3.3　案例运行展示

由于第二种方案只是在底层增加了快照的维护逻辑，上层业务是没有感知的，因此仍然使用第一种方案中的三个测试用例来验证：先调用 create 接口创建聚合根，再分别调用 reduceCount 和 changePicture 接口。

通过不断调用这两个修改聚合根的接口，当 10.3.1 节中聚合根的层超类型中设置的生成快照的历史领域事件数量达到 20 个时，再次修改聚合根的状态，将在 t_snapshot 表中创建一个快照。

利用第二种方案产生 20 个领域事件后，t_event 表、t_entity 表和 t_snapshot 表的截图分别如图 10-14、图 10-15、图 10-16 所示。

t_event | 输入一个 SQL 表达式来过滤结果 (使用 Ctrl+Space)

	id	event_id	entity_id	event_data	event_time	event_type	dele
1	56	123-ProductCreated	P01	{"eventId":"123-ProductCreated","entityId":"P01","eve	2023-09-19 23:16:04	ProductCreated	
2	57	3500-ProductCountReduced	P01	{"eventId":"3500-ProductCountReduced","entityId":"F	2023-09-19 23:16:24	ProductCountReduced	
3	58	3501-ProductCountReduced	P01	{"eventId":"3501-ProductCountReduced","entityId":"P	2023-09-19 23:16:28	ProductCountReduced	
4	59	3502-ProductCountReduced	P01	{"eventId":"3502-ProductCountReduced","entityId":"F	2023-09-19 23:16:31	ProductCountReduced	
5	60	3503-ProductCountReduced	P01	{"eventId":"3503-ProductCountReduced","entityId":"F	2023-09-19 23:16:34	ProductCountReduced	
6	61	3504-ProductPictureChanged	P01	{"eventId":"3504-ProductPictureChanged","entityId":"	2023-09-19 23:16:39	ProductPictureChanged	
7	62	3505-ProductPictureChanged	P01	{"eventId":"3505-ProductPictureChanged","entityId":"	2023-09-19 23:16:44	ProductPictureChanged	
8	63	3506-ProductPictureChanged	P01	{"eventId":"3506-ProductPictureChanged","entityId":"	2023-09-19 23:16:47	ProductPictureChanged	
9	64	3507-ProductPictureChanged	P01	{"eventId":"3507-ProductPictureChanged","entityId":"	2023-09-19 23:16:50	ProductPictureChanged	
10	65	3508-ProductPictureChanged	P01	{"eventId":"3508-ProductPictureChanged","entityId":"	2023-09-19 23:16:53	ProductPictureChanged	
11	66	3509-ProductPictureChanged	P01	{"eventId":"3509-ProductPictureChanged","entityId":"	2023-09-19 23:16:57	ProductPictureChanged	
12	67	3510-ProductPictureChanged	P01	{"eventId":"3510-ProductPictureChanged","entityId":"	2023-09-19 23:17:03	ProductPictureChanged	
13	68	3511-ProductPictureChanged	P01	{"eventId":"3511-ProductPictureChanged","entityId":"	2023-09-19 23:17:06	ProductPictureChanged	
14	69	3512-ProductPictureChanged	P01	{"eventId":"3512-ProductPictureChanged","entityId":"	2023-09-19 23:18:22	ProductPictureChanged	
15	70	3513-ProductPictureChanged	P01	{"eventId":"3513-ProductPictureChanged","entityId":"	2023-09-19 23:18:28	ProductPictureChanged	
16	71	3514-ProductPictureChanged	P01	{"eventId":"3514-ProductPictureChanged","entityId":"	2023-09-19 23:18:33	ProductPictureChanged	
17	72	3515-ProductPictureChanged	P01	{"eventId":"3515-ProductPictureChanged","entityId":"	2023-09-19 23:19:45	ProductPictureChanged	
18	73	3516-ProductPictureChanged	P01	{"eventId":"3516-ProductPictureChanged","entityId":"	2023-09-19 23:19:58	ProductPictureChanged	
19	74	3517-ProductPictureChanged	P01	{"eventId":"3517-ProductPictureChanged","entityId":"	2023-09-19 23:20:09	ProductPictureChanged	
20	75	3518-ProductPictureChanged	P01	{"eventId":"3518-ProductPictureChanged","entityId":"	2023-09-19 23:20:16	ProductPictureChanged	
21	76	3519-ProductPictureChanged	P01	{"eventId":"3519-ProductPictureChanged","entityId":"	2023-09-19 23:20:22	ProductPictureChanged	
22	77	3520-ProductPictureChanged	P01	{"eventId":"3520-ProductPictureChanged","entityId":"	2023-09-19 23:20:52	ProductPictureChanged	

图 10-14　利用第二种方案产生 20 个领域事件后 t_event 表截图

t_entity | 输入一个 SQL 表达式来过滤结果 (使用 Ctrl+Space)

	id	entity_id	deleted	created_by	created_time	modified_by	modified_time	version
1	4	P01	0	[NULL]	[NULL]	[NULL]	[NULL]	21

图 10-15　利用第二种方案产生 20 个领域事件后 t_entity 表截图

t_snapshot | 输入一个 SQL 表达式来过滤结果 (使用 Ctrl+Space)

	id	entity_id	entity_data	event_id	event_time	deleted	created_by	created_time	modified_by
1	2	P01	{"id":4,"deleted":0,"createdI	3520-ProductPict	023-09-19 23:20:52	0	[NULL]	[NULL]	[NULL]

{"id":4,"deleted":0,"createdBy":null,"createdTime":null,"modifiedBy":null,"modifiedTime":null,"version":20,"domainEvents":[],"takeSnapshot":true,"productId":{"value":"P01"},"productName":"A","picture":"http://ddd.feiniaojin.com/20.jpg","count":2}

图 10-16　利用第二种方案产生 20 个领域事件后 t_snapshot 表截图

可以看到，t_snapshot 表正常创建了快照。

接下来继续调用修改聚合根状态的接口，在 IDE 里设置打断点，观察是否能够从数据库正常读取快照进行聚合根的重建。第二种方案通过快照进行聚合根重建的断点截图如图 10-17 所示。

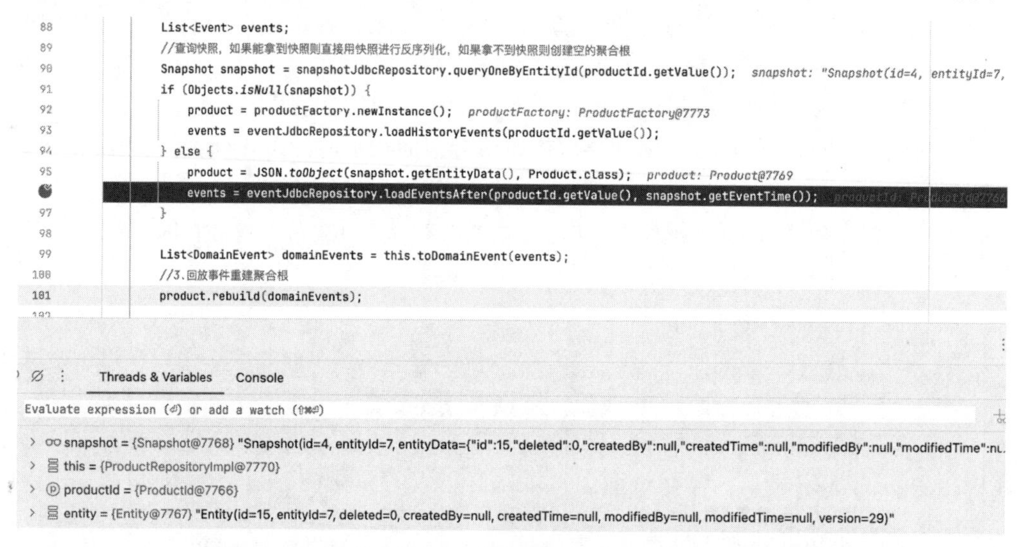

图 10-17　第二种方案通过快照进行聚合根重建的断点截图

继续执行，可以看到此时查询出来的待回放领域事件 events 和 domainEvents 集合的 size 为 0。也就是说，本次重建聚合不再需要进行事件回放，也达到了使用快照加速聚合根重建的目的。利用第二种方案重建聚合根时跳过快照前的领域事件截图如图 10-18 所示。

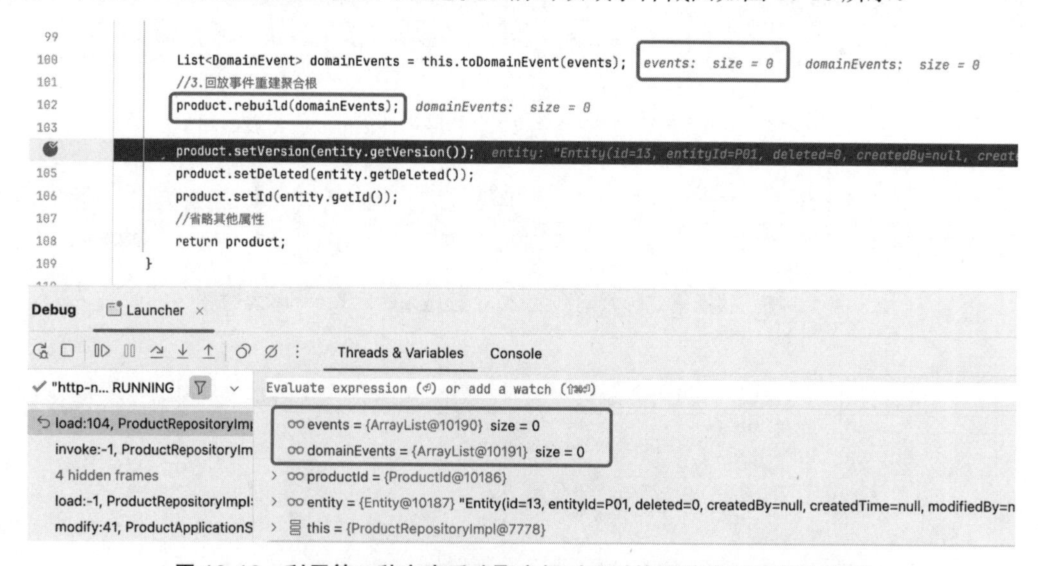

图 10-18　利用第二种方案重建聚合根时跳过快照前的领域事件截图

继续调用 20 次修改聚合根状态的接口，可以看到快照更新了。利用第二种方案进行快照更新时 t_event 表、t_snapshot 表截图如图 10-19、图 10-20 所示。

图 10-19　利用第二种方案进行快照更新时 t_event 表截图

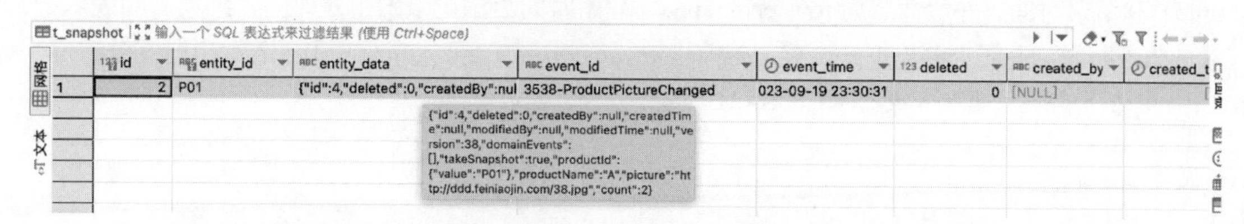

图 10-20　利用第二种方案进行快照更新时 t_snapshot 表截图

10.4　第三种事件溯源实现方案

第二种事件溯源实现方案采用快照优化聚合根的重建过程，虽然提升了聚合根重建的效率，但仍存在以下问题。

- 虽然引入了快照，但大多数命令仍需要通过事件回放来重建聚合根。快照只对快照生成时间点后的领域事件有效，无法优化快照时间点之前的事件。
- 由于聚合根仅保存一系列事件，因此很难直接对领域事件的运营数据进行分析。

下面提供第三种事件溯源实现方案，该方案通过引入拉链表，对使用快照的事件溯源方案进行进一步优化。

10.4.1　拉链表介绍

在数据仓库中，缓慢变化维度（Slowly Changing Dimension，SCD）用于描述数据仓库的维度表中数据的变化方式。简单地说，SCD 指的是维度属性中包含相对静态的数据，但其中某些列的数据可能会以不可预测、无固定周期的方式缓慢变化。处理这些数据历史变化的问题被称为缓慢变化维度问题（SCD 问题）。

拉链表是一种用于处理缓慢变化维度问题的数据结构，它可以有效地处理维度数据的历史变化。在拉链表中，每条记录都有一个开始时间和结束时间，用于描述该记录的存活时间，即该记录的有效期。

当某条数据首次被保存时，会在拉链表中插入一行新记录，该行的开始时间为操作时间，结束时间为一个非常大的值（如 9999-01-01 00:00:00），表示该行记录在操作时间之后一直有效。

当该数据发生变化时，不会直接更新已有的行，而是将该行的结束时间改为操作时间，表示该行记录在操作时间之后失效；同时，新增一条更新后的行记录，并将开始时间设置为操作时间，结束时间设置为一个非常大的值（如 9999-01-01 00:00:00）。表示在该操作之后，数据长期有效。

由此可见，我们既可以利用拉链表保留历史记录，也可以利用它查询任意时间点的信息。

实现拉链表的方法比较简单，只需要在表中添加两列：开始时间（一般命名为 row_start_time）和结束时间（一般命名为 row_end_time）。开始时间表示记录的生效时间，结束时间表示记录的失效时间。有时也会添加一个标记当前生效行的列，如 row_current，用于表示当前生效的行。

拉链表的运行机制示意图如图 10-21 所示。

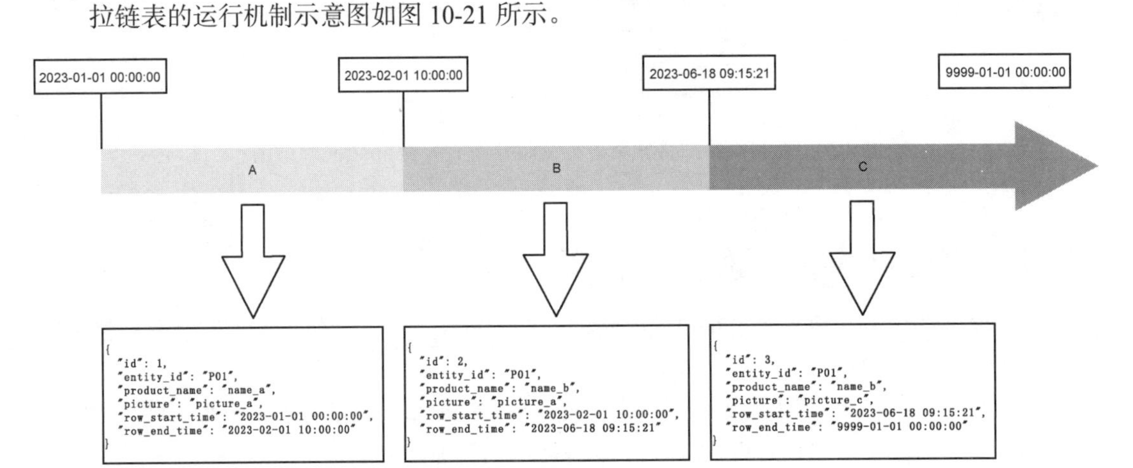

图 10-21　拉链表运行机制示意图

图 10-21 展示了一条数据在拉链表中的变化过程，在 A、B、C 三个不同的时间段内，分别有一个版本的数据生效。

拉链表在数据库中的存储格式如表 10-3 所示。

表 10-3　拉链表在数据库中的存储格式

id	entity_id	product_name	picture	row_start_time	row_end_time	row_current
1	P01	name_a	picture_a	2023-01-01 00:00:00	2023-02-01 10:00:00	0
2	P01	name_b	picture_a	2023-02-01 10:00:00	2023-06-18 09:15:21	0
3	P01	name_b	picture_c	2023-06-18 09:15:21	9999-01-01 00:00:00	1

接下来将采用拉链表对事件溯源的方案进行优化。

10.4.2　整体方案介绍

通过对快照表 t_snapshot 引入拉链表的机制，我们凭借拉链表存储了数据变化过程的特点，使得重建聚合根时不再需要进行事件回放。

与引入快照相似，首先要考虑的是拉链表的影响范围。为了尽量减少对业务代码的影响，可以将拉链表的实现逻辑封装在 Repository 中。

为了将快照表 t_snapshot 实现为拉链表，该表新增了 row_start_time、row_end_time 和 row_current 这三列。

当 Repository 的 load 方法加载聚合根时，直接读取 t_snapshot 最新的快照。聚合根加载完成后，记录当前快照的数据库主键。

当聚合根调用 apply 方法完成事件的应用后，仍然使用 Repository 的 save 方法保存聚合根。

save 方法在持久化聚合根时，将执行以下操作：保存本次命令产生的领域事件；将 t_snapshot 表中上一个快照记录的 row_end_time 设置为聚合根中最新领域事件的 eventTime，同时将 row_current 设置为 0；为当前聚合根的状态创建一个新的快照，快照的 row_current 设置为 1，row_start_time 设置为领域事件的 eventTime，row_end_time 设置为非常大的 9999-01-01 00：00：00。

接下来将详细探讨创建聚合根和修改聚合根的两个过程。

1. 创建聚合根的过程

创建聚合根的整体过程与其他的方案并没有太大的区别。利用第三种方案创建聚合根的流程如图 10-22 所示。

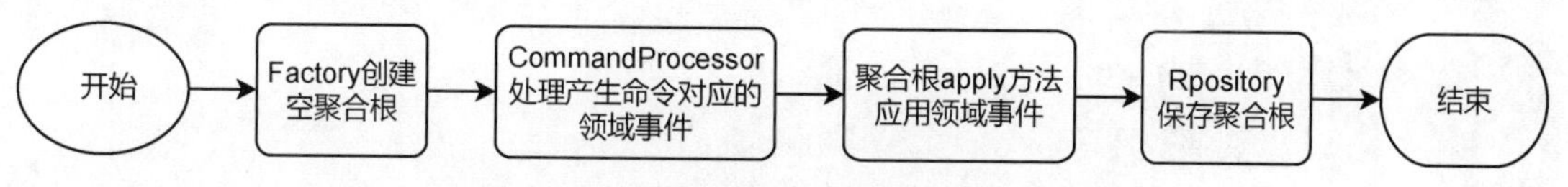

图 10-22 利用第三种方案创建聚合根的流程图

在 Repository 保存聚合根时，需要对快照进行维护。Repository 的 save 方法执行的流程如图 10-23 所示。

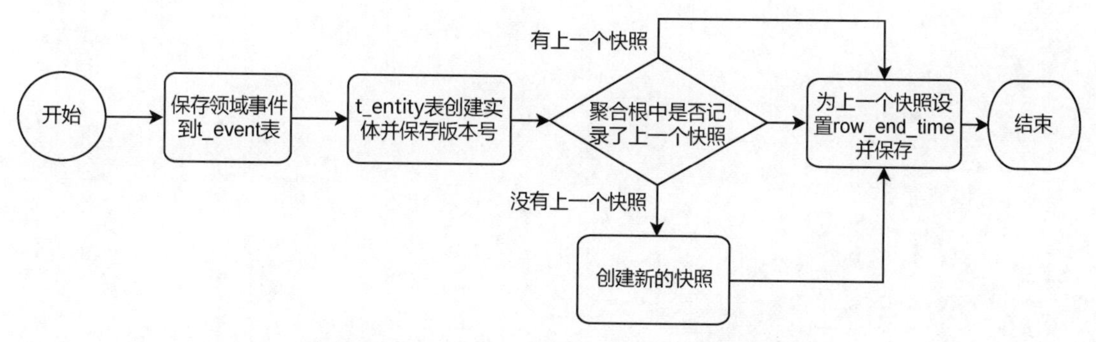

图 10-23 Repository 的 save 方法执行的流程图

由于聚合根是刚刚创建的，并没有上一个快照的信息，所以直接创建新快照并保存即可。Repository 的 save 方法的伪代码如下。

```
@Transactional
public void save(AggregateRoot root) {
  //1.存事件
  List<DomainEvent> domainEvents = root.getDomainEvents();
  List<Event> eventList = domainEvents.stream().map(de -> {
    Event event = new Event();
    event.setEventTime(de.getEventTime());
    event.setEventType(de.getEventType());
    event.setEventData(JSON.toJsonString(de));
    event.setEntityId(de.getEntityId());
    event.setDeleted(0);
    event.setEventId(de.getEventId());
    return event;
  }).collect(Collectors.toList());
  eventJdbcRepository.saveAll(eventList);
  //2.t_entity 表创建实体并保存版本号
  Entity entity = new Entity();
  entity.setId(root.getId());
  entity.setDeleted(root.getDeleted());
  entity.setEntityId(root.getProductId().getValue());
  entity.setDeleted(0);
  entity.setVersion(root.getVersion());
  entityJdbcRepository.save(entity);
  DomainEvent lastDomainEvent = domainEvents.get(domainEvents.size() - 1);
  Date lastDomainEventEventTime = lastDomainEvent.getEventTime();
  Long lastSnapshotId = root.getLastSnapshotId();
  //3.上一个快照 ID 不为空，则将其标记为失效
  if(!Objects.isNull(lastSnapshotId)) {
    snapshotJdbcRepository.markAsExpired(root.getProductId().getValue(),
        lastSnapshotId,
        lastDomainEventEventTime);
  } else {
    //没有快照的情况是新创建的，需要给 product 赋值自增主键 /deleted
    root.setId(entity.getId());
    root.setDeleted(0);
  }
  //4.创建新的快照
  //4.1 清理上一个快照 ID
  root.clearLastSnapshot();
  Snapshot snapshot = new Snapshot();
  snapshot.setDeleted(0);
  snapshot.setEntityId(root.getEntityId().getValue());
  //最后一个事件的信息
```

```
    snapshot.setEventId(lastDomainEvent.getEventId());
    snapshot.setEventTime(lastDomainEventEventTime);
    //4.2 快照中不保存本次的领域事件
    product.getDomainEvents().clear();
    // 生成聚合根快照
    snapshot.setEntityData(JSON.toJsonString(root));
    snapshot.setRowCurrent(1);
    snapshot.setRowStartTime(lastDomainEventEventTime);
    //getMaxDate 方法返回 Date 类型、值为 9999-01-01 00:00:00 的时间
    snapshot.setRowEndTime(getMaxDate());
    snapshotJdbcRepository.save(snapshot);
}
```

2. 修改聚合根的过程

修改聚合根之前，需要先加载 Repository 的 load 方法，待聚合根对领域事件执行 apply 方法之后，才能使用 Repository 的 save 方法保存。下面分别对 load 方法和 save 方法的执行过程进行探讨。

1）load 方法

利用第三种方案 Repository 的 load 方法执行流程如图 10-24 所示。

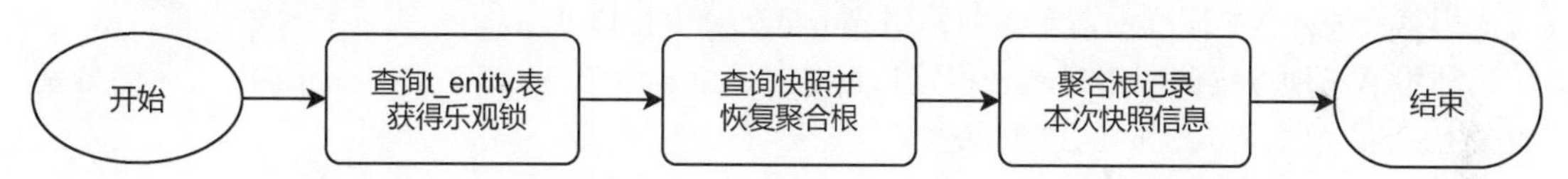

图 10-24　利用第三种方案 Repository 的 load 方法执行的流程图

load 方法的伪代码如下。

```
public AggregateRoot load(EntityId entityId) {
    //1. 加载 entity 获得乐观锁
    DataEntity dataEntity = entityJdbcRepository.queryOneByEntityId(entityId.getValue());
    //2. 查询快照，如果能拿到快照，则直接用快照进行反序列化
    Snapshot snapshot = snapshotJdbcRepository.queryOneByEntityId(entityId.getValue());
    if (Objects.isNull(snapshot)) {
        throw new RuntimeException("数据不存在");
    }
    AggregateRoot root = JSON.toObject(snapshot.getEntityData(), AggregateRoot.class);
    root.setVersion(dataEntity.getVersion());
    root.setDeleted(dataEntity.getDeleted());
    root.setId(dataEntity.getId());
    //3. 记录当前快照 ID
    root.markLastSnapshot(snapshot.getId());
    return root;
}
```

2）Repository 的 save 方法

save 方法的流程图和伪代码见本节“1. 创建聚合根的过程”下面的内容。

10.4.3 组件调整总结

1. 聚合根

聚合根的调整主要有以下两方面。

- 引入拉链表机制后，不再通过事件回放重建聚合根，因此不再需要重建聚合根的 rebuild 方法。
- 聚合根增加的 lastSnapshotId 字段用于记录上一个版本的快照。

以上调整都可以实现在聚合根的层超类型中。

2. Repository

Repository 的主要调整有以下两方面。

- 通过读取最新的快照完成聚合根加载，不再通过回放历史事件进行聚合根的重建。
- 需要维护 t_snapshot 表的拉链表机制。

10.4.4 案例运行展示

1. 创建聚合根

用第一种方案中同样的请求参数调用 /prodct/create 接口。

利用第三种方案调用创建聚合根接口后的 t_entity 表、t_event 表和 t_snapshot 表截图分别如图 10-25、图 10-26、图 10-27 所示。

	id	entity_id	deleted	created_by	created_time	modified_by	modified_time	version
1	6	P01	0	[NULL]	[NULL]	[NULL]	[NULL]	0

图 10-25　利用第三种方案调用创建聚合根接口后的 t_entity 表截图

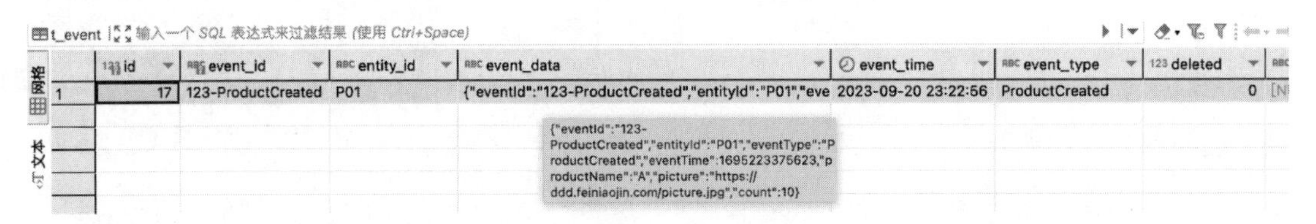

	id	event_id	entity_id	event_data	event_time	event_type	deleted
1	17	123-ProductCreated	P01	{"eventId":"123-ProductCreated","entityId":"P01","eve	2023-09-20 23:22:56	ProductCreated	0

图 10-26　利用第三种方案调用创建聚合根接口后的 t_event 表截图

	id	entity_id	entity_data	event_time	row_start_time	row_end_time	row_current
1	11	P01	{"id":6,"deleted":0,"createdBy":null,"createdTim	2023-09-20 23:22:56	2023-09-20 23:22:56	9999-02-01 00:00:01	1

图 10-27　利用第三种方案调用创建聚合根接口后的 t_snapshot 表截图

2. 根据聚合根属性计算并修改

用第一种方案中同样的请求参数调用 /product/reduceCount 接口。利用第三种方案调用根据聚合根属性计算并修改接口后的 t_entity 表、t_event 表和 t_snapshot 表截图分别见图 10-28、图 10-29、图 10-30 所示。

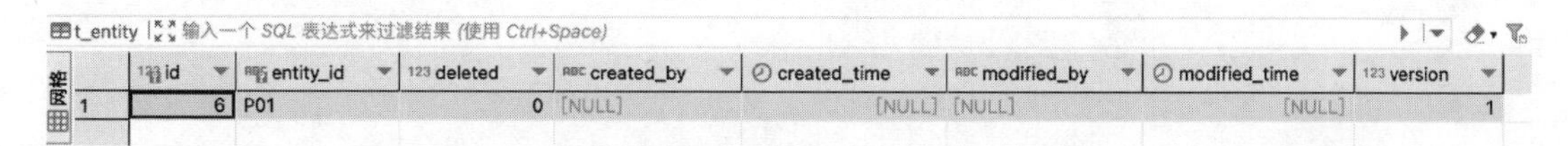

t_entity | 输入一个 SQL 表达式来过滤结果 (使用 Ctrl+Space)

	id	entity_id	deleted	created_by	created_time	modified_by	modified_time	version
1	6	P01	0	[NULL]	[NULL]	[NULL]	[NULL]	1

图 10-28　利用第三种方案调用根据聚合根属性计算并修改接口后的 t_entity 表截图

t_event | 输入一个 SQL 表达式来过滤结果 (使用 Ctrl+Space)

	id	event_id	entity_id	event_data	event_time	event_type	deleted
1	17	123-ProductCreated	P01	{"eventId":"123-ProductCreated","entityId":"P01","eve	2023-09-20 23:22:56	ProductCreated	
2	18	3500-ProductCountReduced	P01	{"eventId":"3500-ProductCountReduced","entityId":"F	2023-09-20 23:30:44	ProductCountReduce	

图 10-29　利用第三种方案调用根据聚合根属性计算并修改接口后的 t_event 表截图

t_snapshot 1

select id,entity_id ,entity_data ,event_id,eve | 输入一个 SQL 表达式来过滤结果 (使用 Ctrl+Space)

	id	entity_id	entity_data	event_id	event_time	row_start_time	row_end_time	row_current
1	11	P01	{"id":6,"deleted":0,"	123-ProductCreated	2023-09-20 23:22:56	2023-09-20 23:22:56	2023-09-20 23:30:44	0
2	12	P01	{"id":6,"deleted":0,"	3500-ProductCountReduced	2023-09-20 23:30:44	2023-09-20 23:30:44	9999-02-01 00:00:00	1

{"id":6,"deleted":0,"createdBy":null,"createdTime":null,"modifiedBy":null,"modifiedTime":null,"version":0,"domainEvents":[],"lastSnapshotId":null,"productId":{"value":"P01"},"productName":"A","picture":"https://ddd.feiniaojin.com/picture.jpg","count":8}

图 10-30　利用第三种方案调用根据聚合根属性计算并修改接口后的 t_snapshot 表截图

可以看到，此时 t_snapshot 表已经形成了拉链表。

3. 直接修改聚合根属性

用第一种方案中同样的请求参数调用直接修改聚合根属性的 /product/changePicture 接口。

利用第三种方案调用直接修改聚合根属性接口后的 t_entity 表、t_event 表和 t_snapshot 表截图见图 10-31、图 10-32、图 10-33。

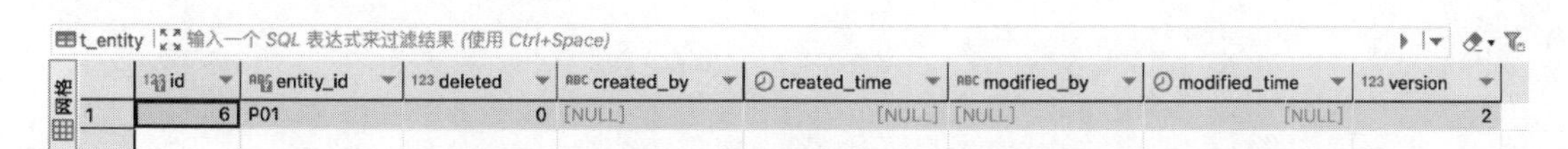

t_entity | 输入一个 SQL 表达式来过滤结果 (使用 Ctrl+Space)

	id	entity_id	deleted	created_by	created_time	modified_by	modified_time	version
1	6	P01	0	[NULL]	[NULL]	[NULL]	[NULL]	2

图 10-31　利用第三种方案调用直接修改聚合根属性接口后的 t_entity 表截图

t_event | 输入一个 SQL 表达式来过滤结果 (使用 Ctrl+Space)

	id	event_id	entity_id	event_data	event_time	event_type	deleted
1	17	123-ProductCreated	P01	{"eventId":"123-ProductCreated","entityId":"P01","eve	2023-09-20 23:22:56	ProductCreated	
2	18	3500-ProductCountReduced	P01	{"eventId":"3500-ProductCountReduced","entityId":"F	2023-09-20 23:30:44	ProductCountReduce	
3	19	3503-ProductPictureChanged	P01	{"eventId":"3503-ProductPictureChanged","entityId":"	2023-09-20 23:36:11	ProductPictureChan	

图 10-32　利用第三种方案调用直接修改聚合根属性接口后的 t_event 表截图

id	entity_id	entity_data	event_id	event_time	row_start_time	row_end_time	row_current
11	P01	{"id":6,"deleted":0,"	123-ProductCreated	2023-09-20 23:22:56	2023-09-20 23:22:56	2023-09-20 23:30:44	0
12	P01	{"id":6,"deleted":0,"	3500-ProductCountReduced	2023-09-20 23:30:44	2023-09-20 23:30:44	2023-09-20 23:36:11	0
13	P01	{"id":6,"deleted":0,"	3503-ProductPictureChanged	2023-09-20 23:36:11	2023-09-20 23:36:11	9999-02-01 00:00:00	1

图 10-33　利用第三种方案调用直接修改聚合根属性接口后的 t_snapshot 表截图

可以看到，t_snapshot 表以拉链表的形式进行数据存储。

第 11 章 一致性

11.1 聚合内事务实现

11.1.1 聚合内事务的实现误区

许多领域驱动设计的实践者在处理聚合内事务控制时，往往将事务控制的逻辑放到应用层，在笔者看来，这种实现方式其实是不合理的。主要原因有以下几点。

首先，将事务控制放在应用层，会使应用层承担过多的职责。应用层本应该专注于协调领域对象和基础设施以完成业务操作，不应该过多地涉及数据访问和事务控制的细节。将事务控制放在应用层会使应用服务的复杂度增加，不利于系统的可维护性和扩展性。

其次，将事务控制放在应用层会影响系统的性能。应用层往往需要协调基础设施，例如，调用防腐层（即外部服务网关）从外部上下文的 RPC 服务中加载数据。RPC 操作是非常耗时的，如果在应用层中进行事务控制，就会导致本地事务由于迟迟得不到提交，进而使数据库连接无法及时释放。在流量较大时，连接池的数据库连接有可能全部被占用，导致其他请求获取不到数据库连接，也就无法进行数据读写，从而影响业务的正常开展；同时，当获取不到数据库连接时，往往也会导致应用 CPU 和内存持续飙高，极易造成生产环境事故。

在应用层进行这种事务控制的伪代码如下。

```
/**
 * 应用层
 */
public class ApplicationService {
  /**
   * 与 B 外部上下文进行 RPC 交互
   */
  @Resource
```

```
  private BContextGateway bContextGateway;
  /**
   * 与 C 外部上下文进行 RPC 交互
   */
  @Resource
  private CContextGateway cContextGateway;
  @Resource
  private DomainRepository domainRepository;
  /**
   * 演示应用层进行事务控制
   * @param command
   */
  @Transactional
  public void commandHandler(Command command) {
    String entityId = command.getEntityId();
    //1. 从 B 上下文读取数据，假设耗时 200ms
    SomeValueB someValueB = bContextGateway.getSomeValueB(entityId);
    //2. 从 C 上下文读取数据，假设耗时 150ms
    SomeValueC someValueC = bContextGateway.getSomeValueC(entityId);
    EntityId entityId = new EntityId();
    //3. 加载聚合根，假设耗时 20ms
    Entity entity = domainRepository.load(entityId);
    entity.doSomething(someValueB,someValueC);
    //4. 保存聚合根，假设耗时 20ms
    domainRepository.save(entity);
  }
}
```

在上面的伪代码中，commandHandler 方法通过 @Transactional 注解进行数据库事务控制。该方法从 B、C 两个上下文中加载数据，完成业务操作。在串行调用的情况下，上述事务的总耗时为 1、2、3、4 这四个操作的耗时之和，即 200 ms + 150 ms + 20 ms + 20 ms = 390 ms。如果 B、C 两个 RPC 接口的性能出现抖动，耗时会更长，从而严重影响性能。

11.1.2 聚合内事务的实现思路

既然应用层不适合进行事务控制，那么可以考虑在其他地方进行事务控制。Repository 是领域模型与数据存储之间的接口，通过 Repository 可以保存聚合根。在 Repository 内部，聚合根会被转换为数据对象，然后进行保存。在保存的过程中，可以调用类似于 MyBatis 的 ORM 接口（如 Mapper），这样可以将事务控制放在 Repository 中，从而有效地将业务逻辑和数据访问逻辑解耦。通过将数据库操作的细节封装在 Repository 中，应用层调用 Repository 时就不需要了解事务控制的细节了。将事务控制放到 Repository 的伪代码如下。

应用层：

```
**
 * 应用层
```

```
 */
public class ApplicationService {
  /**
   * 去掉事务注解
   * 演示应用层进行事务控制,
   * @param command
   */
//  @Transactional
  public void commandHandler(Command command) {
    String entityId = command.getEntityId();
    //1.从B上下文读取数据,假设耗时200ms
    SomeValueB someValueB = bContextGateway.getSomeValueB(entityId);
    //2.从C上下文读取数据,假设耗时150ms
    SomeValueC someValueC = bContextGateway.getSomeValueC(entityId);
    EntityId entityId = new EntityId();
    //3.加载聚合根,假设耗时20ms
    Entity entity = domainRepository.load(entityId);
    entity.doSomething(someValueB,someValueC);
    //4.保存聚合根,假设耗时20ms
    domainRepository.save(entity);
  }
}
```

基础设施层:

```
/**
 * Repository的实现类
 */
@Repository
public class DomainRepositoryImpl implements DomainRepository {
  /**
   * 保存聚合根,通过@Transactional注解加入事务控制
   * @param entity
   */
  @Override
  @Transactional
  public void save(Entity entity) {
    //略
  }
}
```

在这种情况下，数据库事务的执行时间只与保存聚合根的耗时有关，即 20ms。事务控制的耗时也从 390ms 变成了 20ms，从而极大地提高了数据库的读写性能。

11.1.3　乐观锁

1. 并发更新的问题

应用服务执行业务操作的过程是这样的：通过 Repository 从数据库加载聚合根；聚合根完成

业务操作；Repository 将修改状态后的聚合根保存到数据库中。在 11.1.2 节中，Repository 在保存聚合根时进行了事务控制，将保存聚合根的操作放在一个事务中，以确保业务数据的准确性。

如果只有一个命令请求，那么这样做是没有问题的；如果同时有多个命令请求对聚合根进行更新，就会出现数据一致性问题。这个并发修改数据造成结果不正确的问题在第 4 章中提到过，在此将探讨如何解决。

举个例子，假设数据库有一张表，该表有一个 count 列，用来表示某种产品的数量。现在有两个命令请求 A 和 B，分别加载聚合根，执行对 count 字段的值进行增加的业务操作，A 请求对 count 加 1，B 请求对 count 加 2，由于 count 初始值为 0，预期 A 和 B 执行完成后，最终结果应该是 3。

在没有进行额外处理的情况下，A、B 两个请求的执行过程可能是下面这样的。

T0 时刻：数据库中持久化的聚合根 count=0，此时 A、B 请求分别通过 Repository 中的 load 方法加载聚合根。聚合根加载完成后，A、B 请求得到的聚合根实例中 count 均等于 0。

T1 时刻：A 请求由于所在的容器实例发生了 GC 等原因，其聚合根实例并没有执行业务操作，或者执行了业务操作，但由于网络等原因未能及时保存聚合根到数据库；在 B 请求中，聚合根执行业务操作，并将 count+2，最终 B 的聚合根实例中 count=2，随后将聚合根保存到数据库，数据库中 count 由原来的 count=0 变成了 count=2。此时 B 请求已经完成业务操作。

T2：由于 B 聚合根实例已经保存到数据库，所以数据库中 count=2。A 请求的聚合根实例执行业务操作，将 count+1，A 请求中聚合根的初始值为 0，执行完成之后 count 字段值为 1。

T3：A 请求通过 Repository 保存其聚合根实例，由于 A 聚合根实例中 count=1，因此执行并保存聚合根后，数据库的 count 也被更新为 1。

T4：A、B 请求执行后，最终数据库 count=1。

A、B 请求执行之后预期的结果是 count=3，而现在 count=1，说明执行过程存在问题。

以上并发更新问题的执行过程示意见表 11-1。

表 11-1　并发更新问题执行过程示意

时刻	数据库	A 请求	B 请求	说明
T0	count=0	count=0	count=0	A 和 B 两个请求同时加载聚合根，各自的实例中 count 均为 0
T1	count=2	count=0	count=2	A 请求由于 GC 等原因执行比较慢，B 请求中聚合根执行业务操作，并将 count+2，最终得到 count=2，然后将 count=2 更新到数据库中，因此数据库中 count=2
T2	count=2	count=1		A 请求的聚合根执行业务操作，将 count+1，聚合根中的 count 字段值为 1。此时数据库由于 B 聚合根已经保存，所以数据库中 count=2
T3	count=1	count=1		A 请求将聚合根保存到数据库，此时数据库 count 被修改为 1
T4	count=1			最终数据库 count=1

2. 乐观锁的执行过程

为了解决这个问题，可以引入数据库乐观锁，具体实现思路如下：在数据库表中增加一个 version 字段，加载聚合根的同时获取 version 的值；每次修改数据时必须对比聚合根的 version 与数据库行记录中的 version 是否相等，如果相等，则执行修改操作并将 version 加 1，如果不等，则抛出异常终止本次操作，或者在应用层加入重试逻辑，重新加载数据，尝试再次执行业务操作。

加入乐观锁后，并发修改聚合根状态的执行过程如下。

T0 时刻：在数据库中，某个聚合根记录的 count=0，version=1。A 和 B 两个命令请求同时加载聚合根，于是在各自得到的聚合根实例中，count 均为 0，version 均为 1。

T1 时刻：A 请求由于 GC 等原因还没来得及执行；B 请求聚合根执行业务操作，将 count+2，得 count=2；此时数据库 version 与聚合根 version 一致，成功将 count=2 更新到数据库中，并将数据库的 version 字段加 1。B 请求执行完成后，数据库 count=2，version=2。

T2 时刻：A 请求的聚合根执行业务操作，将 count+1，得 count=1；在更新数据库时，由于 B 执行完成之后数据库 version=2，而 A 聚合根的 version=1，两者不相等，导致写数据库失败。

T3 时刻：A 请求更新数据库失败后，抛出乐观锁异常，应用层捕获异常后发起重试。重试操作会重新加载聚合根，使用聚合根最新的状态进行业务操作，得到聚合根的最新状态为 count=2，version=2。

T4 时刻：A 请求的聚合根执行业务操作，将 count+1，得 count=3。由于此时聚合根 version=2，数据库 version=2，两者相等，更新数据库成功。本次操作执行完成后，数据库 count=3，version=3。

T5 时刻：最终数据库 count=3，version=3。

可以看到，引入乐观锁后，聚合根在并发更新的场景得到了正确的结果。乐观锁解决并发更新问题执行过程见表 11-2。

表 11-2　乐观锁解决并发更新问题执行过程

时刻	数据库	A 请求	B 请求	说明
T0	count=0 version=1	count=0 version=1	count=0 version=1	A、B 请求同时加载聚合根，在两个不同的聚合根实例中，count 均为 0
T1	count=2 version=2	count=0 version=1	count=2 version=1	A 请求由于 GC 等原因还没来得及执行，B 请求聚合根执行业务操作，将 count+2，得 count=2，此时数据库 version 与聚合根 version 一致，成功将 count=2 更新到数据库中，并将数据库的 version 字段加 1，最终数据库 count=2，version=2
T2	count=2 version=2	count=1 version=1		A 请求的聚合根执行业务操作，将 count+1，得 count=1，B 执行完成之后数据库 version=2，由于 A 聚合根的 version=1，而数据库 version=2，两者不相等，A 请求更新数据库失败

续表

时刻	数据库	A 请求	B 请求	说明
T3	count=2 version=2	count=2 version=2		A 请求更新数据库失败后，捕获异常并发起重试，重新加载聚合根，此时 A 请求将得到聚合根的最新状态，count=2，version=2
T4	count=3 version 3	count=3 version=2		A 请求执行业务操作，count+1，得 count=3。由于聚合根 version=2、数据库 version=2，两者相等，更新数据库成功，最终数据库 count=3，version=3

3. 乐观锁的技术实现

乐观锁的实现有基于版本号和时间戳的两种方案。本书重点介绍基于版本号的实现方案，其基本思路如下：

第一步，通过在数据库表中添加一个版本号（即 version）字段，用来标识当前记录的版本。

第二步，更新数据时，比较当前数据的版本号与数据库表中的版本号，如果不一致，则表示数据已被修改。

第三步，如果当前数据的版本号与数据库表中的版本号相等，则更新数据，并将版本号加 1。

在 MyBatis 中实现乐观锁的 SQL 语句如下：

```
UPDATE table_name
SET column_name = new_value,
  version     = version + 1
WHERE id = #{id}
 AND version = #{version}
```

在 Spring Data JDBC 中实现基于版本号的乐观锁也非常简单，基本思路如下。

第一步，在数据模型的 version 字段上加 @Version 注解。

```
@Table("t_table_name")
public class Data{
  /**
   * 自增主键
   */
  @Id
  private Long id;

  // 省略其他属性
  /**
   * 乐观锁
   */
  @Version
  private Long version;
}
```

第二步，读取数据时维护好 version 字段，保存数据时带上 version 字段，Spring Data JDBC 提供了乐观锁的实现。

以本书随书案例 ddd-aigc 项目为例，其聚合根 DiaryEntity 的仓储采用了 Spring Data JDBC 的 CrudRepository。

```
/**
 * 聚合根的仓储实现
 */
@Component
public class DiaryEntityRepositoryImpl implements DiaryEntityRepository {
  /**
   * Spring Data JDBC 的 Repository 接口
   */
  @Resource
  private DiaryJdbcRepository diaryJdbcRepository;
  @Override
  public void save(DiaryEntity entity) {
    //这是一个数据对象
    Diary diary = new Diary();
    //省略业务赋值
    //维护好乐观锁字段
    diary.setVersion(entity.getVersion());
    diary.setId(entity.getId());
    diary.setDeleted(entity.getDeleted());
    diary.setCreatedTime(entity.getCreatedTime());
    diary.setModifiedTime(entity.getModifiedTime());
    //保存数据模型
    diaryJdbcRepository.save(diary);
  }
  //省略其他方法
}
/**
 * Spring Data JDBC 的 CrudRepository
 */
@Repository
public interface DiaryJdbcRepository extends CrudRepository<Diary, Long> {
}
```

在保存数据时带上 version 字段，即可实现乐观锁。

4. 重试的技术实现

上文提到，在更新数据库时，由于乐观锁冲突导致执行失败后，可以重试业务逻辑。重试的技术实现有很多，可以在项目中引入 Spring Retry 组件，然后在应用层进行重试。之所以在应用层使用重试，是因为 domainRepository.save() 执行失败时，需要重新加载聚合根和 version 的值，使用聚合根的最新状态执行业务逻辑。

以下是使用注解式重试的示例：

```
/**
 * 应用层的方法
 * 通过 Spring Retry 组件以支持重试
 * @Retryable 注解的 value 表示需要重试的异常，maxAttempts 表示最大执行次数
 * maxAttempts = 2 代表 modifyTitle 方法最多执行 2 次，即第 1 次执行失败后最多重试 1 次
 */
@Retryable(value = OptimisticLockingFailureException.class, maxAttempts = 2)
public void modifyTitle(ArticleModifyTitleCmd cmd) {
  ArticleEntity entity = domainRepository.load(new ArticleId(cmd.getArticleId()));
  entity.modifyTitle(new ArticleTitle(cmd.getTitle()));
  domainRepository.save(entity);
}
```

使用重试时，主要需要注意以下几点。

- 重试涉及的相关服务要支持幂等操作。例如，依赖的上游业务接口必须支持幂等，重试操作发起的重复调用不应被视为新的业务请求。
- 重试不适合频繁更新的热点数据。因为这样会造成其他请求的频繁重试，反而会降低性能。
- 重试的次数要提前规划好。一般根据响应时间的要求来确定重试的次数。例如，一个接口如果有 RPC 调用，重试多次会造成响应时间过长，并且也会给 RPC 服务提供者造成流量压力，一般推荐重试一次即可。如果需要重试多次，则说明待更新的数据锁竞争很激烈，建议考虑其他的实现方式。
- 重试的次数最好可配置。主要用于数据库压力过大时进行降级，可以调整重试次数，例如，系统压力大时配置“执行失败不再重试”的策略，以达到保护数据库的目的。另外，也要明确发生了什么类型的异常才会触发重试，一般是数据库的乐观锁异常才会重试，其他的异常（如 RPC 调用异常）是否重试，则要根据实际情况进行分析。

11.1.4 数据库读写的性能思考

对于命令操作，每次都从数据库中加载聚合根，并封装完整的聚合根以执行业务逻辑，然后将状态更新到数据库。然而，如果涉及读写大字段，这种做法可能会导致性能问题。

针对读写操作的性能优化，业界有许多优化思路。

针对可能存在的读取性能问题，可以采用懒加载（Lazy Load）的方式，只有在真正使用某个字段时才加载它，这样可以避免在加载聚合根时将大字段加载到内存中。

针对可能存在的写入性能问题，可以采用脏跟踪（Dirty Tracking）的方式，只有被修改的字段才会更新到数据库。

实际上，这两种优化方案并没有被广泛采用，不是因为技术上无法实现，而是因为我们可以通过其他方法来规避或缓解这些性能问题。

大多数应用场景都是读多写少，针对读操作，有很多优化思路：在数据库层面进行读写

分离，让从节点承担部分查询请求；引入缓存中间件，在应用层先读取缓存，如果没有命中缓存，再去数据库查询；针对复杂的查询操作，引入专门的中间件进行支持，例如，可以使用 Elasticsearch 搜索引擎来进行全文检索，这就是 CQRS 的思想。通过这一系列优化，主要的读流量已经迁移到了从数据库，主数据库的压力已经很小，如果性能还存在瓶颈，则可以考虑引入数据库分片方案，即“分库分表”，可以进一步缓解查询的性能压力。

此外，通过 CQRS 实现复杂查询，通过搜索引擎实现全文检索，而不是通过数据库进行查询。对于类似 CMS 系统，文章正文通常是富文本内容，长度较大，可以采用先压缩再存储、存储到 HBase 或对象存储等多种存储方案，而不必保存到数据库中，这样数据读取的压力就更小了。

对于写操作（即命令操作），完整地加载聚合根有助于确保业务的正确性。性能优化是建立在业务正确性的基础上的，首要考虑的是业务的正确性，其次才是性能优化。通常，一个微服务日常能够让数据库达到 1000+ 的 TPS（每秒事务处理量，衡量事务处理能力），已经算是非常出色的业务了，除了一些头部互联网大厂，大部分公司都难以达到这个级别，因此不必纠结于是否读写了多余的数据。

11.2　跨聚合事务实现

11.2.1　跨聚合事务的实现思路

聚合有一个原则，即每个事务只能更新一个聚合。在受此原则约束的情况下，不应在同一个事务中同时更新两个聚合。

在聚合内部，可以使用本地数据库事务来确保数据的一致性。然而，在跨聚合的场景下，事务处理就变得复杂了。

目前，许多应用所依赖的数据库都实现了分库分表，即根据某些规则将数据分片，并分别存储到不同的数据库表中。因此，两个聚合根不一定存储在同一个数据库中，无法保证在同一个数据库事务中保存多个聚合根。因此，跨聚合的事务控制实际上是处理分布式事务的场景。本书将介绍几种分布式事务解决方案，它们分别是：二阶段提交、本地消息表、最大努力通知、TCC 事务模型和 Saga 事务模型。

11.2.2　二阶段提交

二阶段提交（Two-Phase Commit，又称 2PC）是一种同步的分布式事务协议，它包括事务协调者和参与者两种角色。

事务协调者（Coordinator）负责协调整个事务的执行过程。参与者（Participant）是具体执行事务操作的节点。

二阶段提交将事务分为两个阶段：准备阶段（Phase 1 - Prepare Phase）和提交阶段（Phase 2 -

Commit Phase)。

准备阶段：

- 协调者向参与者发送事务准备请求。
- 参与者执行事务，并将事务执行结果和是否可以提交的信息反馈给协调者。

提交阶段：

- 如果所有参与者都反馈可以提交事务，协调者向所有参与者发送提交请求。
- 参与者收到提交请求后，将正式提交事务并释放相关资源。
- 如果任何一个参与者反馈无法提交，协调者会发送回滚请求，要求所有参与者撤销事务。

二阶段提交的执行过程如图 11-1 所示。

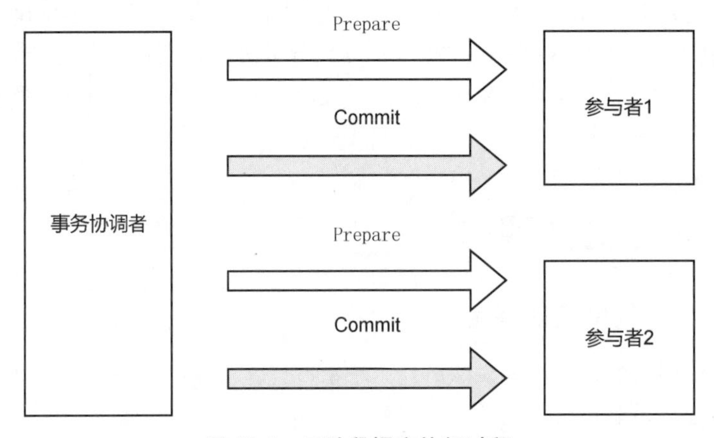

图 11-1　二阶段提交执行过程

二阶段提交的优点是可以保证事务的原子性和一致性，缺点是在准备阶段需要等待所有参与者的响应，这样可能会导致整个事务处理过程的性能较差，并且可能会出现协调者单点故障等问题。由于支持二阶段提交的分布式事务的代价很大，因此通常会考虑其他的解决方案。

以下是二阶段提交的伪代码，仅用于帮助读者理解二阶段提交的执行过程。

```
package towpc;
/**
 * 参与者类
 */
public class Participant {
  boolean canCommit = false;
  private Long branchId;
  public Participant(Long branchId) {
    this.branchId = branchId;
  }
  // 第一阶段：准备阶段
```

```
  public boolean prepare(Coordinator coordinator) {
    //注册到事务协调器中
    coordinator.addParticipant(this);
    System.out.println("注册到事务协调器,branchId=" + branchId);
    try{
       // 开启本地事务
       System.out.println("开启本地事务,branchId=" + branchId);
       // 执行事务操作,返回是否可以提交
       //假设 branchId >= 3 的分支执行失败,用来演示回滚操作
       if (branchId >= 3) {
           throw new RuntimeException();
       }
       this.canCommit = true;
       System.out.println("本地事务可以提交,branchId=" + branchId);
       return this.canCommit;
     }catch(Exception e) {
       // 执行过程发生异常,不能提交
       this.canCommit = false;
       System.out.println("本地事务需要回滚,branchId=" + branchId);
       return this.canCommit;
    }
  }
  // 第二阶段的提交过程
  public void commit() {
    // 提交事务
    // 可以在这里执行真正的事务提交操作
    System.out.println("本地事务完成提交,branchId=" + branchId);
  }
  // 第二阶段的回滚过程
  public void rollback() {
    // 回滚事务
    // 可以在这里执行事务回滚操作
    System.out.println("本地事务完成回滚,branchId=" + branchId);
  }
}
package towpc;
import java.util.ArrayList;
import java.util.List;
/**
 * 协调者类
 */
public class Coordinator {
  List<Participant> participants = new ArrayList<>();
  public Coordinator() {
    System.out.println("2PC 分布式事务开启");
  }
```

```
  public void addParticipant(Participant participant) {
    this.participants.add(participant);
  }
  // 2PC 算法实现
  public void twoPhaseCommit() {
    // 分布式事务提交可以提交标识
    boolean allCanCommit = true;
    // 第一阶段：准备阶段
    for (Participant participant : this.participants) {
        boolean canCommit = participant.canCommit;
        if (!canCommit) {
            allCanCommit = false;
            break;
        }
    }
    // 第二阶段：提交或回滚
    if (allCanCommit) {
        System.out.println("2PC 分布式事务可提交");
        for (Participant participant : this.participants) {
            participant.commit(); // 提交事务
        }
    } else {
        System.out.println("2PC 分布式事务需要回滚");
        for (Participant participant : this.participants) {
            participant.rollback(); // 回滚事务
        }
    }
  }
}
package towpc;
/**
 * 调用示例
 */
public class Client {
  public static void main(String[] args) {
    // 创建协调者，开启 2PC 分布式事务
    Coordinator coordinator = new Coordinator();
    // 参与者将自己注册到协调者，并开启分支事务
    Participant participant1 = new Participant(1L);
    participant1.prepare(coordinator);
    Participant participant2 = new Participant(2L);
    participant2.prepare(coordinator);
    Participant participant3 = new Participant(3L);
    participant3.prepare(coordinator);
    // 提交分布式事务（提交或者回滚）
    coordinator.twoPhaseCommit();
  }
}
```

根据 Participant，当 branchId 小于 3 时，分支事务执行成功；当 branchId 大于或等于 3 时，分支事务执行失败，需要进行回滚。

在 Client 类的 main 方法中，只加入两个 Participant，此时分支事务均执行成功，分布式事务提交成功。运行 Client 类的 main 方法将输出以下信息。

```
2PC 分布式事务开启。
注册到事务协调器，branchId=1。
开启本地事务，branchId=1。
本地事务可以提交，branchId=1。
注册到事务协调器，branchId=2。
开启本地事务，branchId=2。
本地事务可以提交，branchId=2。
2PC 分布式事务可提交。
本地事务完成提交，branchId=1。
本地事务完成提交，branchId=2。
```

在 Client 类的 main 方法中，加入 3 个 Participant，此时 branchId=3 的分支事务将执行失败，分布式事务需要回滚。运行 Client 类的 main 方法将输出以下信息。

```
2PC 分布式事务开启。
注册到事务协调器，branchId=1。
开启本地事务，branchId=1。
本地事务可以提交，branchId=1。
注册到事务协调器，branchId=2。
开启本地事务，branchId=2。
本地事务可以提交，branchId=2。
注册到事务协调器，branchId=3。
开启本地事务，branchId=3。
本地事务需要回滚，branchId=3。
2PC 分布式事务需要回滚。
本地事务完成回滚，branchId=1。
本地事务完成回滚，branchId=2。
本地事务完成回滚，branchId=3。
```

11.2.3 本地消息表

在 8.4.1 节中，我们在本地消息表中保存领域事件，以确保在本地事务中提交领域事件。同时，我们还探讨了两种可靠地发布领域事件的方法：直接发布并轮询补偿和事务日志拖尾。

引入事件存储后，本地上下文首先只需要订阅被发布到消息中间件的领域事件，然后根据领域事件更新聚合根，从而确保跨聚合之间的事务一致性。

11.2.4 最大努力通知

最大努力通知的基本原理是，在通知发起者的事务操作完成后，通知其他参与者（即通知接收者）。通知接收者在收到通知消息后，执行相应的事务操作，并对通知消息进行确认。

最大努力通知的执行过程如图 11-2 所示。

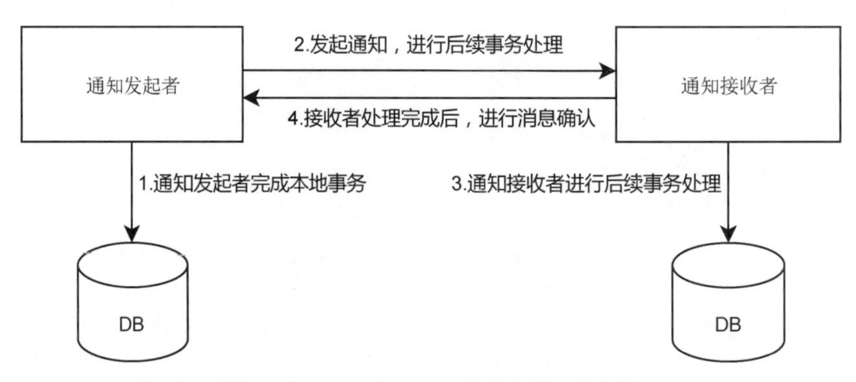

图 11-2　最大努力通知的执行过程示意图

最大努力通知不保证通知的可靠性，适用于对通知的可靠性要求不是特别高的场景。

在最大努力通知中，通知可能因为网络故障、接收者不可用等原因而确认失败。通知发起者需要实现重复通知的机制，确保通知在一定时间内被重复发送，直到接收者确认为止。

通知接收者在接收通知消息并进行业务处理后，需要对消息进行确认。通知接收者确认后，通知发起者将停止继续发送该通知。通知消息的确认机制可以减少无意义的重复通知。

通知发起者通常向通知接收者提供查询接口，用于查询某个事务操作的状态。例如，支付系统会查询支付渠道是否处理成功。当通知接收者迟迟不能收到消息通知，或者通知发起者已经停止通知时，通知接收者需要主动调用查询接口，以获得事务执行结果。

通知接收者收到通知消息后，会对通知消息进行确认。但通知发起者有可能因为网络等原因无法收到确认信息，导致通知消息重复发送。因此，在使用最大努力通知时，通知发起者需要实现重复通知机制，而通知接收者需要确保业务处理的幂等性。

通知发起者在实现重复通知时，需要考虑通知的间隔。一般采取指数退避的机制：在每次重试通知后，逐渐增加下一次重试的时间间隔，避免对接收系统造成过大的压力。例如，第一次通知后，如果通知没有被确认，则 30 秒后发起第二次通知；第二次通知后，如果通知也没有被确认，则 1 分钟后发起第三次通知；之后如果还得不到确认，则逐步增加重试的间隔。

通知发起者也要限制最大重试次数。当达到最大重试次数时，停止重试通知，以避免无限制地发送通知。

通知接收者的处理逻辑需要确保幂等性，以确保重复相同的通知不会导致不同的结果产生。

11.2.5　TCC 事务方案

1. TCC 事务方案定义

TCC（Try-Confirm-Cancel）是一种基于补偿机制的分布式事务解决方案，它包括事务协调者（Coordinator）、事务参与者（Participant）两种角色。

TCC 事务方案将事务分为三个阶段：Try（尝试阶段）、Confirm（确认阶段）和 Cancel（取消阶段）。

Try 阶段：在这个阶段进行资源预留和锁定，例如账户冻结金额、预减库存等。

Confirm 阶段：如果 Try 阶段的所有业务操作都成功执行，那么在此阶段将执行真正的业务操作。只要 Try 阶段执行成功，那么 Confirm 一定成功。这里的 Confirm 操作是幂等的，即重复执行多次而不会产生副作用。

Cancel 阶段（取消阶段）：如果 Try 阶段的任何业务操作失败，那么将执行取消操作，并回滚事务。这里的 Cancel 操作是幂等的，即可以重复执行多次而不会产生副作用。

TCC 事务执行过程如图 11-3 所示。

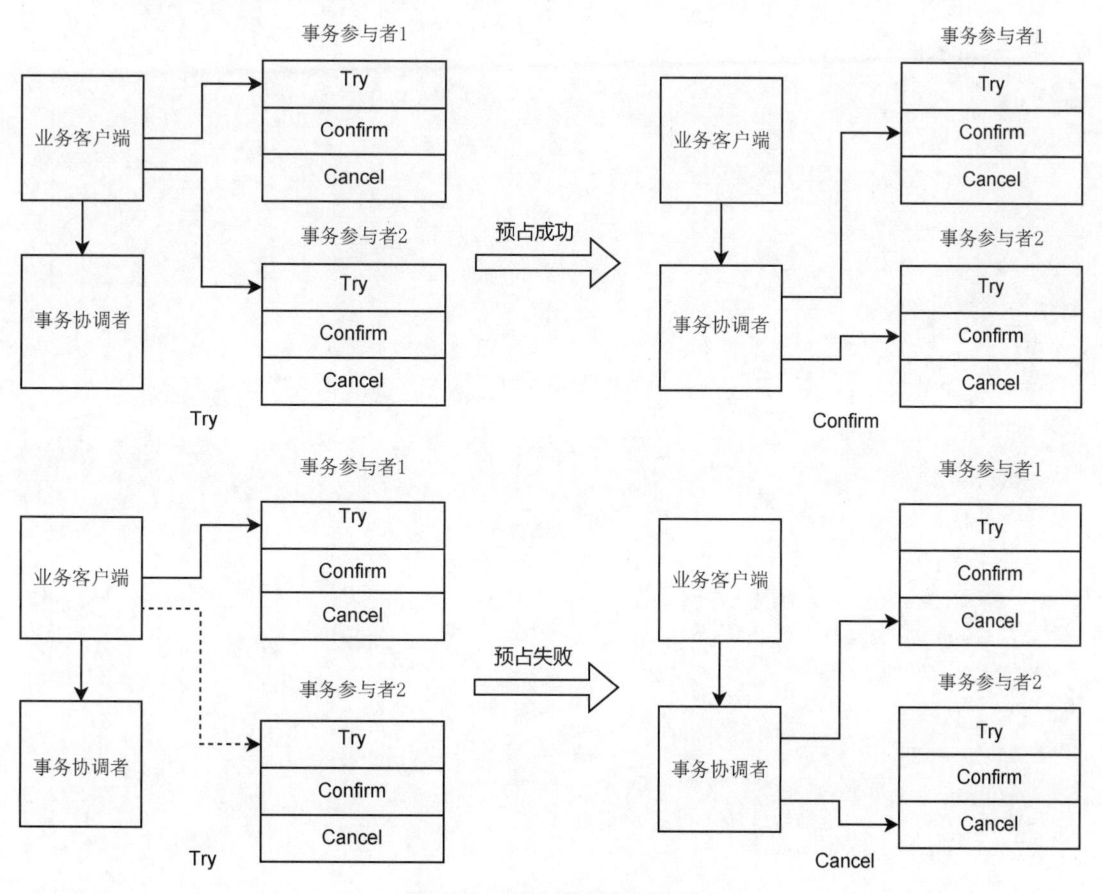

图 11-3　TCC 事务执行过程

2. TCC 事务执行过程演示

在此采用伪代码演示 TCC 事务模型的执行过程，以帮助读者更好地理解 TCC，其伪代码如下。

```
/**
 * TCC 事务参与者定义
 */
public interface TCCParticipant {
  /**
   * Try 阶段操作
   * @return
   */
  boolean tryOperation();
  /**
   * Confirm 阶段操作
   * @return
   */
  boolean confirmOperation();
  /**
   * Cancel 阶段操作
   * @return
   */
  boolean cancelOperation();
  /**
   * 是否可以 Confirm
   * @return
   */
  public Boolean getCanConfirm();
}
package tcc;
/**
 * 实现 TCC 参与者
 */
public class TCCParticipantImpl implements TCCParticipant {
  /**
   * 是否可以 Confirm,Try 阶段成功则可以确认
   */
  private Boolean canConfirm = false;
  /**
   * 业务数据
   */
  private Long branchId;
  public TCCParticipantImpl(Long branchId) {
    this.branchId = branchId;
  }
  @Override
  public boolean tryOperation() {
    // 执行 Try 操作
    //branchId >= 3, 演示执行失败
    if (branchId >= 3) {
```

```
            this.canConfirm = false;
        } else {
            //branchId < 3，演示执行成功
            this.canConfirm = true;
        }
        if (this.canConfirm) {
            System.out.println("tryOperation 执行成功 !branchId=" + branchId);
        } else {
            System.out.println("tryOperation 执行失败 !branchId=" + branchId);
        }
        return this.canConfirm;
    }
    @Override
    public boolean confirmOperation() {
        // 执行 Confirm 操作，改变业务数据
        System.out.println("confirmOperation 执行成功 !branchId=" + branchId);
        return true; // 确认成功
    }
    @Override
    public boolean cancelOperation() {
        // 执行 Cancel 操作，撤销 Try 操作的影响
        System.out.println("cancelOperation 执行成功 !branchId=" + branchId);
        return true; // 取消成功
    }
    public Boolean getCanConfirm() {
        return canConfirm;
    }
}

package tcc;
import java.util.ArrayList;
import java.util.List;
/**
 * TCC 事务协调器
 */
class TCCCoordinator {
    List<TCCParticipant> participants = new ArrayList<>();
    public TCCCoordinator() {
        System.out.println("TCCCoordinator:TCC 事务启动");
    }
    /**
     * 注册 TCC 参与者
     *
     * @param participant
     */
    public void registerTCCParticipant(TCCParticipant participant) {
```

```
        this.participants.add(participant);
    }
    /**
     * 事务协调，确认最终是 Confirm 还是 Cancel
     *
     * @return
     */
    public Boolean doTransactionCoordinate() {
        // 是否进行确认
        boolean isToConfirm = true;
        for (TCCParticipant participant : participants) {
            // 任意一个参与者执行 Try 失败，不能 confirm, 都退出
            if (!participant.getCanConfirm()) {
                isToConfirm = false;
                break;
            }
        }
        if (isToConfirm) {
            // 进行 Confirm 操作
            for (TCCParticipant participant : participants) {
                participant.confirmOperation();
            }
            System.out.println("TCC 事务执行成功！");
            return true;
        } else {
            // 进行 Cancel 操作
            for (TCCParticipant participant : participants) {
                participant.cancelOperation();
            }
            System.out.println("TCC 事务执行失败，已回滚！");
            return false;
        }
    }
}
package tcc;
public class Client {
    public static void main(String[] args) {
        // 启动 TCC 事务协调者
        TCCCoordinator coordinator = new TCCCoordinator();
        // 第一个 TCC 参与者
        TCCParticipantImpl tccParticipant1 = new TCCParticipantImpl(1L);
        coordinator.registerTCCParticipant(tccParticipant1);
        // 第一个 TCC 参与者执行 Try 操作
        tccParticipant1.tryOperation();
        // 第二个 TCC 参与者
        TCCParticipantImpl tccParticipant2 = new TCCParticipantImpl(2L);
        coordinator.registerTCCParticipant(tccParticipant2);
```

```
    //第二个 TCC 参与者执行 Try 操作
    tccParticipant2.tryOperation();
//      //第三个 TCC 参与者
//      TCCParticipantImpl tccParticipant3 = new TCCParticipantImpl(3L);
//      coordinator.registerTCCParticipant(tccParticipant3);
//      //第三个 TCC 参与者执行 Try 操作
//      tccParticipant3.tryOperation();
    //事务协调
    coordinator.doTransactionCoordinate();
  }
}
```

在 TCCParticipantImpl 类的 tryOperation 方法中，为了模拟分布式事务回滚的场景，当分支事务的 branchId 大于或等于 3 时，将会执行失败。

为了模拟 TCC 事务执行成功，在 Client 的 main 方法中，只创建 branchId 小于 3 的分支事务时，TCC 事务将执行成功，控制台输出如下：

```
TCCCoordinator：TCC 事务启动
tryOperation 执行成功！ branchId=1
tryOperation 执行成功！ branchId=2
confirmOperation 执行成功！ branchId=1
confirmOperation 执行成功！ branchId=2
TCC 事务执行成功！
```

为模拟 TCC 事务执行失败而回滚，在 Client 的 main 方法中，创建了 branchId 大于或等于 3 的分支事务时，TCC 事务因分支事务执行失败而进行回滚，控制台输出如下：

```
TCCCoordinator：TCC 事务启动
tryOperation 执行成功！ branchId=1
tryOperation 执行成功！ branchId=2
tryOperation 执行失败！ branchId=3
cancelOperation 执行成功！ branchId=1
cancelOperation 执行成功！ branchId=2
cancelOperation 执行成功！ branchId=3
TCC 事务执行失败，已回滚！
```

3. TCC 事务方案注意点

TCC 事务在执行过程中需要进行三种特殊处理，分别是幂等、空回滚和事务悬挂。

1）幂等。在 TCC 的 Confirm/Cancel 阶段，如果执行失败，则需要进行重试。因此，Confirm/Cancel 的接口应该实现幂等设计，多次重复调用与调用一次的效果相同，避免业务出现错误。

2）空回滚。空回滚是指 TCC 的分支事务在没有执行 Try 阶段的情况下，在全局事务取消时调用了 Cancel 方法。

在一些 TCC 事务框架中，分支事务会保存全局事务 ID，通过全局 ID 来判断是否已执行。如果已执行，则直接返回，既保证了幂等性，也识别出了空回滚。

3）事务悬挂。悬挂是指某个 TCC 分支事务先执行了 Cancel 操作，再执行 Try 操作。此时，

TCC 事务已经执行完成，这会导致后执行的 Try 操作所预留的资源既无法确认，也无法取消。

可以通过记录分支事务执行的状态来避免悬挂。在执行 Try 操作之前，先判断分支事务的状态。如果已经进行过 Cancel 操作，则不再执行 Try 操作。

4. 在领域驱动设计中使用 TCC

在领域驱动设计中使用 TCC 事务模型时，可以将需要进行分布式事务控制的操作定义为一个领域服务。领域服务的实现类中封装了事务控制的复杂性，并且可以引入业界开源的事务控制框架，例如 Seata 等。Seata 是一款开源的分布式事务解决方案，专注于在微服务架构下提供高性能和简单易用的分布式事务服务。

本节以常见的用户下单为例，演示 TCC 事务的执行过程，假设用户下单时需要扣减库存并核销优惠券。

为了降低理解难度，本示例未使用事务控制框架进行事务管理，仅适用于非生产环境。

首先定义用户下单的领域服务 PlaceOrderDomainService，伪代码如下。

```
/**
 * 用户下单领域服务
 */
public interface PlaceOrderDomainService {
  /**
   * 下单操作
   * 入参为 map，不太规范
   * @param paramMap
   */
  public void placeOrder(Map<String, Object> paramMap);
}
```

实现类 PlaceOrderDomainServiceImpl：

```
/**
 * 用户下单领域服务实现
 */
@Service
public class PlaceOrderDomainServiceImpl implements PlaceOrderDomainService {
  /**
   * 订单聚合根工厂
   */
  @Resource
  private OrderFactory orderFactory;
  /**
   * 订单聚合根的仓储
   */
  @Resource
  private OrderRepository orderRepository;
  /**
   * 库存服务网关
   */
```

```
@Resource
StockServiceGateway stockServiceGateway;
/**
 * 优惠券服务网关
 */
@Resource
CouponServiceGateway couponServiceGateway;
/**
 * 用户下单的 TCC 伪代码，没有使用事务协调者进行管理
 * 仅用于演示如何将 DDD 的操作参与到 TCC 过程中
 * 读者可以将相关逻辑使用开源的 TCC 框架管理起来
 * placeOrder 是 TCC 全局事务的开始
 *
 * @param paramMap
 */
public void placeOrder(Map<String, Object> paramMap) {
  //Try 阶段
  // 创建草稿状态的订单
  OrderEntity order = orderFactory.newInstance(paramMap);
  order.tryCreate();
  orderRepository.save(order);
  String orderId = order.getOrderId();
  //预扣库存
  String skuId = (String) paramMap.get("skuId");
  String count = (String) paramMap.get("count");
  Boolean tryReduce = stockServiceGateway.tryReduce(orderId,
      skuId,
      count);
  //预占优惠券
  String couponId = (String) paramMap.get("couponId");
  Boolean tryUse = couponServiceGateway.tryUse(orderId, couponId);
  //confirm 或者 cancel
  if (tryReduce && tryUse) {
    //资源预占成功，执行 Confirm 操作
    order.confirmCreate();
    orderRepository.save(order);
    stockServiceGateway.confirmReduce();
    couponServiceGateway.confirmUse();
  } else {
    //资源预占失败，执行 Cancel 操作
    order.cancelCreate();
    orderRepository.save(order);
    stockServiceGateway.cancelReduce();
    couponServiceGateway.cancelUse();
```

```
    }
  }
}
```

其中，StockServiceGateway 是库存服务的调用网关，CouponServiceGateway 是优惠券服务的调用网关，两者的伪代码分别如下。

```
/**
 * 库存服务网关
 * TCC 事务的分支
 */
public class StockServiceGateway {
  public Boolean tryReduce(String orderId, String skuId, String count) {
    //TODO Try 阶段预扣库存逻辑
    return true;
  }
  public void confirmReduce() {
    //TODO Confirm 阶段逻辑
  }
  public void cancelReduce() {
    //TODO Cancel 阶段逻辑
  }
}
/**
 * 优惠券服务调用网关
 * TCC 事务分支
 */
public class CouponServiceGateway {
  public Boolean tryUse(String orderId, String couponId) {
    //TODO Try 阶段预占优惠券逻辑
    return true;
  }
  public void confirmUse() {
    //TODO Confirm 阶段逻辑
  }
  public void cancelUse() {
    //TODO Cancel 阶段逻辑
  }
}
```

订单聚合根的伪代码如下：

```
/**
 * 订单聚合根
 */
public class OrderEntity {
  /**
   * 订单号
   */
```

```
    private String orderId;
    /**
     * 订单状态
     * 0:pending,1:created,2:invalid
     */
    private Integer status;
    /**
     * Try 操作
     */
    public void tryCreate() {
      this.status = 0;
    }
    /**
     * Confirm 操作
     */
    public void confirmCreate() {
      this.status = 1;
    }
    /**
     * Cancel 操作
     */
    public void cancelCreate() {
      this.status = 2;
    }
    public String getOrderId() {
      return orderId;
    }
    public void setOrderId(String orderId) {
      this.orderId = orderId;
    }
    public Integer getStatus() {
      return status;
    }
    public void setStatus(Integer status) {
      this.status = status;
    }
}
```

11.2.6 Saga 事务方案

1. Saga 事务方案定义

Saga 是一种基于长事务和补偿机制的解决方案。它将事务分为多个分支事务，这些分支事务按照一定的顺序执行。当某个分支事务执行成功后，会通过消息通知下一个分支事务执行；当某个分支事务执行失败时，会按照正常事务执行顺序的相反方向进行一系列的补偿操作，以保证全局事务的一致性。

Saga 事务方案中有两个主要的角色，即协调者（Coordinator）和事务（Transaction）。

Saga 的协调者负责管理和协调整个分布式事务的执行流程，跟踪事务执行状态并处理异常情况。Saga 中的事务角色包括正常操作（Perform）和补偿操作（Compensate）两种类型的子事务。

正常操作用于执行实际的业务逻辑。补偿操作用于在事务出现问题时执行与正常操作相反的逻辑，将系统状态恢复到事务开始前的状态，用于撤销或修复正常操作的影响，即回滚该分支事务。

Saga 事务的执行过程包括正向流程和逆向流程两种。正向流程是每个事务按顺序执行，如果所有的事务都成功，则 Saga 执行成功。逆向流程是当某个事务执行失败时，就执行补偿操作，并触发逆向流程。逆向流程会按照相反顺序，对已执行成功的事务执行补偿操作，直至将数据状态回滚到执行 Saga 之前的状态。

Saga 事务执行过程如图 11-4 所示。

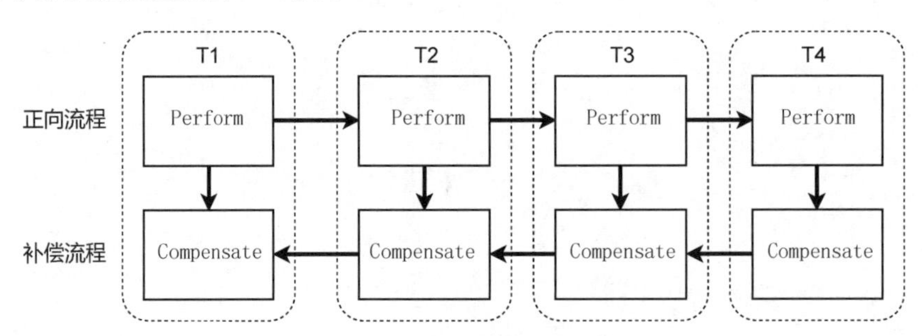

图 11-4　Saga 事务执行过程

2. Saga 事务执行过程演示

本节采用伪代码演示 Saga 事务的执行过程。

Saga 分支事务定义：

```
/**
 * Saga 分支事务定义
 */
public interface SagaTransaction {
  /**
  * 正向操作
  * @return
  */
  public Boolean perform();
  /**
  * 补偿操作
  */
  public void compensate();
  /**
```

```
   * 分支事务 ID
   * @return
   */
  public Long getBranchId();
}
```

分支事务实现类——SagaTransactionImpl：

```
/**
 * Saga 分支事务实现类
 */
public class SagaTransactionImpl implements SagaTransaction {
  /**
   * 分支事务 ID
   */
  private Long branchId;
  public SagaTransactionImpl(Long branchId) {
    this.branchId = branchId;
  }
  public Boolean perform() {
    System.out.println("perform: 执行成功,branchId=" + branchId);
    return true;
  }
  public void compensate() {
    System.out.println("compensate: 执行成功,branchId=" + branchId);
  }
  @Override
  public Long getBranchId() {
    return branchId;
  }
  public void setBranchId(Long branchId) {
    this.branchId = branchId;
  }
}
```

Saga 事务协调者——SagaCoordinator：

```
/**
 * Saga 事务协调者
 */
public class SagaCoordinator {
  private List<SagaTransaction> transactions = new ArrayList<>();
  /**
   * 注册 Saga 分支事务
   * @param transaction
   */
  public void registerSagaTransaction(SagaTransaction transaction) {
    transactions.add(transaction);
  }
```

```
/**
 * 启动 Saga 事务
 */
public void startTransaction() {
  // 启动事务
  System.out.println("SagaCoordinator:startTransaction: 启动事务");
  //是否提交事务
  Boolean isToCommit = true;
  SagaTransaction currentSagaTransaction = null;
  for (SagaTransaction sagaTransaction : transactions) {
      Boolean performSuccess = sagaTransaction.perform();
      currentSagaTransaction = sagaTransaction;
      if (!performSuccess) {
         isToCommit = false;
         break;
      }
  }
  if (isToCommit) {
     //TODO Saga 事务提交
     this.commit();
  } else {
     this.rollback(currentSagaTransaction);
  }
}
/**
 * 提交 Saga 事务
 */
public void commit() {
  //TODO Saga 事务提交
  System.out.println("SagaCoordinator:commit: 提交事务");
}
/**
 * 回滚操作，执行逆向流程
 * @param sagaTransaction
 */
public void rollback(SagaTransaction sagaTransaction) {
  // 找到当前事务的节点位置
  int lastIndexOf = transactions.lastIndexOf(sagaTransaction);
  SagaTransaction current;
  //从后向前，逐个回滚
  for (int i = lastIndexOf; i >= 0; i--) {
      current = transactions.get(i);
      current.compensate();
  }
  System.out.println("SagaCoordinator:rollback:Saga 事务回滚成功");
```

```
    }
}
```

执行整个 Saga 事务的 Client：

```
public class Client {
  public static void main(String[] args) {
    SagaCoordinator sagaCoordinator = new SagaCoordinator();
    sagaCoordinator.registerSagaTransaction(new SagaTransactionImpl(1L));
    sagaCoordinator.registerSagaTransaction(new SagaTransactionImpl(2L));
    sagaCoordinator.registerSagaTransaction(new SagaTransactionImpl(3L));
    sagaCoordinator.startTransaction();
  }
}
```

执行结果如下：

```
SagaCoordinator: startTransaction: 启动事务
perform: 执行成功, branchId=1
perform: 执行成功, branchId=2
perform: 执行成功, branchId=3
SagaCoordinator: commit: 提交事务
```

为了演示执行失败后逆向逐个回滚的过程，定义一个执行失败的分支事务实现类——FailSagaTransactionImpl：

```
/**
 * 执行失败的分支事务实现
 */
public class FailSagaTransactionImpl extends SagaTransactionImpl {
  public FailSagaTransactionImpl(Long branchId) {
    super(branchId);
  }
  public Boolean perform() {
    System.out.println("perform: 执行失败 ,branchId=" + getBranchId());
    return false;
  }
}
```

将该 FailSagaTransactionImpl 加入 Saga 执行过程，Client 代码如下：

```
public class Client {
  public static void main(String[] args) {
    SagaCoordinator sagaCoordinator = new SagaCoordinator();
    sagaCoordinator.registerSagaTransaction(new SagaTransactionImpl(1L));
    sagaCoordinator.registerSagaTransaction(new SagaTransactionImpl(2L));
    sagaCoordinator.registerSagaTransaction(new SagaTransactionImpl(3L));
    sagaCoordinator.registerSagaTransaction(new FailSagaTransactionImpl(4L));
    sagaCoordinator.registerSagaTransaction(new SagaTransactionImpl(5L));
    sagaCoordinator.startTransaction();
  }
}
```

Cient 的 main 方法执行结果如下：

```
SagaCoordinator:startTransaction:启动事务
perform:执行成功,branchId=1
perform:执行成功,branchId=2
perform:执行成功,branchId=3
perform:执行失败,branchId=5
compensate:执行成功,branchId=5
compensate:执行成功,branchId=3
compensate:执行成功,branchId=2
compensate:执行成功,branchId=1
SagaCoordinator:rollback:SAGA 事务回滚成功
```

3. Saga 事务方案注意点

在实现 Saga 事务方案的过程中，需要注意以下几点。

1）事务隔离性

Saga 每个事务只有正常操作和补偿操作，正常操作执行完成之后，数据实际上已经被其他事务观察到，这会带来数据隔离性问题。

例如，创建订单这个操作，Saga 事务会直接将订单创建出来，此时用户已经可以看到订单了；如果后续子事务执行失败，则需要对订单进行补偿操作，然后将订单取消，用户将看到该订单消失了。

存在隔离性问题的 Saga 事务执行过程如图 11-5 所示。

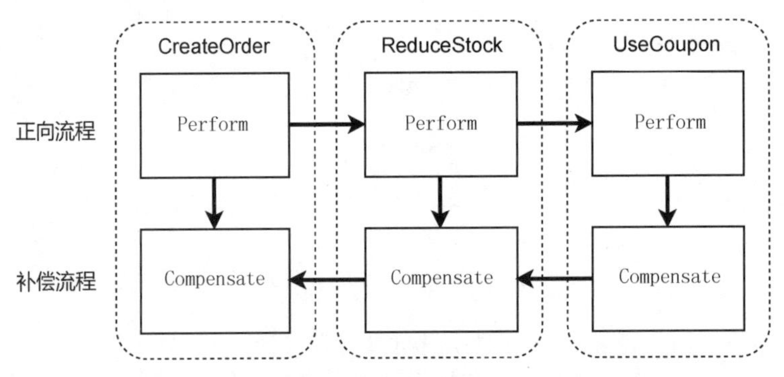

图 11-5　存在隔离性问题的 Saga 事务执行过程

为了解决这个问题，可以参考 TCC 事务方案，对事务操作引入一个中间状态（pending）。创建订单这个操作会先创建一个中间状态的订单，该中间状态的订单对用户不可见。引入中间状态后，实际上将单个的 Saga 事务拆分为两步，例如，将创建订单动作分解为 pendingCreate 和 performCreate。优化 Saga 事务隔离性的执行过程如图 11-6 所示。

2）幂等设计

Saga 事务在执行的过程中，有可能进行重试，因此 Perform 和 Compensate 操作都应采取幂等设计。

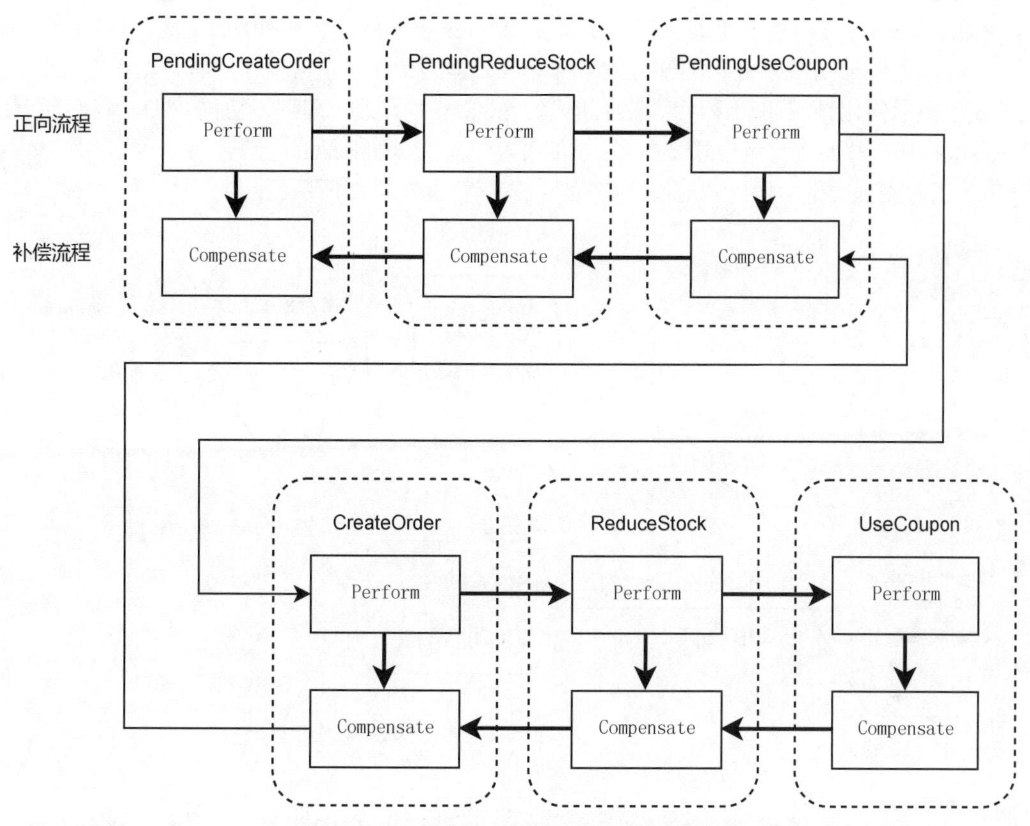

图 11-6　优化 Saga 事务隔离性的执行过程

3）空回滚

空回滚是指在 Perform 操作未执行的情况下，执行 Compensate 操作。造成空回滚的原因有很多，例如：原服务超时（丢包）、Saga 事务触发回滚，以及在未收到 Perform 请求之前先收到 Compensate 补偿请求。

空回滚的解决方案也比较简单，即在执行 Compensate 之前，先通过业务主键查找需要回滚的 Perform 请求，如果找不到，则直接返回补偿成功，并记录已执行回滚。

4）悬挂

悬挂是指 Compensate 补偿服务比 Perform 先执行。悬挂的解决方案则是执行 Perform 之前先查询是否已经进行 Compensate 补偿服务，如果已经进行补偿，则应该拒绝执行。

4. 在领域驱动设计中使用 Saga

Saga 有协同式和编排式两种实现方案。

- 协同式：在没有事务协调者的情况下，Saga 分支事务自行执行操作并发布消息，然后通知下一个分支事务执行相应的操作。

- 编排式：事务协调者（编排器）定义整个 Saga 事务的执行工作流，由事务协调者发出消息给 Saga 分支事务，通知分支事务完成具体的操作（正常操作或者补偿操作）。

在此演示使用领域驱动设计实现协同式的 Saga 事务方案，理解了协同式后，我们就可以很容易地将其迁移到支持编排式 Saga 的分布式事务框架（如 Seata）上。

1）正向流程案例。协同式 Saga 事务的正向流程如图 11-7 所示。

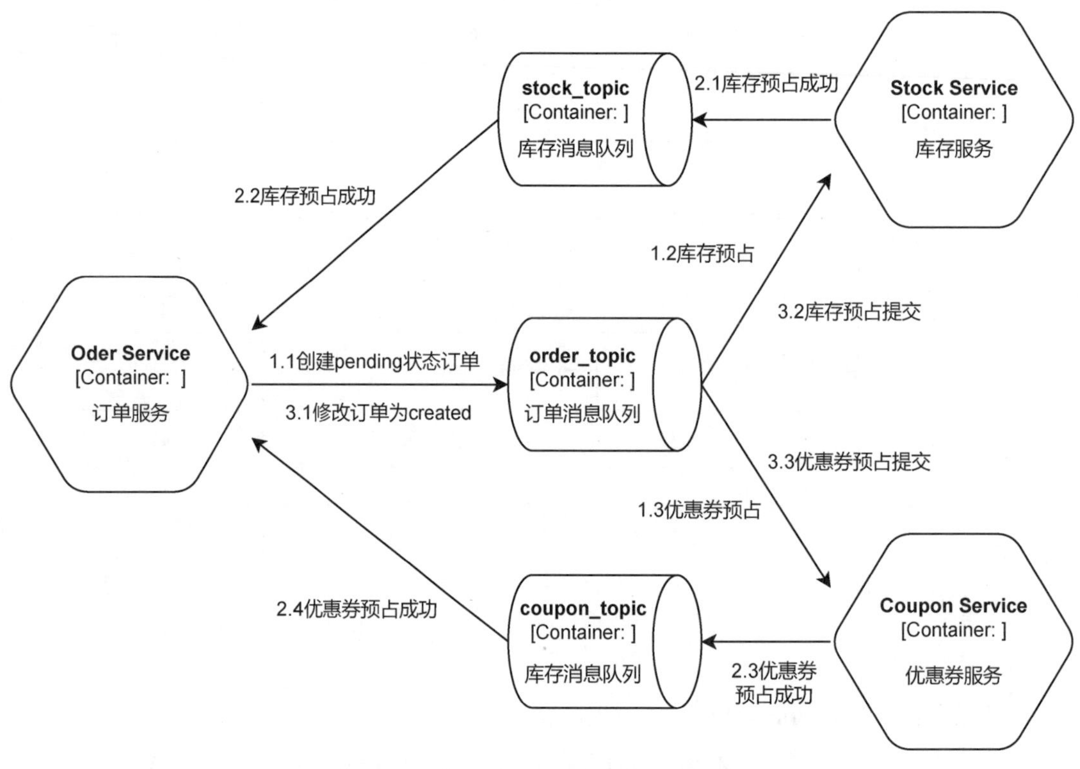

图 11-7　协同式 Saga 事务的正向流程

图 11-7 中的主要流程如下。

- 1.1 表示 Order Service 创建 pending 状态的订单，并发送消息到 order_topic。
- 1.2 表示 Stock Service 订阅了 order_topic，消费消息之后进行库存预留，预留成功则库存被冻结，库存预留记录状态为 pending；同时，执行 2.1 向 stock_topic 中发布库存预留成功的消息，2.2 表示 Order Service 消费库存占用成功的消息，并记录到本地订单聚合根中。
- 1.3 表示 Coupon Service 也订阅了 order_topic，消费消息之后进行优惠券预占，预占成功则优惠券被预占，此时优惠券预占记录状态为 pending；同时，执行 2.3 向 coupon_topic 发布优惠券预占成功的消息，2.4 表示 Order Service 消费到优惠券预占成功的消息，此时检查业务规则，优惠券和库存均已预占成功，则将订单聚合根状态改为 created。

- 3.1 表示 Order Service 将订单聚合根改为 created 后，同样向 order_topic 发布消息，Stock Service 和 Coupon Service 消费该消息，并提交各自的预占记录。

执行过程的伪代码如下（在此仅展示 Order Service 的伪代码）。

订单的应用服务：

```
/**
 * 订单的应用服务
 */
public class OrderApplicationService {
  /**
   * 订单创建工厂
   */
  private OrderFactory orderFactory;
  /**
   * 订单仓储
   */
  private OrderRepository orderRepository;
  /**
   * 订单消息发布者
   */
  private OrderPublisher orderPublisher;
  /**
   * 创建 Pending 状态的订单
   * @param paramMap
   */
  public void createPending(Map<String, Object> paramMap) {
    OrderEntity orderEntity = orderFactory.newInstance(paramMap);
    orderEntity.createPending();
    orderRepository.save(orderEntity);
    // 发布 Pending 事件
    List<DomainEvent> domainEventList = orderEntity.getDomainEvents();
    orderPublisher.publish(domainEventList);
  }
  /**
   * 处理创建过程中收到的 Saga 事件
   * @param paramMap
   */
  public void handleCreateSagaStatus(Map<String, Object> paramMap) {
    String orderId = paramMap.get("orderId");
    OrderEntity orderEntity = orderRepository.load(new OrderId(orderId));
    // 处理 Saga 事务状态
    orderEntity.handleCreateSagaStatus(paramMap);
    orderRepository.save(orderEntity);
    // 发布 Pending 事件
```

```
    List<DomainEvent> domainEventList = orderEntity.getDomainEvents();
    orderPublisher.publish(domainEventList);
  }
}
```

订单的聚合根：

```
/**
 * 订单的聚合根
 */
public class OrderEntity {
  /**
   * 订单号
   */
  private OrderId orderId;
  /**
   * 订单状态
   * 0:pending,1:created,2:invalid
   */
  private Integer status;
  /**
   * 创建过程的 Saga 状态保存
   */
  private Map<String, Integer> createSagaStatusMap = new HashMap<>();
  /**
   * 领域事件
   */
  private List<DomainEvent> domainEventList = new ArrayList<>();
  /**
   * 创建过程需要接收的 Saga 事务名称
   */
  private static final String[] createSagaTransationNames = {"OrderPending", "StockPending",
"CouponPending"}
  public void createPending(Map<String, Object> paramMap) {
    // 订单状态为 0
    this.status = 0;
    // 记录订单创建的 Saga 状态
    this.createSagaStatusMap.put("OrderPending", 1);
    domainEventList.add(new OrderPendingEvent(this));
  }
  public void handleCreateSagaStatus(Map<String, Object> paramMap) {
    // 分支事务名称
    String sagaTransationName = paramMap.get("sagaTransationName");
    // 分支事务执行结果，1 代表成功
    Integer sagaTransationResult = (Integer) paramMap.get("sagaTransationResult");
    createSagaStatusMap.put(sagaTransationName, sagaTransationResult);
    // 收到预占失败的消息，立即发起回滚
    if (sagaTransationResult != 1) {
```

```
      // 生成订单失效的领域事件
      domainEventList.add(new OrderInvalid(this));
      // 将订单状态改为失效
      this.status = 2;
      return;
    }
    // 收到的消息不全，需要等待
    if (createSagaStatusMap.size() < createSagaTransationNames.length) {
      return;
    }
    // 检查 Saga 是否可以提交
    Boolean isToCommit = true;
    for (String transationName : createSagaTransationNames) {
      Integer canCommit = createSagaStatusMap.get(transationName);
      // 没有收到分支事务执行结果或者执行结果不是 1，则 Saga 都不能提交
      if (canCommit == null || canCommit != 1) {
         isToCommit = false;
         break;
      }
    }
    if (isToCommit) {
      // 生成订单创建成功的领域事件
      domainEventList.add(new OrderCreated(this));
      // 将订单状态改为创建成功
      this.status = 1;
    } else {
      // 生成订单失效的领域事件
      domainEventList.add(new OrderInvalid(this));
      // 将订单状态改为失效
      this.status = 2;
    }
  }
}
```

领域事件：

```
/**
 * 领域事件
 */
public class DomainEvent {
  // 领域事件的属性，详细参考本书领域事件章节
}
```

订单的消息发布者：

```
/**
 * 订单的消息发布者
 * 基础设施层
 */
```

```
public class OrderPublisher {
  @Resource
  private MqClient mqClient;
  public void publish(List<DomainEvent> domainEventList) {
    mqClient.publish("order_topic", domainEventList)
  }
}
```

stock_topic 的订阅者：

```
/**
 * stock_topic 的订阅者
 * 属于用户接口层
 */
public class StockTopicSubscriber {
  @Resource
  private OrderApplicationService orderApplicationService;
  /**
   * 订阅消息的回调
   * @param paramMap
   */
  public void handle(Map<String, Object> paramMap) {
    orderApplicationService.handleCreateSagaStatus(paramMap);
  }
}
```

coupon_topic 的订阅者：

```
/**
 * coupon_topic 的订阅者
 * 属于用户接口层
 */
public class CouponTopicSubscriber {
  @Resource
  private OrderApplicationService orderApplicationService;
  /**
   * 订阅消息的回调
   * @param paramMap
   */
  public void handle(Map<String, Object> paramMap) {
    orderApplicationService.handleCreateSagaStatus(paramMap);
  }
}
```

2）反向流程案例。协同式 Saga 事务的反向流程如图 11-8 所示。

反向流程假设只是库存服务在执行库存预占时失败了。Order Service 收到库存预占失败的消息后，发布订单 invalid 的领域事件，最终库存和优惠券服务进行了回滚。

反向流程的逻辑已实现在上文的伪代码中，在此不再重复。

由以上案例可以看到，由于 Saga 事务的实现属于技术细节，实现协同式 Saga 时，不得不在聚合根中引入维护 Saga 事务的逻辑，即使可以将这些操作维护到层超类型中，也会导致技术细节与业务逻辑强耦合，不是优雅的解决方案。

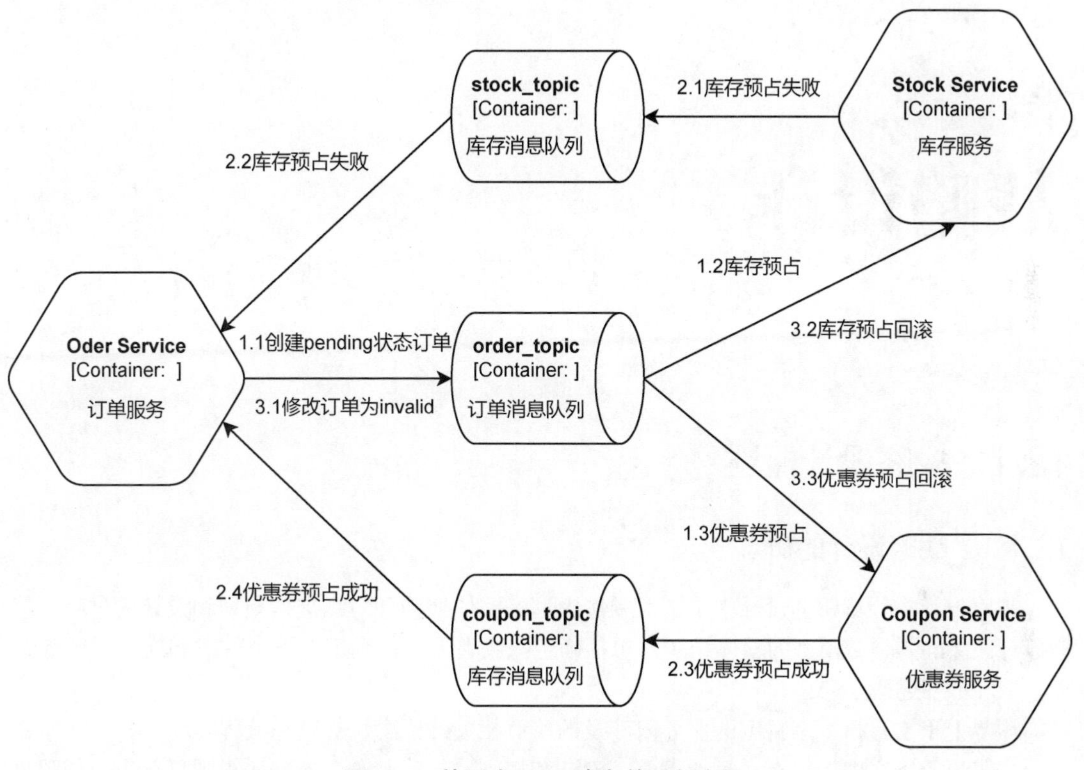

图 11-8　协同式 Saga 事务的反向流程

因此，采用分布式事务框架进行 Saga 事务的编排管理是完全有必要的。关于使用分布式事务框架实现编排式 Saga 事务的内容，本书限于篇幅，便留待读者自行研究了。

11.2.7　跨聚合事务的方案总结

对于实时性要求不高，仅需要确保最终一致性的场景，可以使用本地消息表或者最大努力通知的方案。

对于实时一致性要求比较高的事务场景，例如，订单下单的同时扣减库存并使用优惠券的场景，可以采用 TCC 事务方案。

对于长事务的场景，或者涉及外部系统、遗留系统，可以考虑 Saga 事务方案。

在实现跨聚合事务时，如果无法通过领域事件的方式确保最终一致性，则可以考虑定义领域服务，将事务控制的复杂性封装到领域服务的实现类中。

第12章 战略设计

12.1 战略设计概述

12.1.1 战略设计的概念

战略设计在领域驱动设计中是指对领域模型的整体架构和组织进行规划和设计的过程。战略设计关注的是领域模型的整体结构，包括确定限界上下文、确定上下文映射和划分子域等。

1. 确定限界上下文

限界上下文是指一个特定的业务内涉及的所有相关的概念、规则和流程。

在限界上下文内，具有自己的术语、模型和规则，这些术语、模型和规则只在当前的限界上下文中生效，在与其他限界上下文进行协作时，它们就需要进行显式的转换和翻译。

例如，在电商系统中，订单、商品、用户、营销分别是不同的业务概念，可以根据业务划分到不同的限界上下文中。

2. 确定上下文映射

上下文映射，即不同限界上下文之间的协作关系，在战略设计阶段，确认限界上下文后，需要定义限界上下文之间的协作方式。

3. 划分子域

确定限界上下文之后，某些关联性较强的限界上下文可能一起形成大的业务概念，被称为子域。

例如，商品、订单、用户等上下文一起形成电商子域；主播、直播等上下文一起形成视频直播子域。

子域代表业务领域中相对独立且完整的部分。划分子域需要考虑业务之间的相对独立性、可重用性和可扩展性等因素。一个好的子域应该具有清晰的业务边界和明确的职责范围，同时应该与其他子域之间保持松耦合的关系。

例如，电商子域的职责是提供在线购物的解决方案，提供商品搜索、加入购物车、下单支付等功能；视频直播子域（在此专指直播带货电商模式下的视频直播）的职责是为电商平台引入直播带货的销售模式，为主播提供开播等功能，为观众提供观看直播、赠送虚拟礼物等功能。每个子域都只负责自己的业务逻辑，使业务边界更清晰，职责更明确。

12.1.2　战略设计的误区

战略设计本身只是系统的设计阶段，还没有落实到编码。虽然战略设计很重要，但战略设计并不是领域驱动设计的全部。如果将过多的注意力都集中在战略设计阶段，忽视战术设计的落地，则很难产出高度契合业务的领域模型和高质量的代码。

许多团队将大部分时间放在战略设计阶段，产出了很多精美的架构图例，例如，限界上下文划分图、子域划分图等，然后做了精美的 PPT，在各大技术交流的会议上分享他们成功落地领域驱动设计的经验。由于缺乏战术设计的理论支持，他们最终会回到贫血模型，产出“大泥球”式的应用，实际上并没有真正实践领域驱动设计。

限界上下文的划分在战略设计中应用于领域模型，这一过程通常是根据业务固有的边界进行划分的。因此大部分开发者即使没有学习过领域驱动设计，他们也会自然而然地将订单和产品信息分成不同的模块进行开发。这与以前的系统设计理念并没有太大差异。因为无论是传统的软件设计还是领域驱动设计，都是对一个事物的描述，不可能因为采用不同的设计开发方法而得到完全不同的建模结果。因此一些初学者会提出疑问：这也叫领域驱动设计？这是“换汤不换药”。

因此，战略设计很重要，但领域驱动设计绝对不应该止步于战略设计。

在领域驱动设计的经典著作中，《领域驱动设计》一书将战略设计的内容放在第四部分，大部分篇幅是讲述战术设计的；《实现领域驱动设计》一书将战略设计的内容放在第 2 章和第 3 章，但后续大部分篇幅在讲述战术设计，第 13 章再次提到战略设计的上下文集成。从这可以看出，领域驱动设计的先行者们并不认为战略设计是实施领域驱动设计的先决条件。

本书将花费比较少的篇幅介绍战略设计，更多地关注战术设计的落地。

12.2　通用语言

12.2.1　通用语言的概念

通用语言（Ubiquitous Language）指的是开发团队和领域专家之间使用的共同语言。通用语言的核心思想是整合领域专家和开发人员的语言，形成一种共同的语言，以避免沟通过程中的理解差异和术语歧义，降低沟通成本，提高沟通效率，帮助团队更好地理解业务需求。

通用语言贯穿整个领域驱动设计的过程，在领域建模、战略设计和战术设计中起到持续作用。

举个例子，在电商平台中，当某种商品不再被销售时，会被称为“商品下架”，而对于饭店，如果菜单中某个菜品不再被销售，会被称为“菜品沽清”。虽然表达的意思差不多，但是如果团队正在开发一个饭店点餐系统，内部沟通交流时往往更多地提到“菜品沽清”，而不是“商品下架”，这就是通用语言。

12.2.2 通用语言的构建

通用语言的构建需要全体团队成员共同参与。以下是构建通用语言的步骤。

1. 确定业务领域

通用语言往往是业务领域的“行话”，因此需要明确业务领域是什么。业务领域可以是一个业务部门、一个业务流程或者一个产品。

在不同的领域，某些词可能会有专门的概念，例如，在物流配送业务中，用户签收一般称之为“妥投”。

2. 收集业务知识

收集业务知识是构建通用语言的关键步骤。在很多业务领域中，其实已经形成了行业标准或者概念，团队成员需要与领域专家进行交流，了解业务流程、业务规则、业务概念等方面的知识，并将其收集起来，作为通用语言的基础。

3. 定义通用语言

在收集业务知识的基础上，团队成员可以开始定义通用语言：对于存在多个类似概念的术语，选择最恰当的术语纳入通用语言；对于某些不存在术语定义的流程或者概念，可以对其进行命名；定义好的通用语言，可以沉淀为内部公开的术语文档。

在定义通用语言时，需要遵循以下原则：简单明了，而不是晦涩难懂；含义准确，而不是模棱两可；尊重事实，而不是创造不必要的新词。

通用语言应该简单明了，而不是晦涩难懂，简单便于记忆的通用语言才方便团队内部推广使用。通用语言应该含义准确，而不是模棱两可，如果通用语言本身都有歧义，则可能达不到方便沟通的目的。通用语言应该尊重事实，而不是创造不必要的新词，如果团队内部对某些概念已经达成共识，应该尊重事实并沿用，而不是为了追求“高大上”去重新定义。

4. 验证通用语言

定义通用语言后，团队成员可以通过讨论、模拟场景等方式来验证通用语言的准确性和适用性。在验证过程中，需要注意收集反馈和建议，持续对通用语言进行完善。

12.2.3 通用语言的维护

通用语言不是一成不变的，它需要随着业务的变化而不断更新和维护。以下是对通用语言的维护建议。

1. 定期回顾通用语言

团队应该定期回顾通用语言，检查是否需要进行更新和调整。如果业务发生了变化，通用语言也需要相应地进行更新。

2. 提供培训和文档

团队成员需要了解通用语言的定义和使用方法。因此，需要提供相应的培训和文档，以便团队成员学习和使用通用语言。

3. 吸收反馈和改进建议

通用语言的改进需要吸收来自团队成员和业务专家的反馈和建议。团队应该鼓励成员积极参与通用语言的改进，以便不断提高通用语言的准确性和适用性。

12.3 限界上下文

12.3.1 限界上下文的定义

限界上下文是指一个特定业务范围内的所有知识，包括相关的概念、流程和规则等，其主要用途如下。

1. 定义业务边界

限界上下文内部具有清晰的业务概念、流程和规则，可以帮助避免不同上下文之间的功能重叠和责任模糊。

2. 确定领域模型的生效范围

领域模型只能在各自的限界上下文内使用。限界上下文之间的领域模型重用（或者代码重用）是很危险的，应该尽量避免。

3. 治理业务复杂性

通过限界上下文的划分，业务系统被拆分为多个限界上下文，将原本庞大而复杂的业务分割为简单而概念完整的小业务，从而实现分而治之的目的。原本复杂且难以维护的业务操作，变成由多个限界上下文协作完成，降低了系统整体的复杂性。

这些限界上下文之间的协作关系通过上下文映射来明确界定。

12.3.2 上下文划分依据

在日常的开发中，大部分开发者都实践过上下文的划分，只不过没有对其进行显式归纳。

限界上下文划分的依据主要考虑以下两点。

首先基于业务边界进行划分。基于业务边界划分限界上下文是最常见的方法。我们可以将整个系统按照不同的业务功能划分为若干个上下文，每个上下文都有自己的职责和目标。例如，在一个电商系统中，可以将订单、商品、用户等子业务划分为不同的上下文。这种方法的优点是简单明了，易于理解和实现。

其次是基于技术实现进行划分。这种情况一般出现在已知的上下文中，随着业务的增加，系统的某些功能需要采用新的技术架构进行实现，在这种情况下有可能将其独立出来单独维护。举个例子，商品搜索服务原本位于商品上下文中，但是为了提升搜索性能，引入了搜索引擎。因此我们可以将商品搜索定义为独立的限界上下文。当结合商品推荐功能时，由于推荐功能一般要依赖于用户的行为，可能涉及用户数据挖掘的相关逻辑，并且该上下文具有非常强的业务定位，我们通常不会仅仅基于技术实现的差异进行上下文划分，而是将其作为一个整体来划分。

12.3.3 划分限界上下文的实践经验

1. 不要过分强调限界上下文划分

领域驱动设计之所以走入当今的窘境，与业界过分注重战略设计、过分强调限界上下文不无关系。

划分限界上下文依据的是事物的本质，领域驱动设计并不产出一个划分限界上下文的方法论。事实上，领域驱动设计在划分上下文时，采用的还是单一职责等耳熟能详的原则。

举个例子，小猫有尾巴，小狗也有尾巴，即使没学过领域驱动设计，也应该知道小猫的尾巴属于小猫，小狗的尾巴属于小狗。这种划分的依据是什么？当然是小猫的尾巴依赖小猫才能存活，与小猫息息相关，联系紧密，而不是生搬硬套某些理论。

在划分限界上下文的过程中，不要过分在意限界上下文的划分结果，更不要认为必须有完美的限界上下文划分结果才能进入开发阶段，应该认识到限界上下文的划分是一个灵活且持续演进的过程。事实上，对业务的理解本就是一个循序渐进、不断发展的过程，可以在实践中随着认识的加深不断精炼。

当前业界过于强调限界上下文的划分，并且轻视战术落地。没有战术落地的领域驱动设计只是纸上谈兵，只能产出一张张五颜六色的限界上下文划分图。这些精美的划分图看起来赏心悦目，但实际上距离真正落地还很远。

2. 不要过分追求跨上下文的模型统一

在多团队共同开发大型系统时，要求所有的团队共用一套领域模型是不可取的。追求跨上下文的模型统一没有必要，因为这样做会极大地增加沟通成本。

更好的方式是让不同的团队在各自的上下文内完成领域建模，并形成自己的通用语言。需要处理好上下文映射关系来确保各个限界上下文之间的协调。

12.4 上下文映射

12.4.1 上下文映射的概念

将业务领域划分为不同的限界上下文后，这些上下文之间需要进行协作才能支持复杂的业务，上下文映射（又称上下文映射图）正是对上下文之间的协作关系的描述。

上下文映射的定义可以使限界上下文之间的关系更清晰，避免不同的上下文之间产生混乱和冲突，从而提高软件系统的可扩展性、可维护性和可理解性。同时，上下文映射也是一种非常重要的沟通工具，它可以帮助不同团队之间更好地理解协作关系。

12.4.2　上下文映射的类型

上下文映射的类型有很多，常见的有：共享内核（Shared Kernel）、客户 / 供应商（Customer/Supplier）、跟随者（Conformist）、各行其道（Separate Way）、开放主机服务（Open Host Service）、防腐层（Anti-Corruption Layer）、发布语言（Published Language）等。

在学习上下文映射时，要结合领域驱动设计诞生的时代背景，当时业界大部分的应用都是单体应用，因此部分的映射关系放在单体应用上可能会更好理解。

1. 共享内核

共享内核是指不同上下文之间存在共享的部分，包括共享的领域模型、代码库、基础设施等。共享内核的上下文通常有相同的技术基础。共享内核一方面可以复用领域模型，避免重复开发和维护；另一方面，也需要投入更多的精力才能确保领域模型在两个上下文之间的一致性。

在共享内核中，各个上下文都可以对共享的部分进行开发和维护，这就导致如果要对共享部分进行变更，需要同时兼顾所有涉及的上下文，其沟通和维护成本都很高。

以代码层面的共享内核为例，两个限界上下文同时引用了某个类，这个类由两个限界上下文共同维护。当某个限界上下文对该类进行改动时，必须及时将所做的调整同步到其他使用该类的上下文，所有相关上下文都需要更新代码并进行回归测试，确保该类的改动不会引起问题。

基础设施层面的共享内核主要体现在某些基础设施的共用，如网关和认证服务共用了一套缓存，当用户认证通过时，认证服务将凭据写入缓存中，网关通过读取缓存获取用户的授权凭据。

共享内核表达的是两个限界上下文共同维护共享的部分，两个限界上下文彼此的开发团队都可以根据需要往公共的模型中增加能力。通俗地说，就是下游将上游的领域模型引入自己的上下文中，并且下游有上游的代码库权限，下游想要什么能力，就在上游的代码里写入相应的代码即可。

举个例子，有 A 和 B 两个限界上下文，分别对应 A 代码库和 B 代码库，其中 B 引用了 A 中名为 SomeValue 的类，当 B 需要扩展 SomeValue 类时，B 与 A 进行沟通，达成共识后，B 直接到 A 代码库中对该类进行扩展。

2. 客户 / 供应商

客户 / 供应商式的上下文映射是指：下游上下文依赖于上游上下文，上游按照下游的需求提供业务支持，将下游的上下文称为客户，将上游的上下文称为供应商。

在客户 / 供应商的映射类型中，由于业务边界、权限不足、技术实现等原因，导致客户方无法直接通过共享内核的方式去扩展供应商侧的功能。因此需要双方进行沟通，确定供应商需要给客户提供的具体能力，之后由供应商在自己的限界上下文内完成领域模型开发，并将形成的产物交付给客户使用。通俗地讲，就是下游（客户）给上游（供应商）提需求，上下游沟通之后，由上游在自己的上下文中进行开发，并将开发成果提供给下游。

客户和供应商之间可能通过接口、消息等方式进行交互，客户不会直接引入供应商的领域模型代码。

以下场景实际上都是客户 / 供应商的上下文映射关系。

- 下游系统要求上游系统提供一个新的服务接口（或者消息）。
- 下游系统要求上游系统在已有的接口（或者消息）中增加新的字段。

3. 跟随者

在客户 / 供应商模式中，上游（供应商）能积极满足下游（客户）的需求。然而，有时候上游并不会积极响应下游的需求。在这种情况下，下游可能会将上游的领域模型引入自己的上下文中，在自己的上下文中对上游的领域模型进行扩展。这就是跟随者模式的上下文映射。

跟随者与共享内核的相同点是两个限界上下文都有共用的部分。

跟随者与共享内核的不同点在于共享内核由两个限界上下文的团队共同维护，彼此沟通协调，一起维护模型；跟随者则是上游系统不响应下游系统的需求，下游系统自己将上游系统的模型整合到上下文中并进行扩展。

通俗地讲，就是当下游向上游提需求时，上游不接需求并告诉下游："我将代码打个 jar 包给你，你将 jar 包引入自己的上下文里进行扩展。"

在跟随者模式下，下游无法对上游的变更进行干预，只能被动地接受。有可能上游在不通知下游的情况下进行某些变更。因此跟随者模式下的下游上下文一定要做好回归测试。

4. 各行其道

从共享内核到客户 / 供应商，再到跟随者，下游上下文对上游上下文的影响力逐渐减弱。如果上下游之间联系不紧密或者集成上游上下文的收益太低，下游上下文可能会选择抛弃上游，自己实现需要的领域逻辑，这就是各行其道的上下文映射。

通俗地讲，各行其道就是各种在自己的上下文中实现需要的业务逻辑。虽然各行其道可能导致重复建设，但是能很好地减少沟通和协作成本，非常适合一些初创型的业务。

5. 开放主机服务

开放主机服务是指将领域模型的能力通过某些协议开放为服务，以供其他系统访问。

开放主机服务的核心思想是将领域模型的能力按照某种协议暴露为接口服务，为外部上下文提供访问本地领域模型能力的途径。

开放主机服务的协议可能是 RPC 协议，也可能是 HTTP 协议（如 SOAP、RESTful 等），具体实现方式取决于具体的业务需求和技术选型。

6. 防腐层

由于防腐层的概念非常重要，本书将其放到了第 7 章专门进行讲解，请读者参考该章节的内容。

7. 发布语言

发布语言是用于在两个交互上下文之间进行数据转换的协议。

在开放主机服务中，服务的调用方必须使用服务提供方的数据编解码协议，例如 RPC 接口的数据编解码方案。

发布语言强调在上下游交互时选择一种双方都易于处理的语言进行数据交换。例如，JSON 是业界流行的数据交换格式，可以在上下文之间使用 JSON 格式进行数据交换：上游通过接口返回 JSON 数据，或者发布 JSON 格式的领域事件等。

12.5　子域

12.5.1　子域的定义

子域是整体业务领域中一个相对完整的子业务，通常由一组相关的业务概念、规则和流程组成。

子域由一个到多个限界上下文组成。与限界上下文相比，子域的概念更完整，描述的业务更宏观，往往涉及多个限界上下文之间的协作。以视频直播子域为例，该子域内部包括主播上下文、直播间上下文等。单独的主播上下文和直播间上下文都无法完成视频直播业务，只有这些上下文互相协作，才能形成完整的视频直播业务。

12.5.2　子域的类型

在大型系统中，可能存在多个子域，这些子域的战略定位、业务重要性、资源投入力度都存在差异。为了治理这种差异，在子域的概念上，将子域细分为三种类型：核心子域、支撑子域、通用子域。

1. 核心子域

1）核心子域的定义

核心子域是指业务系统中最重要、最核心的部分，通常包含最关键的业务规则、最核心的业务数据和最重要的业务流程，因此核心子域通常被认为是业务系统中最具价值的部分。

核心子域直接关系到业务系统的核心竞争力和盈利能力，是衡量业务系统成功与否的核心标志。

2）核心子域的意义

核心子域是对业务价值最高的部分进行挖掘和建模。它关系到业务的核心竞争力，需要投入足够的资源去不断维持优势和开拓业务。

核心子域往往是业务各方关注的焦点，为了保持其优势，需要不断进行创新。因此，核心子域是整个业务领域中最容易变化的部分。随着业务的发展和变化，核心子域的业务规则和流程也会相应地发生变化。

3）如何确定核心子域

为了确定核心子域，需要深入了解业务领域，并与领域专家进行紧密合作。在领域驱动设计中，可以从以下几个角度来确定核心子域。

- 业务价值：确定哪些子域对业务价值贡献最大，哪些子域是系统的核心部分，核心子域会给企业和整个系统提供核心的竞争力。
- 业务复杂度：确定哪些子域的业务规则和流程最为复杂，需要进行深入的设计和实现。
- 业务变化：确定哪些子域的业务规则和流程最容易发生变化，需要进行灵活的设计和实现。
- 技术难度：确定哪些子域的技术实现难度较高，需要进行技术评估和方案设计。

另外，核心子域是一个相对的概念，可能某个子域在A企业中属于核心子域，然而在B企业中就属于支撑子域或者通用子域。例如，MQTT消息推送平台，A企业将消息推送功能对外部开放，使自己成为独立的第三方云推送平台，根据客户推送消息的次数进行收费。这对A企业来说，消息推送平台承载了A的主要业务，因此是核心子域。而对于A企业的客户B企业来说，它通过整合A企业的消息推送平台获得了消息推送的功能，因此消息推送平台就是它的一个通用子域。

某个系统承载的业务在公司层面可能不是核心子域，但是对于该系统的维护团队来说，该系统的成功与否直接关系到团队绩效的高低，应该将其作为核心子域看待。

2. 支撑子域

1）支撑子域的定义

支撑子域是指在整个业务领域中扮演支撑角色的子域。支撑子域不属于核心子域，也不能独立存在。

严格地说，除核心子域外的子域都应该属于支撑子域，支撑子域与通用子域的区别仅在于通用子域已经有成熟、通用的解决方案，不需要重新构建。

2）支撑子域的特点

支撑子域不是业务领域中最核心的部分，不会给企业带来核心竞争力，但它们通常负责一些关键性的任务，为核心子域提供支持。

支撑子域不具备通用性，通常无法通过采购的方式获取。

3）常见的支撑子域

常见的支撑子域有很多。以第三方消息推送平台为例，许多App在创业初期，通常会选择接入第三方推送平台来实现消息推送的能力，这时消息推送对这些App企业来说属于通用子域。随着业务的发展，第三方消息推送平台已无法满足业务需求，因此许多企业选择自建消息推送服务，这时消息推送服务就成为一个支撑子域。

3. 通用子域

1）通用子域的定义

在多个业务领域中都存在的一些通用概念或者通用业务流程，这些通用的东西可以抽取出来，将其作为一个独立的模块进行设计和实现，形成一个子域，其他业务领域都可以使用这个子域，因为这个子域具备通用性，因此称之为通用子域。

2）通用子域通常的特点

通用子域与业务相关：通用子域与业务相关，而不是与技术相关。通用子域自身有一定的业务行为，用于支持核心业务的执行；与技术相关的如技术中间件、缓存、数据库、消息队列等，会被视为基础设施，而不会被视为通用子域。

通用子域代表着通用的业务能力，这些业务能力会被多个子域使用。通用子域一般存在行业标准，有成熟的解决方案，可以通过采购或者开源获得。

3）常见的通用子域

常见的通用子域有很多，在这里简单举例如下。

- 认证子域：采用业界通用的单点登录方案（如 CAS）实现的统一登录服务。
- 通知子域：许多场景如物流信息更新、流程审核结果等，都需要通知用户，因此可以将通知和消息抽取为通用子域。

12.5.3　子域划分

子域划分指将大型复杂的领域模型分解成多个小型的子领域模型的过程。

1. 子域划分的意义

子域划分的目的是让业务边界更清晰，对不同的子域投入差异化的资源。将庞大而混乱的业务领域划分为不同类型的子域后，各个子域可以专注于自身的业务，独自有序演化，既方便维护，又使职责更加清晰。

子域划分的意义通常包括以下几个方面。

1）聚焦核心业务

通过将大业务划分为核心子域、通用子域和支撑子域，使组织能够将注意力集中在核心业务上。

2）降低复杂度

随着业务需求的增加，领域模型的复杂度也会增加。如果将整个领域模型作为一个整体进行设计和实现，将会面临许多挑战，如代码复杂度增加、维护成本增加、测试难度加大等。

通过对子域进行划分，可以将庞大复杂的领域模型分解成多个小型的子领域模型，从而降低系统的复杂度，使系统更易于理解、设计和实现。

3）提高可扩展性

随着业务需求的变化和扩展，原有的领域模型通常需要进行修改和扩展。如果整个领域模型作为一个整体进行设计和实现，每次修改和扩展都需要对整个系统进行修改，这将带来很大的风险和成本。

通过进行子域划分，可以将不同的业务需求实现到不同的子领域模型中，每个子领域模型相对独立，可以独立进行修改和扩展。

4）实现团队间的协作

大型系统通常需要多个团队协同开发。如果不对业务进行细分，直接将业务作为一个整体进行设计和实现，可能导致所有团队都基于一套领域模型进行开发，这给不同团队之间的协作带来很多挑战，如代码冲突、接口不一致等。

通过进行子域划分，可以根据团队职责，将不同的子领域模型分配给不同的团队进行开发和维护。团队之间相对独立，专注于各自的业务，独立进行开发和测试，减少了沟通成本和冲突的可能性，更有利于团队间的协作。

5）差异化资源投入

将更多的资源投入核心子域中，聚焦在企业战略领域，避免资源浪费，提高投资收益率。

2. 子域划分的方法

子域的划分或者说子域的识别，主要通过两种方式：自上而下的规划和自下而上的精炼。

1）自上而下的规划

规划是指在业务启动的初期，通过比较宏观的业务边界，自上而下地进行相对粗略的划分。

在业务启动的初期，虽然对整个业务领域内部还不是很了解，但这个阶段已经可以很清晰地识别出所有业务中最具价值、最具竞争力的部分业务，通常这些业务构成了核心子域。因此可以在启动的初期就进行规划，找到核心子域。

其他为核心业务提供支持的非核心业务，其中可能包括通用子域和支撑子域，此时并不容易被识别，可以通过领域建模之后进行精炼，找到具体的通用子域和支撑子域。

举个例子，开发一个直播带货的 App，一开始就可以识别出“直播”是这个业务的核心，是与其他电商类 App 区分的关键业务点，应该重点关注，所以，“直播”相关的业务就是核心子域。其他类似电商、用户方面的子域，要么是支撑子域，要么是通用子域，然而具体是通用子域还是支撑子域，需要进行领域建模之后对其进行详细分析，如果某个子域可以通过采购得到通用的解决方案，该子域就是通用子域，如果没有通用的解决方案，该子域就是支撑子域。

2）自下而上的精炼

在规划阶段，已经找到了大致的核心子域，但是要对领域进行精确的划分，还需要通过精炼的过程。

精炼是将一堆混在一起的组件进行分开的过程，以便从中提取出最重要、最有价值的内容。通过领域建模得到领域模型后，对其中的领域模型进行精炼，将其分为不同的子域。许多实践者之所以对子域的概念存有排斥之意，是因为子域并不是用来指导限界上下文划分的，而是对领域进行精炼的结果。

通过精炼来进行子域划分的过程如下：先有业务领域；对业务进行领域模型的建模，此时业务概念被建模成了领域模型，并得到了一系列的限界上下文；对现有的限界上下文和模型进行精炼，抽取出不同的子域。

用《道德经》的话说，道生一（先有领域），一生二（建模领域模型，划定限界上下文），二生三（根据现有的限界上下文和模型进行精炼并抽取子域）。

以玄幻修真题材的网络小说为例，读过玄幻修真小说的都知道，“丹药”是小说中必不可少的道具，修真大能们甚至在练气期就像吃糖一样嗑“筑基丹”。由于炼丹师的水平参差不齐，有些炼丹师炼制的“筑基丹”中含有较多的杂质，这些杂质并不能帮助修真者突破修炼瓶颈，反而对人体有害。由于纯度越高的“筑基丹”的效果越显著，因此，为了提高“筑基丹”的使用效果，炼丹师就会对“筑基丹”进行精炼，将其中的杂质抽取出。

显而易见，核心子域是“筑基丹”的有效成分，而且必须先有真正的“筑基丹”，炼丹师才能开始精炼提纯，因为在精炼之前并不知道具体有什么杂质、有多少杂质，炼丹师无法在没有“筑基丹”的情况下就开始精炼。

12.5.4　子域的演化

某个子域有可能被定义为核心子域、支撑子域和通用子域，这种定义不是静止的，有可能随着业务的发展而发生变化。

1. 核心子域和支撑子域之间的演化

1）核心子域演化为支撑子域

随着业务的发展，原来的核心子域可能变得不再重要，或者新的核心子域可能出现。在这种情况下，原来的核心子域可能就演化为了支撑子域或者通用子域。

举个例子，在电商平台发展的初期，可能核心子域是商品、订单、支付等这些耳熟能详的子域。但随着时代的发展，出现了越来越多的电商平台，并出现了直播带货、拼团等新的电商玩法，于是在以直播带货、拼团等为核心商业模式的公司中，商品、订单、支付这些原本的核心子域实际上已成为支撑子域。

2）支撑子域演化为核心子域

某些子域可能一开始只是用于支撑核心业务，后来发现支撑子域产生的制品可以形成单独的产品进行经营，为公司带来新的利润来源，此时支撑子域就形成了核心子域。

例如，聚合支付系统，一开始在企业内部可能只是一个支撑子域，后来发现其聚合支付的功能非常方便接入，可以形成很好的支付解决方案，于是企业将聚合支付系统单独运营并将其能力开放给外部，对于企业内部来说，支付系统成了一个核心子域，对于其他的企业来说，这个第三方支付系统形成了一个通用子域。

2. 核心子域和通用子域之间的演化

1）核心子域会演化为通用子域

曾经炙手可热的业务，可能随着技术的发展，逐渐沉淀为通用的解决方案，此时核心子域就会变成通用子域。

某个以聚合支付为核心业务的公司，其聚合支付系统是核心子域，其利润主要来自接入商户的支付手续费。随着时间的推移，业界逐渐出现了通用的开源聚合支付解决方案，此时该聚合支付公司的核心子域就变成了通用子域，这会对支付公司的核心业务产生巨大的影响。该公司面临两个选择：第一个是持续对核心子域进行投入，不断地寻找新的支付场景以保持核心竞争力，例如刷脸支付等；第二个是挖掘其他业务的增长点，发现其他的核心子域，例如开展消费金融业务等。

2）通用子域演化为核心子域

某些业务场景虽然在业界存在通用的解决方案，但是部分公司在其基础上形成了更具特色的产品，并将其作为核心业务。

举个例子，验证码是一个很常见的通用子域，有非常多的开源验证码方案。某些公司对验证码进行重新设计，产生很多新颖的验证码模式，如按照验证的次数向接入的客户收费，形成了该公司的核心子域。

常见的验证码如图 12-1 所示。

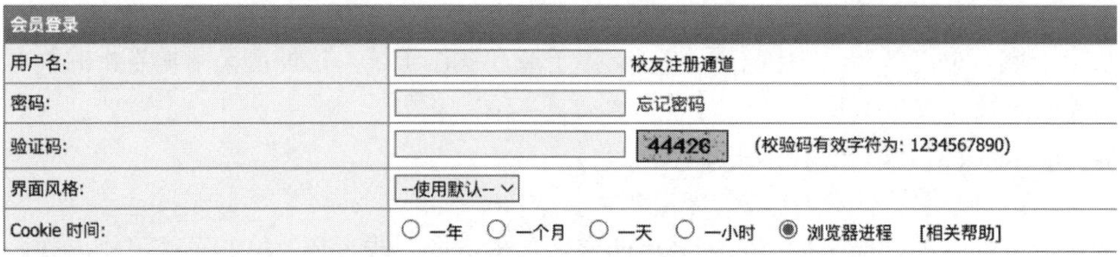

会员登录	
用户名:	校友注册通道
密码:	忘记密码
验证码:	44426 (校验码有效字符为: 1234567890)
界面风格:	--使用默认--
Cookie 时间:	一年 一个月 一天 一小时 浏览器进程 [相关帮助]

图 12-1 常见的验证码

新颖的验证码如图 12-2 所示。

图 12-2 新颖的验证码

3. 通用子域和支撑子域之间的演化

1）通用子域演变为支撑子域

在软件系统的早期阶段，通用子域可能并不重要，因为系统还没有被广泛使用。但随着业务的扩展，就会出现更多的定制化需求，此时通用子域可能无法满足需求，便演变为支撑子域。

2）支撑子域演变为通用子域

某个支撑子域可能发现自己可以提供统一的解决方案，从而推动支撑子域形成解决方案产品，并在业界推广使用。这时，支撑子域就变成了通用子域。

4. 子域演化的一般规律

三类子域之间互相演化的示意图如图 12-3 所示。

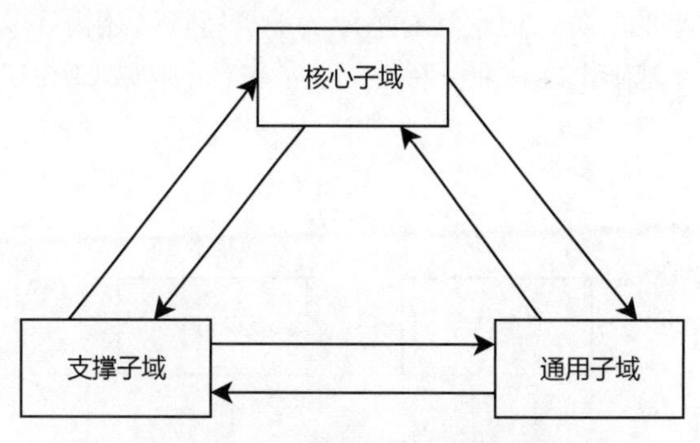

图 12-3　三类子域之间互相演化

核心子域会随着时间逐渐演变为非核心子域（支撑子域或者通用子域）。因为核心子域代表了核心竞争力，意味着可以从中获得商业价值，因此核心子域会吸引竞争对手，分别发展各自相同的核心子域。随着越来越多的竞争对手加入，核心子域能提供的商业价值逐渐减少，一部分企业会持续优化以增强核心子域的能力，另一部分企业会考虑商业模式转型，寻找新的核心子域。

12.5.5　子域思想的应用

1. 从子域的角度看中台遇到的困境

1）中台基本概念

中台战略是将具有高复用性的服务抽取出来形成通用的共享服务，通过建设共享服务平台（即中台）来减少重复建设，以达到降本增效的目的。

业界对中台没有统一的实施标准，一般分为业务中台、技术中台、数据中台等。

业务中台：将可共享的业务抽取出来，上层应用直接整合中台能力，避免重复开发。常见的业务中台有商品中台、订单中台、营销中台等。

技术中台：将可公用的技术基础组件（如网关、RPC 框架等）抽取出来，由专门的团队进行维护升级，这样的团队被称为技术中台。

数据中台：将业务产生的数据采集导入数据仓库或大数据平台，通过对业务数据进行分析以进行数据运营。

2）中台与基础设施的关系

在讨论中台困境之前，要区分中台和基础设施两者的概念。

基础设施是指一些基础服务，其自身不包含定制化的运营属性，可以在多个业务之间共享，用来支持非常多的业务场景。例如，大数据平台会从各个业务系统抽取数据，数据运营人员通过编写各种数据分析任务对企业经营过程中的数据进行分析，比如分析前一天的新增用户数、转化率等。此外，订单、商品、支付等服务实际上属于支撑子域，也属于基础设施的范畴，因为任何应用都可以整合支付服务以获得支付能力。

业务中台也有可共享的服务，但它具有浓厚的业务特性，还需要支持很多定制化的需求。可以理解为：业务中台 = 基础设施 + 业务特性。业务中台的构成如图 12-4 所示。

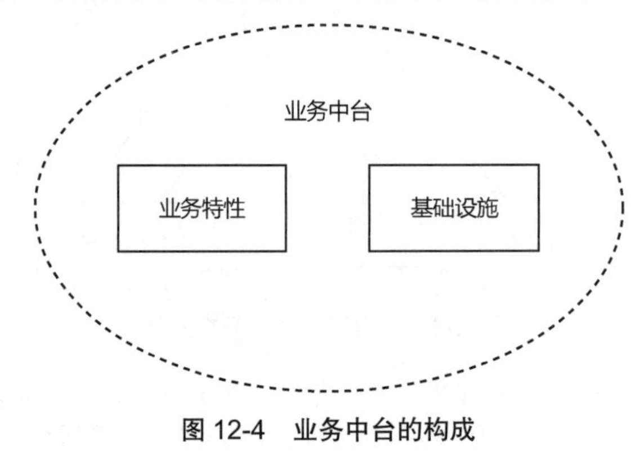

图 12-4　业务中台的构成

3）中台战略遇到的困境

中台战略自提出以来备受人们的关注，许多大型互联网企业纷纷跟进，落地实施自己的中台战略。然而中台战略发展至今，面临着一系列的困境。

困境一：中台并没有降低成本。

中台战略的原意是通过建设共享服务平台，实现数据共享和服务复用，以达到降低成本的目的。然而，事实上，中台并不能降低成本。

业务中台能降低成本的出发点是，所有的前台共用一套业务中台且业务中台很少需要进行变更。然而在实际中，业务中台为前台提供定制化业务需求的频率是很高的，很少有中台能在不开展研发活动的前提下 100% 满足前台的需求，尤其是创新业务，业务中台更是缺少支持的能力，不得不进行新的开发。

从敏捷开发的角度来看，假设原来有 10 个团队分别做类似的业务，每个团队都有 10 位成员，每个团队的每个迭代可以消化 100 个故事点，则每个迭代一共可以消化 1000 个故事点，很多业务需求都可以快速上线。建设中台以后，可能只保留了 20 位团队成员，即原来的 2 个团队中每个迭代只能消化 2×100=200 个故事点，若要消化 1000 个故事点，就需要经过 5 个迭代。

虽然看得见的人员成本减少了，从 100 人降低到了 20 人，但是隐藏的时间成本增加了，原来一个迭代就可以完成的需求，现在可能需要等到几个迭代之后。

笔者在某公司任职期间，曾经在 Q1 的时候向某中台团队提需求，结果中台团队将该需求的排期排到了 Q3，造成时间成本的急剧增加。

困境二：中台并没有提高效率。

中台一经开发完成，如果不需要持续更新即可支持多变的业务需求，那么中台确实是可以提高效率的。然而在互联网场景下，业务多变、玩法多变、需求多变，在如此多变的环境下，中台很难独善其身不随着业务进行更新。

前面故事点消耗的例子已经从一个角度说明了并不是所有的效率都可以得到提升。

从技术的角度看，一旦中台需要进行变更，单一团队的中台开发效率和多个业务团队的开发效率进行对比，孰优孰劣是显而易见的。

困境三：中台制约了业务创新。

俗话说：小船怕风浪，大船难转弯。由于许多业务都放到了中台，导致中台越来越臃肿、越来越庞大，在这种情况下，中台很难对创新的业务进行快速支持。

业务中台部门往往“看人上菜”，表现在对现有的影响力较高的业务支持力度大，资源支持的优先级非常高；而对于现阶段影响力小的创新业务支持度低，优先级往往排得比较靠后。

另外，创新的业务往往需要目前业务中台不具备的一些能力，要支持创新业务，往往意味着业务中台需要进行定制化开发。中台部门往往会以通用性不强、现有能力不支持为由，拒绝创新业务团队提出的需求。这样的情况很容易导致企业不能第一时间抓住新的发展机遇。

社区团购业务火爆的时候，为什么很多互联网大厂的创始人纷纷表态要亲自下场带队，其实从组织的角度看，也是为了给创新业务开辟绿色通道，扫清组织流程上的障碍，这些障碍有没有来自业务中台的？

困境四：中台战略与互联网场景不匹配。

笔者认为，中台战略与互联网场景不匹配，两者愿景、特点可以说是截然相反的：中台求稳定、求沉淀、求复用，互联网求创新、求变化、求轻快。

中台战略将企业内部的各种资源进行整合，形成可以为不同业务提供支持的通用服务。这些服务具有高度的可复用性，可以帮助企业快速响应市场需求，提高效率，降低成本。互联网场景则是指以互联网技术为基础，通过创新的商业模式和服务方式，为用户提供更加个性化、便捷、高效的服务，互联网场景最大的特点就是速度快、灵活性强、创新性强。

中台求稳定、求沉淀、求复用，需要花费大量的时间和精力来打造一个稳重、可靠、通用的平台服务；互联网求创新、求变化、求轻快，需要不断地尝试新的技术和商业模式。二者互相矛盾的愿景和特点几乎难以调和，绝不是组织架构层面通过一纸命令就可以弥合的。

4）中台战略困境的原因

造成中台困境的原因有很多，这里只从子域的角度进行分析。

在领域驱动设计的视角下，中台建设的实质在于将支撑子域逐渐演化为通用子域。在中台战略发起时，电商行业已经涌现出许多新的玩法，例如拼团电商、内容电商等。订单、支付、商品、用户等子域不再是核心子域，而是演化为支撑子域。实际上，所有的电商平台都涉及订单、支付、商品等子域，用于支持不同的核心业务，但行业内尚未形成开箱即用的解决方案。中台认为应将订单、支付、商品、用户等子域打造为通用的服务，也就是说，中台战略的最终目标是实现各个通用子域。

前文提到，企业的资源应该根据不同子域的特点进行差异化投入，重点资源应该投入核心子域。支撑子域和通用子域并不能为企业提供核心竞争力，因此将支撑子域演化为通用子域被视为一个重大战略失误。

将支撑子域建设为通用子域可能会带来短期的开发效率，但相应地，如果将这部分资源投入核心子域，或者用于创造新的核心子域，可能会创造更大的价值。

5）中台的未来

在中台建设过程中，需要对各业务线进行深入的调研和分析，明确哪些服务属于基础设施，哪些服务属于业务领域，要将基础设施类的服务保留在中台中，将业务领域的服务还给各业务线。这样可以使中台更加专注于提供通用基础服务，业务方则专注于业务上的持续投入，充分发挥各自的特点。

另外，要及早反思中台战略，在制定未来的战略时务必将战略的作用范围限定在核心子域中，以达到集中力量办大事的效果。

2. 从子域的角度看创业公司的问题

经常看到很多创业公司前期通过 5 到 10 人的小型技术团队，做出 MVP 打通商业模式之后，进行了一轮又一轮的融资，本来上市在望，然而很多公司这时候却突然倒下，最后销声匿迹。

创业公司失败的原因有很多，例如，商业模式行不通、法律政策环境变化、资金断链等问题，在此仅从子域的角度来分析部分相关的问题。

随着商业模式的成功验证，创业公司融资非常顺利，此时有的公司启动了许多自研技术中间件的项目，造成研发成本急剧扩张。产品生命周期分为引入期、增长期、成熟期和衰退期四个阶段，对于创业公司来说，产品远远未达到成熟期，还不需要考虑通过降低成本来提高利润率。公司应当聚焦于抢占市场和完善产品，不宜将资金用于此类造轮子的项目中。

中间件是基础设施，中间件的研发并不是公司的核心子域，反而是通用子域或者支撑子域。应该聚焦于核心子域，不断优化产品和抢占市场份额，建立竞争优势。

第 13 章 领域建模

13.1 领域建模的基本理解

领域建模是领域驱动设计中非常重要的一个环节，其目标是理解业务需求，提取业务知识，并将其表达为模型，例如实体、聚合根、值对象、限界上下文和子域等。

领域建模有许多方法，本书将介绍采用事件风暴法进行领域建模。

13.2 事件风暴法介绍

事件风暴（Event Storming）是一种灵活的工作坊（workshop），可以通过协作来探索复杂的业务领域。

事件风暴法通过邀请所有相关方参与头脑风暴会议，收集所有相关方关注的领域事件，找出所有的业务状态变更的场景，以此为基础抽象归纳出一套领域模型。

13.2.1 建模前准备

在使用事件风暴法进行领域建模之前，通常需要进行以下准备。

- 对参与建模的成员进行与事件风暴相关的培训。
- 预约时间，确保与会人员都能完整参与整个事件风暴过程。
- 统计人数，准备稍微大一点的会议室，并且该会议室的墙面足够长。
- 准备好便签和笔。
- 确定事件风暴过程的主持人。

13.2.2 核心概念

1. 领域事件

领域事件是领域内已经发生的事实，因此其命名使用过去式。领域事件使用橙色的便签来表示。

2. 命令

命令即 Command，表示触发领域事件的某个操作。命令使用蓝色的便签来表示。

命令的发起者主要有三种：Actor、策略、外部系统。

3. Actor

Actor 一般是某个 Command 的人为发起者，例如，发起下单和支付的用户。Actor 使用黄色便签表示。

4. 策略

策略即 Policy，代表通过规则自动触发执行 Command 的场景。某些 Command 不是 Actor 或者外部系统发起的，而是满足某种规则时自动执行：收到某个领域事件，验证其符合某个策略，则执行命令；某些定时任务会周期性地自动执行某些 Command。

策略使用紫色的便签表示。领域事件触发策略如图 13-1 所示；策略自己触发命令执行，例如定时任务，如图 13-2 所示。

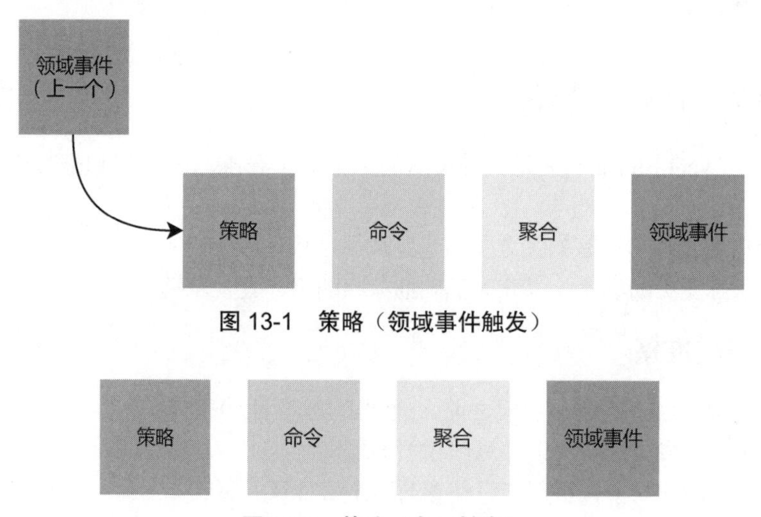

图 13-1　策略（领域事件触发）

图 13-2　策略（自己触发）

5. 外部系统

外部系统即 External System，一般是已有的系统，可能是支撑子域或者通用子域的服务，这些服务会发起 Command 调用。外部系统一般用粉红色的便签表示。

6. 聚合

聚合即 Aggregate，获得命令和领域事件之后，由于聚合接受命令并产生领域事件。因此可以从中获得接受命令并产生领域事件的聚合。

聚合采用淡黄色便签表示，因此在其左边放置命令，在其右边放置领域事件，如图 13-3 所示。

图 13-3　聚合

7. 读模型

读模型即 Read Model，Actor 发起命令之前，往往需要展示某些信息，Actor 获得这些信息之后，决定发起 Command。例如，用户决定订阅某一本小说之前，会浏览该小说的名称、作者、简介等信息。

读模型采用绿色便签表示，由于读模型是为 Actor 决策发起命令而准备数据的，因此将读模型放置在命令之前，如图 13-4 所示。

图 13-4　读模型

8. 热点

热点即 Hotspot，代表某个待定的问题，将其重点标识出来以待之后探讨和确认。由于事件风暴过程中所有相关方都参与了，所以要争取在事件风暴过程中解决所有的热点，如果需要在组织的更高层面进行决策，则不得不留到会后进行解决。

热点采用菱形的粉红色便签表示。代表领域事件需要进一步探讨确认。事件风暴便签总结如图 13-5 所示。

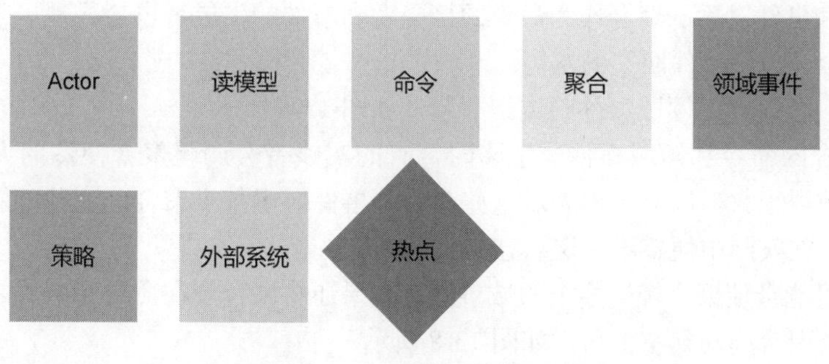

图 13-5　事件风暴便签总结

13.2.3 建模过程

1. 第一步：列举领域事件

在事件风暴的开始阶段，所有相关方把各自关注的领域事件写在橙色的便签上，并贴到墙上。便签贴在墙上的位置以及业务方贴便签的先后顺序都不重要，要创造一种轻松的合作氛围。

此时参会者只需把自己关注的事件贴在墙上（或白板上），并不需要关注领域事件在业务逻辑上的先后顺序。同样，这个阶段也不需要关注领域事件的完整性，因为下一步将对领域事件进行排序。如果领域事件有所遗漏，这些事件就无法完整地将业务串联起来，届时再进行补充即可。

2. 第二步：排序领域事件

第一步之后，墙上出现了许多领域事件，此时领域事件仍处于散乱的状态，接下来需要根据业务上事件发生的先后顺序对其进行排序。

在排序的过程中，通常会发现两个领域事件之间无法连接。这时需要思考是否漏掉了某些领域事件：如果有遗漏，就将漏掉的领域事件写在便签上，并贴到对应的位置；如果没有遗漏，就可以贴一个热点（Hot spot）标记，以此说明此处需要进一步讨论业务。

排序完成后，领域事件将会形成一条完整的业务链。

3. 第三步：补充命令

领域事件是业务操作执行之后形成的，在这一步，我们为每个领域事件补充其触发业务操作的命令。

4. 第四步：补充操作发起者

补齐领域事件对应的命令之后，就可以顺利地确定该命令的发起者。

注意，Actor 代表命令的人为发起者，例如普通用户、运营人员等。外部系统通常是已经存在的系统，例如修改订单状态这个命令，发起者有可能来自客服系统，客服人员受理客诉后，通过客服系统发起订单状态修改命令。

5. 第五步：提取聚合

拥有命令和事件之后，聚合作为命令的接受者和事件的生成者也会显现出来，将每个领域事件对应的聚合补充到事件便签的左边。

将来自同一个聚合的领域事件归类到一起，如图 13-6 所示。

当某个聚合的命令和领域事件非常多时，有的实践者会调整聚合便签的大小，如图 13-7 所示，将聚合拉得很大，以直观地表示这些命令和事件属于某个聚合，这种可能是在一些电子白板中实现的，在实际中便签不一定有这么大。

某个命令可能会使聚合产生多个领域事件，如果还将聚合放在命令和事件之间，则可能不够直观，可以将聚合移动到左上角，如图 13-8 所示。

注意，此时不要过多地探讨聚合内部的属性。

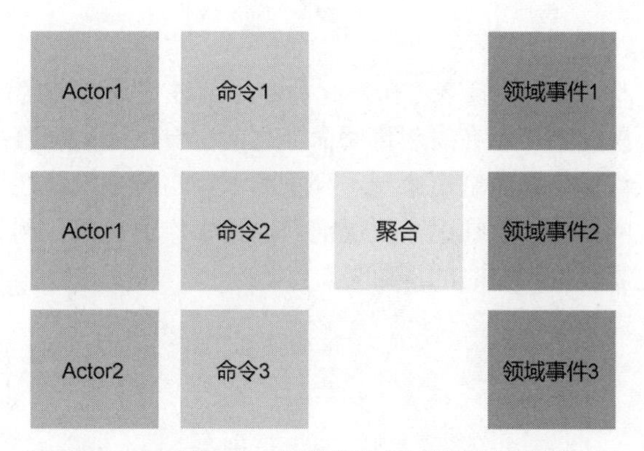

图 13-6　将来自同一个聚合的领域事件归类到一起

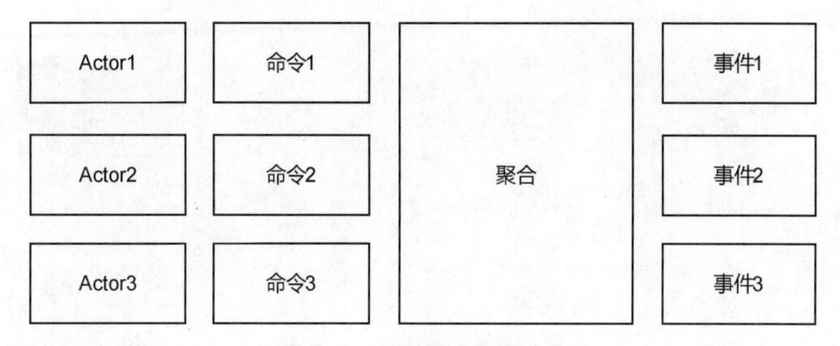

图 13-7　调整聚合便签大小

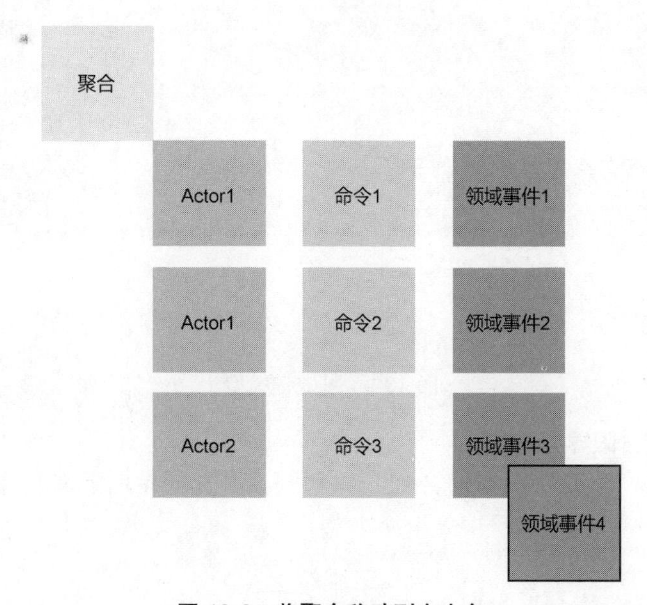

图 13-8　将聚合移动到左上角

6. 第六步：补充读模型

不管是 Actor、外部系统还是策略，在发起命令之前往往需要一定的数据来辅助决策。例如：前文中读者订阅小说的例子，在发起订阅命令之前需要试读；客服系统在发起订单状态修改命令之前，需要将该订单信息查询出来展示到页面上，与客户确认之后才能发起订单状态修改操作；某些定时执行的策略，往往也需要提前获取待操作的对象，例如订单超时关单，在触发超时关单命令之前也需要得到超时的订单号。

补充读模型如图 13-9 所示。

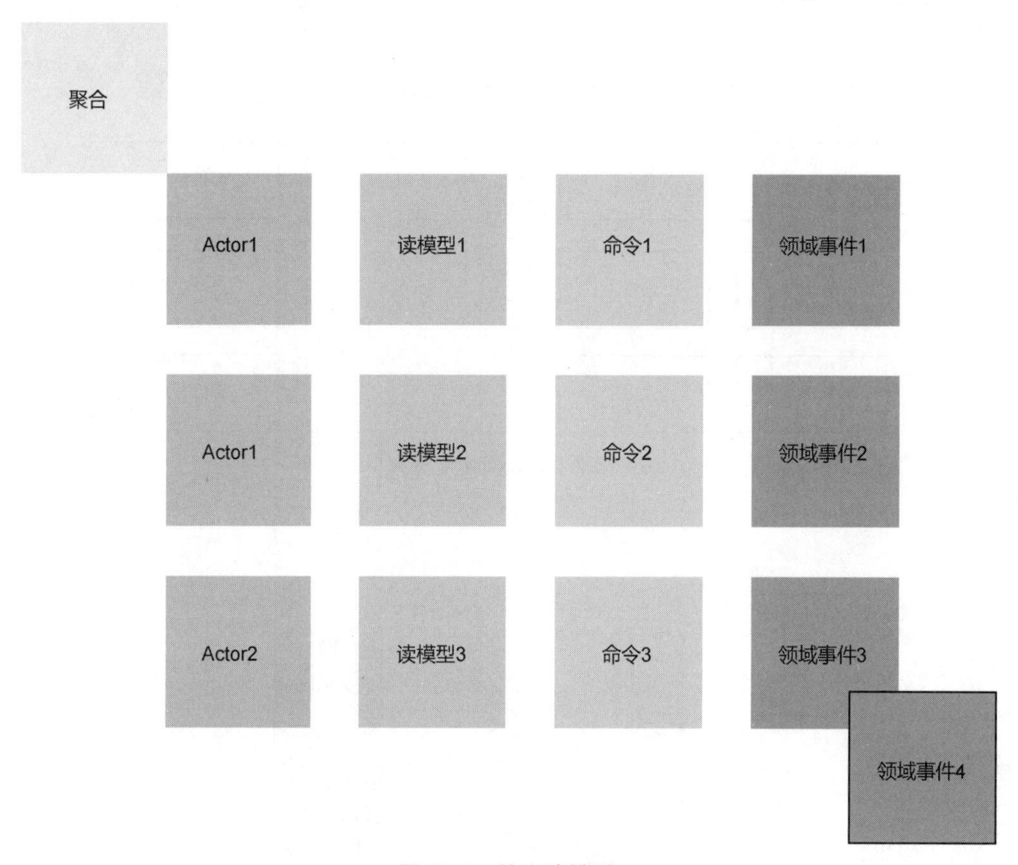

图 13-9　补充读模型

7. 第七步：划分限界上下文

获得聚合之后，就可以根据聚合之间的联系，划分限界上下文并标注映射关系，如图 13-10 所示。

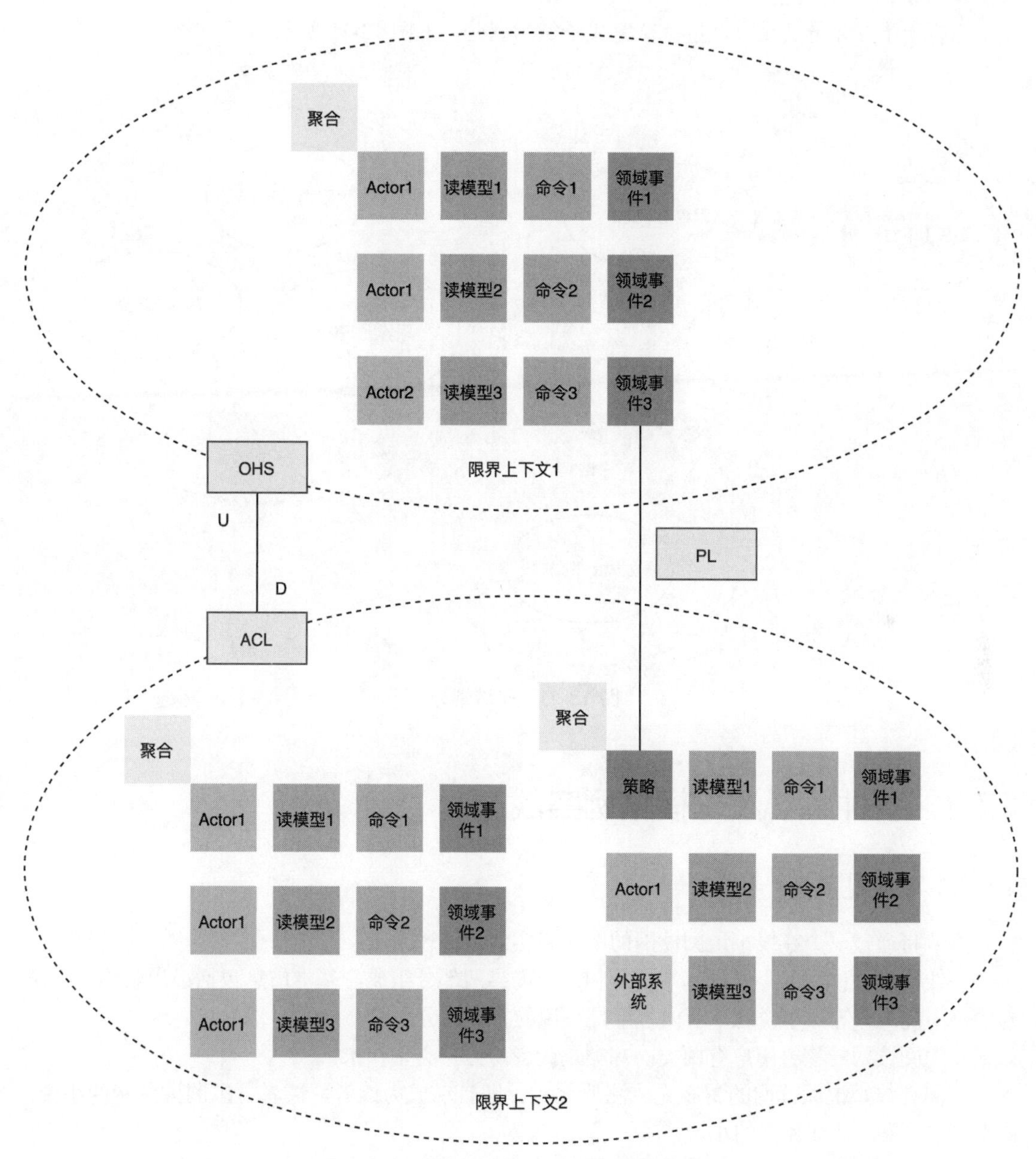

图 13-10　划分限界上下文并标注映射关系

8. 第八步：划分子域

根据上下文划分的结果，进一步完成子域的划分，如图 13-11 所示。

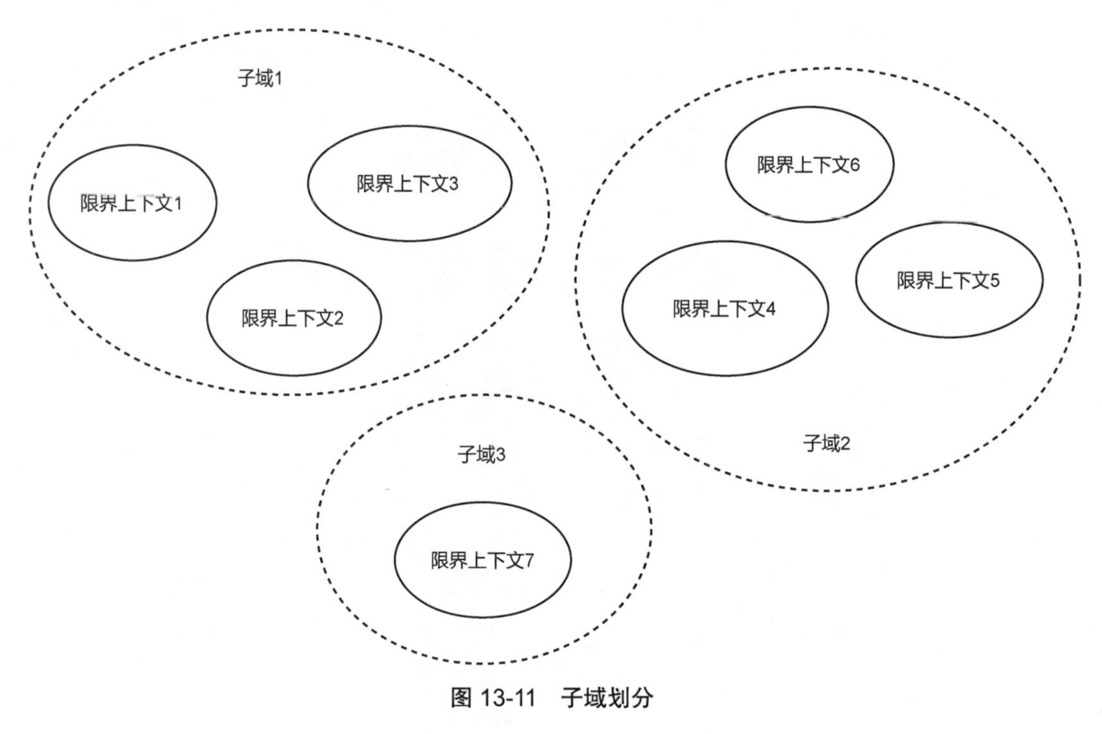

图 13-11　子域划分

13.3　事件风暴法建模案例实战

13.3.1　案例描述

本节将通过一个在线小说阅读网的案例来实践事件风暴。

在线小说阅读网的小说由基本信息和章节内容两部分组成，基本信息包括小说名称、小说封面、小说简介等，小说的章节内容则是小说的主体部分。

小说阅读网的核心用户有两类，一类是读者，另一类是作家。

访问在线小说阅读网的游客完成注册之后，即自动成为读者，读者可以阅读免费的小说，或者付费订阅一些非免费的小说。

已注册的用户可以提交作家身份认证申请，认证申请通过之后，用户获得作家身份。作家可以打开“作家专区”的页面，进行小说的创建以及后续章节内容的上传。

由于作家笔名是稀缺资源，在线小说阅读网规定，如果认证作家身份成功后，在一年内既没有创建小说，也没有上传过章节内容，那么在线小说阅读网将释放该笔名，并用随机字母替代。

该项目部分核心用例如下。

- 游客注册成为读者
- 读者提交作家认证申请
- 运营人员审批作家认证申请
- 创建作家信息
- 作家创建一本小说
- 作家发布小说章节
- 一年内无作品，系统自动释放作家笔名
- 内容安全系统下架某部小说或者某章节
- 读者订阅某章节
- 读者支付章节订阅费用

13.3.2　案例建模过程

1. 第一步：头脑风暴列举所有相关方关注的领域事件

列举的领域事件如图 13-12 所示。

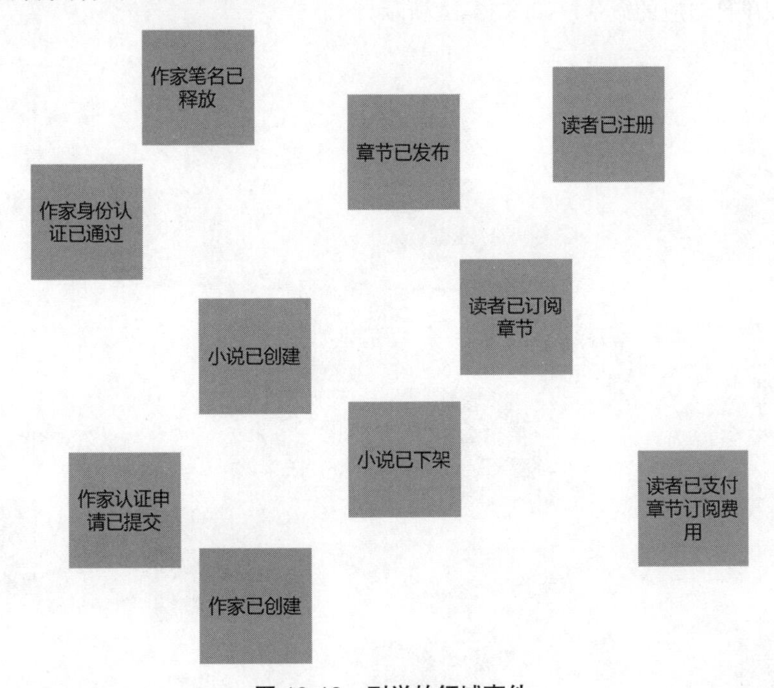

图 13-12　列举的领域事件

2. 第二步：领域事件排序

按照领域事件在业务流程上的逻辑顺序，对第一步的领域事件进行排序，如图 13-13 所示。

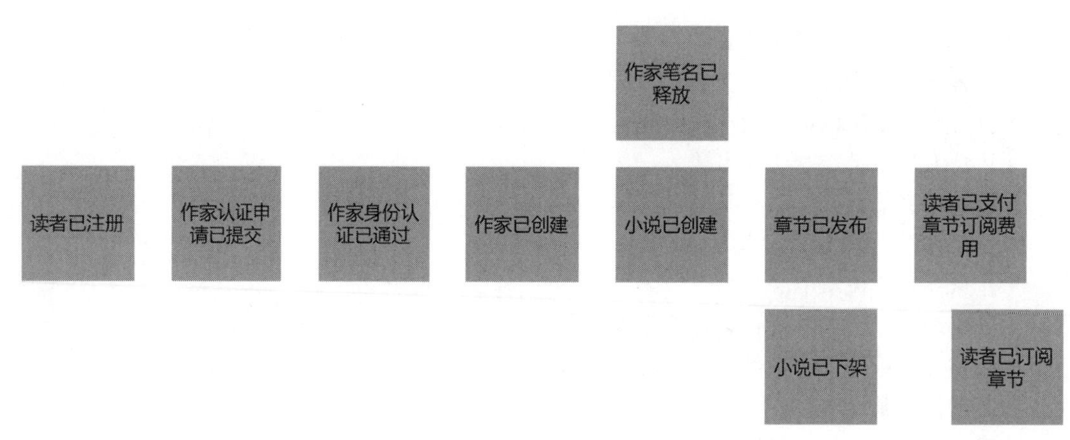

图 13-13　领域事件排序

“作家身份认证已通过”在业务中排在“作家认证申请已提交”之后。“小说已创建”“作家笔名已释放”在业务中均排在“作家身份认证已通过”之后。其他的事件依次类推。

3. 第三步：补充领域事件对应的命令

补充领域事件对应的命令，如图 13-14 所示。

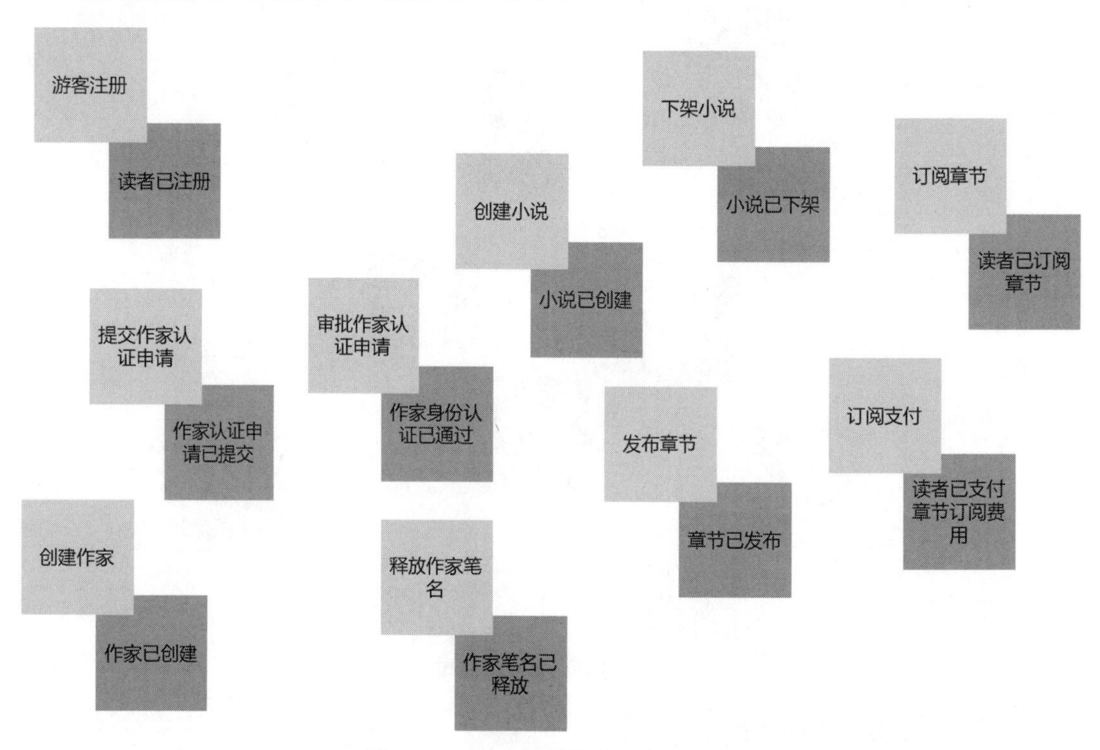

图 13-14　补充领域事件对应的命令

4. 第四步：补充命令发起者

补充命令发起者，如图 13-15 所示。

由于游客完成注册后自动成为读者，因此网站的所有用户均为读者。“提交作家认证申请”这个命令的发起者是“读者”，而不是广义的“用户”。

其中，“审批作家认证申请”和“下架小说”均由外部系统“运营系统”发起，而“释放作家笔名”则是根据“一年内无作品、释放作家笔名”策略发起的。

“订阅章节”命令是读者在支付成功之后触发的。

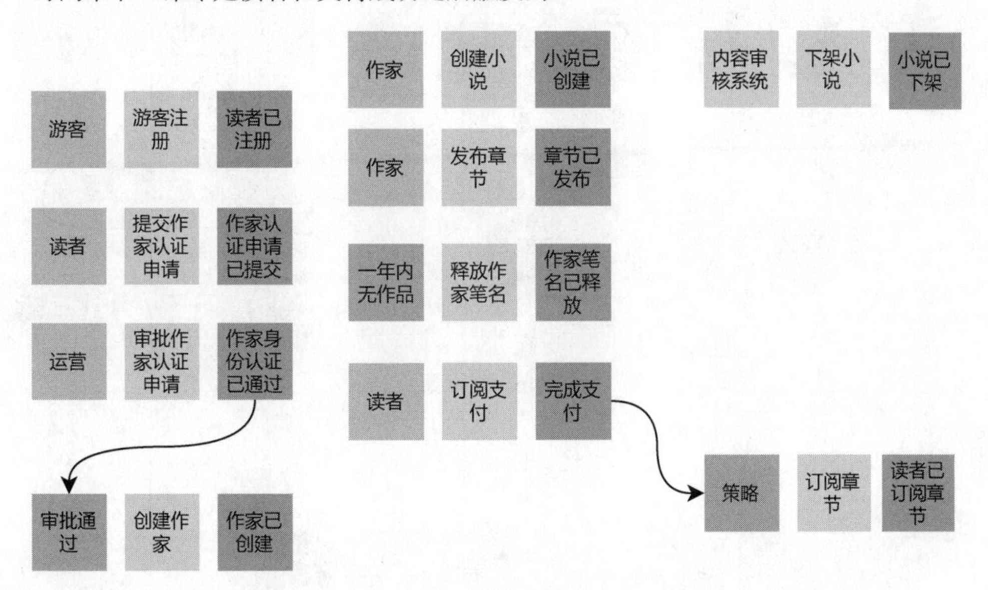

图 13-15　补充命令发起者

5. 第五步：提取聚合

提取聚合，如图 13-16 所示。

对发生在同一个聚合上的命令进行归类，如图 13-17 所示。

至此，得到了五个聚合：认证申请单、作家信息、小说、章节、支付单据和订阅记录。

为什么这里没有“读者”聚合呢？因为这里并没有发生在“读者”这个主体上的事件。所有注册的用户都是读者，而读者信息存储在用户中心，而且与用户相关的业务已经相当成熟了，所以建模时并没有专门探讨读者。

6. 第六步：补充读模型

补充读模型，如图 13-18 所示。

网站的运营人员在审批“作家认证申请”时，需要了解读者（即注册用户）的基本信息。

运营人员下架某部小说时，需要根据章节内容才能做出决定，例如，某些章节内容质量不高，运营人员阅读之后进行下架。

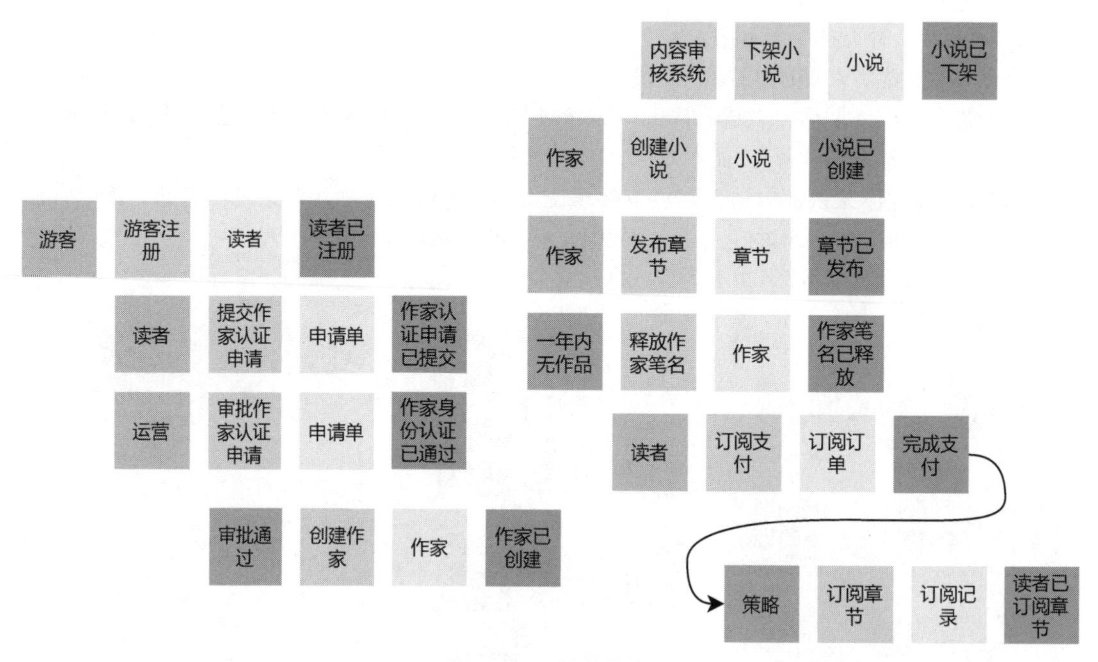

图 13-16　提取聚合

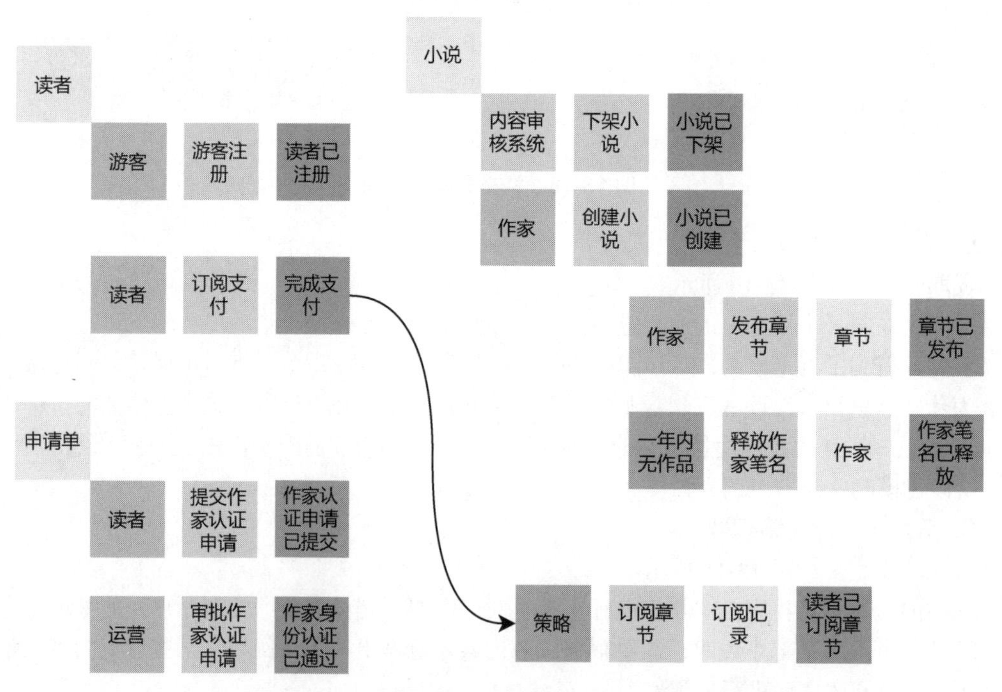

图 13-17　对发生在同一个聚合上的命令进行归类

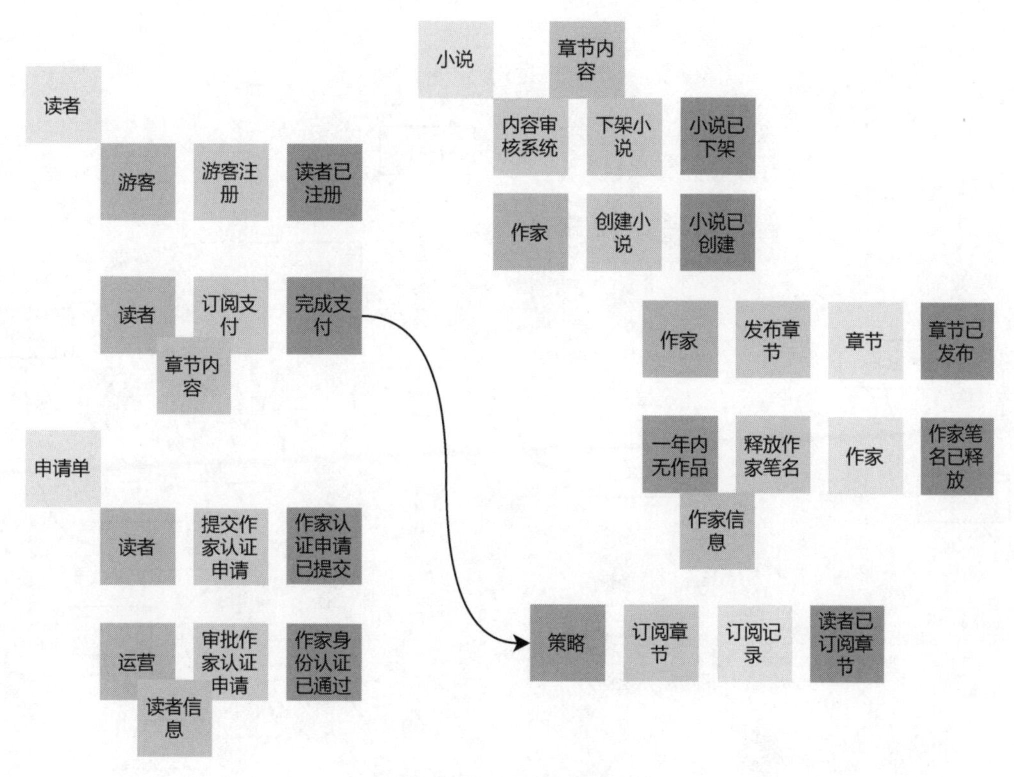

图 13-18 补充读模型

读者订阅一些付费小说也是根据小说的部分章节内容做出购买决定的。

7. 第七步：划分限界上下文

根据提取出来的聚合，可以抽象出作家上下文、小说上下文和读者上下文。

划分限界上下文如图 13-19 所示。

作家上下文记录了用户唯一标识（所有注册的用户均为读者），则作家上下文和读者之间的上下文映射为 ACL-OHS，作家上下文为下游，读者上下文为上游。在业务上主要体现在作家上下文有时需要查询读者（已注册用户）的基本信息。

小说上下文记录了作家的唯一标识，即需要引用作家的信息，因此小说上下文和作家上下文之间的上下文映射为 ACL-OHS，小说上下文为下游，作家上下文为上游。在业务上主要体现在小说上下文有时候需要根据作家的唯一标识查询作家信息。

小说上下文通常会保存读者的阅读记录，阅读记录中有读者的唯一标识，因此小说上下文和读者上下文之间的上下文映射为 ACL-OHS，小说上下文为下游，读者上下文为上游。

读者完成支付后，支付上下文对外发出领域事件，订阅上下文订阅该事件，修改订阅记录的状态，因此支付上下文和订阅上下文之间的上下文映射为 PL，支付上下文为上游，订阅上下文为下游。

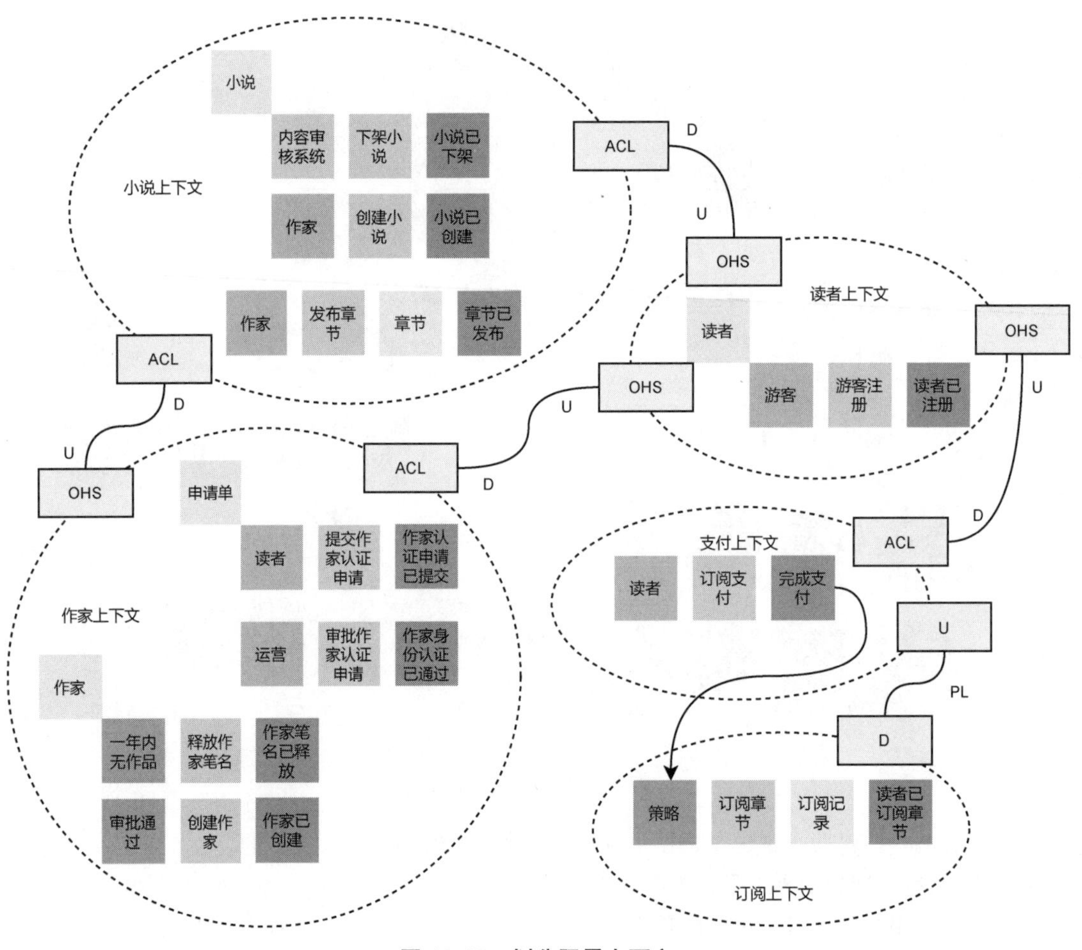

图 13-19　划分限界上下文

8. 第八步：划分子域

在获得上下文及上下文映射图后，对其进行精确的子域划分。

作家上下文和小说上下文可以组成内容子域，是网站的核心业务，因此内容子域是核心子域。

订阅上下文并不提供核心竞争力，但也没有通用的解决方案，因此订阅上下文所在子域是支撑子域。

企业内所有的应用都集成同一个支付服务，因此支付上下文所在的子域是通用子域。

读者上下文处于用户子域，企业内其他应用都直接集成用户子域，因此用户子域是通用子域。

小说阅读网划分子域如图 13-20 所示。

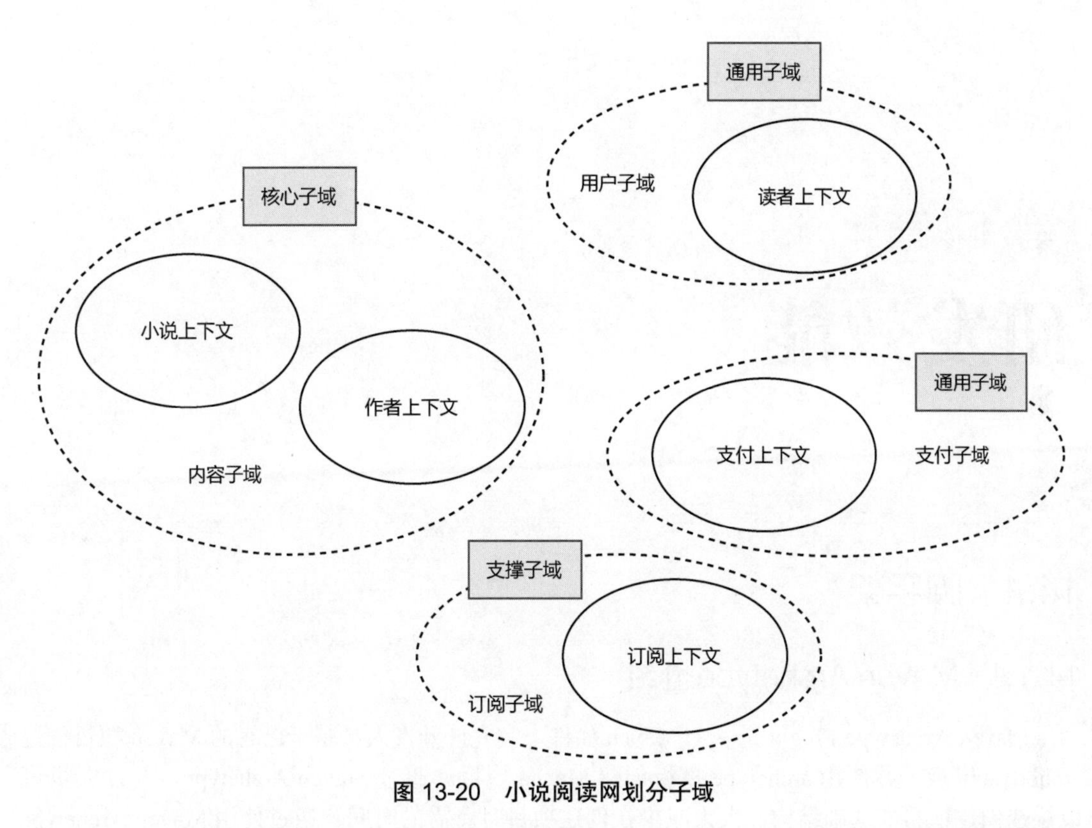

图 13-20　小说阅读网划分子域

至此，使用事件风暴法完成了小说阅读网的领域建模，接下来只需要使用本书前文介绍的 DDD 知识将领域模型翻译为代码即可。

第 14 章 研发效能

14.1 脚手架

14.1.1 Maven Archetype 介绍

Maven Archetype Plugin 是一个 Maven 插件，它允许开发人员基于已有的 Maven 项目创建 archetype 模板，并使用 archetype 模板创建 Maven 项目。通过 Maven Archetype，开发人员可以快速创建项目的基础结构，大大减少在创建项目时所需的时间。通过使用 Maven Archetype 创建的项目可以确保项目结构的一致性，从而提高代码质量和可维护性。

在第 2 章介绍应用架构时，讲解了本书采用的 DDD 应用架构，如图 14-1 所示。该应用架构将项目分为多个 Maven 模块。如果每次都手工创建每个项目，这将是一项烦琐的工作，并且不利于项目结构的统一。

笔者已经将第 2 章的应用架构创建为 Maven Archetype，并作为领域驱动设计项目初始化的脚手架，目前已开源到 GitHub 上，项目名称为 feiniaojin/ddd-archetype。读者可以通过前言提供的方式获取该脚手架。

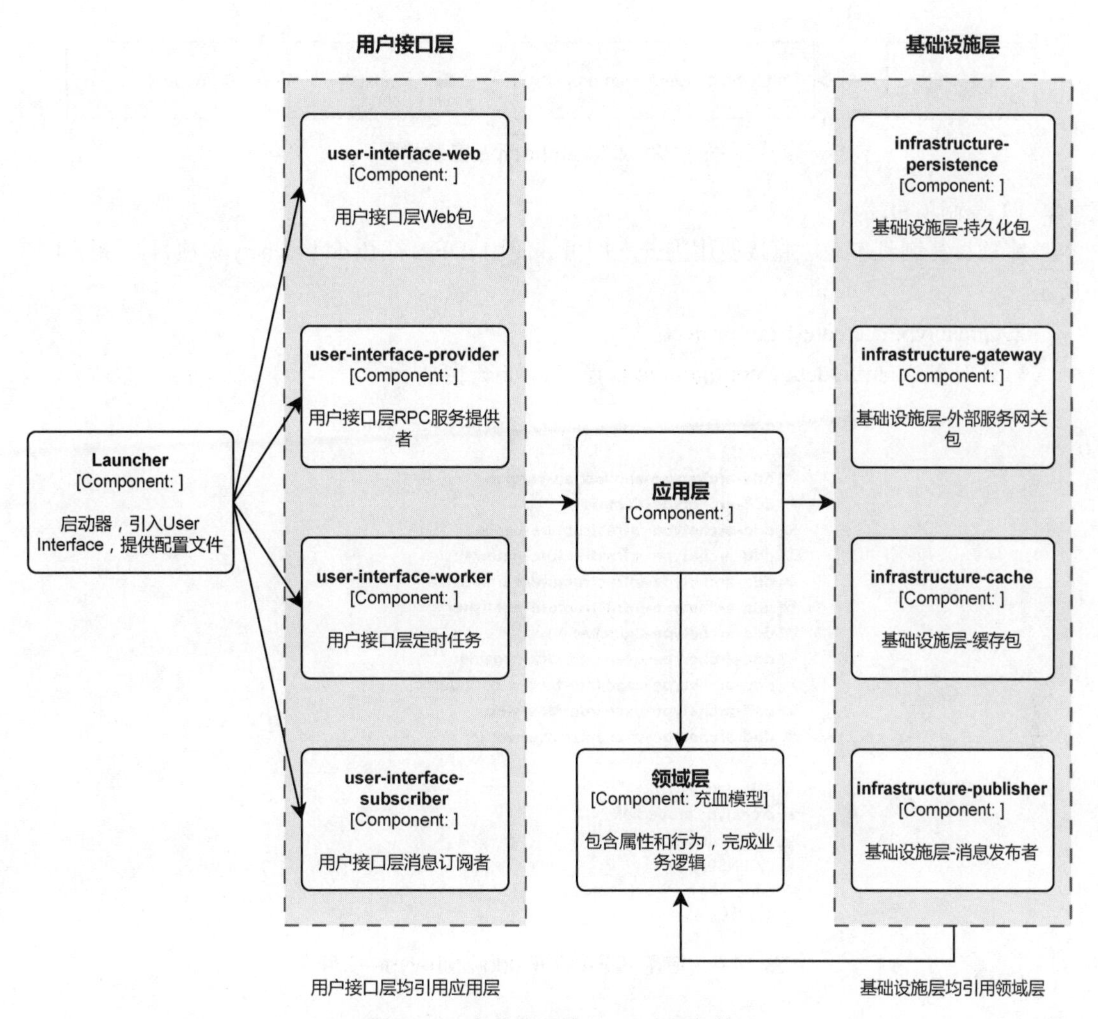

图 14-1　本书采用的 DDD 应用架构

14.1.2　ddd-archetype 的使用

1. 项目介绍

ddd-archetype 是一个 Maven Archetype 的原型工程，将其复制到本地后，安装为 Maven Archetype，实现快速创建 DDD 项目脚手架。

2. 安装过程

下面将以 IDEA 为例，展示 ddd-archetype 的安装过程。ddd-archetype 主要的安装步骤如图 14-2 所示。

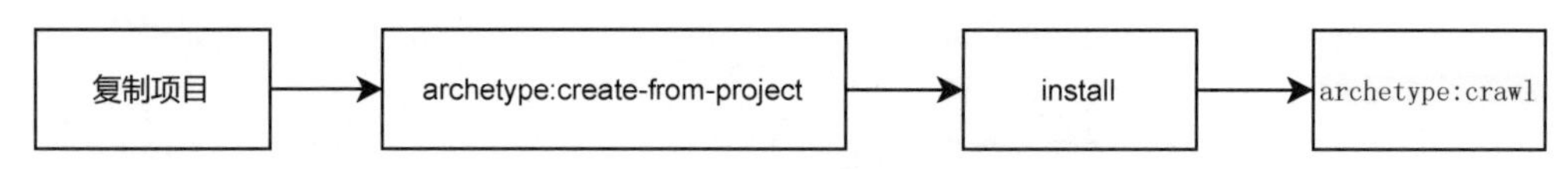

图 14-2　ddd-archetype 安装步骤

1）复制项目

将项目复制到本地，直接使用主分支即可。使用 IDEA 打开 ddd-archetype 项目，如图 14-3 所示。

2）archetype：create-from-project

打开 IDEA 的 run/debug configurations 窗口，如图 14-4 所示。

图 14-3　使用 IDEA 打开 ddd-archetype 项目

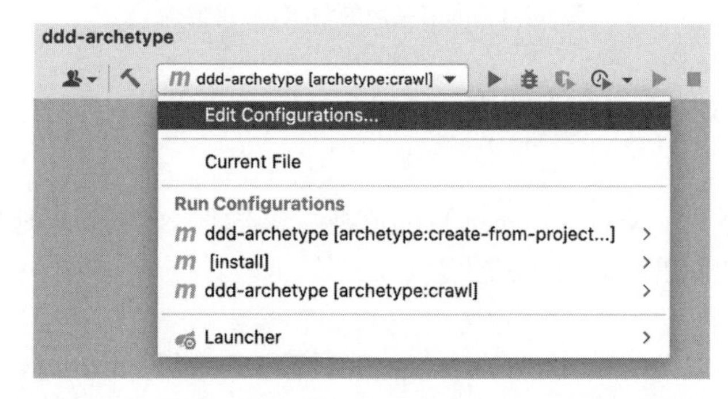

图 14-4　打开 IDEA 的 run/debug configurations 窗口

选择 Add New Configurations，如图 14-5 所示。

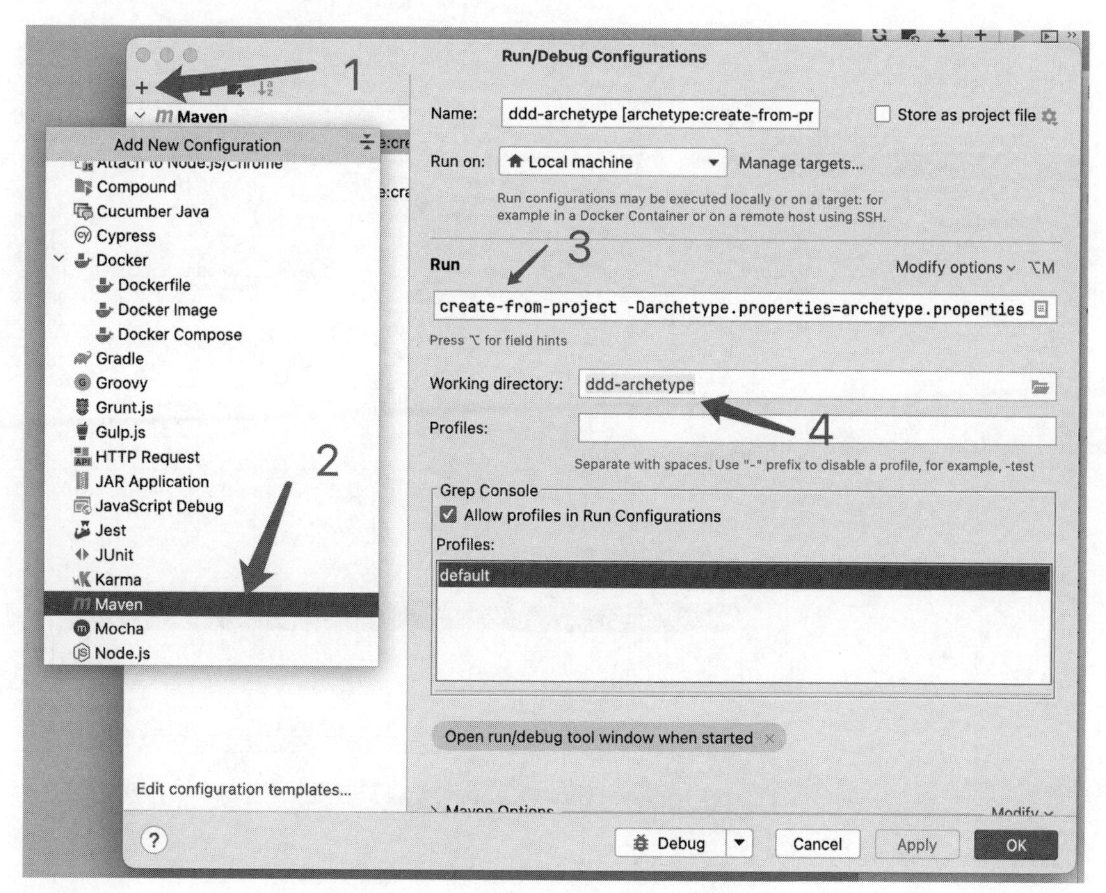

图 14-5　选择 Add New Configurations

图 14-5 中数字 1 ～ 4 的含义如下。

- 1：选择“+”号。
- 2：选择“Maven”。
- 3：命令如下。

```
archetype: create-from-project -Darchetype.properties=archetype.properties
```

注意，在 IDEA 中添加的命令默认不需要加 mvn。

- 4：选择 ddd-archetype 的根目录。

以上配置完成后，单击执行该命令。

3）配置 install 命令

上一步执行完成且无报错之后，配置 install 命令，如图 14-6 所示。

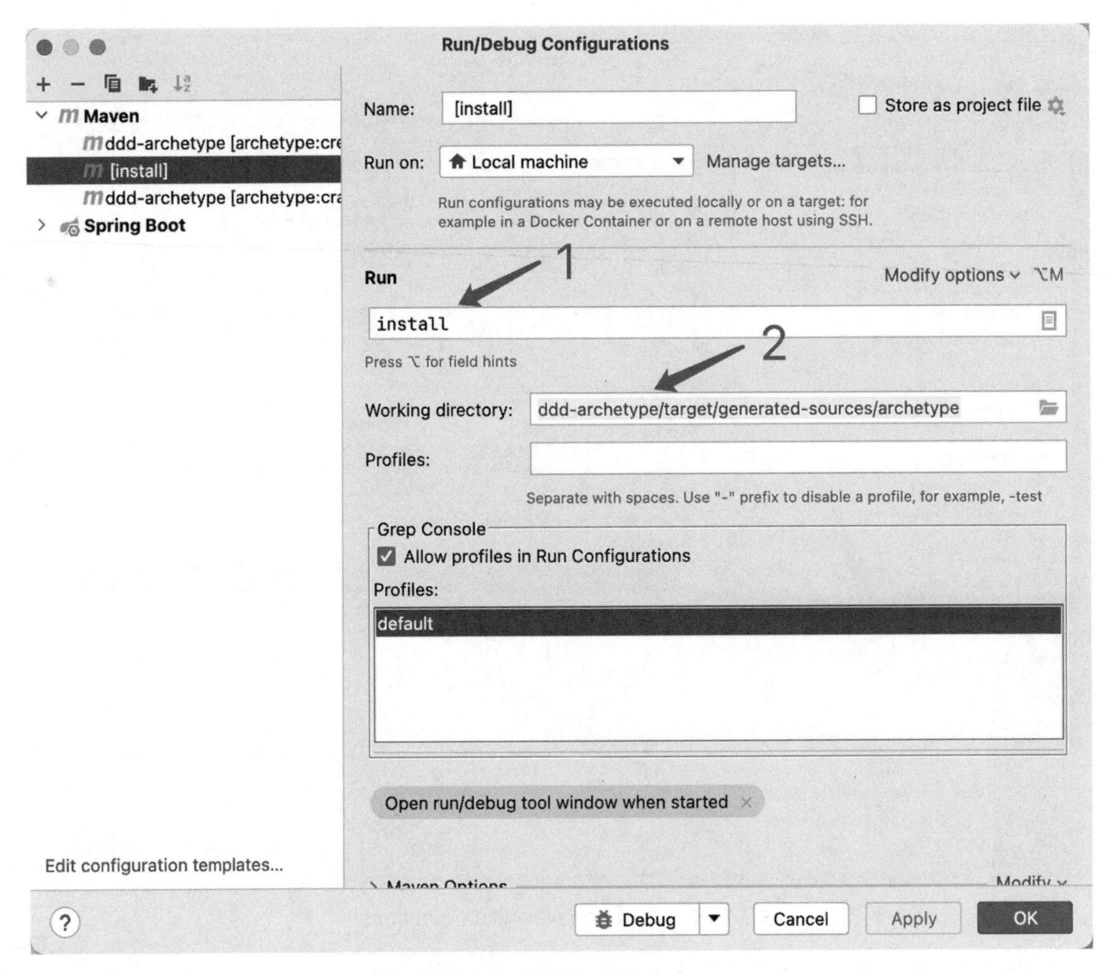

图 14-6　配置 install 命令

图 14-6 中数字 1、2 的含义如下。

- 1：值为 install。
- 2：值为上一步运行的结果，路径如下。

```
ddd-archetype/target/generated-sources/archetype
```

install 配置完成后，单击执行。

4）配置 archetype：crawl 命令

install 执行完成且无报错后，配置 archetype：crawl 命令，如图 14-7 所示。

配置完成，单击执行即可。

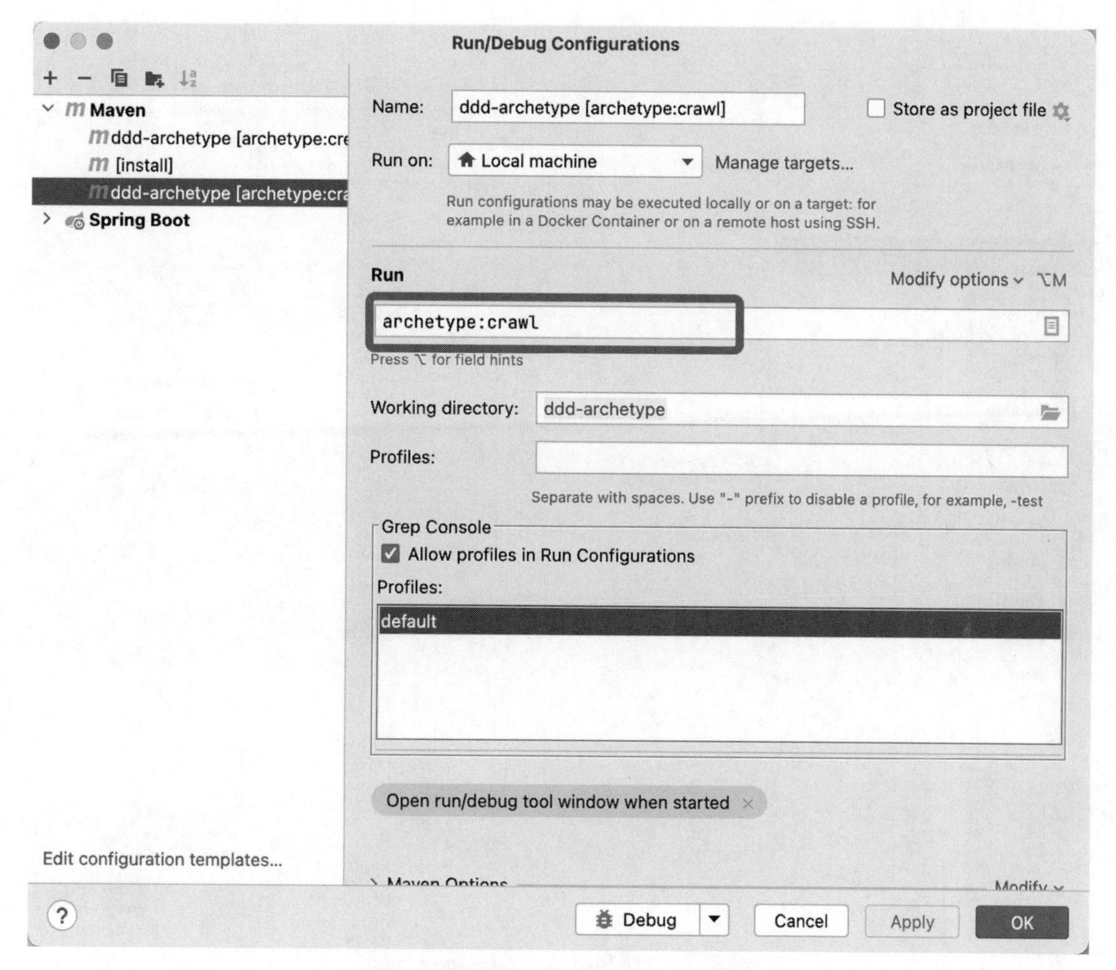

图 14-7　配置 archetype:crawl 命令

3. 使用 ddd-archetype 初始化项目

创建项目时单击 Manage Catalogs，如图 14-8 所示。

将本地的 maven 仓库中的 archetype-catalog.xml 加入 Catalogs 中。

将 archetype-catalog.xml 加入 Catalogs 的操作截图如图 14-9 所示。

将 archetype-catalog.xml 加入 Catalogs 后，Manage Catalogs 的截图如图 14-10 所示。

创建项目时，选择本地 archetype-catalog，并且选择 ddd-archetype，填入项目信息并创建项目。

创建项目的操作截图如图 14-11 所示。

完成项目创建，如图 14-12 所示。

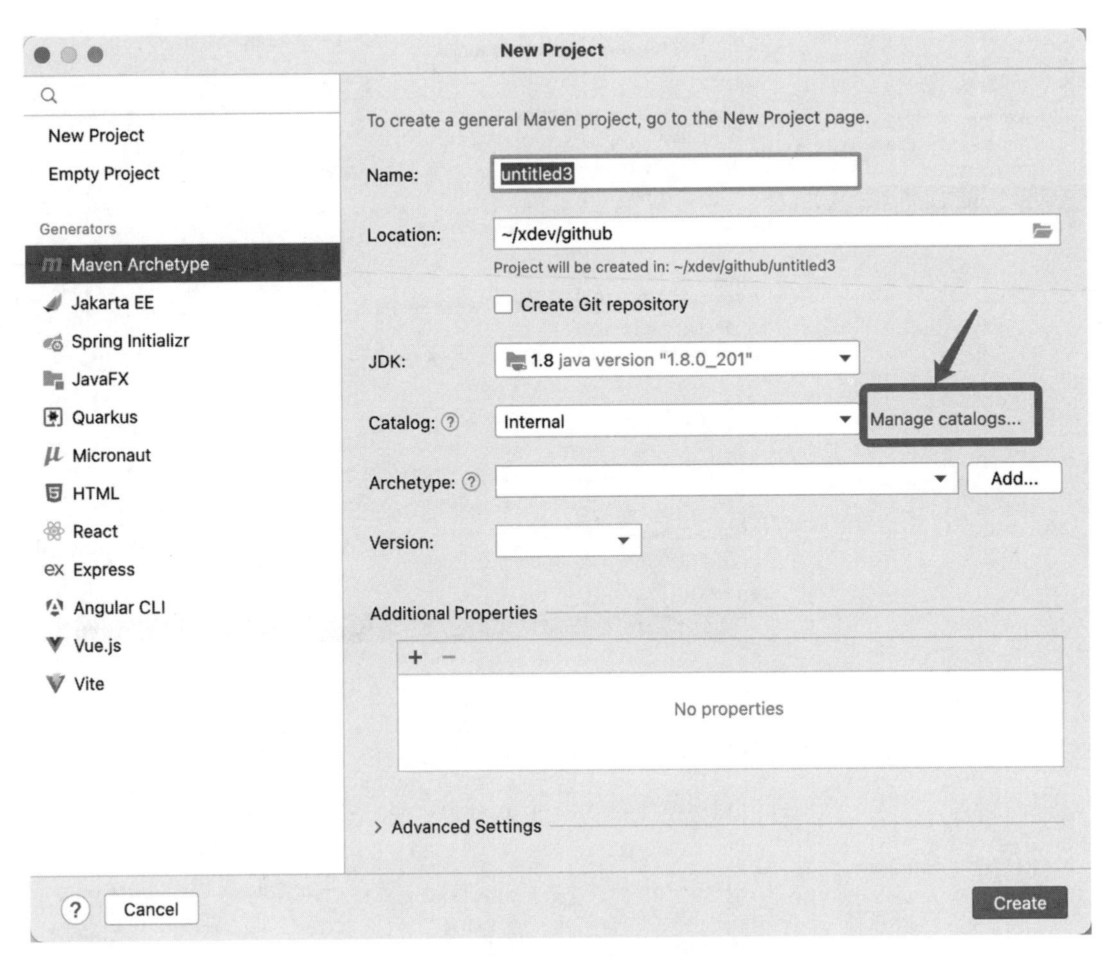

图 14-8　创建项目时单击 Manage Catalogs

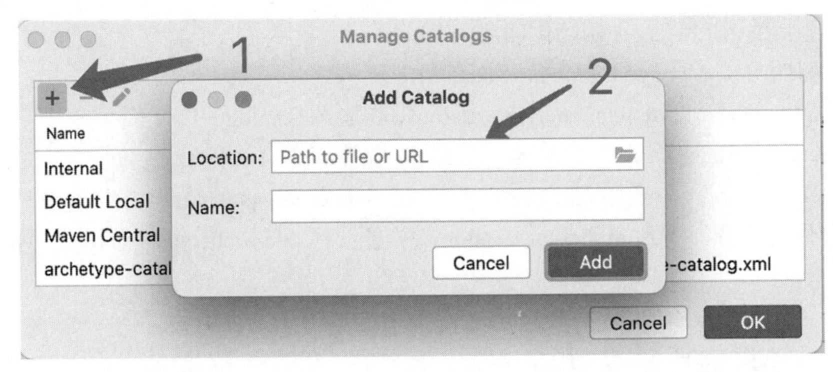

图 14-9　将 archetype-catalog.xml 加入 Catalogs 的操作截图

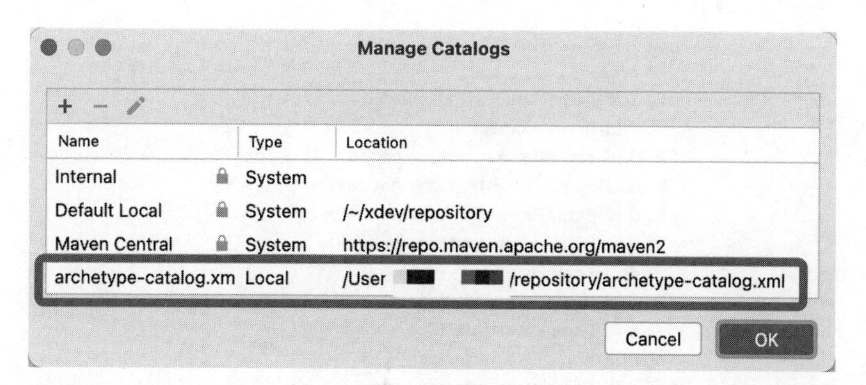

图 14-10　将 archetype-catalog.xml 加入 Catalogs 后 Manage Catalogs 的截图

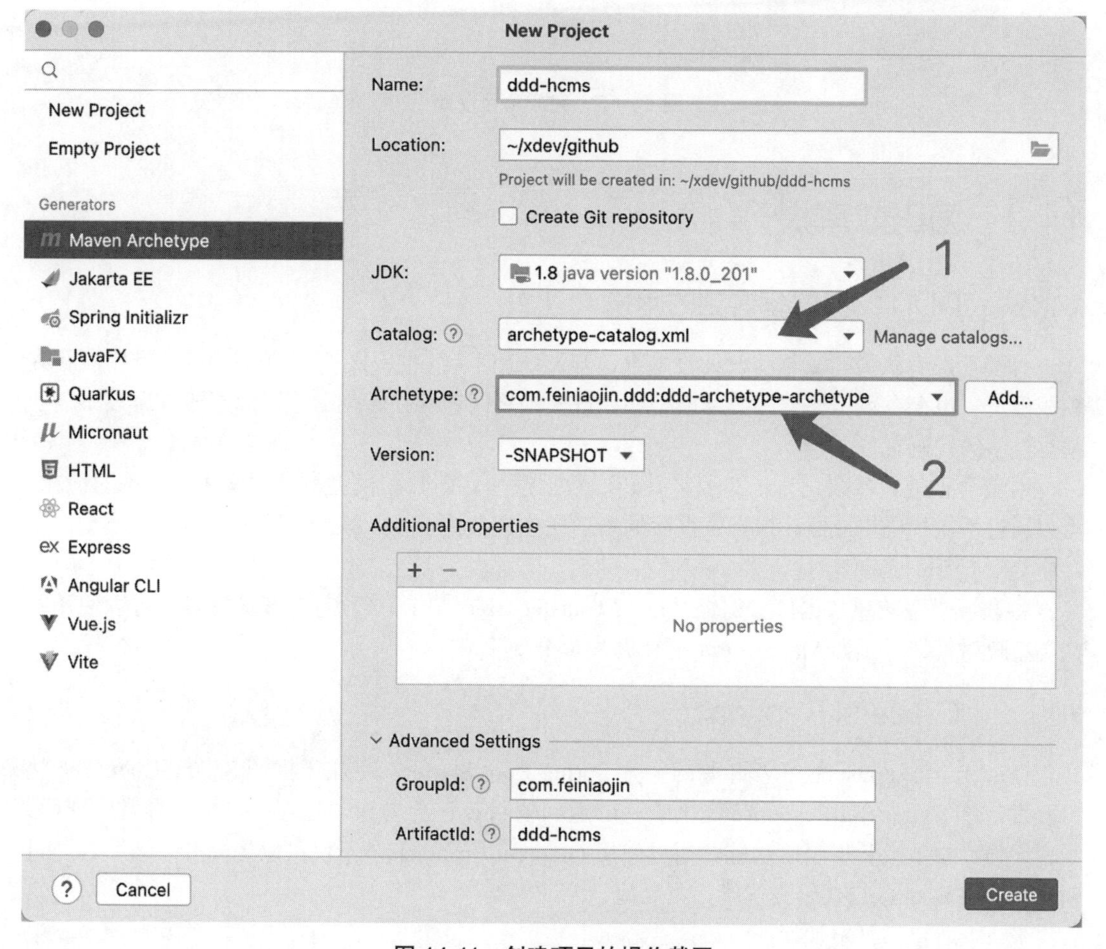

图 14-11　创建项目的操作截图

```
ddd-hcms ~/xdev/github/ddd-hcms
  .idea
  ddd-hcms-application-service
  ddd-hcms-domain
  ddd-hcms-infrastructure-cache
  ddd-hcms-infrastructure-gateway
  ddd-hcms-infrastructure-persistence
  ddd-hcms-infrastructure-publisher
  ddd-hcms-launcher
  ddd-hcms-user-interface-provider
  ddd-hcms-user-interface-subscriber
  ddd-hcms-user-interface-web
  ddd-hcms-user-interface-worker
  .gitignore
  LICENSE
  pom.xml
  README.md
```

图 14-12　完成项目创建

14.2　编码效率提升

14.2.1　DDD 编码效率遇到的困境

许多开发者认为领域驱动设计很笨重，开发效率不高，原因在于在领域驱动设计中既存在领域模型，也存在数据模型，数据模型和领域模型之间还存在转换关系，以至于在开发中需要编写过多的代码。

对聚合根进行持久化时，需要将其转成数据模型，而数据模型与数据库表是一一对应的，可以通过引入代码生成器，根据数据库的表逆向生成数据模型，减少了手工创建数据模型以及对应 ORM 接口的工作。

将领域模型转成数据传输对象（Data Transfer Object，DTO）向外部暴露时，可以使用一些类型映射框架，例如 MapStruct，简化开发提升效率。

14.2.2　Graceful Repsonse

Graceful Response 是笔者开源的一个 Spring Boot Starter，专注于提升 Spring Boot Web 接口开发效率。Graceful Response 提供统一的返回值封装、全局异常处理、自定义异常错误码、断言增强、参数校验增强等功能。通过使用 Graceful Response，不仅可以提高开发效率，还可以使 Spring Boot 接口代码更优雅、更简捷。

1. Web 接口开发现状

目前，业界在使用 Spring Boot 进行 Web 接口开发时，往往存在效率低下、重复劳动、可读性差等问题。相信读者非常熟悉以下伪代码，其大部分项目的 Controller 接口都是这样的。

```
@Controller
public class Controller {

  @GetMapping("/query")
  @ResponseBody
  public Response query(Map<String,Object> paramMap) {
    Response res = new Response();
    try {
      //1. 校验 params 参数合法性，包括非空校验、长度校验等
      if (illegal(paramMap)) {
         res.setCode(1);
         res.setMsg("error");
         return res;
      }
      //2. 调用 Service 的一系列操作，得到查询结果
      Object data = service.query(params);
      //3. 将操作结果设置到 res 对象中
      res.setData(data);
      res.setCode(0);
      res.setMsg("ok");
      return res;
    }catch (Exception e) {
      //4. 异常处理：一堆丑陋的 try...catch，如果有错误码，则需要手工填充错误码
      res.setCode(1);
      res.setMsg("error");
      return res;
    }
  }
}
```

这段伪代码存在什么问题呢？

第一个问题是开发效率低下。Controller 层的代码应该尽量简捷，上面的伪代码其实只是为了将数据查询的结果进行封装，使其以统一的格式返回。例如，以下格式的响应体：

```
{
 "code": 0,
 "msg": "ok",
 "data": {
  "id": 1,
  "name": "username"
 }
}
```

在查询过程中如果发生异常，需要在 Controller 层中进行手工捕获，根据捕获的异常人工设置错误码，当然，也用同样的格式封装错误码进行返回。

可以看到，除了调用 service 层的 query 方法这一行，其他大部分代码都执行结果封装，

大量冗余、低价值的代码导致我们的开发效率很低。

第二个问题是重复劳动。以上捕获异常、封装执行结果的操作，每个接口都会进行一次，因此造成大量的重复劳动。

第三个问题是可读性低。上面的核心代码被淹没在许多冗余代码中，很难阅读，如同大海捞针。

以上问题都可以通过 Graceful Response 组件来解决。

2. Graceful Response 快速入门

1）引入 Graceful Response 组件

Graceful Response 已发布至 maven 中央仓库，可以直接引入项目中。Maven 依赖如下。

```
<dependency>
  <groupId>com.feiniaojin</groupId>
  <artifactId>graceful-response</artifactId>
  <version>{latest.version}</version>
</dependency>
```

读者可以到中央仓库中选择最新的版本。

2）启用 Graceful Response

在启动类中引入 @EnableGracefulResponse 注解，即可启用 Graceful Response 组件。

```
@EnableGracefulResponse
@SpringBootApplication
public class ExampleApplication {
  public static void main(String[] args) {
    SpringApplication.run(ExampleApplication.class, args);
  }
}
```

3）Controller 层

引入 Graceful Response 后，不需要再手动进行查询结果的封装，直接返回实际结果即可，Graceful Response 会自动完成封装的操作。

Controller 层示例如下。

```
@Controller
public class Controller {
  @RequestMapping("/get")
  @ResponseBody
  public UserInfoView get(Long id) {
    log.info("id={}", id);
    return UserInfoView.builder().id(id).name("name" + id).build();
  }
}
```

在以上示例代码中，Controller 层的方法直接返回了 UserInfoView 对象，没有进行封装的操作，但经过 Graceful Response 处理后，还是得到了以下的响应结果。

```
{
  "code": "0",
  "msg": "ok"
 ,
 "data": {
  "id": 1,
  "name": "name1"
 }
}
```

对于命令（Command）操作，本书第 9 章在介绍 CQRS 时提到过，Command 操作尽量不返回数据。因此 Command 操作的方法的返回值应该是 void。Graceful Response 对于返回值类型 void 的方法也会自动进行封装。

```
public class Controller {
  @RequestMapping("/command")
  @ResponseBody
  public void command() {
    //业务操作
  }
}
```

成功调用该接口，将得到如下信息。

```
{
  "code": "200",
  "msg": "success"
 ,
 "data": {}
}
```

4）Service 层

在引入 Graceful Response 之前，有些开发者在定义 Service 层的方法时，为了在接口中返回异常码，直接将 Service 层方法定义为 Response，导致方法的正常返回值类型被淹没。

Response 的代码如下。

```
//lombok 注解
@Data
public class Response {
  private String code;
  private String msg;
  private Object data;
}
```

直接返回 Response 的 Service 层方法：

```
/**
 * 直接返回 Reponse 的 Service
 * 不规范
 */
public interface Service{
```

```
  public Reponse commandMethod(Command command);
}
```

Graceful Response 引入 @ExceptionMapper 注解，通过该注解将异常和错误码关联起来，这样 Service 方法就不需要再维护 Response 的响应码了，直接抛出业务异常，由 Graceful Response 进行异常和响应码的关联。

@ExceptionMapper 注解的用法如下。

```
/**
 * NotFoundException 的定义，使用@ExceptionMapper 注解修饰
 * code:代表接口的异常码
 * msg:代表接口的异常提示
 */
@ExceptionMapper(code = "1404", msg = "找不到对象")
public class NotFoundException extends RuntimeException {
}
```

Service 接口定义的代码如下。

```
public interface QueryService {
  UserInfoView queryOne(Query query);
}
```

Service 接口实现的代码如下。

```
public class QueryServiceImpl implements QueryService {
  @Resource
  private UserInfoMapper mapper;
  public UserInfoView queryOne(Query query) {
    UserInfo userInfo = mapper.findOne(query.getId());
    if (Objects.isNull(userInfo)) {
      // 这里直接抛出自定义异常
      throw new NotFoundException();
    }
    //......后续业务操作
  }
}
```

当 Service 层的 queryOne 方法抛出 NotFoundException 时，Graceful Response 会进行异常捕获，并将 NotFoundException 对应的异常码和异常信息封装到统一的响应对象中，最终接口返回以下 JSON 结果。

```
{
  "code": "1404",
  "msg": "找不到对象"
 ,
 "data": {}
}
```

5）参数校验

Graceful Response 对 JSR-303 数据校验规范和 Hibernate Validator 进行了增强。Graceful

Response 自身不提供参数校验的功能，但是当用户使用了 Hibernate Validator 后，Graceful Response 可以通过 @ValidationStatusCode 注解为参数校验结果提供响应码，并将其统一封装后返回。

例如，以下的 UserInfoQuery。

```
@Data
public class UserInfoQuery {
  @NotNull(message = "userName is null !")
  @Length(min = 6, max = 12)
  @ValidationStatusCode(code = "520")
  private String userName;
}
```

UserInfoQuery 对象中定义了 @NotNull 和 @Length 两个校验规则。在未引入 Graceful Response 的情况下，会直接抛出异常；在引入 Graceful Response 但是没有加入 @ValidationStatusCode 注解的情况下，会以默认的错误码进行返回；在上面的 UserInfoQuery 中由于使用了 @ValidationStatusCode 注解，并指定异常码为 520，所以当 userName 字段任意校验不通过时，就会使用异常码 520 进行返回，代码如下。

```
{
  "code": "520",
  "msg": "userName is null !"
 ,
 "data": {}
}
```

而对于 Controller 层直接校验方法入参的场景，Graceful Response 也进行了增强，如以下 Cntroller。

```
public class Controller {
 @RequestMapping("/validateMethodParam")
 @ResponseBody
 @ValidationStatusCode(code = "1314")
 public void validateMethodParam(
      @NotNull(message = "userId不能为空") Long userId,
      @NotNull(message = "userName不能为空") Long userName){
   //省略业务逻辑
 }
}
```

如果该方法入参校验触发了 userId 和 userName 的校验异常，将以错误码 1314 进行返回，代码如下。

```
{
  "code": "1314",
  "msg": "userId不能为空"
 ,
 "data": {}
}
```

6）自定义 Response 格式

Graceful Response 内置了两种风格的响应格式，并通过 graceful-response.response-style 进行配置。

graceful-response.response-style=0，将以以下格式进行返回。

```
{
 "status": {
  "code": 1007,
  "msg": "有内鬼，终止交易"
 },
 "payload": {
 }
}
```

graceful-response.response-style=1，将以以下格式进行返回。

```
{
 "code": "1404",
 "msg": "not found",
 "data": {
 }
}
```

如果这两种格式均不满足业务需要，那么 Graceful Response 也支持用户自定义响应体。若需了解自定义响应体的技术实现，以及更多关于 Graceful Response 的使用细节，那么请访问 Graceful Response 项目的官方主页（在 GitHub 中搜索 feiniaojin/graceful-response）。

14.2.3 代码生成器

如果使用 MyBatis 作为 ORM 框架，则可以使用 MyBatis 提供的 MyBatis Generator（在 GitHub 中搜索 mybatis/generator）生成数据模型和 Mapper 文件。

对于其他的 ORM 框架，开发者可能需要选择其他成熟的代码生成器。许多 IDE 也提供了代码生成器插件，完全可以满足日常的开发需求。

如果业界现有的代码生成器都无法满足需要，则完全可以自己实现一套代码生成器。代码生成器的实现原理并不复杂：连接数据库，获得目标库表的元信息，再将元信息渲染到代码模板，生成代码之后写文件即可。

笔者一直致力于建设领域驱动设计的生态，自己也实现了一套代码生成器，目前该代码生成器已经在 GitHub 开源，读者可在 GitHub 中搜索 feiniaojin/ddd-generator。ddd-generator 代码生成器的实现非常简单，没有可视化界面，目前已经被笔者应用于实际开发中，其主要特点如下。

- 轻量级，整个代码生成器是一个简单的 Spring Boot 项目，代码模板使用 FreeMarker 模板，学习难度低。
- 高度定制化，用户可以自己编写代码模板进行渲染，满足个性化开发。

- 依赖和错误检查，生成的代码文件存放于项目的 test 文件夹下，可以依靠 IDE 快速检查代码依赖和错误。

关于 ddd-generator 的详细使用方法，请读者在 GitHub 中搜索 feiniaojin/ddd-generator 自行了解。

14.2.4　对象转换工具

1. 对象转换的过程

在分层架构中，当不同的层进行交互时，往往涉及对象类型转换，例如，领域模型和 DTO 之间的转换，这个转换过程需要进行属性映射。如果所有的转换都使用 set 方法，将会非常烦琐。

假如，有一个叫作 ItemView 的类，它是应用层 Query 接口的返回值。但是在对外提供的 RPC 接口中，通常不会直接返回 ItemView，而是将其转换为 ItemDTO。

ItemView 的伪代码如下。

```
public class ItemView {
     private Long itemId;
     private String itemName;
     //省略其他属性和方法
}
```

ItemDTO 的伪代码如下。

```
public class ItemDTO {
  private Long itemId;
  private String itemName;
  //省略其他属性和方法
}
```

在用户接口层将 ItemView 转换为 ItemDTO 进行返回，代码如下。

```
public class ItemServiceProviderImpl implements ItemServiceProvider{

public ItemDTO queryItemByItemName(Request request){
    ItemView itemView = applicationService.queryItemByItemName(
                              new ItemQuery(request.getItemName));
    ItemDTO itemDTO = new ItemDTO();
    itemDTO.setItemId(itemView.getItemId());
    itemDTO.setItemName(itemView.getItemName());
    //省略其他属性的赋值
    return itemDTO;
  }
}
```

可以看到，在创建 ItemDTO 对象并赋值时，如果属性非常多，将会有很多 set 方法调用。如果使用手工编码完成，则过程将非常烦琐，此时可以使用 MapStruct 组件简化这一过程，以提高编码效率。

2. MapStruct 简介

MapStruct 是一个 Java 注解处理器，用于简化 Java bean 之间的映射。它可以自动生成类型安全的映射代码，减少手动编写映射代码的工作量，提高开发效率。

使用 MapStruct 的步骤如下。

- 在 Maven 或 Gradle 配置文件中添加 MapStruct 依赖。
- 编写一个 Mapper 接口，在类中添加 @Mapper 注解。
- 在需要进行映射的属性中添加 @Mapping 注解，指定源属性和目标属性之间的映射关系。

接下来对上文的 ItemView 案例进行改造，采用 MapStruct 的方式进行对象映射。

首先定义一个 Mapper 接口，代码如下。

```
@Mapper
public interface ItemDtoMapper {
  public static final ItemDtoMapper INSTANCE =
                                Mappers.getMapper(ItemDtoMapper.class);
  @Mapping(source = "id", target = "id")
  @Mapping(source = "itemName", target = "itemName")
  ItemDTO fromItemView(ItemView itemView);
}
```

接下来使用 Mapper 接口进行映射，代码如下。

```
public ItemDTO queryItemByItemName(Request request){
  ItemView itemView =
                  itemApplicationService.queryItemByItemName(
                                            new ItemQuery(request.get));
      // 使用 Mapper 接口进行映射
  ItemDTO itemDTO = ItemDtoMapper.INSTANCE.fromItemView(itemView);
  return itemDTO;
}
```

通过上述案例可以看出，使用 MapStruct 可以避免手动编写大量重复的映射代码，提高开发效率和代码质量。同时，MapStruct 还提供了许多高级特性，例如集合映射、嵌套映射、自定义映射逻辑等，可以满足各种复杂的映射需求。由于篇幅有限，无法对其进行详细介绍，请对此感兴趣的读者自行学习。

14.3 代码静态分析工具

代码静态分析工具可以帮助开发人员在编写代码的过程中发现潜在的问题，提高代码质量和可维护性。

代码静态分析的工具并不属于领域驱动设计的研究范围，在本书中介绍静态分析工具主要是为了提高 DDD 应用代码的质量。

本节将对常见的 Java 静态分析工具进行介绍。

14.3.1　SpotBugs

SpotBugs 可以在 Java 字节码级别上检测代码中的潜在缺陷。它不仅可以检测出空指针引用、不正确的方法调用、未初始化的变量、内存泄漏、不必要的对象创建等问题，还会提供相应的修复建议，从而提高代码的质量和可靠性。

在 IDEA 中使用 SpotBugs 可以通过插件实现，用户只需在插件市场中搜索 SpotBugs 插件并安装即可。

SpotBugs 安装截图如图 14-13 所示。

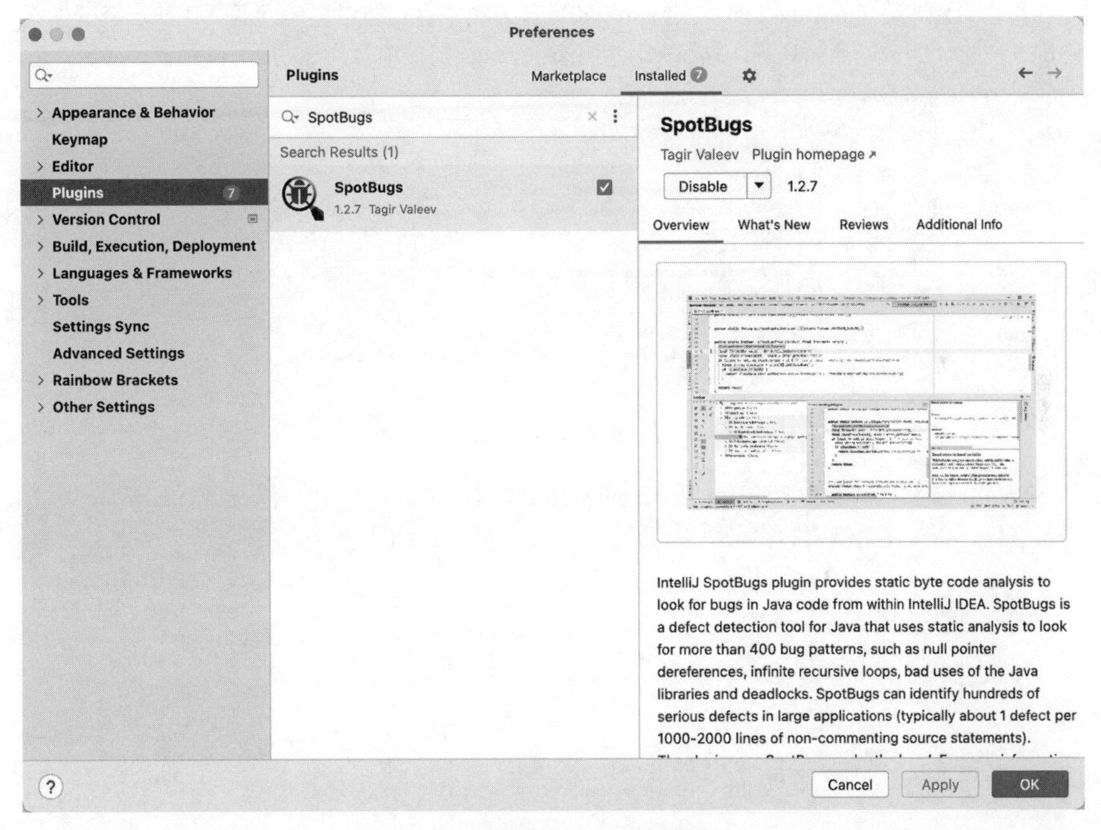

图 14-13　SpotBugs 安装截图

编写一个待检测的类，代码如下。

```
public class FindBugsTest {
  public String testFindBugs() {
    Set<String> set = new HashSet<>();
    String a = null;
    if(input > 0) {
```

```
            a = String.valueOf(input);
        }
        a = a.toLowerCase();
        while (true) {
            if(a!=null){
                break;
            }
        }
        return a;
    }
}
```

可以看到，在FindBugsTest类的testFindBugs方法中存在非常多的问题，比如定义变量不使用、空指针异常、死循环等。接下来，使用SpotBugs扫描项目，如图14-14所示。

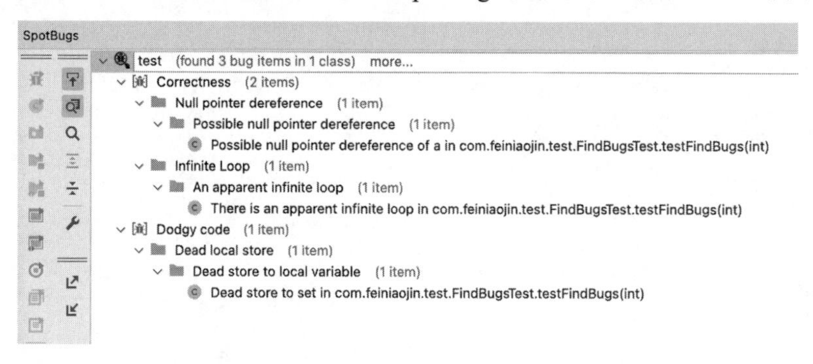

图14-14 使用SpotBugs扫描项目

SpotBugs扫描结果如图14-15所示。可以看到，方法中的错误信息都被扫描出来了，单击错误信息，会对发生错误的代码块进行标注，并提供错误原因和修改建议。

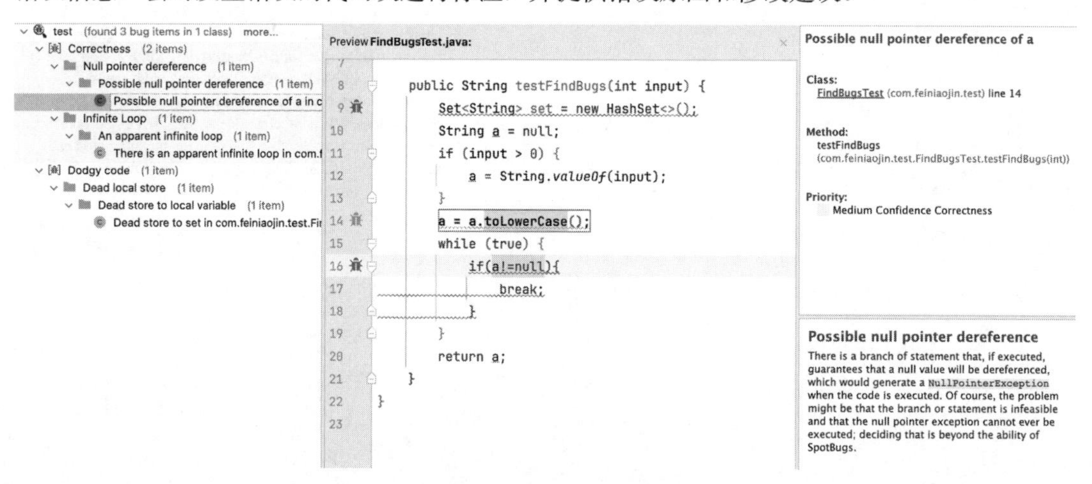

图14-15 SpotBugs扫描结果

14.3.2　PMD

PMD 可以检查代码中的重复代码、未使用的变量、空的 catch 块、不必要的 if 语句、不必要的循环等问题。此外，PMD 还可以进行复杂度分析，并提供代码重构建议，从而提高代码的可读性和可维护性。

在 IDEA 中使用 PMD，可以在插件市场中搜索 PMD 插件并安装，如图 14-16 所示。

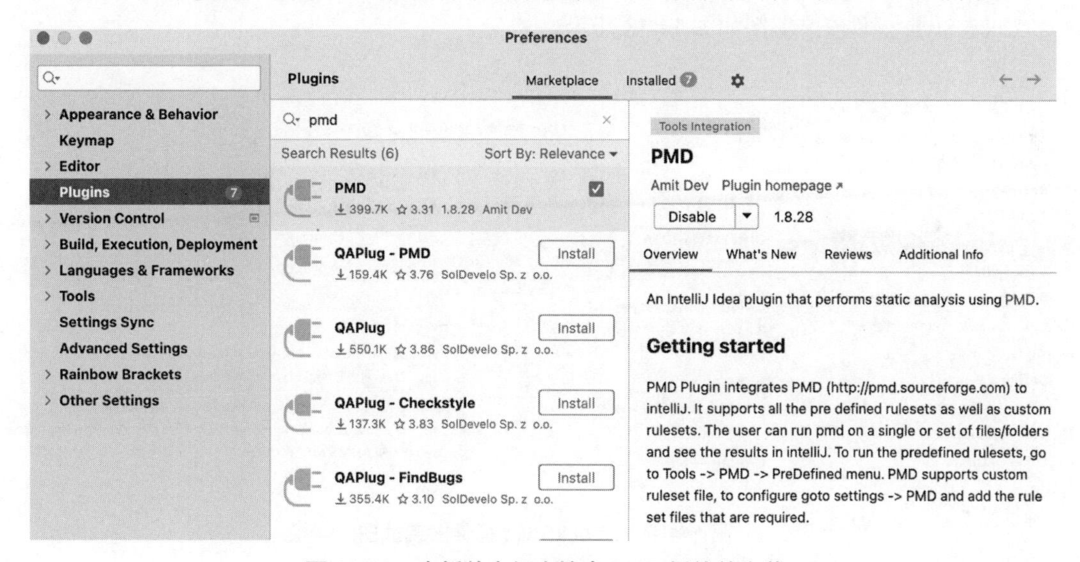

图 14-16　在插件市场中搜索 PMD 插件并安装

使用 PMD 对项目进行扫描，其扫描结果如图 14-17 所示。

图 14-17　PMD 扫描的结果

14.3.3 CheckStyle

CheckStyle 可以帮助开发人员遵循 Java 编码规范和最佳实践。它可以检测出代码中的语法错误、命名规范、缩进格式、注释等问题，并提供修复建议，从而提高代码的可读性和可维护性。

在 IDEA 中使用 CheckStyle，可以通过在插件市场中搜索 CheckStyle 插件并安装实现。

CheckStyle 插件安装截图如图 14-18 所示。

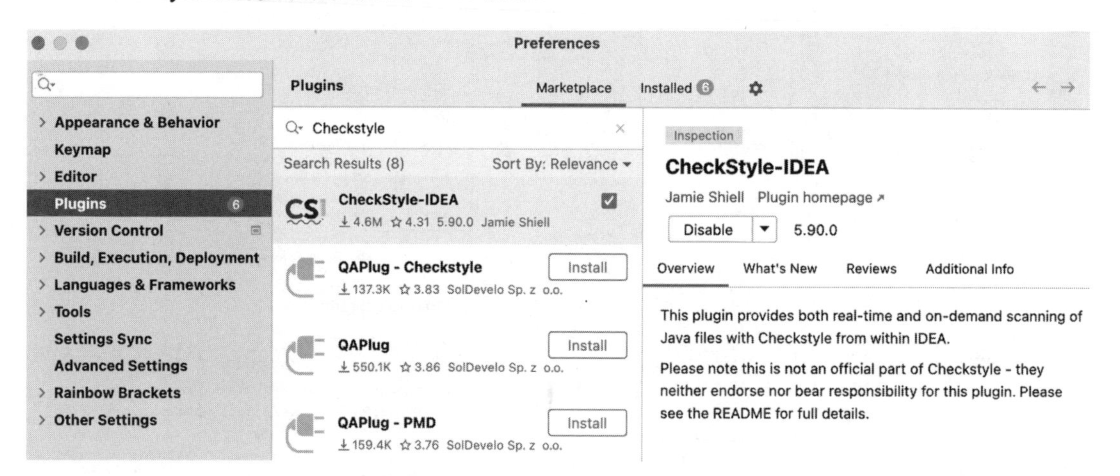

图 14-18 CheckStyle 插件安装截图

CheckStyle 插件扫描结果如图 14-19 所示。

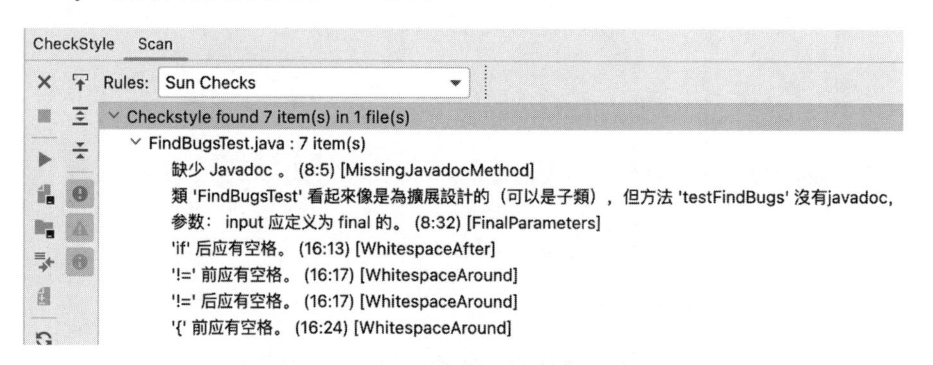

图 14-19 CheckStyle 插件扫描结果

可以看到，CheckStyle 将代码风格中不规范的地方扫描出来了。

14.3.4 SonarLint

SonarLint 可以检查 Java 代码中的潜在缺陷、安全漏洞和代码质量，也可以检查代码中的重复代码、未使用的变量、不必要的 if 语句、不必要的循环等问题，从而提高代码的可读性和可维护性，还可以提供全面的代码分析报告，并根据问题的严重程度提供修复建议。

在插件市场中搜索并安装 SonarLint，根据提示重启 IDEA 即可。SonarLint 安装截图如图 14-20 所示。

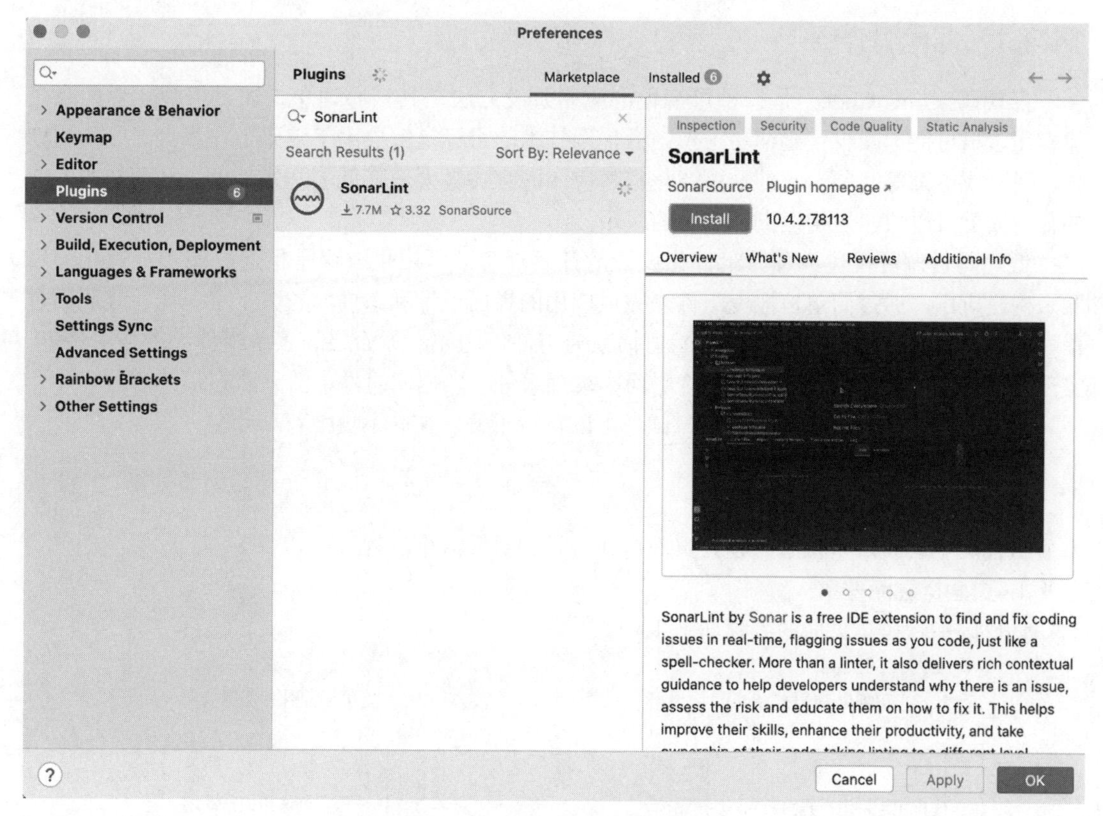

图 14-20　SonarLint 安装截图

使用 SonarLint 对项目进行扫描，其扫描结果如图 14-21 所示。

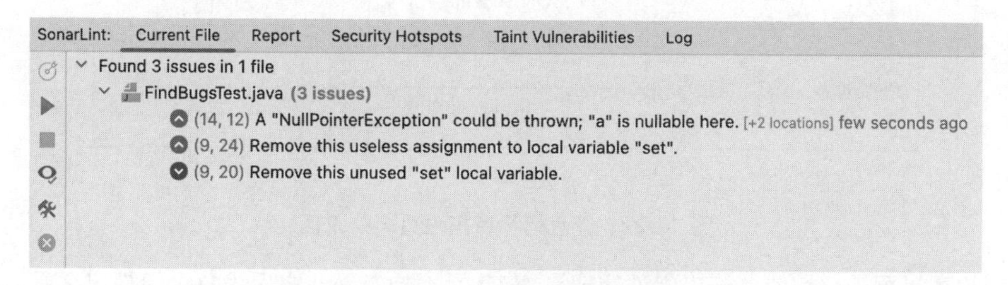

图 14-21　SonarLint 扫描结果

可以看到，SonarLint 将错误信息扫描出来并给出了修复提示。

14.4 低代码

14.4.1 低代码介绍

低代码（Low Code）是一种可视化的应用开发方法，其核心理念是通过可视化界面来搭建应用，尽可能地减少代码编写工作。低代码技术的目标是解决手工编码工作量大、开发周期长、研发成本高等问题。此外，可视化搭建应用的方式极大地降低了开发难度，从而使非专业的开发人员可以快速地构建出高质量的应用。

低代码强调可视化编程、组件化设计的开发理念。可视化编程是指通过图形可视化编辑器来构建应用，通过简单地拖曳组件来完成应用的界面设计和布局，省去了手工编写代码的过程。组件化设计是指将应用的基本能力抽象为组件，例如，页面层的表单组件、表格组件等，实现流程管理的工作流组件，中间件层面的缓存组件、数据库组件、消息队列组件等。

目前有很多开源的低代码产品，读者可以自行了解，在此不再推荐和介绍。

14.4.2 低代码平台核心流程

低代码平台有两个核心流程：页面搭建流程和页面渲染流程。

1. 页面搭建流程

低代码平台搭建页面的流程如图 14-22 所示。

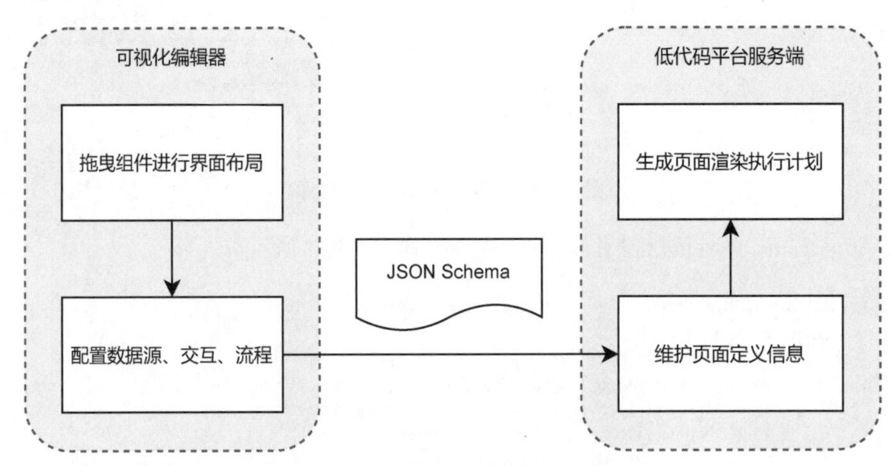

图 14-22 低代码平台搭建页面的流程

用户通过可视化编辑器拖曳组件完成页面 UI 元素的布局，之后为每个组件定义其数据来源。例如，某个下拉列表组件需要从后端接口获取动态数据，并且定义要获取的具体字段。

完成搭建页面之后，将页面的元素、数据定义、交互、验证、渲染方式等使用统一的文档进行描述。通常使用 JSON Schema 对搭建的页面进行描述，后文将对 JSON Schema 进行介绍。

之后，通过调用低代码平台服务端的接口来保存页面定义的 JSON Schema，以维护页面元数据。

低代码平台在保存页面定义的 JSON Schema 文档之后，往往会解析该 JSON Schema，并生成一份页面渲染执行计划，然后将其缓存起来。当需要渲染页面时，我们可以直接使用这份执行计划来完成页面渲染。

2. 页面渲染流程

低代码平台渲染页面的流程如图 14-23 所示。

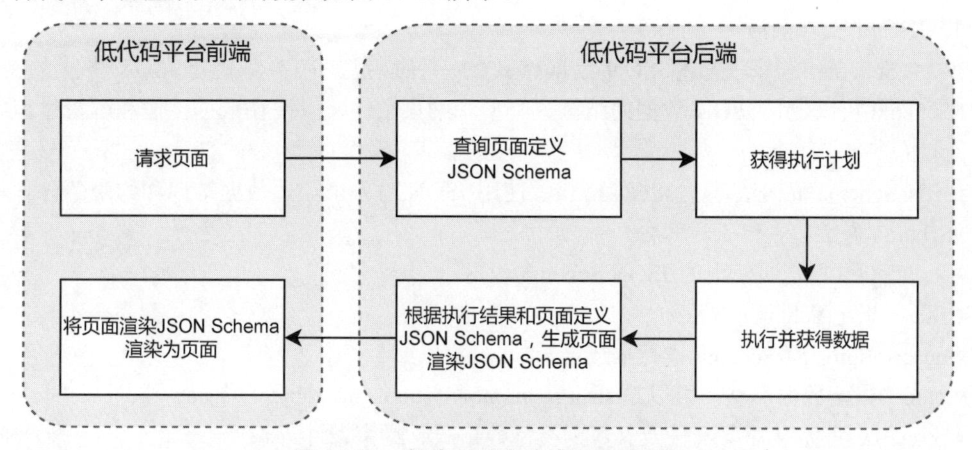

图 14-23　低代码平台渲染页面的流程

当前端需要加载通过低代码平台搭建的页面时，会向低代码平台的服务端请求该页面的 JSON Schema 渲染文档。该文档中包括页面的元素、数据定义、交互、验证等完成页面渲染所需的所有数据。

低代码平台的服务端在收到页面请求后，执行以下操作：查询该页面的页面定义 JSON Schema 文档；根据该文档生成数据加载等执行计划；执行计划完成数据加载；将获得的数据与页面定义 JSON Schema 进行合并，生成用于页面渲染的 JSON Schema 文档，并将其返回给前端。

前端收到页面渲染的 JSON Schema 文档后，根据该文档完成页面渲染。

14.4.3　低代码核心技术

本书主要介绍可视化编辑器、JSON Schema 和泛化调用这几种技术。其他技术，如流程引擎、脚本引擎、并发编程（以提高数据加载性能）、高性能 JSON 解析等，也非常重要。由于篇幅有限，还请读者自行了解。

可视化编辑器用于搭建页面，使用户可以通过直观的拖曳操作来设计页面布局和添加元素（如文本、图片、视频等），并实时预览渲染效果。可视化编辑器需要支持组件布局、样式定义、属性配置、事件绑定等功能。一般由前端团队实现，因此本书不过多地涉及此方面的内容。

JSON Schema 用于描述使用可视化编辑器搭建页面的结果，包括组件、组件的字段名称、数据源、交互方式等。

泛化调用是服务端加载数据的一种方式。在可视化编辑器完成页面布局后，还会为每个组件定义获取数据的方式，有些字段需要调用上游接口来获取。由于低代码平台服务端不会为每个使用的接口引入其接口定义 jar 包，通常为组件定义数据获取方式，并提前设置接口信息（如接口类名、方法、入参、接口别名等），服务端在需要加载数据时通过泛化调用的方式完成 RPC 调用。

1. JSON Schema

JSON Schema 是用于描述 JSON 数据格式的一种规范，它本身也是 JSON 格式的文档。JSON Schema 可以定义 JSON 数据的结构、类型和约束条件，以便在数据传输和解析过程中进行验证和检查。

JSON Schema 的语法基于 JSON 格式，使用 JSON 对象来描述数据结构和约束条件。一个 JSON Schema 通常包含以下几部分。

- $schema：指定所使用的 JSON Schema 版本。
- title：指定 Schema 的名称。
- description：对 Schema 进行描述。
- type：指定数据类型，可以是 string、number、boolean、object、array 等。
- properties：定义对象属性及其数据类型、格式、约束条件等。
- required：指定必须包含的属性。
- additionalProperties：指定是否允许包含未定义的属性。
- patternProperties：指定属性名的正则表达式及其对应的约束条件。
- items：定义数组元素的数据类型、格式、约束条件等。
- minItems 和 maxItems：指定数组元素的最小和最大数量。
- uniqueItems：指定数组元素是否唯一。

下面是一个简单的 JSON Schema 示例，代码如下。

```
{
 "$schema": "http://json-schema.org/draft-07/schema#",
 "title": "Product",
 "type": "object",
 "properties": {
  "name": {
   "type": "string"
  },
  "count": {
```

```
      "type": "integer",
      "minimum": 0
    },
    "picture": {
      "type": "string"
    }
  },
  "required": [
    "name",
    "count"
  ]
}
```

这个示例定义了一个名为“Product”的对象，包括三个属性：name、count 和 picture。其中 name 和 count 是必需的属性，picture 是可选的属性。name 属性是一个字符串类型，count 属性是一个整数类型，并且必须大于或者等于 0。

以下是一个符合该 Schema 的 JSON 对象，代码如下。

```
{
  "name": "Product01",
  "count": 10,
  "picture": "http://ddd.[illegible].com/picture.jpg"
}
```

可视化编辑器完成页面搭建后，需要将搭建的页面使用 JSON Schema 进行描述。到目前为止，众多的开源低代码平台之间还没有形成统一的规范，我们期待业界能形成统一的标准。

2. RPC 泛化调用

泛化调用是一种灵活的远程调用方式，它允许消费者在不依赖具体接口的情况下，通过泛化参数和返回类型进行通信。特别是在服务消费者无法获得或不想引入提供者的接口定义时，这种调用方式在某些场景下非常有用。

低代码平台的服务端往往需要接入很多上游接口。如果将这些服务提供者的接口定义 jar 包都引入工程中，就会导致依赖过多。然而泛化调用很好地解决了这个问题。

下面以开源 RPC 框架 Dubbo 为例进行泛化调用的讲解。

首先，需要定义一个服务接口，作为提供者和消费者之间的通信桥梁，代码如下。

```
public interface ProductServiceProvider {
  ProductDTO getProduct(String productId);
}
```

然后，在提供者端实现该接口，代码如下。

```
@DubboService
public class ProductServiceProviderImpl implements ProductServiceProvider {
  @Override
  public ProductDTO getProduct(String productId) {
    ProductDTO productDTO = new ProductDTO();
    productDTO.setProductId(productId);
```

```
    productDTO.setProductName("name" + productId);
    productDTO.setCount(10);
    productDTO.setPicture("http://ddd.[blurred].com/picture.jpg");
    return productDTO;
  }
}
```

在消费者端，使用泛化调用来获取用户信息，而无须引入 ProductServiceProvider 接口，代码如下。

```
@Component
public class GenericTask implements CommandLineRunner {
  private Logger logger = LoggerFactory.getLogger(GenericTask.class);
  @Override
  public void run(String... args) throws Exception {
    GenericService genericService = buildGenericService("com.feiniaojin.ddd.rpc.dubbo.
api.ProductServiceProvider");
    //传入需要调用的方法，参数类型列表，参数列表
    Object result = genericService.$invoke("getProduct", new String[]{"java.lang.
String"}, new Object[]{"P01"});
    logger.info("GenericTask Response: {}", JSON.toJSONString(result));
  }
  private GenericService buildGenericService(String interfaceClass) {
    ReferenceConfig<GenericService> reference = new ReferenceConfig<>();
    reference.setInterface(interfaceClass);
    //开启泛化调用
    reference.setGeneric("true");
    reference.setTimeout(30000);
    ReferenceCache cache = SimpleReferenceCache.getCache();
    try{
      return cache.get(reference);
    } catch (Exception e) {
      throw new RuntimeException(e.getMessage());
    }
  }
}
```

分别启动服务提供者和消费者，可以看到，消费者应用打印了以下日志。

```
2023-09-23 09:56:16.757  INFO 80858 --- [           main] c.f.d.r.dubbogeneric.dubbo.
GenericTask  : GenericTask Response: {"productId":"P01","count":10,"class":"com.feiniaojin.
ddd.rpc.dubbo.api.ProductDTO","productName":"nameP01","picture":"http://ddd.[blurred].com/
picture.jpg"}
```

此时，服务消费者通过泛化调用获得了服务提供者的接口执行结果。

14.4.4 低代码反思

1. 真的需要低代码吗

自从低代码的概念火爆起来之后，许多团队纷纷开始创建低代码平台，然而大家还是需要

慎重思考是否真的需要低代码平台。

对比引入低代码平台前后的开发模式可以发现：在引入低代码平台之前，所有的开发活动都是基于编码的应用来满足业务需求的。开发活动在代码应用上实现业务需求，如图 14-24 所示。在引入低代码平台之后，代码开发活动主要围绕着低代码平台的能力建设展开，通过增强低代码平台的功能，实现业务需求。开发活动在低代码平台上编写代码，由低代码平台来满足业务需求，如图 14-25 所示。

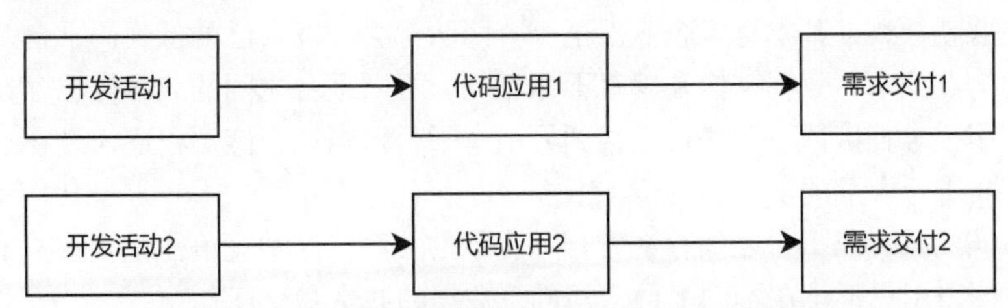

图 14-24　开发活动在代码应用上实现业务需求

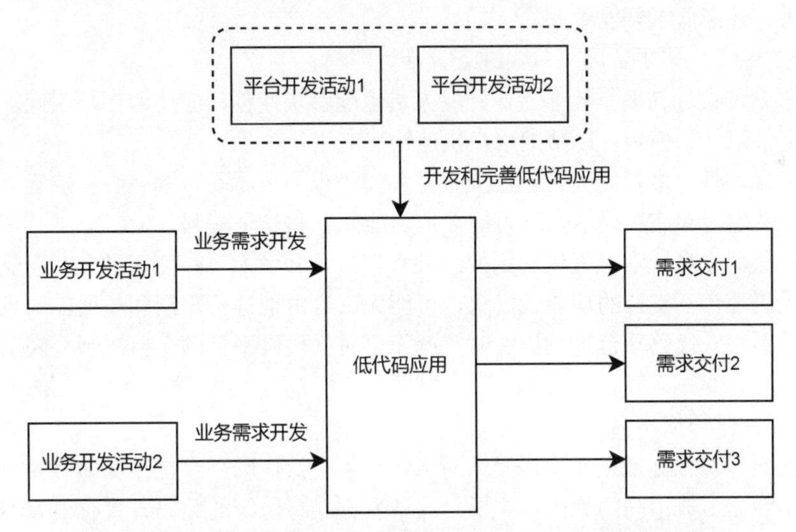

图 14-25　开发活动在低代码平台上由低代码平台实现业务需求

当存在许多重复或相似的业务需求时，低代码平台确实能满足这类相似的需求，这类需求越多，低代码平台的作用也就越大；相反，如果需求复杂，而且多变，基本上没有重复性的需求，则相当于每个需求都需要针对低代码平台进行开发，此时低代码平台并没有发挥提高效率的作用，反而由于其开发的复杂性，可能导致耗费的精力更多。

因此，低代码平台的使用场景是：存在高频重复或相似的需求，并且需求应尽量简单，否则低代码平台的使用者需要投入更多的开发成本。

若要产生高频重复或相似的需求，业务就需要经过一定时间的积累。在创新业务场景中，需求往往复杂多变，低代码平台很难适应。

2. 低代码的困境

假设技术上的问题都可以解决，例如安全问题、扩展性等，在此只探讨技术解决不了的困境。

1）困境一：低代码平台缺乏行业标准

低代码虽然不是新的概念，但其平台火爆的时间还不是很长，因此目前低代码行业缺乏相关的标准。这就导致了基本每家企业甚至每个团队都会开发自己的低代码平台，这些低代码平台之间的架构、技术、数据结构和规范不尽相同，不同平台之间的兼容性也存在着很大的问题。低代码应用很难直接从一个平台迁移到另一个平台，当一个应用程序需要在不同的平台上运行时，就需要进行大量的修改和调整。

另外，不同的低代码平台之间存在着相互竞争的关系。这种竞争往往导致了不同平台之间的互相封闭，使得用户很难在不同平台之间进行数据的共享和交互。

此外，由于缺乏标准，开发者在使用不同平台时需要重新学习其规则和语法，这不仅浪费了时间和精力，还降低了开发效率。

2）困境二：低代码平台因太重而缺乏灵活性

低代码平台的设计初衷是让非专业开发人员也能够快速创建应用程序。因此，它通常提供了大量的预定义组件和模板，以帮助用户快速构建应用。

凡事皆有两面性，数量庞大的预定义组件和模板也导致了平台的臃肿和缺乏灵活性。这不仅增加了平台的学习和使用成本，还可能导致性能问题和安全漏洞。

此外，低代码平台通常只提供固定的组件和模板，开发人员在使用平台时会受到一定的限制，某些低代码平台不支持的功能或需求，可能无法自由地进行定制和扩展。一旦为了实现某些需求而不得不对低代码平台进行扩展时，就需要对低代码平台的运行机制、底层源码进行详细了解，其中的难度并不低。

3）困境三：学习成本高

虽然低代码开发号称可以减少代码编写工作，但是低代码平台也存在学习成本高的问题。

低代码平台学习成本高的原因，主要是其开发方式与传统的编码方式有很大不同。传统的编码方式需要开发人员具备较强的编程技能和丰富的经验，而低代码平台则更加注重可视化开发和组件化设计。对于没有相关经验的开发人员来说，需要学习新的开发工具和组件库，掌握其使用方法和特点，这需要花费一定的时间和精力。

低代码平台的学习成本高还与其复杂性有关。虽然低代码平台的目的是降低开发难度，但实际上它也涉及很多技术细节，如数据管理、界面设计、业务逻辑等。开发人员为了在低代码平台上完成需求开发，不得不学习和了解这些技术细节。

另外，许多低代码平台还存在使用文档不健全、示例代码和模板少、社区不够活跃、学习资源少等问题，这也是其学习成本高的一个原因。

4）困境四：不适用于复杂的场景

低代码平台通常适用于构建简单和低复杂度的应用。对于高度定制的、复杂的应用来说，低代码平台可能需要更多的自定义功能和复杂组件，并且提供的功能和组件可能无法满足应用的需求。

对低代码平台进行扩展当然是一种方案，然而对于低代码平台的使用者来说，这样做会使研发成本变得很高。

5）困境五：一般开发者抵触

一般开发者抵触低代码开发平台，往往不是因为低代码平台实现不了业务需求，而是出于对个人职业发展的考量。

低代码平台将所有的技术实现为组件，开发者只需在图形化界面上拖曳组件，即可完成开发。然而这种开发方式可能会让开发者感觉缺乏个人技术的成长空间，并且在未来跳槽时这部分工作履历很难成为简历上的亮点。

3. DDD 如何看待低代码

领域驱动设计将子域划分为核心子域、支撑子域和通用子域。从子域的角度来看，低代码平台在企业内部往往不是核心子域，而是支撑子域或通用子域。

虽然低代码平台能解决一些问题，但它通常不能提供核心竞争力。因此，企业很难通过低代码平台搭建某个页面来获得竞争优势。不过，在面对频繁出现的相似需求时，低代码平台仍然是一个很好的解决方案。

14.5　持续集成 / 持续交付

14.5.1　概念理解

持续集成（Continuous Integration，CI）是指频繁地对变更的代码进行合并，然后不断对合并后的代码进行构建并进行集成测试。持续集成通过不断地进行少量变更的集成，可以及早发现问题并解决问题，避免了所有的代码开发完成之后才进行集中式集成。

持续交付（Continuous Delivery，CD）是指代码经过持续集成后，自动部署到测试环境或者用户验收测试（User Acceptance Test，UAT）环境，转入研发流程的下一个环节，由测试工程师进行测试或者由用户（业务需求方、产品经理等）进行确认，通过后，手工将代码部署到生产环境或者发布正式版本。

持续部署（Continuous Deployment，CD）是指代码经过持续集成后，自动部署到生产环境。

持续部署和持续交付都提到部署，但两者的概念有一些细微的区别：持续交付强调可以持续地提供制品给下一个研发流程，部署生产环境的过程是手工的；持续部署强调可以频繁地将代码部署到生产环境。

14.5.2 实现方案

为了实现持续集成，通常需要搭建一套CI/CD平台，主要包括以下组件。

- CI/CD工具：用于管理和执行构建、测试和部署等流程。常见的CI/CD工具有Jenkins、Travis CI、GitLab CI等。
- 版本控制系统：用于管理源代码的版本和变更历史，常见的版本控制系统有Git、SVN等。
- 构建工具：用于将代码编译构建为可运行文件，常见的构建工具有Maven、Gradle等。
- 测试工具：用于验证代码按照预期执行。根据测试的目的，测试分为单元测试、集成测试、接口测试等，常用的单元测试框架有JUnit、TestNG等。
- 部署工具：用于部署应用制品。常见的部署工具有Docker、Kubernetes等。

14.5.3 持续集成与领域驱动设计

参考14.5.2节中的持续集成方案，在研发团队中建设持续集成平台，将领域驱动设计应用的开发过程放入持续集成中，持续增量地进行代码构建，不断地触发静态代码扫描、自动化单元测试等验证，确保代码质量。

领域模型的业务方法必须提供单元测试用例，持续集成平台在构建代码时，自动进行单元测试，确保领域模型的代码变更得到全量回归，避免因代码变更导致历史逻辑被修改。

关于领域驱动设计下的测试实现，读者可参考第15章。

第 15 章 测试驱动开发

15.1 TDD 基本理解

测试驱动开发（TDD）是一种软件开发方法，要求开发者在编写代码之前先编写测试用例，然后编写代码来满足测试用例，最后运行测试用例来验证代码是否正确。

测试驱动开发的基本流程可以分为六步：编写测试用例、运行测试用例、编写代码、修改代码直至通过测试用例、重构代码，以及修改重构后的代码直至通过测试用例。

接下来对每步进行讲解。

1. 第一步：编写测试用例

在编写代码之前，先根据需求编写测试用例。测试用例应该覆盖所有可能的情况，以确保代码的正确性。

这一步又被称为“红灯”，因为还未实现功能。此时，测试用例执行会失败，在 IDE 里执行时会报错，报错显示为红色。

执行测试用例失败后控制台的截图如图 15-1 所示。

```
[ERROR] Errors:
[ERROR]   StrangeCalculatorTest.givenEquals0:46 » UnsupportedOperation
[ERROR]   StrangeCalculatorTest.givenGreaterThan0:24 » UnsupportedOperation
[ERROR]   StrangeCalculatorTest.givenLessThan0:35 » UnsupportedOperation
[INFO]
[ERROR] Tests run: 3, Failures: 0, Errors: 3, Skipped: 0
[INFO]
[INFO] ------------------------------------------------------------------------
[INFO] BUILD FAILURE
[INFO] ------------------------------------------------------------------------
```

图 15-1　执行测试用例失败后控制台的截图

2. 第二步：运行测试用例

由于没有编写任何代码来满足这些测试用例，因此这些测试用例将会全部运行失败。

3. 第三步：编写代码

编写代码以满足测试用例，在这个过程中，我们需要编写适量的代码使所有的测试用例通过。

这一步又被称为“绿灯”，在 IDE 中执行成功时是绿色的，非常形象。执行测试用例通过后控制台的截图如图 15-2 所示。

```
[INFO]  T E S T S
[INFO] -------------------------------------------------------
[INFO] Running com.feiniaojin.tdd.example.StrangeCalculatorTest
[INFO] Tests run: 3, Failures: 0, Errors: 0, Skipped: 0, Time elapsed: 0.078 s - in com.feiniaojin.tdd.example
[INFO]
[INFO] Results:
[INFO]
[INFO] Tests run: 3, Failures: 0, Errors: 0, Skipped: 0
[INFO]
```

图 15-2　执行测试用例通过后控制台的截图

4. 第四步：修改代码直至通过测试用例

编写代码完成之后，运行测试用例，确保全部用例都通过。如果有任何一个测试用例失败，就需要修改代码，直至所有的用例都通过。

5. 第五步：重构代码

确保测试用例全部通过之后，开始重构代码，例如，将重复的代码抽取成函数或类，将一些常数定义为枚举等。

重构的目的是优化代码的实现，例如引入设计模式等。重构不改变代码的功能，只是对代码的实现进行优化，因此重构之后的代码必须确保测试用例通过。

6. 第六步：修改重构后的代码直至通过测试用例

重构之后的代码也必须保证通过全部的测试用例，否则需要修改至用例通过。

15.2　TDD 常见的误区

1. 误区一：单元测试就是 TDD

单元测试是一种测试方法，用于验证代码中最小可测试单元的业务逻辑是否符合预期。

TDD 是一种软件开发方法，强调在编写代码之前先编写单元测试用例，并通过不断运行测试用例指导代码的设计和实现。

TDD 基于单元测试，TDD 编写的测试用例即为单元测试用例，但单元测试并不等同于 TDD。

TDD 还强调在测试通过后的代码重构阶段，进行代码实现的优化。单元测试仅用于验证最小可测试单元。

2. 误区二：误将集成测试当成单元测试

TDD 在很多团队中难以推广，甚至连单元测试都难以推广，根本原因在于人们对 TDD 和单元测试的理解存在误区。许多开发者在编写测试用例时，以为自己在编写单元测试，但实际上编写的却是集成测试用例，这是因为他们不理解单元测试和集成测试之间的区别。

单元测试是指对软件中最小的可测试单元进行检查和验证的过程，通常是对代码的单个函数或方法进行测试。单元测试只关注该函数或方法对输入数据的处理和输出数据的正确性，不涉及其他函数或方法的影响，也不考虑系统的整体功能。

集成测试是指将通过单元测试的模块组合起来进行测试，以验证它们能否正常协作和运行。集成测试的对象是系统中的组件或模块，通常是多个已通过单元测试的模块组合起来进行测试。通过集成测试可以发现模块之间的兼容问题、数据一致性问题、系统性能问题等。

在实际开发中，许多开发者通常只对顶层的方法编写测试用例，例如，直接对 Controller 方法编写测试用例，然后在测试用例中启动应用，读写外部数据库，并全面测试 Controller、Service、Dao 等组件。实际上，这是在编写集成测试用例，目的是测试这些组件能否正常协作以完成操作。然而这种方法会导致以下问题。

1）测试用例职责不单一

单元测试用例的职责应该是单一的，即只验证业务代码的执行逻辑，不涉及与外部服务或中间件的集成。如果测试用例包含了与外部服务或中间件的集成，则应该将其视为集成测试。

2）测试用例粒度过大

只针对顶层方法编写测试用例（集成测试），忽略了许多过程中的公共方法，会导致单元测试覆盖率过低，无法保证代码质量。

3）测试用例执行太慢

由于需要依赖基础设施（如数据库连接），因此测试用例执行速度较慢。如果单元测试无法快速完成，那么开发者往往会失去耐心，不再继续进行单元测试。

可以说，执行速度缓慢是单元测试和 TDD 推广困难的主要原因之一。

单元测试必须屏蔽基础设施（外部服务、中间件）的调用，并且仅用于验证业务逻辑是否按预期执行。

要判断自己编写的测试用例是否为单元测试，方法很简单：将开发者的计算机网络断开后，如果能在本地正常执行单元测试，则基本可以确认其为单元测试；否则，均为集成测试用例。

3. 误区三：项目工期紧张就不写单元测试了

开发者在将代码提交测试之前，应先通过自测。自测通过的依据是什么？笔者认为自测通过的依据是开发者编写的单元测试用例运行通过且覆盖了本次开发相关的所有核心方法。

对需求进行工作量评估时，应该将自测的时间考虑进去，为单元测试预留时间。

开发者越早进行单元测试，获得的收益就越大，可以及早发现代码中的错误和缺陷，并及时进行修复。通常到研发阶段的后期，修复错误和缺陷的成本就会变得很高。

在项目工期紧张的情况下，更应该坚持写单元测试，这实际上不会拖慢项目进度。相反，这样做会使开发效率更高：通过即时运行单元测试，我们可以发现未通过的情况，尽早发现问题并解决问题，从而缩小影响范围；对于已通过的测试用例，一旦在之后某次运行中失败，我们能够立即发现并检查原因，防止历史逻辑受到影响。

本章介绍了不少提高单元测试运行速度的方法，读者可以将之应用到实际项目中，减少单元测试对开发时间的影响。

4. 误区四：编写代码完成后再补单元测试

任何时候编写单元测试都是值得鼓励的，都能从单元测试中受益。

在编写代码完成后再编写单元测试的做法，有可能产生代码缺陷或者错误，直到最后才被发现，从而增加了修复问题的成本，给项目带来风险。

编写单元测试的时机应当尽量提前，以便使单元测试发挥更大的作用。

5. 误区五：对单元测试覆盖率的要求过高

有的团队要求单元测试覆盖率接近 100%，即所有的方法都必须进行测试；有的团队则对覆盖率没有要求。

理论上，单元测试应该覆盖所有代码和所有的边界条件，但在实际中也要考虑投入产出的收益率。

在 TDD 中，在“红灯”阶段写的测试用例会覆盖所有相关的 public 方法和边界条件；在重构阶段，某些执行逻辑被抽取为 private 方法，这些 private 方法中只执行操作，不再进行边界判断，因此重构后产生的 private 方法不需要考虑其单元测试。

6. 误区六：单元测试只需要运行一次

一些开发人员认为，单元测试只要运行通过，证明自己编写的代码满足本次迭代需求就可以了，之后不需要再次运行。

实际上，单元测试的生命周期与项目代码是相同的，单元测试不只是运行一次，它对代码质量的影响会持续到项目下线。

每次上线项目时，都应该全量执行一遍单元测试，并且之前的测试用例需要全部通过，确保本次需求开发的代码没有影响到历史逻辑，避免在不知情的情况下改变了历史逻辑，造成系统事故。

对于一些年代久远的系统，如果对内部逻辑不熟悉，该如何使每次迭代的变更范围可控呢？答案就是全量执行单元测试用例，假如之前的测试用例执行不通过，也就意味着本次开发过程进行的变更影响了历史逻辑。老系统没有单元测试怎么办？答案是补齐单元测试。幸运的是，现在有不少可以自动生成单元测试用例代码的工具，读者可以自行研究。

15.3 TDD 技术选型

1. 单元测试框架

JUnit 和 TestNG 都是非常优秀的 Java 单元测试框架，任选其中一个都可以完整实践 TDD，本书采用 JUnit 5。

2. 模拟对象框架

在单元测试中，有时候需要模拟某些对象的行为，在这种情况下可以选择一些 Mock 框架，常见的框架有 Mockito、PowerMock 等，本书采用 Mockito。

3. 测试覆盖率

为了对代码进行充分测试，团队有时候需要监控测试用例的覆盖情况，以便更好地了解测试用例的质量和代码的可靠性，这就需要用到测试覆盖率检测工具。

本书采用 JaCoCo 作为测试覆盖率检测工具，JaCoCo 可以在代码执行期间收集覆盖信息，还可以生成测试覆盖率报告。

4. 测试报告

执行单元测试后，我们需要将测试结果生成报告。测试报告框架有许多，例如 Allure。限于篇幅，读者可自行研究学习。

15.4　TDD 案例实战

15.4.1　奇怪的计算器

本案例将实现一个奇怪的计算器，通过这个案例介绍 TDD 的实现步骤。

本案例的完整代码已开源到 GitHub 中，请读者在 GitHub 中搜索“feiniaojin/tdd-example”获取。由于篇幅限制，在此将不提供 Maven pom 文件、测试报告生成等配置。

1. 第一次迭代

奇怪的计算器的需求如下。

```
输入：输入一个 int 类型的参数
处理逻辑：
  (1) 入参大于 0，计算其减 1 的值并返回。
  (2) 入参等于 0，直接返回 0。
  (3) 入参小于 0，计算其加 1 的值并返回。
```

接下来采用 TDD 进行开发。

1）第一步：红灯

编写测试用例，实现其需求。注意，该需求不会造成 int 数值溢出，因此有三个边界条件要覆盖完整，代码如下。

```
public class StrangeCalculatorTest {
    private StrangeCalculator strangeCalculator;
    @BeforeEach
    public void setup() {
        strangeCalculator = new StrangeCalculator();
    }

    @Test
```

```
    @DisplayName("入参大于 0，将其减 1 并返回")
    public void givenGreaterThan0() {
        // 大于 0 的入参
        int input = 1;
        int expected = 0;
        // 实际计算
        int result = strangeCalculator.calculate(input);
        // 断言确认是否减 1
        Assertions.assertEquals(expected, result);
    }

    @Test
    @DisplayName("入参小于 0，将其加 1 并返回")
    public void givenLessThan0() {
        // 小于 0 的入参
        int input = -1;
        int expected = 0;
        // 实际计算
        int result = strangeCalculator.calculate(input);
        // 断言确认是否减 1
        Assertions.assertEquals(expected, result);
    }

    @Test
    @DisplayName("入参等于 0，直接返回")
    public void givenEquals0() {
        // 等于 0 的入参
        int input = 0;
        int expected = 0;

        // 实际计算
        int result = strangeCalculator.calculate(input);
        // 断言确认是否等于 0
        Assertions.assertEquals(expected, result);
    }
}
```

此时 StrangeCalculator 类和 calculate 方法还没有创建，IDE 报红色提醒是正常的。

创建 StrangeCalculator 类和 calculate 方法，注意此时未实现业务逻辑，应当使测试用例不能通过，在此抛出一个 UnsupportedOperationException 异常。

```
public class StrangeCalculator {
    public int calculate(int input) {
        // 此时未实现业务逻辑，因此抛出一个不支持操作的异常，使测试用例不通过
        throw new UnsupportedOperationException();
    }
}
```

通过 IDEA 运行单元测试，如图 15-3 所示。

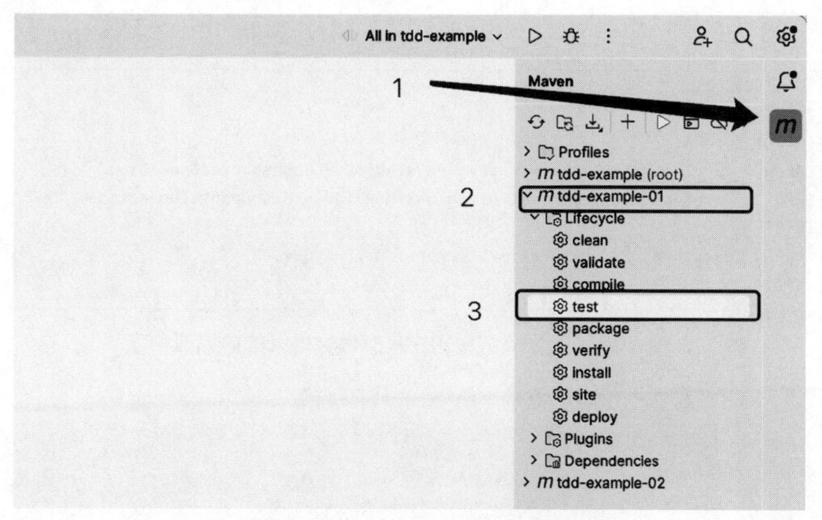

图 15-3　通过 IDEA 运行单元测试

此时，报告测试不通过，控制台输出的信息如图 15-4 所示。

```
[ERROR] Errors:
[ERROR]   StrangeCalculatorTest.givenEquals0:46 » UnsupportedOperation
[ERROR]   StrangeCalculatorTest.givenGreaterThan0:24 » UnsupportedOperation
[ERROR]   StrangeCalculatorTest.givenLessThan0:35 » UnsupportedOperation
[INFO]
[ERROR] Tests run: 3, Failures: 0, Errors: 3, Skipped: 0
[INFO]
[INFO] ------------------------------------------------------------------------
[INFO] BUILD FAILURE
[INFO] ------------------------------------------------------------------------
```

图 15-4　报告测试不通过时控制台输出的信息

2）第二步：绿灯

首先实现 givenGreaterThan0 这个测试用例对应的逻辑，代码如下。

```
public class StrangeCalculator {
    public int calculate(int input) {
        // 大于 0 的逻辑
        if (input > 0) {
             return input - 1;
        }
        // 未实现的边界依旧抛出 UnsupportedOperationException 异常
        throw new UnsupportedOperationException();
    }
}
```

注意，目前只实现了 input>0 的边界条件，其他条件应该继续抛出异常，使其不通过。运行单元测试，三个测试用例中只有两个出错，内容显示如图 15-5 所示。

```
[INFO] Results:
[INFO]
[ERROR] Errors:
[ERROR]   StrangeCalculatorTest.givenEquals0:50 » UnsupportedOperation
[ERROR]   StrangeCalculatorTest.givenLessThan0:37 » UnsupportedOperation
[INFO]
[ERROR] Tests run: 3, Failures: 0, Errors: 2, Skipped: 0
[INFO]
```

图 15-5　三个测试用例中只有两个出错的内容显示

继续实现 givenLessThan0 用例对应的逻辑，代码如下。

```
public class StrangeCalculator {
    public int calculate(int input) {
        if (input > 0) {
            // 大于 0 的逻辑
            return input - 1;
        } else if (input < 0) {
            // 小于 0 的逻辑
            return input + 1;
        }
        // 未实现的边界依旧抛出 UnsupportedOperationException 异常
        throw new UnsupportedOperationException();
    }
}
```

运行单元测试，三个测试用例中只有一个出错，显示信息如图 15-6 所示。

```
[INFO] Results:
[INFO]
[ERROR] Errors:
[ERROR]   StrangeCalculatorTest.givenEquals0:50 » UnsupportedOperation
[INFO]
[ERROR] Tests run: 3, Failures: 0, Errors: 1, Skipped: 0
[INFO]
```

图 15-6　三个测试用例中只有一个出错的显示信息

继续实现 givenEquals0 用例对应的逻辑，代码如下。

```
public class StrangeCalculator {
    public int calculate(int input) {
        // 大于 0 的逻辑
        if (input > 0) {
            return input - 1;
```

```
        }else if (input < 0) {
            return input + 1;
        }else{
            return 0;
        }
    }
}
```

运行单元测试，此时三个测试用例都通过了，如图 15-7 所示。

```
[INFO]  T E S T S
[INFO] -------------------------------------------------------
[INFO] Running com.feiniaojin.tdd.example.StrangeCalculatorTest
[INFO] Tests run: 3, Failures: 0, Errors: 0, Skipped: 0, Time elapsed: 0.078 s - in com.feiniaojin.tdd.example
[INFO]
[INFO] Results:
[INFO]
[INFO] Tests run: 3, Failures: 0, Errors: 0, Skipped: 0
[INFO]
```

图 15-7　三个测试用例都通过的显示信息

在 tdd-example 的 pom.xml 文件中，将报告生成的位置配置为 target/jacoco-report。打开该路径下的 index.html 文件，可以查看 JaCoCo 的测试覆盖率报告，其操作截图如图 15-8 所示。

包级别测试覆盖率统计如图 15-9 所示。

类级别测试覆盖率统计如图 15-10 所示。

单击 StrangeCalculator，可以看到该类的代码逻辑分支覆盖情况，如图 15-11 所示。可以看到，calculate 所有的逻辑分支（边界条件）都被覆盖到了。

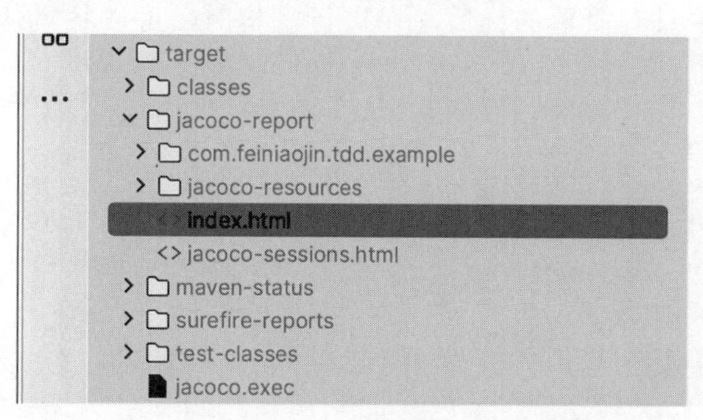

图 15-8　打开 JaCoCo 的测试覆盖率报告的操作截图

tdd-example

Element	Missed Instructions	Cov.	Missed Branches	Cov.	Missed	Cxty	Missed	Lines	Missed	Methods	Missed	Classes
com.feiniaojin.tdd.example		100%		100%	0	4	0	6	0	2	0	1
Total	0 of 17	100%	0 of 4	100%	0	4	0	6	0	2	0	1

图 15-9　包级别测试覆盖率统计

com.feiniaojin.tdd.example

Element	Missed Instructions	Cov.	Missed Branches	Cov.	Missed	Cxty	Missed	Lines	Missed	Methods	Missed	Classes
StrangeCalculator		100%		100%	0	4	0	6	0	2	0	1
Total	0 of 17	100%	0 of 4	100%	0	4	0	6	0	2	0	1

图 15-10　类级别测试覆盖率统计

StrangeCalculator.java

```
 1. package com.feiniaojin.tdd.example;
 2.
 3. public class StrangeCalculator {
 4.     public int calculate(int input) {
 5.         //大于0的逻辑
 6. ◆       if (input > 0) {
 7.             return input - 1;
 8. ◆       } else if (input < 0) {
 9.             return input + 1;
10.         } else {
11.             return 0;
12.         }
13.
14.     }
15. }
```

图 15-11　代码逻辑分支覆盖情况

3）第三步：重构

本案例 calculate 中只有简单的计算，在进行重构时，可以将具体的业务操作抽取为 private 方法，例如：

```
public class StrangeCalculator {
    public int calculate(int input) {
        // 大于 0 的逻辑
        if (input > 0) {
            return doGivenGreaterThan0(input);
        } else if (input < 0) {
            return doGivenLessThan0(input);
        } else {
            return doGivenEquals0(input);
        }
    }

    private int doGivenEquals0(int input) {
        return 0;
    }

    private int doGivenLessThan0(int input) {
```

```
        return input + 1;
    }

    private int doGivenGreaterThan0(int input) {
        return input - 1;
    }
}
```

重构后再次运行测试，测试通过，如图 15-12 所示。

```
[INFO]  T E S T S
[INFO] -------------------------------------------------------
[INFO] Running com.feiniaojin.tdd.example.StrangeCalculatorTest
[INFO] Tests run: 3, Failures: 0, Errors: 0, Skipped: 0, Time elapsed: 0.083 s - in com.feiniaojin.tdd.e
[INFO]
[INFO] Results:
[INFO]
[INFO] Tests run: 3, Failures: 0, Errors: 0, Skipped: 0
[INFO]
[INFO]
```

图 15-12　重构后再次运行测试，测试通过

查看 JaCoCo 测试覆盖率的报告，观察重构后代码逻辑分支覆盖情况，如图 15-13 所示 。可以看到，每个边界条件都被覆盖到了。

StrangeCalculator.java

```
 1. package com.feiniaojin.tdd.example;
 2.
 3. public class StrangeCalculator {
 4.     public int calculate(int input) {
 5.         //大于0的逻辑
 6.         if (input > 0) {
 7.             return doGivenGreaterThan0(input);
 8.         } else if (input < 0) {
 9.             return doGivenLessThan0(input);
10.         } else {
11.             return doGivenEquals0(input);
12.         }
13.
14.     }
15.
16.     private int doGivenEquals0(int input) {
17.         return 0;
18.     }
19.
20.     private int doGivenLessThan0(int input) {
21.         return input + 1;
22.     }
23.
24.     private int doGivenGreaterThan0(int input) {
25.         return input - 1;
26.     }
27. }
```

图 15-13　重构后代码逻辑分支覆盖情况

2. 第二次迭代

奇怪的计算器第二次迭代的需求如下。

```
针对大于 0 且小于 100 的 input，不再计算其减 1 的值，而是计算其平方值。
```

第二个版本的需求对上一个迭代的边界条件做了调整，需要先根据本次迭代，整理出新的且完整的边界条件。

```
(1) 针对大于 0 且小于 100 的 input，计算其平方值。
(2) 针对大于或等于 100 的 input，计算其减去 1 的值。
(3) 针对小于 0 的 input，计算其加 1 的值。
(4) 针对等于 0 的 input，返回 0。
```

此时，之前的测试用例的入参有可能已经不满足新的边界了，但是暂时先不管它，继续 TDD 的"红灯—绿灯—重构"的流程。

1）第一步：红灯

在 StrangeCalculatorTest 中编写新的单元测试用例，用来覆盖本次的两个边界条件，代码如下。

```
@Test
@DisplayName("入参大于 0 且小于 100，计算其平方")
public void givenGreaterThan0AndLessThan100() {
    int input = 3;
    int expected = 9;
    // 实际计算
    int result = strangeCalculator.calculate(input);
    // 断言确认是否计算了平方
    Assertions.assertEquals(expected, result);
}

@Test
@DisplayName("入参大于或等于 100，计算其减 1 的值")
public void givenGreaterThanOrEquals100() {
    int input = 100;
    int expected = 99;
    // 实际计算
    int result = strangeCalculator.calculate(input);
    // 断言确认是否计算了平方
    Assertions.assertEquals(expected, result);
}
```

运行所有的单元测试。可以看到，有些测试用例未通过，如图 15-14 所示。

```
[INFO] Results:
[INFO]
[ERROR] Failures:
[ERROR]   StrangeCalculatorTest.givenGreaterThan0AndLessThan100:64 expected: <9> but was: <2>
[INFO]
[ERROR] Tests run: 5, Failures: 1, Errors: 0, Skipped: 0
[INFO]
```

图 15-14　有些测试用例未通过

2）第二步：绿灯

实现第二次迭代的业务逻辑，代码如下。

```
public class StrangeCalculator {
    public int calculate(int input) {
        if (input >= 100) {
            //第二次迭代时，大于或等于 100 的区间还是按老逻辑实现
            return doGivenGreaterThan0(input);
        } else if (input > 0) {
            //第二次迭代的业务逻辑
            return input * input;
        } else if (input < 0) {
            return doGivenLessThan0(input);
        } else {
            return doGivenEquals0(input);
        }
    }

    private int doGivenEquals0(int input) {
        return 0;
    }
    private int doGivenLessThan0(int input) {
        return input + 1;
    }
    private int doGivenGreaterThan0(int input) {
        return input - 1;
    }
}
```

执行所有的测试用例，此时第二次迭代的 givenGreaterThan0AndLessThan100 和 givenGreaterThanOrEquals100 这两个用例都通过了，但是 givenGreaterThan0 没有通过，如图 15-15 所示。这是因为边界条件发生了改变，givenGreaterThan0 用例中的参数 input=1，对应的是 0<input<100 的边界条件，此时已经调整了，0<input<100 需要计算 input 的平方，而不是 input-1。

```
[INFO] Results:
[INFO]
[ERROR] Failures:
[ERROR]   StrangeCalculatorTest.givenGreaterThan0:27 expected: <0> but was: <1>
[INFO]
[ERROR] Tests run: 5, Failures: 1, Errors: 0, Skipped: 0
[INFO]
```

图 15-15 givenGreaterThan0 没有通过

审查之前迭代的单元测试用例可以看到，givenGreaterThan0 的边界已经被 givenGreaterThan0AndLessThan100 和 givenGreaterThanOrEquals100 覆盖到了。

一方面，givenGreaterThan0 对应的业务逻辑改变了，另一方面，已经有其他测试用例覆盖

了 givenGreaterThan0 的边界条件。因此，可以将 givenGreaterThan0 移除。

```
@Test
@DisplayName("入参大于 0，将其减 1 并返回")
public void givenGreaterThan0() {
    int input = 1;
    int expected = 0;
    int result = strangeCalculator.calculate(input);
    Assertions.assertEquals(expected, result);
}
@Test
@DisplayName("入参大于 0 且小于 100，计算其平方")
public void givenGreaterThan0AndLessThan100() {
    // 大于 0 且小于 100 的入参
    int input = 3;
    int expected = 9;
    // 实际计算
    int result = strangeCalculator.calculate(input);
    // 断言确认是否计算了平方
    Assertions.assertEquals(expected, result);
}
@Test
@DisplayName("入参大于或等于 100，计算其减 1 的值")
public void givenGreaterThanOrEquals100() {
    // 大于 0 且小于 100 的入参
    int input = 100;
    int expected = 99;
    // 实际计算
    int result = strangeCalculator.calculate(input);
    // 断言确认是否计算了平方
    Assertions.assertEquals(expected, result);
}
```

将 givenGreaterThan0 移除后，重新执行单元测试，结果如图 15-16 所示。

```
[INFO]  T E S T S
[INFO] -------------------------------------------------------
[INFO] Running com.feiniaojin.tdd.example.StrangeCalculatorTest
[INFO] Tests run: 4, Failures: 0, Errors: 0, Skipped: 0, Time elapsed: 0.075 s - in com.feiniaojin.tdd.example.
[INFO]
[INFO] Results:
[INFO]
[INFO] Tests run: 4, Failures: 0, Errors: 0, Skipped: 0
[INFO]
[INFO]
```

图 15-16　将 givenGreaterThan0 移除后重新执行单元测试的结果

这次执行通过了，也将测试用例维护在最新的业务规则下。

3）第三步：重构

测试用例通过后，便可以进行重构了。首先，抽取 0<input<100 边界内的逻辑，形成私有

方法；其次，input>=0 边界条件下的 doGivenGreaterThan0 方法如今已经名不副实，因此重新命名为 doGivenGreaterThanOrEquals100。

重构后的代码如下。

```
public class StrangeCalculator {
    public int calculate(int input) {

        if (input >= 100) {
            //第二次迭代时，大于或等于 100 的区间还是按老逻辑实现
            // return doGivenGreaterThan0(input);
            return doGivenGreaterThanOrEquals100(input);
        }else if (input > 0) {
            //第二次迭代的业务逻辑
            return doGivenGreaterThan0AndLessThan100(input);
        }else if (input < 0) {
            return doGivenLessThan0(input);
        }else {
            return doGivenEquals0(input);
        }
    }

    private int doGivenGreaterThan0AndLessThan100(int input) {
        return input * input;
    }

    private int doGivenEquals0(int input) {
        return 0;
    }

    private int doGivenGreaterThanOrEquals100(int input) {
        return input + 1;
    }

    private int doGivenGreaterThan100(int input) {
        return input - 1;
    }
}
```

3. 第三次迭代

第三次以及之后的迭代都按照第二次迭代的思路进行开发。

15.4.2 贫血模型三层架构的 TDD 实战

贫血三层架构的模型是贫血模型，因此只需对 Dao、Service、Controller 这三层分别进行探讨即可。

1. Dao 层单元测试用例

严格地说，Dao 层的测试属于集成测试，因为 Dao 层的 SQL 语句需要在实际的数据库环

境中执行，只有与数据库的真实连接进行集成测试，才能确保 SQL 语句正常执行。

Dao 层的测试更多的是希望验证 Mapper 方法是否能正常操作，例如，某个 ResultMap 缺少字段、某个 #{} 没有正常赋值。

在此，引入内存数据库（如 H2 内存数据库），通过集成到应用中的内存数据库模拟外部数据库，确保了单元测试的独立性，也提高了 Dao 层单元测试的速度。

H2 内存数据库的详细配置可以到本文配套的项目案例 tdd-example/tdd-example-02 中查看，可在 GitHub 中搜索“feiniaojin/tdd-example”。

以下是 mybatis-generator 逆向生成的 mapper，将它作为 Dao 层单元测试的例子。一般来说，逆向生成的 mapper 属于可信任代码，所以不再进行测试，在此仅作为案例讲解。

Dao 层 Mapper 的代码如下。

```
public interface CmsArticleMapper {
    int deleteByPrimaryKey(Long id);

    int insert(CmsArticle record);

    CmsArticle selectByPrimaryKey(Long id);

    List<CmsArticle> selectAll();

    int updateByPrimaryKey(CmsArticle record);
}
```

Dao 层 Mapper 的测试代码如下。

```
@ExtendWith(SpringExtension.class)
@SpringBootTest
@AutoConfigureTestDatabase
public class CmsArticleMapperTest {

    @Resource
    private CmsArticleMapper mapper;

    @Test
    public void testInsert() {
        CmsArticle article = new CmsArticle();
        article.setId(0L);
        article.setArticleId("ABC123");
        article.setContent("content");
        article.setTitle("title");
        article.setVersion(1L);
        article.setModifiedTime(new Date());
        article.setDeleted(0);
        article.setPublishState(0);
        int inserted = mapper.insert(article);
```

```
        Assertions.assertEquals(1, inserted);
    }

    @Test
    public void testUpdateByPrimaryKey() {
        CmsArticle article = new CmsArticle();
        article.setId(1L);
        article.setArticleId("ABC123");
        article.setContent("content");
        article.setTitle("title");
        article.setVersion(1L);
        article.setModifiedTime(new Date());
        article.setDeleted(0);
        article.setPublishState(0);
        int updated = mapper.updateByPrimaryKey(article);
        Assertions.assertEquals(1, updated);
    }

    @Test
    public void testSelectByPrimaryKey() {
        CmsArticle article = mapper.selectByPrimaryKey(2L);
        Assertions.assertNotNull(article);
        Assertions.assertNotNull(article.getTitle());
        Assertions.assertNotNull(article.getContent());
    }
}
```

2. Service 层单元测试用例

Service 层是需要重点关注的一层，为了确保测试用例执行的效率和屏蔽基础设施调用，Service 层所有对基础设施的调用都应该使用伪对象替代。

Service 层的代码如下。

```
@Service
public class ArticleServiceImpl implements ArticleService {

    @Resource
    private CmsArticleMapper mapper;

    @Resource
    private IdServiceGateway idServiceGateway;

    @Override
    public void createDraft(CreateDraftCmd cmd) {

        CmsArticle article = new CmsArticle();
        article.setArticleId(idServiceGateway.nextId());
        article.setContent(cmd.getContent());
```

```
        article.setTitle(cmd.getTitle());
        article.setPublishState(0);
        article.setVersion(1L);
        article.setCreatedTime(new Date());
        article.setModifiedTime(new Date());
        article.setDeleted(0);
        mapper.insert(article);
    }
    @Override
    public CmsArticle getById(Long id) {
        return mapper.selectByPrimaryKey(id);
    }
}
```

Service 层的测试代码如下。

```
@SpringBootTest(webEnvironment = SpringBootTest.WebEnvironment.NONE,
classes = {ArticleServiceImpl.class})
@ExtendWith(SpringExtension.class)
public class ArticleServiceImplTest {

    @Resource
    private ArticleService articleService;

    @MockBean
    IdServiceGateway idServiceGateway;

    @MockBean
    private CmsArticleMapper cmsArticleMapper;

    @Test
    public void testCreateDraft() {

        Mockito.when(idServiceGateway.nextId()).thenReturn("123");
        Mockito.when(cmsArticleMapper.insert(Mockito.any())).thenReturn(1);

        CreateDraftCmd createDraftCmd = new CreateDraftCmd();
        createDraftCmd.setTitle("test-title");
        createDraftCmd.setContent("test-content");
        articleService.createDraft(createDraftCmd);

        Mockito.verify(idServiceGateway, Mockito.times(1)).nextId();
        Mockito.verify(cmsArticleMapper, Mockito.times(1)).insert(Mockito.any());
    }

    @Test
    public void testGetById() {
        CmsArticle article = new CmsArticle();
```

```
        article.setId(1L);
        article.setTitle("testGetById");

        Mockito.when(cmsArticleMapper.selectByPrimaryKey(Mockito.any())).
thenReturn(article);

        CmsArticle byId = articleService.getById(1L);

        Assertions.assertNotNull(byId);
        Assertions.assertEquals(1L,byId.getId());
        Assertions.assertEquals("testGetById",byId.getTitle());
    }
}
```

根据 JaCoCo 的测试覆盖率报告可以看到，Service 的逻辑都被覆盖到了，如图 15-17 所示。

```
12. @Service
13. public class ArticleServiceImpl implements ArticleService {
14.
15.     @Resource
16.     private CmsArticleMapper mapper;
17.
18.     @Resource
19.     private IdServiceGateway idServiceGateway;
20.
21.     @Override
22.     public void createDraft(CreateDraftCmd cmd) {
23.
24.         CmsArticle article = new CmsArticle();
25.         article.setArticleId(idServiceGateway.nextId());
26.         article.setContent(cmd.getContent());
27.         article.setTitle(cmd.getTitle());
28.         article.setPublishState(0);
29.         article.setVersion(1L);
30.         article.setCreatedTime(new Date());
31.         article.setModifiedTime(new Date());
32.         article.setDeleted(0);
33.         mapper.insert(article);
34.     }
35.
36.     @Override
37.     public CmsArticle getById(Long id) {
38.         return mapper.selectByPrimaryKey(id);
39.     }
40. }
```

图 15-17　Service 的逻辑都被覆盖到的信息

3. Controller 层单元测试用例

Controller 层是非常薄的一层，按照预想是不涉及业务逻辑的，如果只涉及内外模型的转换，那么单元测试可忽略。如果实在想测试，则可以使用 MockMvc。

Controller 的代码如下。

```
@RestController
@RequestMapping("/article")
public class ArticleController {
```

```
    @Resource
    private ArticleService articleService;

    @RequestMapping("/createDraft")
    public void createDraft(@RequestBody CreateDraftCmd cmd) {
       articleService.createDraft(cmd);
    }

    @RequestMapping("/get")
    public CmsArticle get(Long id) {
       CmsArticle article = articleService.getById(id);
       return article;
    }
}
```

Controller 的测试代码如下。

```
@ExtendWith(SpringExtension.class)
@SpringBootTest(webEnvironment = SpringBootTest.WebEnvironment.MOCK,
classes = {ArticleController.class})
@EnableWebMvc
public class ArticleControllerTest {

    @Resource
    WebApplicationContext webApplicationContext;

    MockMvc mockMvc;

    @MockBean
    ArticleService articleService;

    //初始化mockmvc
    @BeforeEach
    void setUp() {
       mockMvc = MockMvcBuilders.webAppContextSetup(webApplicationContext).build();
    }

    @Test
    void testCreateDraft() throws Exception {

       CreateDraftCmd cmd = new CreateDraftCmd();
       cmd.setTitle("test-controller-title");
       cmd.setContent("test-controller-content");

       ObjectMapper mapper = new ObjectMapper();
       String valueAsString = mapper.writeValueAsString(cmd);

       Mockito.doNothing().when(articleService).createDraft(Mockito.any());
```

```
        mockMvc.perform(MockMvcRequestBuilders
        // 访问的 URL 和参数
        .post("/article/createDraft")
        .content(valueAsString)
        .contentType(MediaType.AppLICATION_JSON))
        // 期望返回的状态码
        .andExpect(MockMvcResultMatchers.status().isOk())
        // 输出请求和响应结果
        .andDo(MockMvcResultHandlers.print()).andReturn();
    }

    @Test
    void testGet() throws Exception {

        CmsArticle article = new CmsArticle();
        article.setId(1L);
        article.setTitle("testGetById");


        Mockito.when(articleService.getById(Mockito.any())).thenReturn(article);

        mockMvc.perform(MockMvcRequestBuilders
        // 访问的 URL 和参数
        .get("/article/get").param("id","1"))
        // 期望返回的状态码
        .andExpect(MockMvcResultMatchers.status().isOk())
        .andExpect(MockMvcResultMatchers.jsonPath("$.id").value(1L))
        // 输出请求和响应结果
        .andDo(MockMvcResultHandlers.print()).andReturn();
    }
}
```

通过 JaCoCo 的测试覆盖率报告可以看到，Controller 的逻辑都被覆盖到了，如图 15-18 所示。

```
12. @RestController
13. @RequestMapping("/article")
14. public class ArticleController {
15.
16.     @Resource
17.     private ArticleService articleService;
18.
19.     @RequestMapping("/createDraft")
20.     public void createDraft(@RequestBody CreateDraftCmd cmd) {
21.         articleService.createDraft(cmd);
22.     }
23.
24.     @RequestMapping("/get")
25.     public CmsArticle get(Long id) {
26.         CmsArticle article = articleService.getById(id);
27.         return article;
28.     }
29. }
```

图 15-18　Controller 的逻辑都被覆盖到的信息

15.4.3 DDD 下的 TDD 实战

下面以案例工程 ddd-example-cms 为例讲解领域驱动设计下的测试驱动开发实战。该案例代码已开源到 GitHub 中，读者可在 GitHub 中搜索 feiniaojin/ddd-example-cms。

DDD 应用中各层的测试用例可以参考贫血模型，技术实现时只需要进行如下细微调整即可。

- 应用层的测试用例，可以参考 Service 层单元测试用例进行编写。
- 基础设施层的测试用例，可以参考 Dao 层单元测试用例进行编写。
- 用户接口层的测试用例，可以参考 Controller 层单元测试用例进行编写。

这几层的实现细节在此不再赘述，详细内容可以到案例工程 ddd-example-cms 中查看。接下来对领域层的测试用例进行探讨。

1. 实体的单元测试

实体的单元测试要考虑两方面：编写多个测试用例覆盖业务规则所有的分支；实体的单元测试不需要启动容器和依赖基础设施。

```
@Data
public class ArticleEntity extends AbstractDomainMask {

    /**
    * article 业务主键
    */
    private ArticleId articleId;

    /**
    * 标题
    */
    private ArticleTitle title;

    /**
    * 内容
    */
    private ArticleContent content;

    /**
    * 发布状态,[0:待发布;1:已发布]
    */
    private Integer publishState;

    /**
    * 创建草稿
    */
    public void createDraft() {
```

```
        this.publishState = PublishState.TO_PUBLISH.getCode();
    }

    /**
     * 修改标题
     *
     * @param articleTitle
     */
    public void modifyTitle(ArticleTitle articleTitle) {
        this.title = articleTitle;
    }

    /**
     * 修改正文
     *
     * @param articleContent
     */
    public void modifyContent(ArticleContent articleContent) {
        this.content = articleContent;
    }

    /**
     * 发布
     */
    public void publishArticle() {
        this.publishState = PublishState.PUBLISHED.getCode();
    }
}
```

测试用例的代码如下。

```
public class ArticleEntityTest {

    @Test
    @DisplayName("创建草稿")
    public void testCreateDraft() {
        ArticleEntity entity = new ArticleEntity();
        entity.setTitle(new ArticleTitle("title"));
        entity.setContent(new ArticleContent("content12345677890"));
        entity.createDraft();
        Assertions.assertEquals(PublishState.TO_PUBLISH.getCode(), entity.getPublishState());
    }

    @Test
    @DisplayName("修改标题")
    public void testModifyTitle() {
        ArticleEntity entity = new ArticleEntity();
        entity.setTitle(new ArticleTitle("title"));
```

```
        entity.setContent(new ArticleContent("content12345677890"));
        ArticleTitle articleTitle = new ArticleTitle("new-title");
        entity.modifyTitle(articleTitle);
        Assertions.assertEquals(articleTitle.getValue(), entity.getTitle().getValue());
    }

    @Test
    @DisplayName("修改正文")
    public void testModifyContent() {
        ArticleEntity entity = new ArticleEntity();
        entity.setTitle(new ArticleTitle("title"));
        entity.setContent(new ArticleContent("content12345677890"));
        ArticleContent articleContent = new ArticleContent("new-content12345677890");
        entity.modifyContent(articleContent);
        Assertions.assertEquals(articleContent.getValue(), entity.getContent().getValue());
    }

    @Test
    @DisplayName("发布")
    public void testPublishArticle() {
        ArticleEntity entity = new ArticleEntity();
        entity.setTitle(new ArticleTitle("title"));
        entity.setContent(new ArticleContent("content12345677890"));
        entity.publishArticle();
        Assertions.assertEquals(PublishState.PUBLISHED.getCode(), entity.getPublishState());
    }
}
```

2. 值对象的单元测试

值对象的单元测试必须覆盖其业务规则。以 ArticleTitle 值对象为例，其代码如下。

```
public class ArticleTitle implements ValueObject<String> {

    private final String value;


    public ArticleTitle(String value) {
        this.check(value);
        this.value = value;
    }

    private void check(String value) {
        Objects.requireNonNull(value, "标题不能为空");
        if (value.length() > 64) {
            throw new IllegalArgumentException("标题过长");
        }
    }
```

```
    @Override
    public String getValue() {
        return this.value;
    }
}
```

其单元测试的代码如下。

```
public class ArticleTitleTest {

    @Test
    @DisplayName("测试业务规则，ArticleTitle 为空抛异常")
    public void whenGivenNull() {
        Assertions.assertThrows(NullPointerException.class, () -> {
            new ArticleTitle(null);
        });
    }

    @Test
    @DisplayName("测试业务规则，ArticleTitle 值长度大于 64 抛异常")
    public void whenGivenLengthGreaterThan64() {
        Assertions.assertThrows(IllegalArgumentException.class, () -> {
            new
ArticleTitle("11111111111111111111111111111111111111111111111111111111111111111111111111
111111111111111");
        });
    }

    @Test
    @DisplayName("测试业务规则，ArticleTitle 小于或等于 64 正常创建")
    public void whenGivenLengthEquals64() {
        ArticleTitle articleTitle = new ArticleTitle("11111111111111111111111111111111111
11111111111111111111111111111");
        Assertions.assertEquals(64, articleTitle.getValue().length());
    }
}
```

3. Factory 的单元测试

Factory 的单元测试代码如下。

```
@Component
public class ArticleDomainFactoryImpl implements ArticleFactory {

@Override
  public ArticleEntity newInstance(ArticleTitle title, ArticleContent content) {
      ArticleEntity entity = new ArticleEntity();
      entity.setTitle(title);
      entity.setContent(content);
```

```
        entity.setArticleId(new ArticleId(UUID.randomUUID().()));
        entity.setPublishState(PublishState.TO_PUBLISH.getCode());
        entity.setDeleted(0);
        Date date = new Date();
        entity.setCreatedTime(date);
        entity.setModifiedTime(date);
        return entity;
    }
}
```

Factory的实现类位于应用层，ArticleDomainFactoryImpl的测试用例与贫血三层架构Service层的测试用例相似，其测试代码如下。

```
@SpringBootTest(webEnvironment = SpringBootTest.WebEnvironment.NONE,
classes = {ArticleDomainFactoryImpl.class})
@ExtendWith(SpringExtension.class)
public class ArticleDomainFactoryImplTest {

    @Resource
    private ArticleFactory articleFactory;

    @Test
    @DisplayName("Factory创建新实体")
    public void testNewInstance() {

        ArticleTitle articleTitle = new ArticleTitle("title");
        ArticleContent articleContent = new
ArticleContent("content1234567890");

        ArticleEntity instance = articleFactory.newInstance(articleTitle, articleContent);

        // 创建新实体
        Assertions.assertNotNull(instance);
        // 唯一标识正确赋值
        Assertions.assertNotNull(instance.getArticleId());
    }
}
```

第 16 章 敏捷开发

16.1 敏捷开发介绍

16.1.1 敏捷开发价值观

2001 年，软件业思想领袖共同发表《敏捷宣言》，宣告敏捷开发的开始，宣言中提到了以下四大价值观。

1. 个体及互动高于流程和工具

相比于传统的开发方法，敏捷开发强调尊重团队个人，构建一个拥有基本信任和安全的工作环境，以此确保所有的团队成员都有平等的发言权，他们的意见都能被听到并得到考虑；鼓励自我管理团队，由团队决定谁执行下一阶段的工作；鼓励团队成员之间面对面地沟通和交流；团队成员利用每日站会对彼此做出小的承诺，及时发现问题，确保团队工作顺利进行，每日站会的时间不超过 15 分钟；团队领导者应支持团队的工作方法。

2. 工作的软件高于详尽的文档

为确保交付的软件满足客户需求，在敏捷开发中需要编写待办事项，并根据其商业价值进行优先级排序，确保价值交付；为了快速进行商业模式验证，团队可以根据待办事项的优先级，开发出最小可行产品（MVP），以快速向客户展示。工作的软件比详尽的文档更具有价值，因此敏捷开发应探索如何精简文档。

3. 客户合作高于合同谈判

在传统的软件开发方法中，客户与开发团队通常以合同的方式约定双方的权利和义务，同时将待开发的需求写入合同条款。在这种情况下，由于双方的沟通建立在合同条款的基础上，双方都在想办法规避风险，很难形成充分的信任和有效的沟通。因此，一些有利于需求的调整往往需要通过漫长的需求变更流程。

敏捷开发主张客户合作高于合同谈判，强调更紧密的客户合作关系，团队应该优先考虑如何最有效地满足客户的需求，而不是仅仅依据合同条款来决定工作内容。团队应该通过与客户频繁的沟通，深入了解客户的需求。可以邀请客户参与日常的早会，以便及时进行需求答疑；在每个迭代周期结束时，向客户演示产品，征求他们的反馈，根据客户的反馈及时调整产品，以确保产品真正符合客户的预期。

敏捷开发鼓励团队在开发过程中灵活应对变化。由于客户的需求经常发生变化，因此团队需要具备快速响应变化的能力。

4. 响应变化高于遵循计划

在传统的软件开发中，计划是至关重要的。团队通过周密详尽的计划，实施开发工作并规避风险。但是在敏捷开发中，响应客户需求的变化被认为是更重要的，遵循计划反而被放在次要的位置。市场环境是不断变化的，客户对需求的认知是不断深入的，如果团队过于坚守既定的计划，可能会使客户错过一些重要的机会。敏捷开发的愿景是为客户交付真正有价值的产品，帮助客户抓住机会。

敏捷开发通过较短的迭代周期，不断地增量交付需求。敏捷开发的迭代周期通常为 2 ～ 4 周，团队可以及时获得客户反馈，并及时进行调整和改进。

16.1.2 敏捷开发十二个原则

在《敏捷宣言》中，提到了敏捷开发的十二个原则，分别如下。

1）满足客户的需求：尽早并持续交付有价值的软件

这是敏捷开发十二个原则中优先级最高的原则，这个原则强调：及早交付价值，避免传统开发过程的最终验收式的交付，以及通过增量的方式及早将核心价值交付给客户；将客户需求放在首要位置，通过频繁持续的交付，不断交付可运行的软件，快速获得客户反馈，根据客户反馈持续改进产品；交付真正对客户有价值的软件，满足客户的业务需求，帮助客户抓住机会，而不是限定在合同条款约束的需求。

2）拥抱需求变更，助力客户赢得市场竞争优势

需求变更往往是因为业务环境发生了变化，例如市场环境、政策调整等，或者客户对需求有了更深层次的理解。敏捷开发强调拥抱需求变更，允许客户提出新的需求或者对现有需求进行调整，使客户适应新的商业环境，从而获得竞争优势。

3）频繁交付可用的软件，周期越短越好

频繁交付可用的软件，一方面，可以打消客户对项目风险的顾虑，获得项目各个相关方的持续支持；另一方面，可以尽早得到客户的反馈，以便根据反馈及时调整和改进。

4）业务人员与开发人员始终通力协作

敏捷开发倡导开发团队与业务人员紧密合作，确保开发人员充分理解需求，减少理解偏差和后续的返工。此外，开发团队与业务人员的及时沟通有助于及早解决问题。

5）激发团队潜能：为项目成员创造支持性环境，坚信其完成任务的能力

在敏捷开发中，我们充分信任项目成员，鼓励他们自我组织、自我管理，由敏捷团队自己组织开发过程。当遇到项目问题时，优先由敏捷团队内部解决，如果解决不了，再去寻求管理层的资源支持。敏捷团队内部成员之间平等且互相尊重，互相认可对方的技术专业度和职业素养，充分尊重团队成员的不同意见，鼓励大家发表自己的看法。

6）最有效的信息传达方式是面对面地交谈

在敏捷开发中，提倡团队成员面对面的沟通方式，避免其他沟通方式造成的信息失真、沟通不及时等问题，以便问题得到及时解决。

7）可用的软件是衡量进度的首要标准

敏捷开发的过程是增量式的，将完整的产品分成各个不同的增量，每个迭代结束后，都会交付一定的产品增量需求。敏捷开发每个迭代结束时，验证项目进度的标准应当是可运行的产品增量。

8）敏捷开发提倡可持续：项目发起人、开发人员和用户应该始终保持稳定的步调

敏捷开发的过程应该具备可持续性，长期高强度的加班并不能带来开发速度的提升，反而会打击团队成员的工作积极性，最终降低开发效率，也会影响软件质量。敏捷团队处理用户故事的速度在每个迭代中应该保持大体不变，这样有助于评估项目进度。

9）通过对技术的精进以及对设计的完善，不断提高敏捷性

通过改进或者引入新的技术方案（或者工具），不断提升开发效率。本书提到的代码生成器、项目初始化脚手架、Graceful Response 组件、低代码平台、静态代码扫描工具等，都可以引入敏捷开发过程，加速开发效率。

对设计的完善，可以提前规避一些缺陷和问题，避免后期返工。

10）追求简捷，即尽最大可能减少不必要的工作

敏捷开发的流程、交付产品应该尽量简化。

对于开发流程，要想办法减少外部对敏捷团队的干预，充分信任敏捷团队能够达成开发目标。

对于敏捷开发的交付产品，要充分考虑其必要性。例如，对于开发文档，接口文档是不可或缺的，因为接口文档定义了前端和后端的协作规范；而某些设计文档很难带来价值，类似 UML 类图，不仅可以通过 IDE 插件自动生成，而且类和接口也经常会变化，难以持续地进行维护，最关键的是，读 UML 类图文档的人很少。本书第 17 章介绍了 C4 模型，在实际开发中，往往只需要产出系统、容器和组件这三个层次的架构图，极大地降低了文档编写的工作量。

11）最佳的架构、需求和设计来源于自组织团队

自组织团队是指团队内部实行自我管理，团队自主评估工作量、决定开发计划，并负责架构设计和技术选型，同时由内部解决冲突。外界应尽量减少对敏捷团队的不必要干预，给予充分信任和尊重。

12）持续改进：团队定期反思和调整行为以提升效率

敏捷团队在每次迭代结束后，都应该对本次迭代进行反思，总结经验教训，不断完善和优化开发过程，提高敏捷性。

在 Scrum 中，每次迭代结束后，敏捷团队都会举行迭代回顾会议，在会议上进行反省，调整敏捷团队未来的行为。

16.2 敏捷开发常用实践方法

敏捷开发的具体实践方法有很多，包括 Scrum、看板和极限编程等。下面将分别介绍它们。

16.2.1 Scrum

Scrum 是一种敏捷开发方法，用于项目管理和软件开发。它强调通过小型团队合作，不断迭代、适应变化来提高产品的交付效率和质量。

1. Scrum 团队角色构成

Scrum 团队由以下几种角色构成。

- 产品负责人（Product Owner）：代表产品利益相关者，负责理解用户需求，确定产品特性，优先级排序，持续沟通并提供反馈。
- Scrum 团队（Scrum Team）：由跨职能团队成员组成，包括开发人员、测试人员、设计师等，在每个迭代中合作进行软件开发。
- Scrum 主管（Scrum Master）：负责引导团队按照 Scrum 的原则和实践进行工作，帮助团队达到高效协作和自我组织的状态。

2. Scrum 的活动和工件

Scrum 的主要活动和工件如图 16-1 所示。

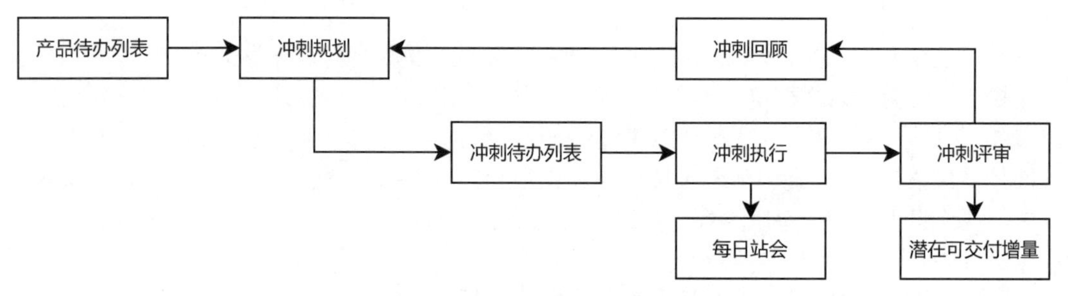

图 16-1 Scrum 的主要活动和工件

- 产品待办项（Product Backlog Item，PBI）：在项目开发过程中需要完成的具体工作，包括用户故事、技术任务等。所有的产品待办项形成产品待办列表。
- 冲刺（Sprint）：Scrum 是迭代式的开发过程，它将每个迭代的时间长度固定为 2 ～ 4

周，这样的迭代就是冲刺。

- 冲刺计划会议（Sprint Planning Meeting）：Scrum 团队和产品负责人一起选择优先级高的产品待办项作为本次冲刺的目标，并将本次冲刺需要完成的产品待办项分解为具体的任务。
- 冲刺待办项（Sprint Backlog Item）：在冲刺中需要完成的产品待办项，以及这些产品待办项包含的具体任务。
- 每日站会（Daily Scrum）：每日站会仅用于分享信息和暴露问题，不负责探讨问题的解决方案。对于复杂的问题，应该在每日站会之后另外安排会议进行讨论。
- 潜在可交付增量（Potentially Shippable Increment）：在每个冲刺结束时，交付可用的部分产品。
- 冲刺评审（Sprint Review）：Scrum 团队和相关方评审冲刺结果与需求对齐程度。
- 冲刺回顾（Sprint Retrospective）：Scrum 团队内部总结经验教训，为下一个冲刺制订改进计划。

3. Scrum 的实施步骤

Scrum 的实施步骤其实就是 Scrum 团队围绕工件开展活动的过程，主要有以下几步。

（1）产品负责人建立产品愿景：明确项目目标和应用背景。

（2）产品负责人梳理产品待办事项：产品负责人通过收集各个相关方的需求，整理成产品待办列表。

（3）Scrum 团队举办冲刺计划会议：开发团队和产品负责人共同制定冲刺目标，产品负责人从产品待办列表中选取优先级较高的产品待办项作为本次冲刺待办项，开发团队共同确认其工作量和完成时间。

（4）冲刺执行：按照冲刺计划，团队进行日常开发、协作、沟通。每个冲刺周期持续 2 至 4 周。

（5）每日站会：Scrum 团队每天固定时间开展 15 分钟的站会，讨论前一天的工作、当日的计划、待办事项和遇到的问题等。

（6）增量交付和演示：在冲刺结束时，Scrum 团队向项目相关方交付可用的增量产品，并展示其功能和特性。

（7）评审和回顾：团队与相关方一起对冲刺结果进行评审，收集反馈。团队内部也进行回顾，总结经验教训。

（8）更新产品待办列表：根据评审结果和反馈，更新待办事项清单的优先级和细节。

4. Scrum 实践经验教训

1）紧密的合作和沟通是 Scrum 成功的关键

敏捷团队应该建立起平等和尊重的团队文化，团队成员之间应该彼此信任，鼓励团队提出异议。团队通过每日站会，及时分享信息、同步进度。要注意控制每日站会的时间，避免占用过多的时间。

2）团队要保持自我组织和自我管理的能力

组织的管理层应该充分信任敏捷团队，避免过度干预敏捷团队的活动。敏捷团队的相关角色应该充分了解自己的职责，主动完成自己职责范围的工作，例如，产品负责人对产品待办项的优先级进行排序。对于团队成员之间的冲突和分歧，由敏捷团队内部自己解决。而对于某些活动的决策过程，可以由团队成员一起投票决定，少数服从多数。

产品负责人应及时提供需求澄清。产品负责人是需求管理和沟通的关键人物，应及时回应团队的需求反馈和疑问，并主动参与团队讨论和决策，确保团队对需求的理解准确。

作为团队的教练和引导者，Scrum Master 承担着引导团队实践 Scrum 方法和原则的职责，致力于促进团队高效运作。他们应提供培训和支持，以推动团队成员的自我提升和团队协作流程的优化。另外，Scrum Master 还应关注团队成员的工作氛围和情绪状态，及时帮助团队解决内部问题和冲突，确保团队工作在良好的氛围中。

3）制定合理和有挑战性的冲刺目标，避免过度承诺

制定冲刺目标时，应明确考虑团队的实际情况和内外部环境因素，确保目标的可行性和可交付性。同时，目标应具有一定的挑战性，鼓励团队超越自我。但是，需要避免过度承诺，确保长期高负荷的工作，注重敏捷开发的可持续性。

4）团队要拥抱变化，并不断反思和改进敏捷过程

敏捷开发注重交付有价值的软件，切实满足客户需求。团队应对客户提出的需求变化持开放的态度，积极地进行响应。

团队通过定期举办的冲刺回顾会议，总结经验教训，不断对团队的工作流程、沟通方式等进行反思和改进，以提高对变化的快速响应和适应能力。

16.2.2 看板

1. 看板的基本内容

看板是一种可视化的敏捷开发方法，将看板按照开发流程涉及的状态分为不同的列，并将任务卡片按照任务的状态分类到相应的列中。当任务的状态改变时，任务对应的卡片也需要移动到相应的列。

对于看板，团队首先将看板按照所有任务的状态分列。假设任务总共有待办、进行中和已完成三种状态，则将看板划分为待办、进行中和已完成三列。

对于任务，将任务创建为卡片，根据其状态贴在看板相应的列中。任务的状态发生变化时，团队成员将任务对应的卡片从一列移到另一列，表示任务进入下一个状态。

看板方法示意图如图 16-2 所示。

2. 看板的核心原则

敏捷团队采用看板方法时，有几个核心原则需要注意，分别是：可视化工作、使用拉取模型、限制正在进行的工作数量、度量并持续改进。

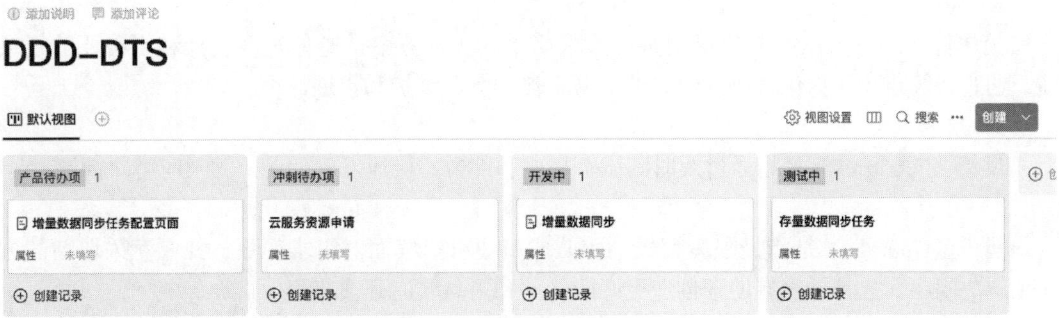

图 16-2　看板方法示意图

可视化工作，指将任务创建为卡片，并放置在对应的任务状态列中。通过将任务可视化，团队成员可以清楚地了解项目的当前状态，以及每个任务由谁完成、进展如何等。

使用拉取模型，指某个工作完成之后，当前的处理者只会修改任务状态，并不会推送给下一个处理环境，而是由下一个处理者主动拉取。使用拉取模型的目的是因为下一个处理者可能已经在处理大量的工作了，没有足够的资源立即处理该任务，应该等下一个处理者评估有资源余量时，主动拉取任务。

限制正在进行的工作数量，指处理者手上最多同时处理的工作数量。限制正在进行的工作数量可以避免频繁的任务上下文切换，使处理者不至于失去工作焦点，从而专注地将当前任务处理好。

度量并持续改进，指建立一套监测看板过程的指标，通过这样的指标发现看板过程的瓶颈，持续地对各个处理过程进行优化，使看板过程获得更大的任务处理吞吐量。

3. 如何使用看板

在使用看板时，敏捷团队通常会举行日常站会。在站会中，团队成员站在看板前快速分享自己正在处理的任务的进展，以及遇到的问题。看板的站会可以和 Scrum 方法的站会结合起来，即在 Scrum 每日站会中一起审视看板中的任务内容，以可视化的看板卡片为基础，分享团队成员的任务状态。

16.2.3　极限编程

极限编程（Extreme Programming，XP）是一种敏捷开发方法，它更多地采用技术和工程上的实践，达到敏捷开发的目的。

1. 四大价值

1）沟通

沟通（Communication）是指极限编程强调团队成员之间的高度沟通，通过频繁的交流和协作，确保所有人都明确项目的目标和当前状态。

2）简单

简单性（Simplicity）是指极限编程追求简单的实现方案，避免过度设计和不必要的复杂性。通过持续重构和简化代码，使软件更易于被理解、维护和扩展。

3）反馈

反馈（Feedback）是指通过及时测试、集成和部署，快速发现问题，并及时解决问题。

4）勇气

勇气（Courage）是指极限编程鼓励团队成员要有勇气面对需求变更，并愿意采取新的方法来解决问题。这种勇气有助于创造更好的软件和更高效的开发流程。

2. 五个原则

1）快速反馈

快速反馈（Rapid Feedback）是指确保在开发过程中能够快速获取反馈，包括自动化测试、集成测试和持续集成等实践。

2）简单性假设

简单性假设（Assume Simplicity）是指追求当前需求最简单的实现方案，不过多地考虑未来的变化，相信自己有能力应对未来的复杂性。

3）逐步修改

逐步修改（Incremental Changes）是指采用迭代的方式进行开发，每次迭代都添加新的功能，并确保软件始终处于可发布的状态。

4）提倡更改

提倡更改（Embracing Change）是指拥抱变化，欢迎新的需求，并通过灵活的开发过程快速适应变化。

5）优质工作

优质工作（Quality Work）是指通过测试驱动开发、代码审查等实践确保软件的质量，以及通过反馈和不断改进来提高开发效率。

3. 核心实践

1）团队协作

团队协作（Whole Team）是极限编程的基石，开发人员、测试人员、领域专家等角色应密切合作。每个团队成员都参与到项目中，保持紧密沟通，及时分享信息，确保团队目标的达成。

2）规划游戏

规划游戏（Planning Game）是指通过制定用户故事、评估工作量、优先级排序等，有效地规划迭代周期和开发方向，产生明确的技术路线图和产品开发计划。

3）结对编程

结对编程（Pair Programming）鼓励两名开发者共同工作，一名负责编写代码，另一名负责实时审查、提出改进建议。这种协作模式可以提高代码质量、减少错误，并促进知识共享和团队合作。

4）测试驱动开发

测试驱动开发（Test-Driven Development，TDD ）的相关内容详见第 15 章。

5）重构

重构（Refactoring）指的是对现有代码进行优化，使其更易于被理解、扩展和维护，而不改变其外部行为。重构有助于消除技术债务、提高代码质量和灵活性。设计模式、测试驱动开发等理论都可以应用于重构中。

6）简单设计

简单设计（Simple Design ）是指采用最简单的设计方案来解决问题，避免不必要的复杂性。如果一个问题有多个解决方案，则选择最简单的那个。

7）代码集体所有权

代码集体所有权（Collective Code Ownership）是指团队中的每个成员都有权对代码进行修改和优化。

8）持续集成

持续集成（Continuous Integration）的内容见 14.5 节。

9）客户测试

客户测试（Customer Tests）是指与客户参与制定测试用例的过程，最终由客户验证系统是否符合需求。这有助于团队理解客户期望，确保交付的软件满足业务需求。

10）小型发布

小型发布（Small Release）是指频繁地发布包含较少变更的版本，以便更快地向客户交付新功能，并及时获取反馈。这有助于降低风险，提高产品质量，促进持续改进。

11）每周 40 小时工作制

每周 40 小时工作制（40-hour Week）是指鼓励合理的工作时间，避免过度加班和疲劳，以保持团队成员的工作效率和生产力。

12）编码规范

编码规范（Code Standards）是指在开发团队内部形成和推广一致的编码规范，指导团队成员按照一些编码的最佳实践进行开发。编码规范有助于提高代码质量、可读性和可维护性。

13）系统隐喻

系统隐喻（System Metaphor）是指通过一个共同的比喻来描述软件，以便团队加深对某个业务或者处理过程的理解。系统隐喻有可能被吸纳为通用语言，常见的系统隐喻有“防火墙”“开关”“挡板”等。

以上这些核心实践共同构建了灵活、高效的极限编程开发框架。

4．极限编程的开发过程

极限编程的开发过程是一个不断循环迭代的过程，每个迭代周期都包括计划、设计、编码、测试、重构、持续集成和发布等环节。这种迭代过程使得团队能够灵活地应对需求变化，不断提高软件质量和客户满意度。

1）计划

计划是一个持续的过程。团队通过与客户和相关方进行交流，收集需求并将其转化为用户故事。这些用户故事描述了软件应该如何满足用户的需求和期望。

2）设计

极限编程鼓励简单设计，着重于解决当前问题，避免不必要的复杂性。团队可以采用结对编程等实践来共同设计和审查代码，确保高质量的设计方案。

3）编码

编码是与设计过程交织在一起的。开发者通过结对编程、测试驱动开发等方式，逐步实现用户故事中描述的功能，并编写相应的单元测试来确保功能的正确性。

4）测试

测试在极限编程中是至关重要的一环。开发者编写各种级别的测试，包括单元测试、集成测试和功能测试。这些测试不仅用于验证代码的正确性，而且是持续反馈和改进的依据。

5）重构

重构是持续改进代码质量和结构的过程。团队在保持系统功能不变的前提下，通过重构技术对代码进行优化、简化，提高其可读性、可维护性和性能。

6）持续集成

持续集成要求团队频繁地将代码合并到开发分支中，并自动运行各种测试，确保新代码不会破坏现有功能。

7）发布

极限编程鼓励小规模、频繁的发布。团队定期以迭代的方式将新功能交付给用户，以便及时获得反馈，并快速纠正和改进。

8）反馈

极限编程注重与客户和相关方的紧密合作，通过持续地沟通获得反馈，深入理解用户需求，及时了解用户需求的变化，从而调整开发方向。

16.3 DDD+敏捷开发

16.3.1 以通用语言作为互动的基础

敏捷开发倡导面对面地沟通，领域驱动设计推崇通用语言，因此在敏捷团队的沟通过程中，应努力使用通用语言。对于新发现的业务概念，应及时在敏捷团队中同步给其他成员，并将其记录下来。

对于敏捷开发过程中的用户故事，应尽量使用通用语言来描述。

16.3.2　从最小可行产品开始迭代

敏捷开发以迭代的方式，增量地交付需求。对于新的项目，敏捷团队和产品负责人应尽快梳理出最小可行产品（Minimum Viable Product，MVP），在最初的几次迭代中优先完成交付。

领域驱动设计要求团队和领域专家合作，因此在梳理最小可行产品的过程中，产品负责人、敏捷团队可以与各相关方进行深入沟通，力求完成 MVP 的定义。MVP 应该包含核心的业务流程。

之后，在初期的版本迭代中完成 MVP，以快速进行商业模式验证。在开发 MVP 的过程中，可以使用经典的贫血三层架构，力求快速实现，并注意同时积累领域知识。

待 MVP 完成后，收集更多的用户反馈，业务基本定型，可以采用领域驱动设计对其进行改造。对于前期的项目，其业务逻辑不会很复杂，代码量也不会很多，改造难度非常小。

16.3.3　简化文档

在敏捷开发中，工作的软件比详尽的文档更重要，应探索如何减少文档，将开发团队从繁重的文档任务中解放出来。

在领域驱动设计中，领域模型代码就是业务知识的翻译，其高内聚的业务规则可以从很大程度上减少文档的数量。为了减少文档并确保开发前期的设计正确，倡导只编制必要的文档，例如架构图、接口文档、测试报告等。

本书在第 17 章介绍了 C4 模型，推荐使用 C4 模型绘制相关的架构图，避免进行详细的 UML 设计，进一步简化文档编制工作。

16.3.4　使用子域的思想指导确定需求优先级

领域驱动设计在进行战略设计时，将领域划分为核心子域、支撑子域和通用子域。产品负责人在确定需求优先级时，可以根据需求所处的子域提高核心子域内的需求优先级，以便团队能够尽快完成高价值的交付。

16.3.5　持续反馈和改进

团队在定期进行敏捷迭代回顾中，也进行领域模型设计的评审，持续对领域模型进行优化。

第 17 章 架构可视化

17.1 架构可视化与 C4 模型

架构可视化旨在通过图形化的方式将系统架构设计表达出来，它不是用来指导开发者进行架构设计的，而是帮助开发者将架构设计以简洁直观的架构图形式表达出来，从而更有效地沟通技术方案。

架构可视化的方法有很多，其中主流的有“4+1”视图模型、C4 模型等。架构可视化描述的是架构本身，一旦架构确定，无论使用何种模型进行表达，其实质应该是相同的，没有优劣之分。本书主要介绍基于 C4 模型的架构可视化。

C4 模型（C4 Model）是一种易于学习、对开发人员友好的软件架构图示方法。C4 模型并没有规定使用特定的图形或建模语言来绘制图示，因此可以非常灵活地产生架构图。

C4 模型将系统从上至下分为系统上下文（System Context）、容器（Container）、组件（Component）、代码（Code）四个层级的视图。每个层级都对上一层进行完善和展开，以逐步描述系统。C4 模型四个层级的视图如图 17-1 所示。

在 C4 模型中，软件系统（System Context）由一个或多个容器（如应用程序、数据存储、中间件等）组成。每个容器包含一个或多个组件，而组件又由一个或多个代码（如类、接口、对象、方法等）实现。

C4 模型每层视图的构成如图 17-2 所示。

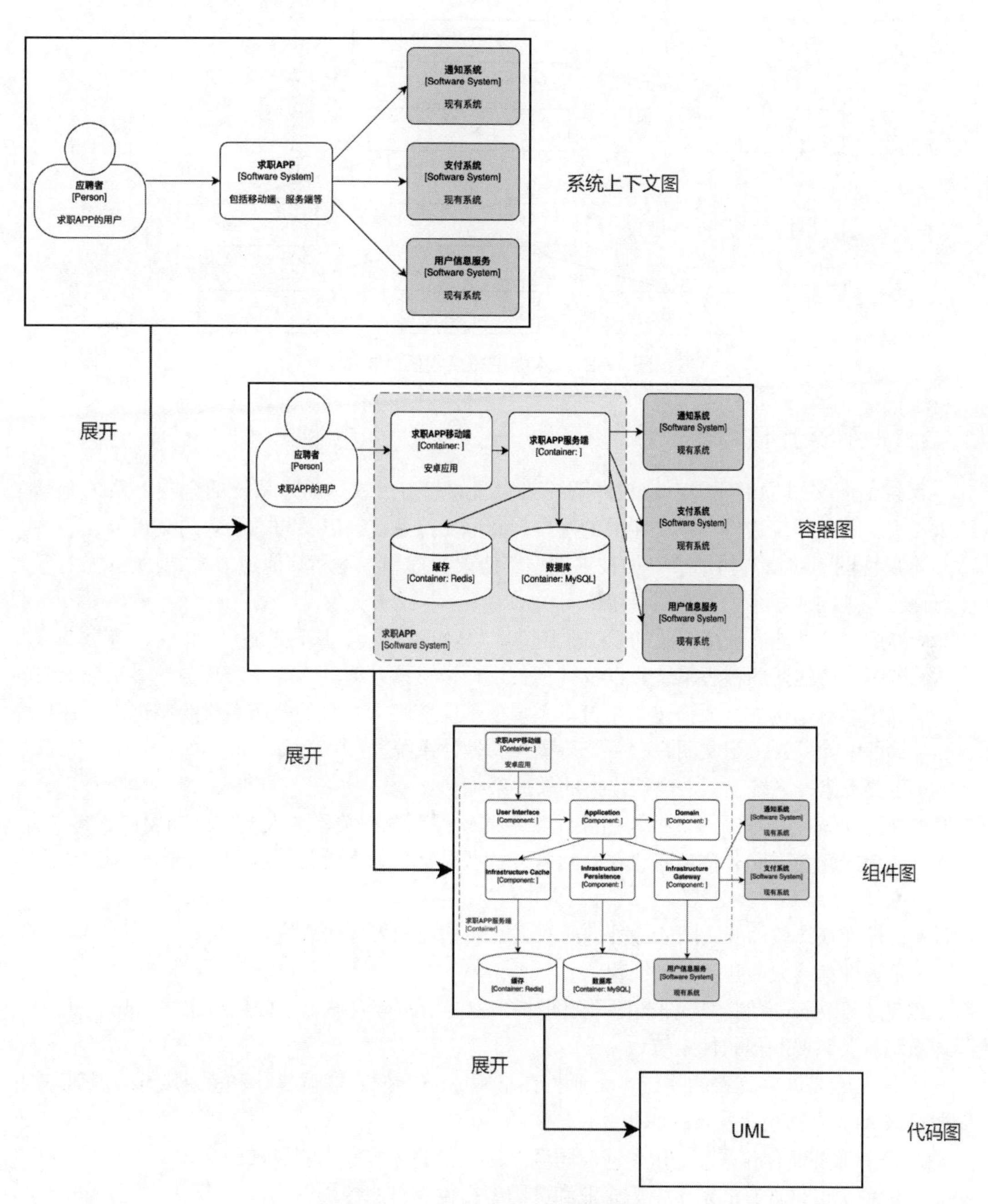

图 17-1　C4 模型四个层级的视图

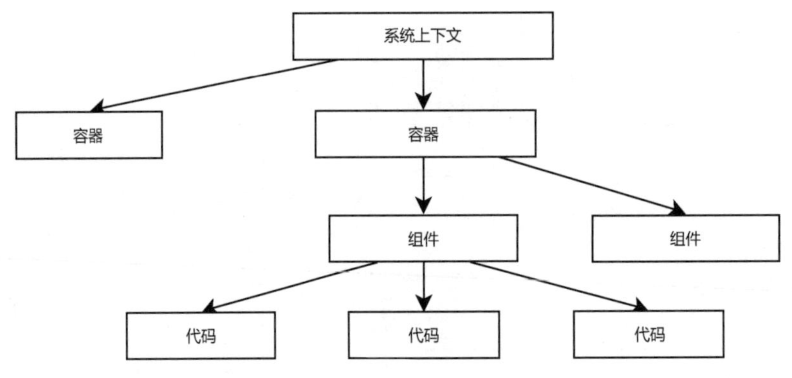

图 17-2　C4 模型每层视图的构成

17.1.1　系统上下文图

系统上下文图位于顶层，是软件系统架构图的起点，表达的是系统的全貌。系统上下文图重点展示的是系统边界、系统相关的用户、其他支撑系统，以及与本系统的交互。

本层视图不涉及具体细节（如技术选型、协议、部署方案和其他细节），因此系统上下文图可以很好地向非技术人员介绍系统。

- 作用：清晰地展示待构建的系统、用户，以及现有的 IT 基础设施。
- 范围：待描述的核心系统，以及其相关用户、支撑系统，不应该出现与核心系统无关的其他系统。例如，要描述一个打车系统，不应该将无关联的药店系统绘制进去，并且要确保一个系统上下文图只有一个待描述的软件系统。
- 主要元素：系统上下文内待描述的软件系统。
- 支持元素：在范围内直接与主要元素中的软件系统有关联的人员（例如用户、参与者、角色或角色）和外部依赖系统。通常，这些外部依赖系统位于我们自己的软件系统边界之外。
- 目标受众：软件开发团队内外的所有人，包括技术人员和非技术人员。
- 是否推荐给大多数团队：推荐。

以某求职 App 为例，其系统上下文图如图 17-3 所示。它显示了使用该求职 App 的人，以及该系统有关系的其他软件系统。

求职 App 是即将建设的系统，企业将在求职 App 上发布职位描述和应聘要求，应聘者可以通过该 App 查看企业发布的职位并投递简历。

通知系统是现有的系统，用于向应聘者发送短信验证码和求职进展的通知。

支付系统也是现有的系统，为企业和应聘者提供支付服务。

用户信息服务是已经存在的服务，主要用于维护用户信息，如用户名、手机号、头像等。

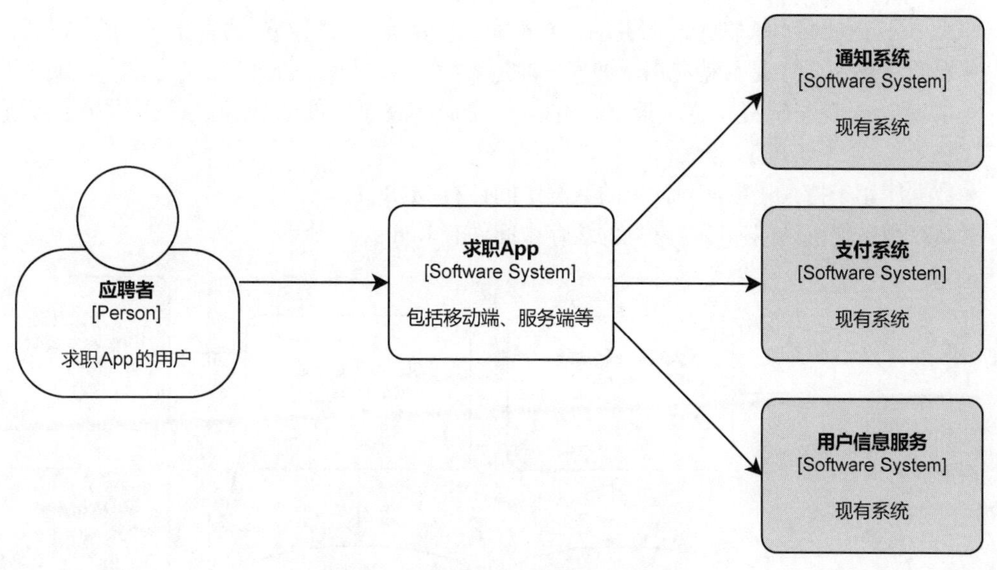

图 17-3　某求职 App 系统上下文图

17.1.2　容器图

容器图用于放大系统上下文图，并对细节进行进一步补充。

这里提到的容器并不指代 Docker 等容器中间件。容器图描述了一个可独立运行 / 可部署的单元，一般指应用及其依赖的中间件，例如服务器端 Web 应用程序、单页应用程序、桌面应用程序、移动应用程序、数据库架构、文件系统、Redis、Elasticsearch、消息队列等。

容器图展示了软件架构的高级形状，以及系统内各容器之间的职责分工。在容器层面还显示了系统的主要技术选型以及容器之间的通信和交互。

- 作用：展示系统整体的开发边界，体现高层次的技术选型，暴露系统容器之间的分工和交互。
- 范围：单个软件系统，关注系统内部的应用构成。
- 主要元素：软件系统范围内的容器，如 Spring Boot 打包后的应用、MySQL 数据库、Redis、MQ 等。
- 支持元素：直接使用容器的人员和外部依赖系统。
- 目标受众：软件开发团队内外的技术人员，包括软件架构师、开发人员和运营 / 支持人员。
- 是否推荐给大多数团队：推荐。

注意：容器图没有说明部署方案、集群、复制、故障转移等。部署相关的视图会通过部署图进行描述。

求职 App 系统（此时系统上下文图中的系统已被展开，所以用虚线框表示）由许多容器组成：求职 App 移动端、求职 App 服务端、数据库、缓存等。求职 App 的容器图如图 17-4 所示。

- 求职 App 移动端是移动应用，如安卓应用。
- 求职 App 服务端提供 API 服务，包括：注册、登录、搜索职位、简历维护、投递简历等。
- 数据库用于持久化数据，常见的数据中间件有 MySQL。
- 缓存用于提供访问速度，常见的缓存中间件有 Redis。

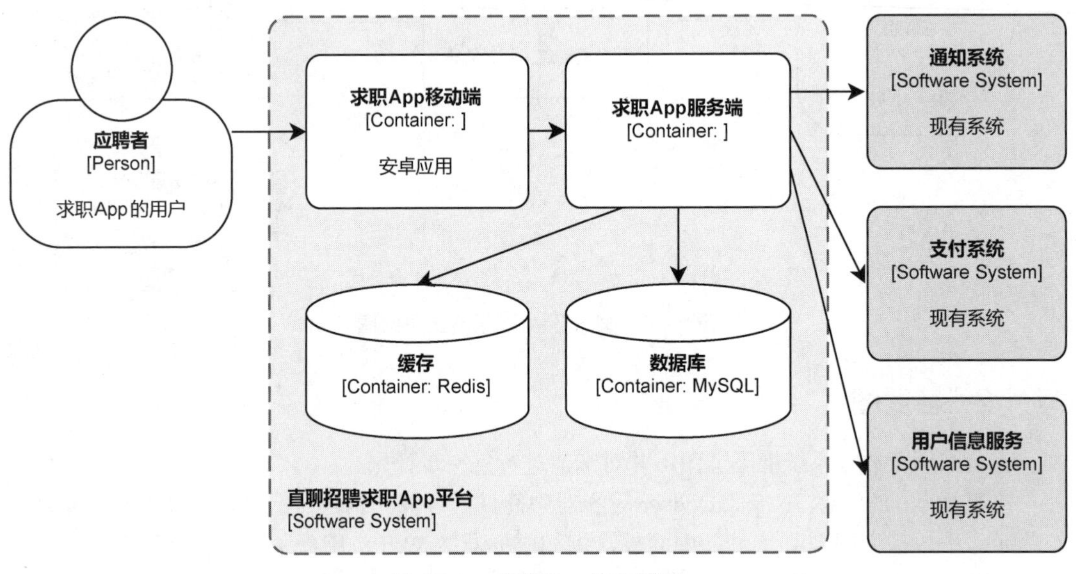

图 17-4　求职 App 的容器图

17.1.3　组件图

组件图用于将单个容器放大，以展示该容器内部组件的构成。组件图显示了一个容器由许多组件组成，每个组件有特定的职责和技术实现细节。

- 作用：展示可执行容器内部的构成和分工，能够直接指导开发。
- 范围：单个容器。
- 主要元素：容器内的组件，通常可以是 Dubbo 接口、RESTful 接口、Service、Dao 等。
- 支持元素：与容器直接连接的人员和外部依赖系统。
- 目标受众：软件架构师和开发人员。
- 是否推荐给大多数团队：推荐。

组件图用于指导实际开发，只要有需要，即可产出组件图。

求职 App 服务端的组件图如图 17-5 所示。

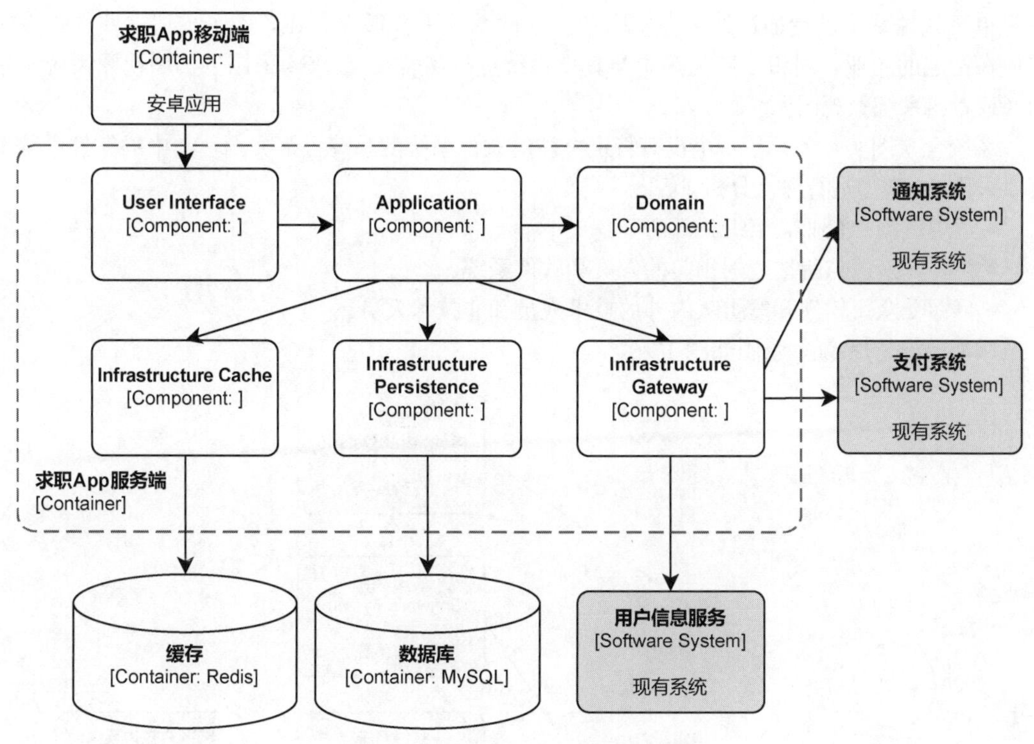

图 17-5　求职 App 服务端的组件图

17.1.4　代码图

代码图用于进一步放大组件视图，得到组件内部的代码构成视图。

代码图一般采用 UML 类图、E-R 图等方式进行描述，它是一个可选的详细级别，通常可以通过 IDE 等工具按需生成。

除了最重要或最复杂的组件，不建议生成代码图。在注重敏捷开发的今天，更不建议生成代码图。

- 范围：单个组件。
- 主要元素：范围内组件的代码元素（如类、接口、对象、函数、数据库表等）。
- 目标受众：软件架构师和开发人员。
- 是否推荐给大多数团队：不推荐。

大多数 IDE 可以按需生成这种级别的详细信息，而且代码的设计通常很容易发生变动，一旦改变了某些类之间的继承或者组合关系，就需要重新调整代码图，其维护成本很高。

17.1.5　系统全景图

C4 模型提供了单个软件系统的静态视图，不管是系统上下文图还是容器图和组件图，都是对单个软件系统进行描述的。在实际中，软件系统不会孤立存在。为了描述这些软件系统如何在给定的企业、组织、部门等中与其他系统进行组合交互，C4 采用了扩展视图系统全景图（或者叫系统景观图）。

系统全景图实际上只是一个没有特定关注的软件系统的系统上下文图，其中的软件系统都可以采用 C4 模型进行深入分析。

- 适用范围：企业、组织、部门等。
- 主要元素：与所选范围相关的人员和软件系统。
- 目标受众：软件开发团队内外的技术人员和非技术人员。

求职 App 的系统全景图如图 17-6。

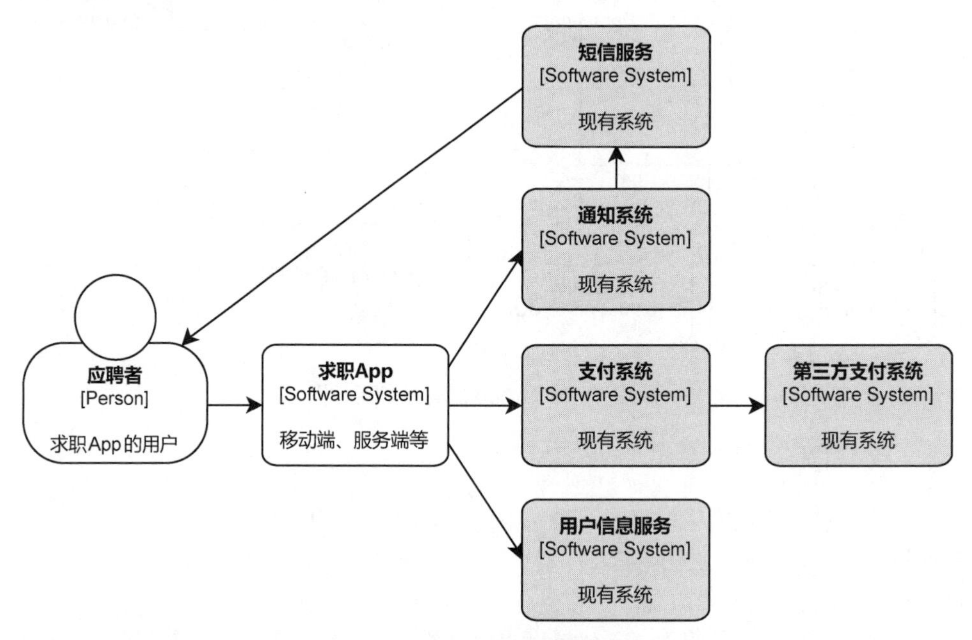

图 17-6 求职 App 的系统全景图

17.1.6 动态图

动态图用于展示静态模型中的元素在运行时如何协作。动态图允许图表元素自由排列，并通过带有编号的箭头指示执行顺序。

- 范围：特定的功能、故事、用例等。
- 主要元素和支持元素：根据实际需要，主要元素和支持元素可以是软件系统、容器或组件。
- 目标受众：软件开发团队内外的技术人员和非技术人员。

求职 App 某个功能的动态图如图 17-7 所示。

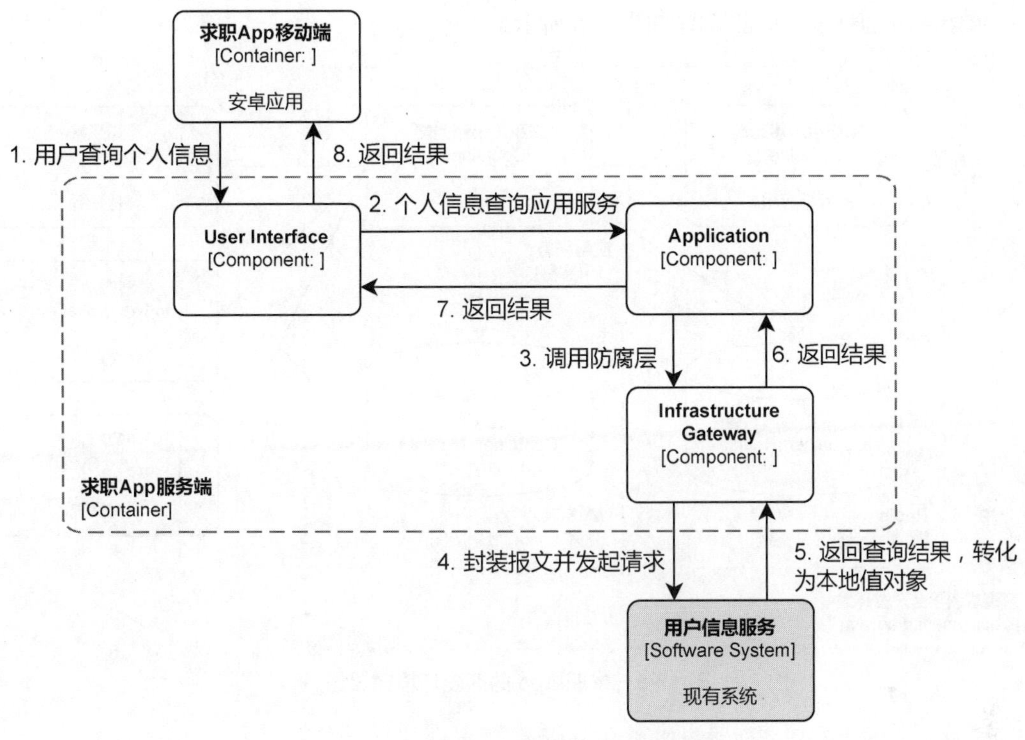

图 17-7　求职 App 某个功能的动态图

17.1.7　部署图

部署图用于说明软件系统（或容器）的实例在给定环境（如生产、测试、预发、开发等）中的部署方案。

C4 模型的部署图基于 UML 部署图，但为了突出显示容器和部署节点之间的映射，C4 模型的部署图会做略微的简化。

部署图是一份部署清单，部署节点用来描述软件系统 / 容器实例运行的位置和配置信息，可以是中间件（如数据库等）、应用服务器（Spring Boot 应用等），以及其他需要在图中展示部署情况的基础设施。

在部署图中可以随意使用 Amazon Web Services、Azure 等提供的图标，我们只需确保被使用的任何图标都包含在图例中，并且不产生歧义即可。

- 范围：单个部署环境（如开发环境、测试环境、生产环境等）中的一个或多个软件系统。
- 主要元素：用于部署节点、软件系统实例和容器实例。
- 支持元素：用于部署软件系统的基础设施节点。
- 目标受众：软件开发团队内外的技术人员，包括软件架构师、开发人员和运维工程师。

求职 App 的开发环境部署图如图 17-8 所示。

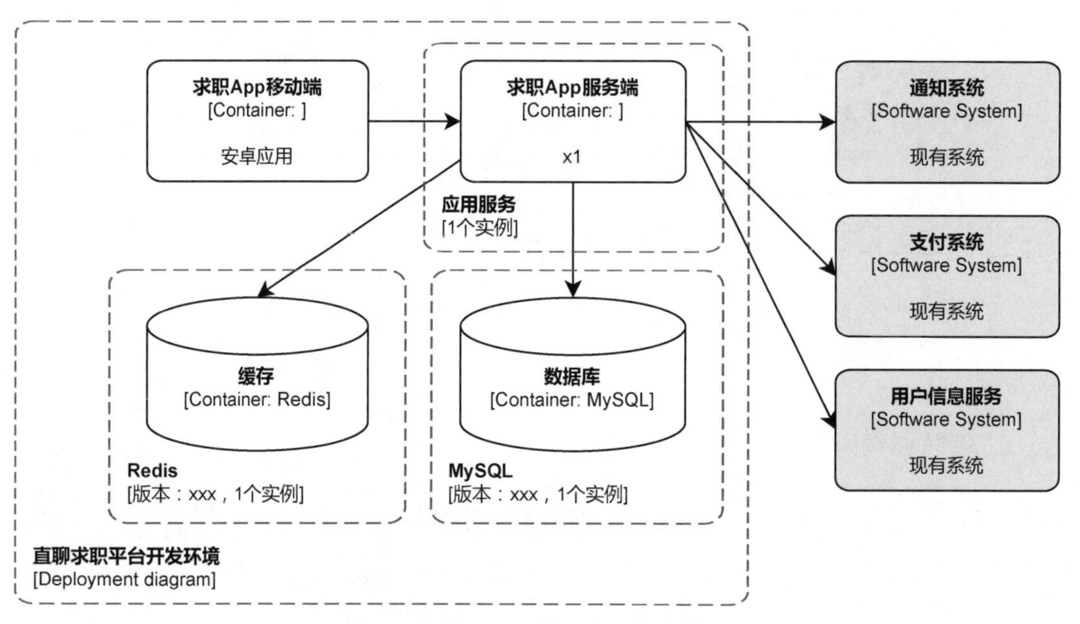

图 17-8　求职 App 的开发环境部署图

求职 App 的生产环境部署图如图 17-9 所示。

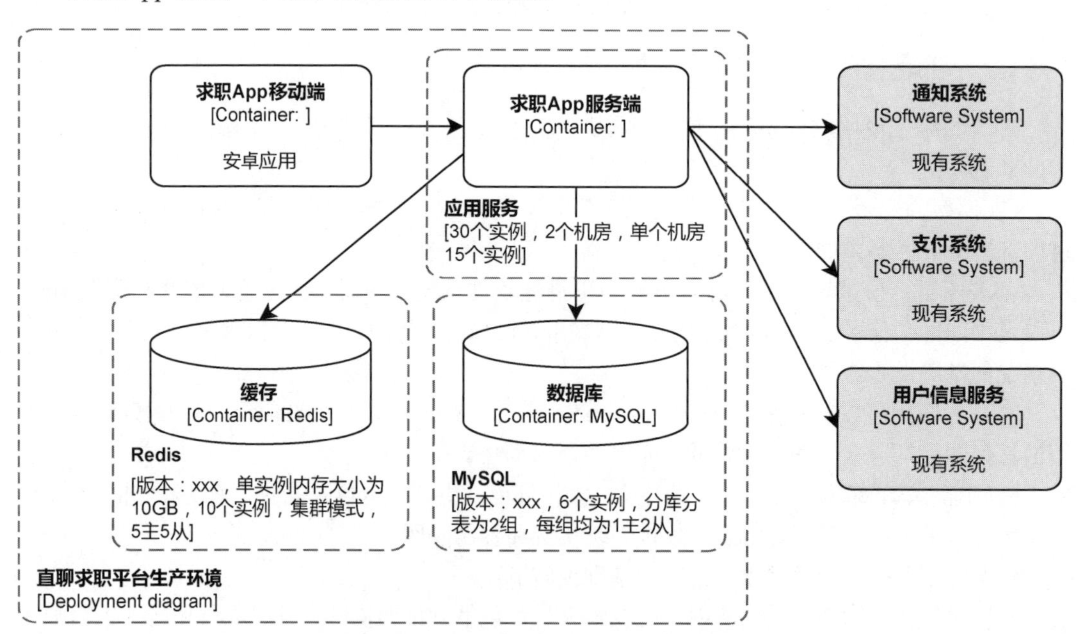

图 17-9　求职 App 的生产环境部署图

17.2　C4 模型规范和 review checklist

为了确保 C4 模型架构图的可读性，C4 模型提供了绘图规范，并且提供了 review checklist 供自查。

17.2.1　C4 模型规范

1. 图表

每个图都应该有一个描述图类型和范围的标题（如“我的软件系统的系统环境图”）。

每个图表都应该有一个关键 / 图例来解释所使用的符号（如形状、颜色、边框样式、线型、箭头等）。

- 首字母缩略词和缩写词（业务 / 领域或技术）应能被所有的受众所理解，或在图表键 / 图例中进行解释。元素应明确指定其类型（如人员、软件系统、容器或组件）。每个元素都应该有一个简短的描述，以提供关键职责“一目了然”的视图。
- 每个容器和组件都应该有明确指定的技术。

2. 关系

每条线都应该代表一个单向关系。

每行都应该被标记，标记与关系的方向和意图一致（如依赖或数据流）。尝试尽可能具体地使用标签，最好避免用“使用”等单个词。

容器之间的关系（通常代表进程间通信）应该有明确标记的技术 / 协议。

17.2.2　review checklist

C4 模型图绘制完成后，可以通过官网提供的 review checklist 进行自查，检查是否有不规范之处。

常见的检查项有：图例的标题、图例的类型、每个元素的类型和作用等。读者可在 C4 模型官网进行更深入的了解。

17.3　使用文本绘制 C4 架构图

17.3.1　文本绘图工具选型

关于 C4 模型的架构图绘制，一般有以下两种方式。

第一种采用绘图工具，这类工具可以直接拖曳元素、调整样式，从而生成图片，比如 draw.io、PPT 等工具。绘图工具的优点是非常灵活，可以满足许多细节需求；缺点是调整元素样式通常会比较烦琐。

第二种采用基于文本的绘图工具，根据一定的语法来描述图片元素，最后根据文本自动渲染成图片，比如 PlantUML。基于文本的绘图工具的优点是绘图快捷，只要按照语法编写描述文件，就可以渲染出来，元素的样式已经默认调试好；缺点是样式不一定符合审美需求，调整不方便。

这两种绘制方式各自有适用的场景：对于包含较少元素的架构图，一般直接使用绘图工具就可以完成，调整样式和布局都非常方便；而对于非常复杂的架构图，可以先使用文本绘图工具绘制草图，待草图不再需要调整后，再使用绘图工具进行绘制。

常见的文本绘图工具如表 17-1 所示，表中提到的 structurizr、C4-PlantUML、mermaid 均有自己的语法。

表 17-1　常见的文本绘图工具

工具	语法	使用方式
structurizr	DSL	提供 Web 界面渲染图片，并且可以生成 C4-PlantUML 和 mermaid 的代码
C4-PlantUML	PlantUML	VS Code 插件、IntelliJ Idea 插件
mermaid	mermaid	Markdown 插件，提供 Live Editor

由于 IntelliJ Idea、VS Code 目前在开发者中非常普及，本书选择使用 C4-PlantUML，结合 VS Code 和 IntelliJ Idea 分别进行 C4 模型的绘制。

VS Code 环境的安装见 17.3.2 节。

IntelliJ Idea 环境的安装见 17.3.3 节。

17.3.2　VS Code 下 C4-PlantUML 的安装

1. 安装 VS Code

在其官网下载并安装 VS Code 即可，其安装过程在此省略。

2. 安装 PlantUML 插件

在 VS Code 的 Extension 窗口中搜索 PlantUML，安装 PlantUML 插件。在 VS Code 下安装 PlantUML 插件的操作截图如图 17-10 所示。

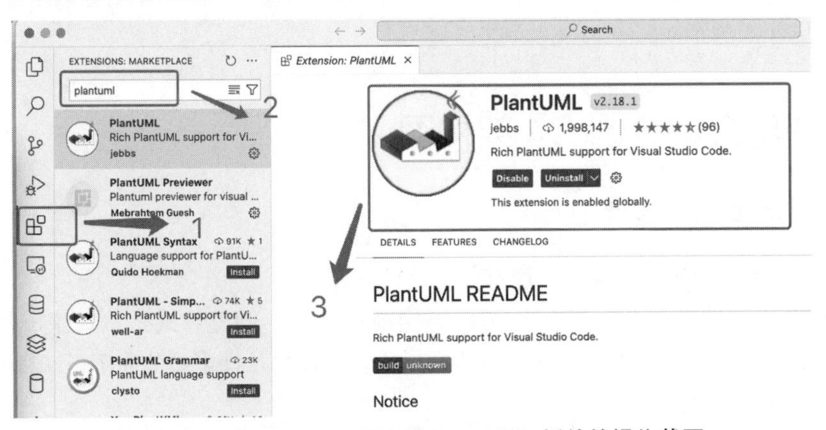

图 17-10　在 VS Code 下安装 PlantUML 插件的操作截图

3. 配置 VS Code 代码片段

安装完 PlantUML 之后，为了提高效率，我们最好安装 PlantUML 相关的代码片段。

在 Code 菜单中单击 Code → Preferences → Configure User Snippets，打开 User Snippets 配置界面的操作截图如图 17-11 所示。

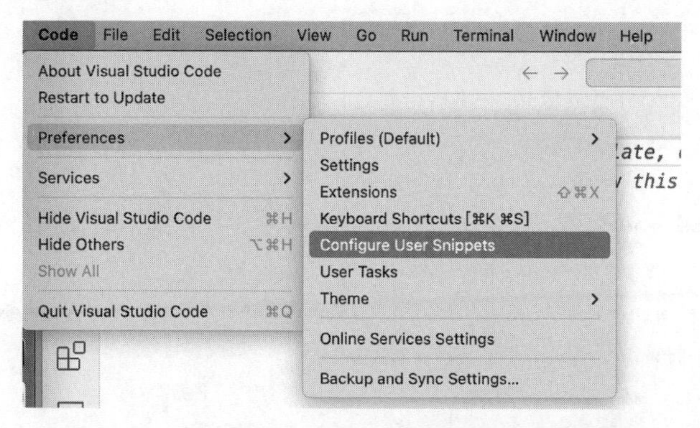

图 17-11　打开 User Snippets 配置界面的操作截图

在选择 Snippets File Or Create Snippets 弹窗中，选择 New Global Snippets file，新建全局 Snippets file，如图 17-12 所示。

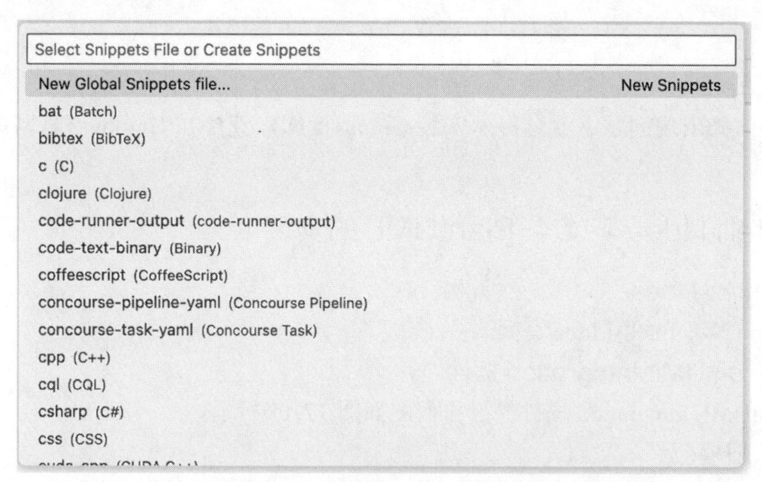

图 17-12　新建全局 Snippets file

在接下来的弹窗中，输入 Snippets file 的文件名，如图 17-13 所示。

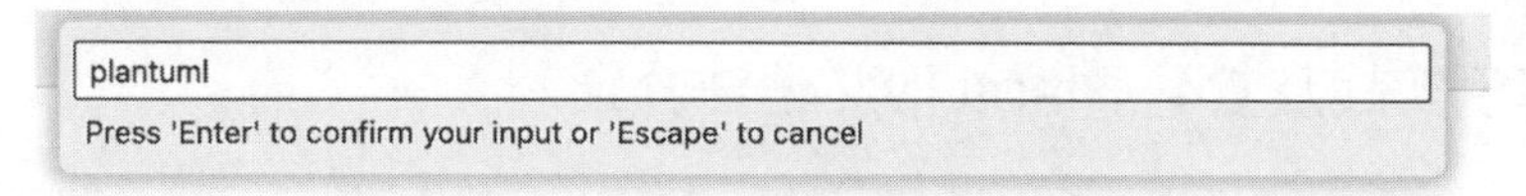

图 17-13　输入 Snippets file 的文件名

通过 C4-PlantUML 的 GitHub 项目主页，获得项目根路径下 /.vscode/C4.code-snippets 的内容，将其文本内容粘贴到 VS Code 编辑区，完成 Snippets file 的配置，如图 17-14 所示。

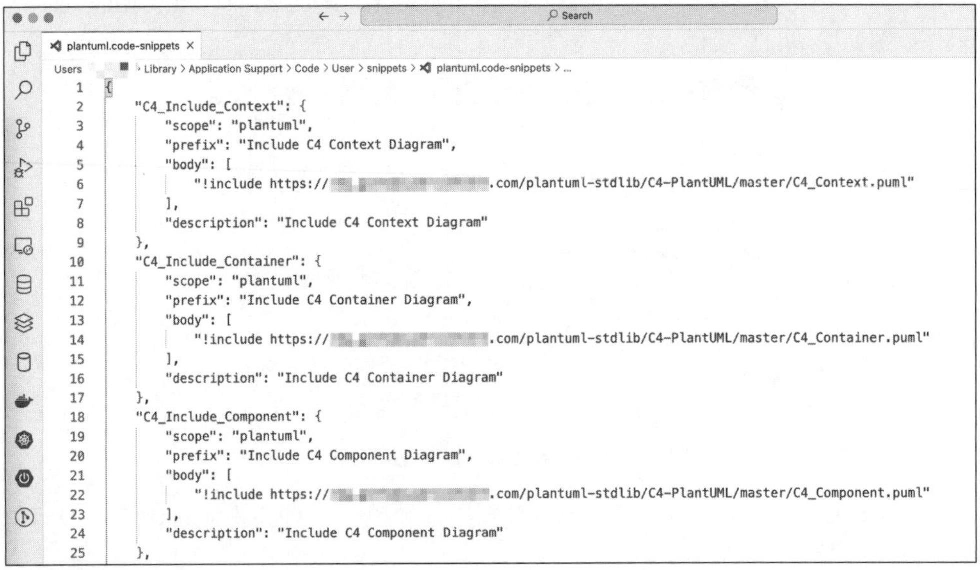
Search
plantuml.code-snippets
Users > Library > Application Support > Code > User > snippets > plantuml.code-snippets > ...
{
"C4_Include_Context": {
"scope": "plantuml",
"prefix": "Include C4 Context Diagram",
"body": [
"!include https://
.com/plantuml-stdlib/C4-PlantUML/master/C4_Context.puml"
],
"description": "Include C4 Context Diagram"
},
"C4_Include_Container": {
"scope": "plantuml",
"prefix": "Include C4 Container Diagram",
"body": [
"!include https://
.com/plantuml-stdlib/C4-PlantUML/master/C4_Container.puml"
],
"description": "Include C4 Container Diagram"
},
"C4_Include_Component": {
"scope": "plantuml",
"prefix": "Include C4 Component Diagram",
"body": [
"!include https://
.com/plantuml-stdlib/C4-PlantUML/master/C4_Component.puml"
],
"description": "Include C4 Component Diagram"
},

图 17-14　完成 Snippets file 的配置

4. 安装 Graphviz

如果图形渲染出现问题，就会提示安装 Graphviz 库，直接在 Graphviz 官网中下载并安装即可。

17.3.3　IntelliJ Idea 下 C4-PlantUML 的安装

1. 安装 IntelliJ Idea

安装过程请参考 IntelliJ Idea 官网。

2. 安装 PlantUML Integration 插件

安装 PlantUML Integration 插件的操作截图如图 17-15 所示。

3. 安装代码模板

通过 C4-PlantUML 官方仓库，下载 IntelliJ live template。

通过 File → Manage IDE Settings → Import Settings 菜单，选择下载的 ZIP 文件 c4_live_template.zip，导入并重启 Idea 即可。

17.3.4　案例实战及 C4-PlantUML 语法介绍

有关 C4-PlantUML 的详细语法，读者可以在 GitHub 中搜索“plantuml-stdlib/C4-PlantUML”进一步了解，在此只做简单介绍。

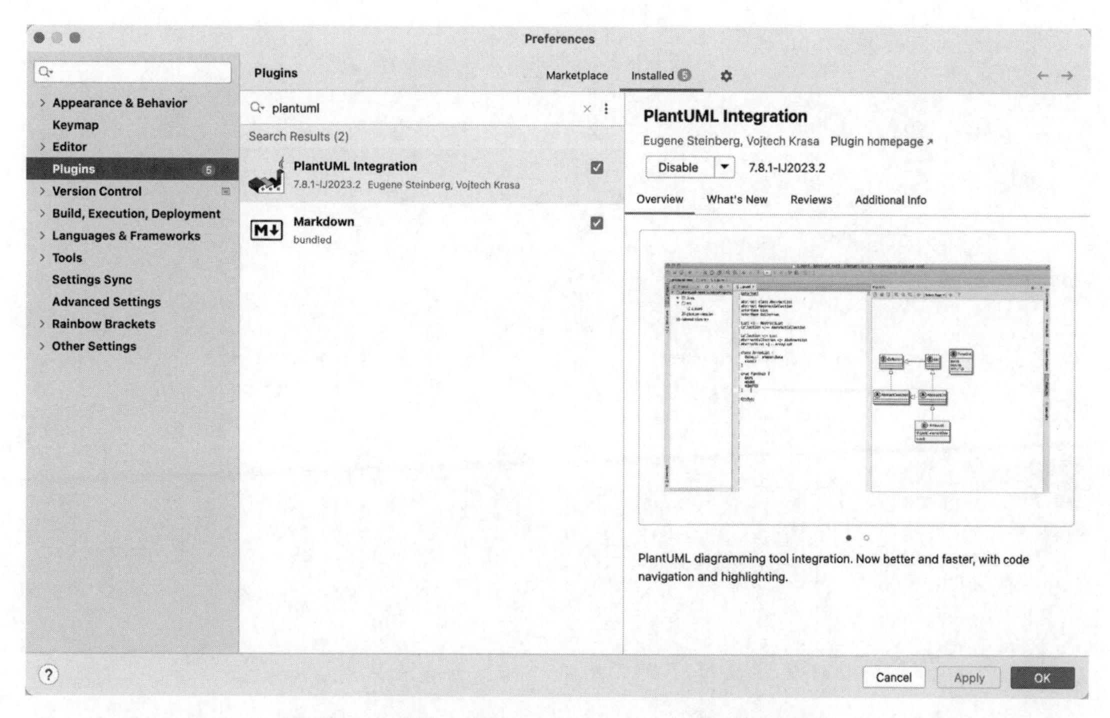

图 17-15　安装 PlantUML Integration 插件的操作截图

下面以求职 App 作为实战案例，使用 C4-PlantUML 绘制求职 App 的 C4 架构图，如图 17-16 所示。

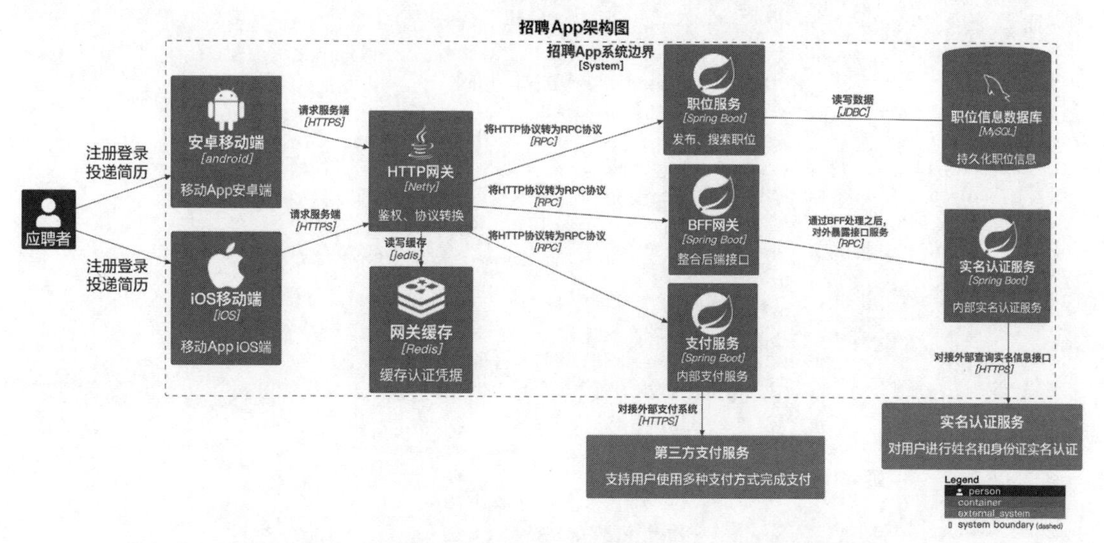

图 17-16　使用 C4-PlantUML 绘制求职 App 的 C4 架构图

以下是完整的 plantuml 代码。

```
@startuml

!include https://                    .com/plantuml-stdlib/C4-PlantUML/master/C4_Context.
puml
!include https://                    .com/plantuml-stdlib/C4-PlantUML/master/C4_
Container.puml
!include https://                    .com/plantuml-stdlib/C4-PlantUML/master/C4_
Component.puml
!define SPRITESURL https://                    .com/rabelenda/cicon-plantuml-sprites/
master/sprites
!define DEVICONS https://                    .com/tupadr3/plantuml-icon-font-sprites/
master/devicons
!define DEVICONS2 https://                    .com/tupadr3/plantuml-icon-font-sprites/
master/devicons2
!define FONTAWESOME https://                    .com/tupadr3/plantuml-icon-font-sprites/
master/font-awesome-5
!include DEVICONS/java.puml
!include DEVICONS/mysql.puml
!include DEVICONS2/spring.puml
!include DEVICONS2/redis.puml
!include DEVICONS2/android.puml
!include DEVICONS2/apple_original.puml

title 招聘 App 架构图 (Container)

Person(P_User, "找工作的 App 用户（应聘者）")

System_Boundary(Boundary_App, "招聘 App 系统边界"){
Container(C_ANDROID, "安卓移动端", "android", "移动 App 安卓端",$sprite="android")
Container(C_IOS, "iOS 移动端", "iOS", "移动 App iOS端",$sprite="apple_original")
Container(C_GATEWAY, "HTTP 网关", "Netty", "鉴权、协议转换",$sprite="java")
Container(C_GATEWAY_CACHE, "网关缓存", "Redis", "缓存认证凭据",$sprite="redis")
Container(C_BFF, "BFF 网关", "Spring Boot","整合后端接口",$sprite="spring")
Container(C_CERT, "实名认证服务", "Spring Boot", "内部实名认证服务",$sprite="spring")
Container(C_BIZ_1, "职位服务", "Spring Boot", "发布、搜索职位",$sprite="spring")
Container(C_PAYMENT, "支付服务", "Spring Boot", "内部支付服务",$sprite="spring")
ContainerDb(CDB_MYSQL, "职位信息数据库", "MySQL", "持久化职位信息",$sprite="mysql")
}


System_Ext(OUT_S_CERT, "实名认证服务","对用户进行姓名和身份证实名认证")
System_Ext(OUT_S_PAYMENT, "第三方支付服务","支持用户使用多种支付方式完成支付")

Rel(P_User, C_ANDROID, "注册登录投递简历")
Rel(P_User, C_IOS, "注册登录投递简历")

Rel(C_ANDROID, C_GATEWAY, "请求服务端","HTTPS")
Rel(C_IOS, C_GATEWAY, "请求服务端","HTTPS")
```

```
Rel_L(C_GATEWAY, C_GATEWAY_CACHE, "读写缓存","jedis")
Rel(C_GATEWAY, C_BFF, "将HTTP 协议转为 RPC 协议","RPC")

Rel(C_GATEWAY, C_BIZ_1, "将HTTP 协议转为 RPC 协议","RPC")
Rel(C_GATEWAY, C_PAYMENT, "将HTTP 协议转为 RPC 协议","RPC")

Rel(C_BFF, C_CERT, "通过 BFF 处理之后，对外暴露接口服务","RPC")

Rel(C_BIZ_1, CDB_MYSQL, "读写数据","JDBC")

Rel_L(C_CERT, OUT_S_CERT, "对接外部查询实名信息接口","HTTPS")
Rel_L(C_PAYMENT, OUT_S_PAYMENT, "对接外部支付系统","HTTPS")

left to right direction

SHOW_LEGEND()

@enduml
```

2.C4-PlantUML 语法介绍

1）PlantUML 文件

PlantUML 文件以 puml 作为文件扩展名。

2）@startuml 和 @enduml

整个文档由 @startuml 和 @enduml 包裹，是固定语法。

```
@startuml
@enduml
```

3）注释

PlantUML 中使用单引号（'）作为注释标识。

4）include 语句

include 语句起到引入的作用。以下语句引入了 C4 的 Context、Container、Component 视图。

```
  !include https://[illegible].com/plantuml-stdlib/C4-PlantUML/master/C4_Context.
puml
  !include https://[illegible].com/plantuml-stdlib/C4-PlantUML/master/C4_
Container.puml
  !include https://[illegible].com/plantuml-stdlib/C4-PlantUML/master/C4_
Component.puml
```

图标库的语句如下。

```
  !define SPRITESURL https://[illegible].com/rabelenda/cicon-plantuml-sprites/
master/sprites
  !define DEVICONS https://[illegible].com/tupadr3/plantuml-icon-font-sprites/
master/devicons
  !define DEVICONS2 https://[illegible].com/tupadr3/plantuml-icon-font-sprites/
master/devicons2
  !define FONTAWESOME https://[illegible].com/tupadr3/plantuml-icon-font-sprites/
master/font-awesome-5
  !include DEVICONS/java.puml
  !include DEVICONS/mysql.puml
  !include DEVICONS2/spring.puml
  !include DEVICONS2/redis.puml
  !include DEVICONS2/android.puml
  !include DEVICONS2/apple_original.puml
```

注意，这里有一个 define 语法，先通过 !define 为某个值定义一个标识，之后使用该标识的地方都会被替换为对应的值。

```
!define DEVICONS2 https://[illegible].com/tupadr3/plantuml-icon-font-sprites/master/devicons2
!include DEVICONS2/spring.puml
'等价于 !include https://[illegible].com/tupadr3/plantuml-icon-font-sprites/master/devicons2/spring.puml
```

使用图标时，只需要在元素的声明语句中加入 $sprite="×××" 即可。

```
ContainerDb(CDB_MYSQL, "职位信息数据库", "MySQL", "持久化职位信息",$sprite="mysql")
```

5）C4 模型静态元素

- Person：系统的用户，可以是人或者其他系统。
- System：代表即将建设的系统，通常渲染为蓝色方块。
- System_Ext：代表已存在的系统，通常渲染为灰色方块。
- System_Boundary：某系统展开为容器时，将 System 改为 System_Boundary，代表系统的边界，内部放置容器元素，通常渲染为虚线框。
- Container：待建设的容器，通常渲染为蓝色方块。
- Container_Ext：已建设容器，通常渲染为灰色方块。
- Container_Boundary：某容器展开为组件之后，将 Container 改为 Container_Boundary，代表容器的边界，内部放置组件元素，通常渲染为虚线框。
- ContainerDb：待建设数据库，通常渲染为蓝色圆柱。
- ContainerQueue：待建设消息队列，通常渲染为水平放置的蓝色圆柱。
- Component：待建设组件，通常渲染为蓝色方块。
- Component_Ext：已建设组件，通常渲染为灰色方块。

静态元素的使用语法为：

```
Container(alias, "label", "technology", "description")
```

静态元素有多个入参，包括：alias、label、technology、description。静态元素入参的渲染位置如图 17-17 所示。

alias 是图内元素的 ID，其他地方可以通过 alias 进行引用，比如在 Rel 中引用。label 代表元素的显示名称。technology 代表元素采用的核心技术，包括但不限于开发语言、框架、通信协议等。description 代表对元素的简单描述。

«container»
label
[technology]
description

图 17-17　静态元素入参的渲染位置

对于 System_Boundary 和 Container_Boundary，则只需要 alias 和 label，大括号内是该元素边界内的子元素。

```
Container_Boundary(alias, "label"){
}
```

6）C4 模型的关系元素

Rel 代表两个元素之间的关系，其语法为：

```
Rel(from_alias, to_alias, "label", "technology")
```

from_alias 是起点元素的别名，to_alias 是终点元素的别名，label 则用来说明这个关联关系，technology 代表采用的技术、通信协议。例如：

```
Rel(C_IOS, C_GATEWAY, "请求服务端","HTTPS")
```

代表 iOS 客户端通过请求网关接口访问服务端资源，采用 HTTPS 的通信方式。建议只在有必要时标注出 technology。

7）布局

PlantUML 提供了多种自动布局方案，我们可以根据实际需要进行选择。

top to bottom direction：从上往下布局，采用默认布局渲染的效果图如图 17-18 所示。

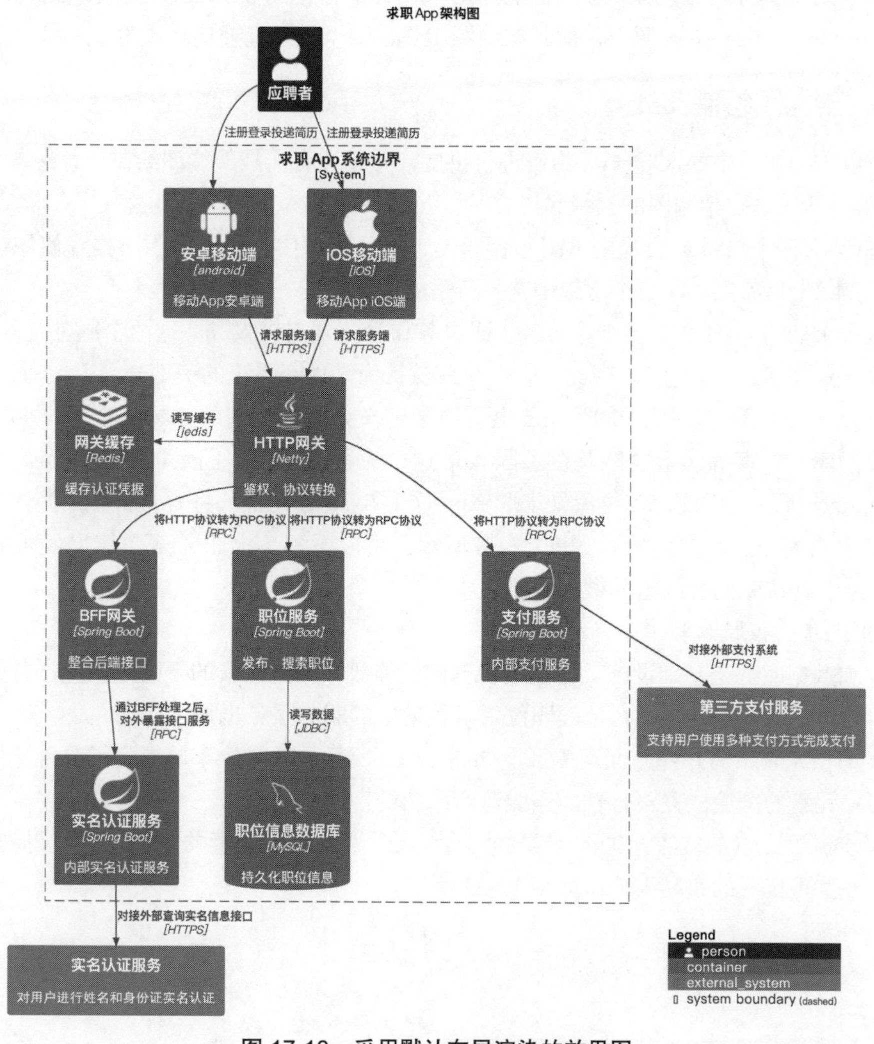

图 17-18　采用默认布局渲染的效果图

left to right direction：从左到右（即横向）放置元素。

8）图例

通过 SHOW_LEGEND 添加图例，其显示效果如图 17-19 所示。

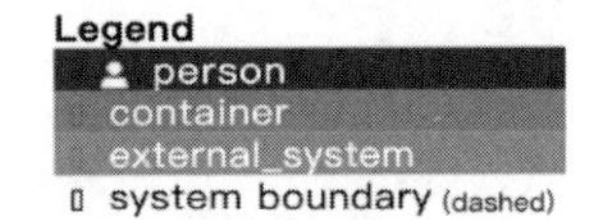

图 17-19　图例显示效果

17.4　使用绘图工具绘制 C4 架构图

17.4.1　绘图工具的选择

很多绘图工具都可以用来绘制 C4 架构图。笔者推荐使用 draw.io 桌面版。draw.io 桌面版是基于 Apache-2.0 license 开源协议的开源绘图工具，对个人和商业应用友好。

17.4.2　架构图绘制实战

本节以 17.3.4 节中的求职 App 为例进行讲解，带领读者实战架构图绘制。

1）第一步：确定架构图的层级和内容

C4 模型有四个层级：系统上下图、容器图、组件图和代码图。由于不推荐使用代码级别的视图，实际上只需要从前三个层级中选择合适的即可。

在这个求职 App 案例中，涉及实名认证服务和第三方支付服务。这两个服务是外部服务，对于求职 App 来说是“黑盒”。因此，它们应该被认为是现有系统的一部分。

既然存在现有系统，那么求职 App 也应该被定义为同等级别的 System 元素。网关、BFF 服务、数据库、缓存等元素也涉及在求职 App 这个大系统中，它们是可运行的容器实例，均属于 Container 元素。因此，需要展开求职 App 这个 System 元素，将 Container 元素绘制进去。

确定架构图的层级和内容，如图 17-20 所示。可以看到，求职 App 系统已经被展开，但目前还没绘制连线，而且元素的摆放也非常凌乱。

2）第二步：布局元素并补充元素关系

缓存和数据库都是基础设施，习惯上将基础设施放在其他元素的下面。因此，首先将其挪到系统内部靠下的位置，同样，依赖职位信息数据库的职务服务也往下挪动。

初步调整元素布局并补充元素关系，如图 17-21 所示。此时，布局得到了改善，但仍存在一些问题：元素的摆放位置不合理，连线弯弯曲曲的，影响美观。

进一步调整元素的位置，如图 17-22 所示。此时架构图中元素的摆放位置也得到了改善，但仍然有一些可优化的布局细节，如图 17-23 所示。

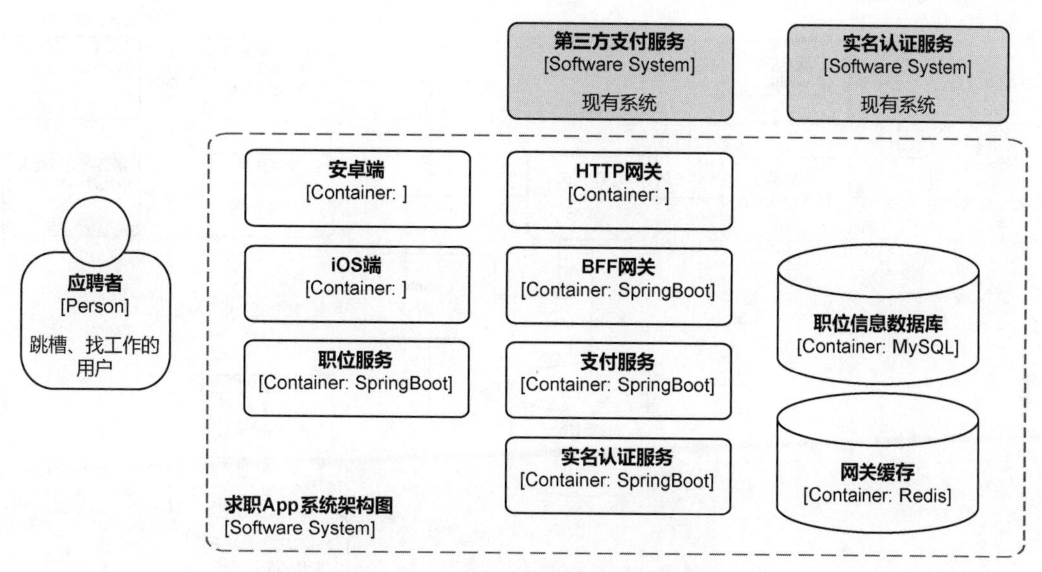

图 17-20　确定架构图的层级和内容

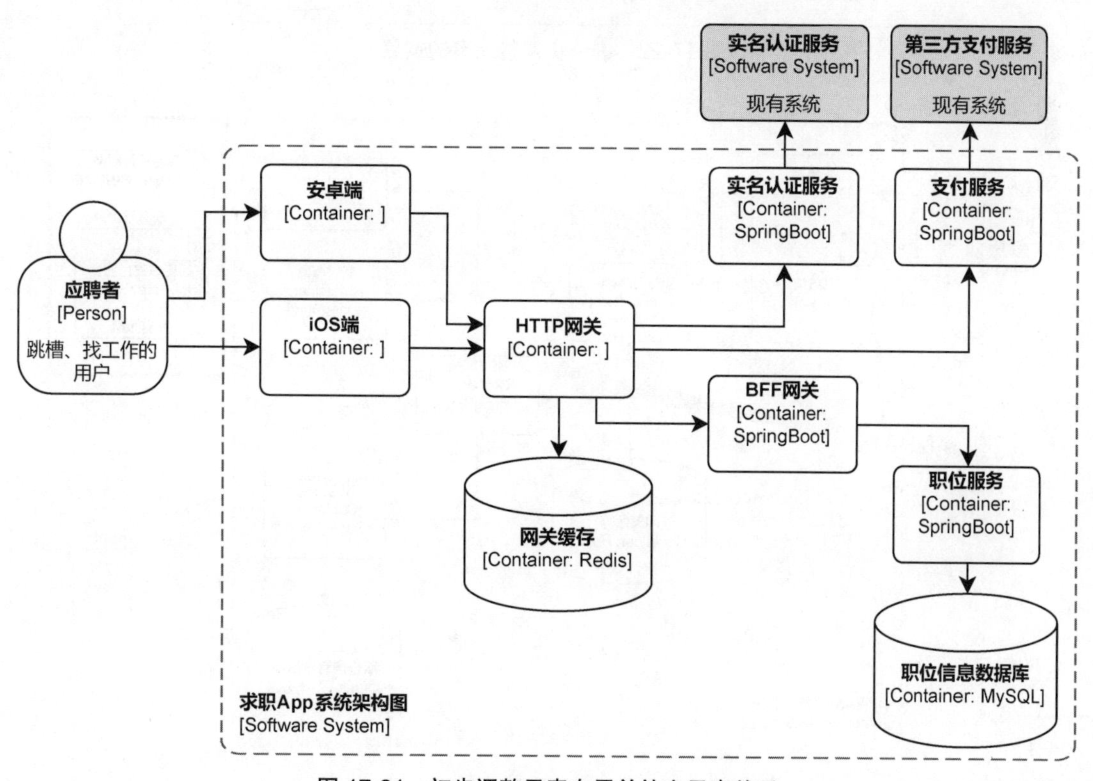

图 17-21　初步调整元素布局并补充元素关系

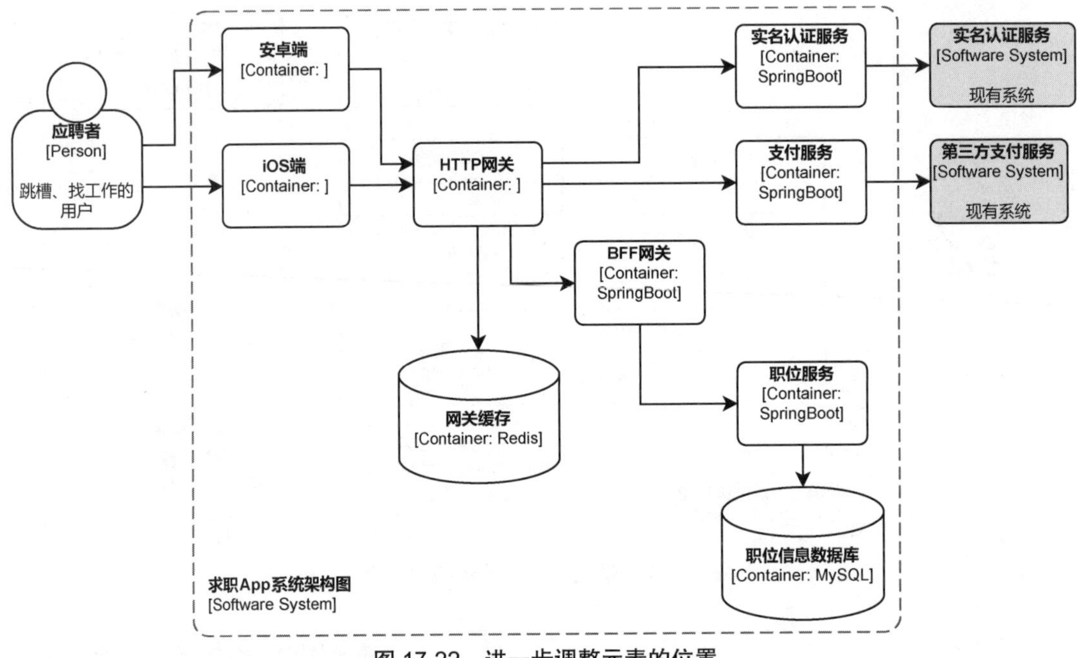

图 17-22　进一步调整元素的位置

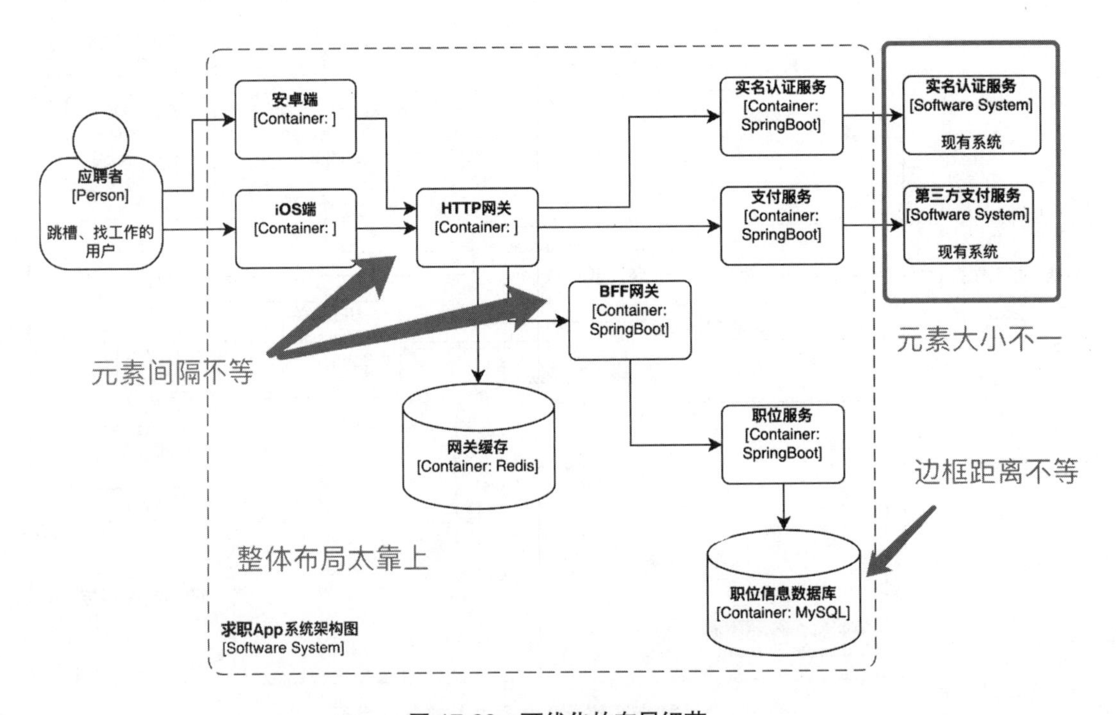

图 17-23　可优化的布局细节

优化布局细节，如图 17-24 所示。

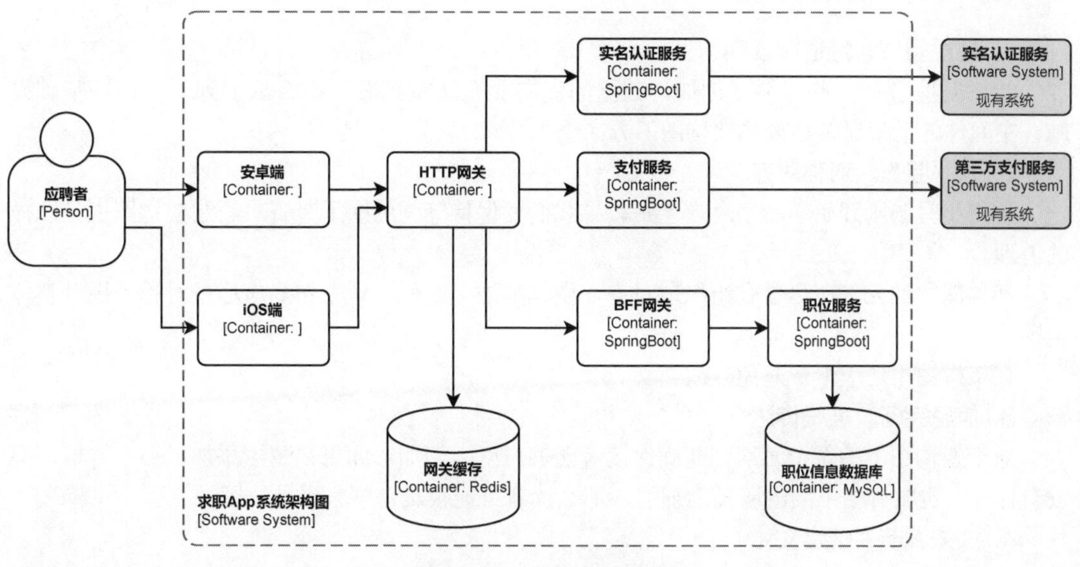

图 17-24　优化布局细节

3）第三步：完善标注说明

在图 17-24 中，加入标注和说明等元素，最终得到求职 App 的 C4 架构图，如图 17-25 所示。

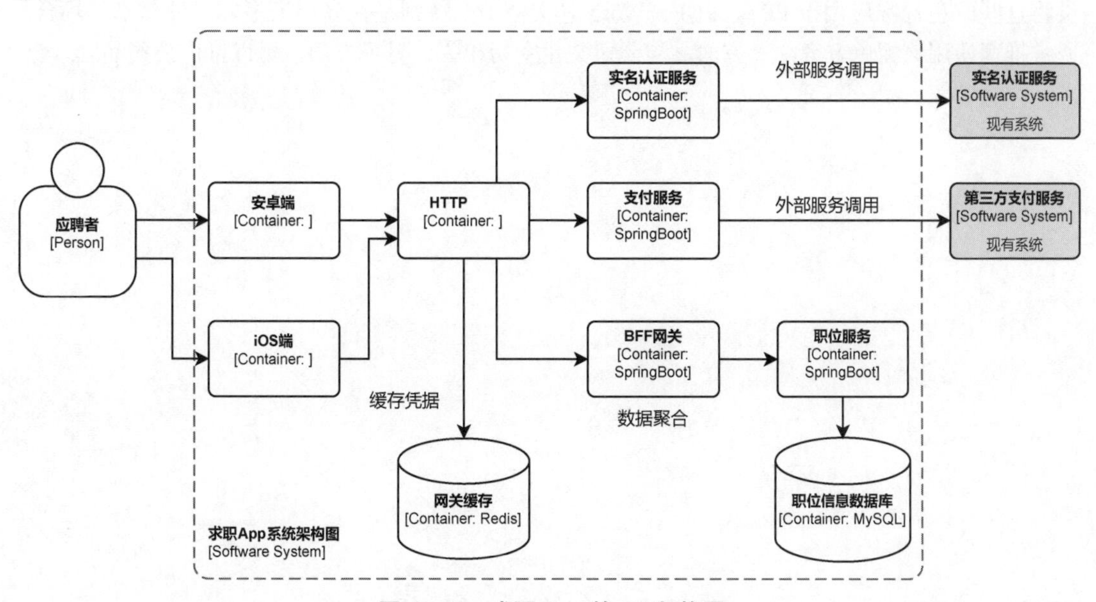

图 17-25　求职 App 的 C4 架构图

17.4.3 架构图绘制心得

1. 遵循习惯，舒适阅读

绘图时应遵循一些习惯，例如，数据的流向要么从左到右，要么从上到下。一些基础设施、中间件的元素通常会放在架构图下方。

2. 横平竖直，对称对齐

记得小时候刚开始学写字时，老师教导我们要保持笔画的横平竖直。绘制架构图也是同样的道理。

架构图中的元素应尽量有组织地对齐，使其整洁。此外，整个布局应尽量对称，提升整体美感。

在架构图中还应尽量避免连线交叉。

3. 信息完备，准确传达

对于架构图中的每个元素，要确保读者能够理解。例如，如果在图中添加了一个方框，但没有标注，也没有上下文语境辅助理解，那么读者可能很难理解其设计意图。

4. 注重细节，结合文化

在关注横平竖直、对称对齐这些基本规则的同时，我们不能忽视其他细节，如保持元素间距一致、字号相同等。此外，架构图中元素和字体的配色方案也需要考虑，适当的配色不仅能增强视觉协调性，还能提升整体的美感。

考虑到企业形象的一致性，很多公司会根据其商标配色制定一套配色标准，并要求商务人员将这些配色标准应用于 PPT、PDF、Word 等文档中，特别是在高层汇报、对外分享等场合，通常推荐使用该配色方案，一方面，与公司文化密切相关，另一方面，可以推广公司品牌。

第 18 章

使用DDD进行系统重构

18.1　系统重构的基本了解

系统重构是指对现有系统进行重新设计和优化，它涉及对代码实现、架构设计、业务流程等方面进行全面审查和改进。

代码实现层面的系统重构，主要涉及对代码的优化和重组，例如，重命名变量和函数；消除重复代码，提取共同方法；简化复杂的判断逻辑；引入设计模式等。

架构设计层面的系统重构，主要关注系统的整体结构和组件之间的关系，例如，单体应用拆分为微服务架构、引入消息队列进行系统间解耦、引入缓存提升查询性能等。

业务流程层面的系统重构，主要关注业务流程和用户体验的改进，例如，重新设计用户界面和交互方式以使用户操作更快捷。

代码实现层面的重构目前有非常多的经典著作，例如《重构：改善既有代码的设计》《代码整洁之道》等，推荐读者阅读。

本书主要讲解架构设计层面的系统重构，核心是使用领域驱动设计对老系统进行重构，将贫血三层架构的老系统重构为充血模型的 DDD 应用。架构层面的系统重构不仅包括代码开发的过程，还包括许多代码之外的过程，例如，前期的需求调研、相关方沟通、数据迁移、逻辑验证、新老系统流量切换、客诉处理等。因此，要明确：系统重构是一个项目，技术开发只是这个项目中的一个活动，如果采用项目管理的理念统观系统重构的整个过程，则更有利于重构取得成功。

18.2　系统重构的模式

系统重构的模式有很多，本书主要介绍修缮者模式、绞杀者模式和推翻重建模式。由于使用领域驱动设计重构遗留系统时，改动通常都非常大，因此笔者通常采用推翻重建模式。

18.2.1 修缮者模式

修缮者模式是指在原有代码的基础上，创建一个抽象的层，将待重构的代码隔离出来单独优化，重构完成后再替换原本的代码。

修缮者模式的优点是可以直接在遗留系统上进行重构，外部无感知；缺点是很难进行架构层面的重构。

修缮者模式的一个示例是：假设有一个 Service 类，其中包含许多方法，需要对 method1 方法进行重构。

```
@Service
public class Service{
  public void method1(){
    // 方法一的业务逻辑
  }
  public void method2(){
    // 方法二的业务逻辑
  }
  // 省略其他方法
}
```

先将该 Service 类改为抽象类型，并创建一个新的 RefactorService 类继承它。在 RefactorService 中重构 method1 方法，并且提供一个切换开关，如果重构后的代码出现问题，随时可以切换回旧的代码。伪代码如下。

```
public abstract class Service{
  public void method1(){
    // 方法一的业务逻辑
  }
  public void method2(){
    // 方法二的业务逻辑
  }
}
@Service
public class RefactorService extends Service{
  public void method1(){
    //1. 是否回滚旧方法的开关
    if(oldMethodSwitch()){
      //2. 当 oldMethodSwitch 返回 true 时，则调用旧的方法
      super.method1();
      return;
    }
    //3. 重构后的业务逻辑
  }
}
```

只要 oldMethodSwitch 返回 false，调用者就会调用重构后的代码；同时，这次重构不会影响到其他方法（如 method2）的调用。

在重构后的 method1 验证无问题后，再将 RefactorService 中的 method1 实现替换为抽象父类 Service 中的实现，同时移除 method1 旧的实现代码。

18.2.2　绞杀者模式

绞杀者模式是指通过逐步替换和重建原有系统的部分或全部功能，来实现系统的升级和改进，最终将老系统的所有功能重构到新系统后下线老系统。该模式得名于植物界中的一种藤蔓植物，它通过缠绕和替代原有树木来生存和生长。

绞杀者模式的实施步骤如下。

第一步，另起炉灶，设计一个新系统，在这个过程中，新的业务需求在新应用上开发。

第二步，创建一个门面层，拦截老系统的请求，根据路由规则将其分发到新系统。

第三步，从最简单、最容易替换的功能开始，逐步将老系统的所有功能迁移到新系统，最终下线老系统。

绞杀者模式的实现思路如图 18-1 所示。

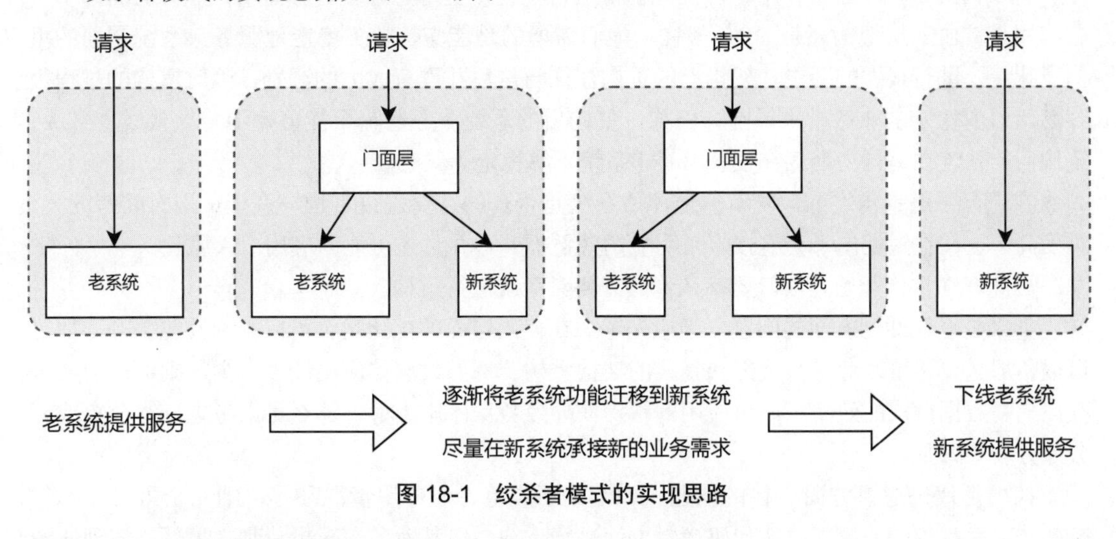

图 18-1　绞杀者模式的实现思路

18.2.3　推翻重建模式

推翻重建模式是指在系统重构的过程中，完全放弃原有系统的代码和架构，重新设计和实现系统。这种模式通常用于老系统已经无法满足现有需求的情况下，或者老系统的代码和设计已经过于复杂，难以维护和扩展。

推翻重建模式的优点在于可以彻底解决原有系统存在的问题，并且可以利用现代技术和最佳实践来重新设计系统，从而提高系统的可维护性、可扩展性和性能。

18.3 系统重构的基本流程

在重构系统开始之前，需要对整个重构过程进行全面规划。我们可以将重构视为一个项目，并按照项目管理的理念，将其主要活动纳入五个过程（启动、规划、执行、监控和收尾）中进行细致管理。

由于系统重构活动通常是由系统负责人自行发起的，因此重构过程可能会与项目管理过程有一些差异。

18.3.1 启动

在准备使用领域驱动设计对系统进行重构时，首先要做的不是选择框架和中间件，而是先进行重构的必要性评估、环境因素分析、效益和风险分析、可行性分析、干系人识别和管理等活动。

1. 必要性评估

在启动重构之前，需要先对重构活动进行评估，确认系统真正需要进行架构上的重构。

待重构的系统一般都在生产环境中正常运行，正在支持着许多业务需求。业务层面并不关心应用是贫血三层架构还是 DDD 架构，他们需要的是能支持业务稳定地服务。系统层面的重构意味着要进行很大的变更，架构上的重构往往与重写并没有太大的区别，因此重构的过程很容易给目前稳定的业务带来风险，例如，重构后的系统业务逻辑可能覆盖不全导致线上事故、重构后的系统在运行初期存在很多 Bug、系统不够稳定等。

在进行系统重构之前，要审慎地评估系统是否真的需要进行重构。系统重构时间跨度大、难度高，往往在短期内不会直接带来明显的效益提升，并且还可能为应用引入风险。

因此，在重构开始之前，要确认真的需要对系统进行重构。

如果是系统性能方面的问题，则应先考虑在代码层面的优化是否可以得到性能提升，如果可以，那么要尽量避免进行大刀阔斧式的架构重构。例如，假如应用读多写少，则可以引入缓存以提高数据读取的效率；如果应用的写操作导致数据库压力大，那么可以考虑读写分离或者分库分表等方案。

如果是代码逻辑方面存在的问题，如编码不规范、业务逻辑混乱等，则完全可以在不进行架构层面重构的前提下，从代码逻辑方面进行重构，使其业务逻辑更清楚。另外，梳理业务逻辑也是重构活动必不可少的环节，可以先进行业务逻辑的梳理和重构，再决定是否需要使用 DDD 进行系统重构。

笔者在工作期间见过许多积存多年的代码，这些代码经过多年的迭代，一个普通的 Service 方法就有 500 多行，方法中嵌套了无数的 if/else，对这种方法的业务逻辑进行梳理是我们进行重构必不可少的环节。

我们可以从技术栈、系统性能、系统可靠性、业务支持、研发效率、运营效率等角度去考虑是否需要进行系统重构。

从技术栈的角度，目前系统的技术栈是什么，是否是业界主流的技术栈、有没有足够的相关研发资源。例如，某些老系统采用的技术栈比较古老，当前在业界已经被新的技术栈取代了，而且团队采用的也是目前业界主流的技术栈，缺乏老系统技术栈的人才资源。如果不及时进行重构，未来则可能很难找到开发资源进行迭代和维护，这不但会影响业务需求落地，而且在出现线上问题时也很难快速定位和解决。

从系统性能的角度，需要思考：目前系统的瓶颈是什么？有没有办法优化，如果目前没有办法优化，那么通过重构系统可以解决吗？初步方案是什么？

从系统可靠性的角度，重点关注该系统历史引起线上问题的根因都有哪些。例如，有时候是因为测试用例覆盖不全，而覆盖不全的原因是老系统的业务逻辑非常混乱，核心逻辑分散到各个模块和方法，难以进行统一维护，本该是小的业务逻辑调整，却需要在许多方法和模块中分别实现，即使补充了单元测试用例，依旧不能解决问题。期待重构之后，能将这些复杂的业务逻辑收敛封闭到领域层，以进行统一维护，缓解研发过程中逻辑覆盖不全的痛点。

从业务支持的角度，目前的系统是否收到了很多来自业务方的抱怨？是否能支持日益复杂的业务？如果现在不能，如何确保重构后就可以？

从研发效率的角度，目前老系统需求开发到上线的过程需要多少工时？重构之后预期如何进行研发提效？

从运营效率的角度，老系统的运营能力往往都非常薄弱，缺乏相应的运营支持工具，很多时候业务规则上的一些调整都需要提研发需求到开发团队。重构后的系统可以重点考虑将高频的运营支持需求工具化，并将其开放给各个业务线的运营和客服。

2. 环境因素

在考虑对系统进行重构时，也要对目前企业内外的整体环境有清晰的认识。重构活动持续时间长，短期很难取得成果。如果不考虑环境因素，则很可能无法持续进行重构活动。

要考虑企业目前的战略。假如企业正在某个业务场景与竞争对手产生激烈竞争，而待重构的系统目前支撑了许多正在快速迭代的战略上的业务需求，此时要投入大量资源进行彻底的系统重构，在组织层面上可能难以被接受。因为目前更重要的是确保这些需求能够快速实施，以快速占领市场份额。由于重构耗时耗力，并且可能引入风险，因此此时向组织提出重构并不是一个很好的时机。在这种情况下，一般建议从代码层面进行一些优化，以维持系统的稳定运行。

要考虑组织架构的稳定性。稳定的团队是取得成功的关键，系统重构需要稳定的组织架构。如果处于组织架构高度变动的时期，重构活动就很可能受到影响。在这期间，团队成员很可能发生急剧变化（如裁员），甚至有可能在重构进行到一半时进行组织架构调整，需要将老系统交接给其他团队，此时进行到一半的重构活动可能就不得不中止。

要考虑组织的文化氛围。如果整个组织缺乏精益的精神，则可能无法就重构的价值形成共识，一意孤行去推动重构，不仅可能影响个人职业生涯，而且可能影响团队的整体绩效。在这种情况下，要更多地倾听业务方的意见，了解他们的需求。如果目前系统的能力确实无法支持他们对业务未来的规划，他们实际上是非常支持进行系统重构的。业务方的支持有助于更好地推动系统重构的立项。

要考虑管理层的管理风格。有的管理层可能是业务出身，认为只要系统还能用，就不会支持投入资源进行重构；有的管理层可能是从技术岗位提拔上去的，可能会对重构比较认可。总之，管理层的管理风格也是需要考虑的一个因素。

3. 效益和风险分析

在说服团队进行重构之前，需要对重构能够带来的效益进行分析。在考虑进行重构活动的必要性时，实际上已经考虑了部分效益，可以从多个角度进行深入挖掘，以了解重构所能带来的效益。

除了重视重构活动所带来的效益，还应提前识别重构活动的风险。风险与机遇并存，重构过程中可能会出现技术原因导致进度缓慢的风险，也可能会因为重构时的数据迁移对部分业务产生影响。因此，需要在识别这些风险的同时思考相应的应对策略。

4. 可行性分析

一件事情能成功，“天时、地利、人和”缺一不可。要提前做好可行性分析，因为可行性分析一方面可以暴露风险，另一方面可以打消上层对重构活动的担忧。

从天时的角度来说，重构活动是否与企业的战略保持一致，是否能成为探索新开发理论的契机，是否能为团队培养出更多优秀的人才，能否将重构活动过程中的经验复制到其他团队。

从地利的角度来说，是否已经具备了系统重构的环境条件，例如，领域驱动设计的落地案例越来越多、学习资料越来越完善、相关团队成员对领域驱动设计进行过深入学习等。

从人和的角度来说，团队是否对整个系统重构保持思想认识上的一致，是否愿意为系统重构提供支持。

以上准备活动之后，往往不会像传统的项目管理一样形成文档，交给上级部门审批。一般会先将上述结论形成一份 PPT，再召集团队和管理层开会，在会议上讲解 PPT 内容并解答疑问。会议的结果是大家就系统重构达成了共识，这样的共识有助于接下来顺利开展重构活动。

许多专心写代码的人可能会质疑：进行系统重构有必要做如此多的准备工作吗？其实这些准备工作是值得的，一方面，促进团队在思想上达成共识，为接下来的工作扫清了障碍；另一方面，也是保障重构者的利益。笔者在各大社区经常看到有人抱怨自己的工作成果被其他人“摘桃子”，自己辛苦忙活一场，结果被别人拿去作为晋升资本，原因就在于整个团队并没有人知道是你在实施系统重构这件事。

准备阶段完成后，团队达成了系统需要重构的共识，就可以启动系统重构的活动了。在启动过程中，还要进行干系人识别和管理。

5. 干系人识别和管理

干系人指的是系统的利益相关方，不同的干系人对重构活动具有不同的影响力。在思考重构活动的必要性时，实际上已经识别了部分干系人，但还需要对干系人进行更全面、更细致的识别和管理。

常见的干系人有：团队成员、管理者、职能部门负责人、最终用户等。

团队成员通常指的是开发团队的成员，包括产品经理、架构师、前后端工程师、测试工程师等职能成员。

职能部门负责人指的是产品经理、前后端开发工程师、测试工程师等成员所在职能部门的负责人。在中小型企业中，产品经理、研发人员、测试人员可能都在同一个部门；而在大型企业中，有时候会根据工种职能划分部门，例如测试、开发、产品经理分别在不同的部门，职能部门负责人指的就是测试、研发等团队的负责人。

最终用户指的是重构后系统的最终使用者。有时候业务运营人员直接通过系统的后台管理系统进行操作，因此要明确都有哪些业务线的人员，应该与谁进行对接；有时候下游的系统通过接口调用的方式进行业务操作，那么就要明确下游的系统是哪个，该系统负责人是谁。

最后，将所有的干系人整理形成文档，以便后续沟通和解决问题。

18.3.2　规划

完成启动阶段的活动后，接下来对整个重构的过程进行规划，主要进行以下几方面的规划。

1. 确认重构的范围

在启动阶段提到的重构范围比较粗略，例如，只说明了某个系统需要重构。在规划阶段，需要对重构范围进行细化，将工作范围细分到应用程序、页面甚至接口等层面，例如，某个系统由前后端构成，重构工作只涉及后端服务，前端页面不需要重构，并且仍然使用原来的接口通信协议与后端进行通信。

2. 工作任务分解

需要对重构过程中的任务进行分解，在重构过程中会遇到的任务有：核心业务逻辑梳理、测试用例整理、领域建模、项目工程搭建并完成初始化、数据库等中间件资源准备、具体功能模块开发、数据迁移、业务验证、推动用户切换到新系统、老系统下线等。

工作任务分解的目标是将任务细化到可以由唯一的某个成员完成。如果某个任务由两个人或更多的人共同负责，往往会导致相互推诿和冲突。因此，一个任务最好指定唯一的任务负责人。

例如，DDD 领域建模时需要进行事件风暴会议，可以将领域建模当成一个任务分配给某个团队成员，并由他负责领域建模相关的事宜。他在完成任务的过程中可以邀请各相关方参与事件风暴会议，但是负责这个任务的只有他自己。

在系统重构的后期，需要进行数据迁移，可以将数据迁移工作当成一个任务分配给个人，由该团队成员去完成数据迁移相关的工作。当他需要帮助时，可以在敏捷站会中提出来，向其他成员寻求帮助。

3. 工期估算和进度计划

通过对任务进行粗略的工作量核算，我们可以大致估算出项目的工期。与常规的需求开发相比，系统重构的周期会比较长，少则半年，多则一年。提前进行整体的工期估算能帮助团队做到心中有数，有条不紊。

另外，也要对整个重构过程有一个明确的时间目标，以便有条不紊地进行工作。为了有效地管理项目进度，还需要制定详细的进度计划来规划整个重构过程，在特定的时间节点完成一些阶段性成果，从而创建项目进度的关键里程碑。

4. 沟通计划

沟通计划在整个活动中也非常关键，需要提前计划如何与各干系人进行沟通。

针对管理层，需要定期通过邮件的形式汇报项目情况，包括当前进度、是否遇到问题、是否遇到风险、遇到的问题是否已经有解决方案、遇到的问题交给谁去跟进。

针对项目团队成员，期望尽快发现问题、跟进问题、解决问题，因此提倡在早会中分享自己的任务情况和遇到的问题。由于早会控制在 15 分钟以内，因此最好只在早会上抛出问题，早会后再邀请相关人员参加单独的会议以探讨解决方案。

针对外部团队的沟通，可以指定某个同事负责对外沟通，所有对外沟通的内容都收敛到他一个人，以提高沟通效率。

5. 人力资源计划

当某种职能的资源不足时，需要向高层申请资源。例如，如果重构涉及前端的页面改版，那么可能需要申请设计和前端开发资源。提前进行人力资源方面的规划，就可以提前跟职能管理层打好招呼，做好资源预留，避免重构过程中某些资源不可用。

假如团队内部有成员不了解 DDD，就需要提前规划并组织相关培训，帮助这部分成员尽快掌握。

另外，对于团队内部使用的研发工具、开发规范，也需要根据团队的掌握程度，考虑是否需要进行相关培训。

6. 质量管理计划

系统重构的过程烦琐且耗时较长，因此需要有效规划重构各个阶段的交付成果的质量。一方面，需要确定当前活动已完成，方可进入下一个活动；另一方面，需要确保交付成果符合预期。因此，需要明确项目活动交付成果的标准和质量要求，并制定可量化的指标。

对于业务流程，可以细化具体的执行用例。例如，当满足某个条件时，需要执行某个操作，所得结果的数据应处于何种状态。这一部分内容可以参考 18.3.3 节中“梳理现有业务逻辑”的思维导图方法。

对于执行结果，可以将实际执行结果与预期计算结果进行对比，若一致，则符合需求。

对于数据迁移，当数据量较大时，很难确保每条数据在同一时刻完全一致。因此，可以设定一个阈值，例如，当新老数据的差异在百万分之一时，可以认为数据迁移验证通过，重构可以推进至下一阶段；反之，需要继续校验数据，排查差异原因。

18.3.3　执行

完成对整个重构过程的详细规划之后，便进入了执行的过程。

1. 组建项目团队

按照规划阶段的人力资源计划，向各职能部门申请资源并组建项目团队，例如，申请产品经理专职跟进系统重构相关事宜、向质量部门申请测试资源等。

2. 团队能力提升

假如团队成员缺乏领域驱动设计实践经验，则需要组织 DDD 知识分享和培训，提高团队成员技能。

3. 梳理现有业务逻辑

系统重构和新系统开发不一样的地方在于，新系统存在许多未知的需求，而系统重构的首要任务是确保新老系统的业务逻辑一致，否则可能会影响正常业务的运行。因此，系统重构的重要任务之一是梳理业务逻辑。

梳理业务逻辑的方法包括：通读核心代码、阅读以往的 PRD（产品需求文档）、进行头脑风暴等。笔者通常会将业务逻辑整理成思维导图的形式，如图 18-2 所示。

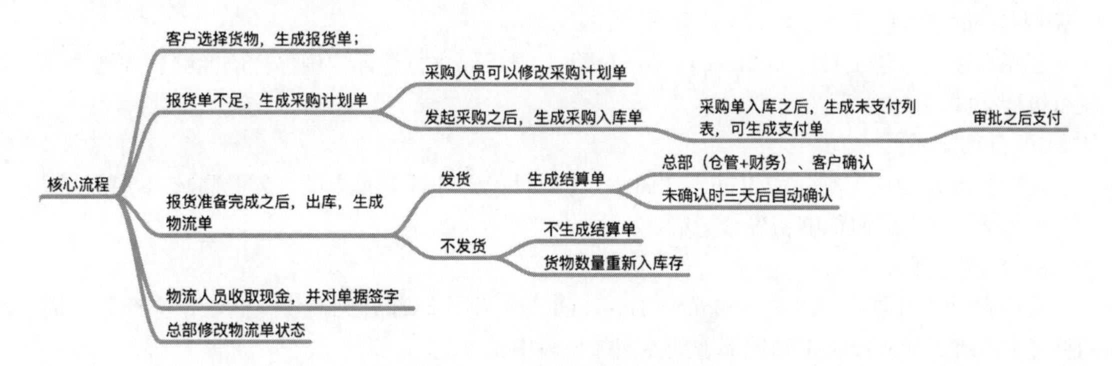

图 18-2　梳理业务逻辑思维导图

声明：该图不保证业务的可行性，并且不包含任何商业机密，仅用于展示将业务逻辑梳理成思维导图。

4. 整理测试用例并评审

将业务逻辑梳理成思维导图后，其实已经涵盖了大部分的测试用例。在业务逻辑的基础上，补充某些参数校验或者交互上的细节，即可形成测试用例。

完成测试用例的整理后，需要组织各相关方对测试用例进行评审。经业务、产品、开发、测试等多方确认之后，该测试用例可以作为重构的验收标准。

5. 实施 DDD

采用事件风暴法进行领域建模，其详细操作过程可参考第 13 章。

对于系统重构，由于需求已经在老系统中被实现了一次，因此在领域建模的过程中，可以参考梳理出来的业务逻辑和测试用例。

根据建模结果，完成限界上下文和子域的划分，进而完成服务的拆分，将原本的大泥球架构拆分为微服务架构。

另外，在开发过程中，可以使用脚手架、代码生成器等工具加速整个开发过程。

6. 敏捷开发

根据业务重要性、重构活动之间的因果关系，将重构的工作进行优先级排序，先处理优先级高的任务，以增量迭代的方式完成整个重构的工作。

重构期间的敏捷早会也非常重要，可以帮助团队及时同步问题，减少沟通成本。

7. 测试驱动开发

通过测试驱动开发的方式来保证代码的质量和可测试性，根据已整理的测试用例编写对应的单元测试，可以及时对领域模型进行测试和验证。

8. 持续集成

采用持续集成和持续交付（CI/CD）的方式，不断地对领域模型进行持续演进和改进。具体地说，可以从以下几个方面入手。

1）自动化构建

使用自动化构建工具（如 Maven、Gradle 等）对代码进行编译，确保代码能够正确地编译成可执行文件。

2）自动化测试

使用自动化测试工具（如 JUnit、TestNG 等）对代码进行单元测试、集成测试、系统测试等各种测试，确保代码能够正确地运行。

3）自动化部署

使用自动化部署工具（如 Jenkins、Travis CI 等）将代码部署到开发、测试、生产等不同的环境中，确保代码能够正确地部署到不同的环境中。

9. 数据迁移

当新老系统的数据库的表结构不一致时，还会涉及数据迁移，数据迁移包括全量数据迁移和增量数据迁移。

- 全量数据迁移：又称存量数据迁移，指将原系统中的历史数据全部迁移到新系统的数据源中。
- 增量数据迁移：完成全量数据迁移后，还需要将全量数据在迁移期间产生的新增数据迁移到新系统的数据源中。

数据迁移完成之后，还需要对新的数据源进行校验，校验的内容包括数据总量、数据准确性等。

数据总量的校验，即完成数据迁移之后对数据总数量进行校验。两个数据源在理想情况下的数据量应该保持一致，但可能由于数据同步存在时间差等原因，很难实时保持数量一致，因此通常指定一个误差的标准，例如，数量差异在一百条以内或者差异在十万分之一以内，即可认为数据迁移已完成，具体标准根据实际情况来定。

数据准确性的校验，则是指核心业务字段在新库和旧库的值不一样，这样的差异会影响业务的准确性，因此需要进行校验。当数据量较大时，可以采用抽样的方式进行对比，例如，每月、每天产生的数据抽取部分进行对比校验，如果发现问题，则排查原因并修复。

在对生产环境的数据进行数据迁移前，应该先在测试环境中完整地模拟实施一遍，确认无误后再迁移。

10. 灰度切量

新系统开发完成后，如果不涉及数据迁移，那么测试验证通过后，即可将部分流量切换到新系统进行验证。通常会先将部分读流量切换过去，在经过一段时间的试运行验证没有问题后，再将部分写流量切换到新的服务上，最终将全部读写流量切换到新系统。

如果涉及数据迁移，灰度切换会稍微复杂一些。很多时候，在完成全量和增量数据迁移后，无法一次性将服务切换到新的系统并下线老系统，原因为：一方面，调用方需要时间来切换到新系统和新服务，而且排期一般较长，因此新老系统同时提供服务是常见情况；另一方面，无法保证新系统不存在影响业务的缺陷或错误，如果在试运行期间发现问题，则需要随时切回老系统。

涉及数据迁移的灰度切换有两种常用的方案：数据双写和双向数据同步。

1）数据双写

数据双写的实施步骤如下。

第一步，对老系统数据写入的逻辑进行改造，加入双写开关。当双写开关打开时，老系统完成业务逻辑后，不仅需要写入旧的数据源，还需要将结果写入新系统的数据源。伪代码如下。

```
public class OldService{
  @Resource
  private NewServiceGateway newServiceGateway;
  public void writeMethdo(Request req){
    //1.旧的业务逻辑，完成业务逻辑之后写入旧的数据源
          //省略旧的业务逻辑代码
    //2.双写开关
    if(writeNewServiceSwitch()){
      //3.写入新系统的数据源
      newServiceGateway.newWriteMethod(req);
    }
  }
}
```

在上述代码中，writeNewServiceSwitch 是双写的开关，当 writeNewServiceSwitch 返回 true 时，代表数据也要写入新系统的数据源。

写入新系统数据源的过程，在这里可以直接写到新系统的数据库中，为避免影响老系统的性能，也可以采用异步的方式。如果新系统的接口服务有缓存，直接写新库的方式不会维护缓存，导致后面读取数据时产生数据不一致的问题。因此，可以通过发布消息到消息队列中，由新系统专门的订阅者完成落库以及缓存的维护。

第二步，新老两套数据源之间先完成全量数据迁移，并且通过增量数据同步使二者基本保持一致，此时可以打开老系统的双写开关并停止增量数据同步任务，老系统同时写入新旧两套数据源。

建议选择业务低峰期进行操作，以降低对业务的影响。

双写开启之后，需要定期对新老系统的数据源进行校验。如果二者差异很大，则停止双写并排查原因，解决问题后还要修复二者不一致的数据，才可以再次进行数据双写。

另外要注意的是，此时新系统不承接任何读写流量。

第三步，开启双写后，定期对两套数据源进行校验，经过多次校验通过后，才能考虑切部分读流量到新系统。

在这一步，可以引入一些流量复制或者流量录制的工具，将老系统线上的流量录制下来，然后在专门的环境中进行回放验证，确保在切换读流量前进行必要的验证。

第四步，读验证。采用灰度的方式，逐步将读流量切换到新系统，先切换非常小比例的读流量到新系统，验证一段时间后才可以提高新系统的流量占比。例如，刚开始可能只切换了 1% 的读流量到新系统，验证一段时间后切换 2%、5%、10%、20% 等。

第五步，写验证。读验证通过后，采用灰度的方式，可以将部分写流量切换到新系统，由新系统执行业务操作。新系统也要进行双写老数据源，即完成业务操作后，不仅要写入新系统的数据源，而且要写入老系统的数据源。在写验证的过程中，也采取逐步切量的方式，逐步加大新系统写操作流量的占比。

在此建议在新系统的核心业务逻辑中加入业务监控，如果某些流程执行有问题而触发报警，就要及时停止写验证并修复问题。

第六步，最终将所有的读写流量切换到新系统，并同时确保新系统双写老系统的数据源。在此期间，需要定期校验新老两套数据源，发现问题及时进行处理。

第七步，新系统稳定运行一段时间后，可以下线老系统，同时关闭新系统写老系统数据源的开关。在之后的迭代中，需要移除与新系统相关的逻辑。

如果新系统对外提供的接口契约（如 Dubbo 服务的接口定义）发生了变化，则需要推动调用方改造自己的调用逻辑后，迁移到新的接口服务上。只有当所有的调用方完成接口切换之后，才能下线老系统。

数据双写的实现思路如图 18-3 所示。

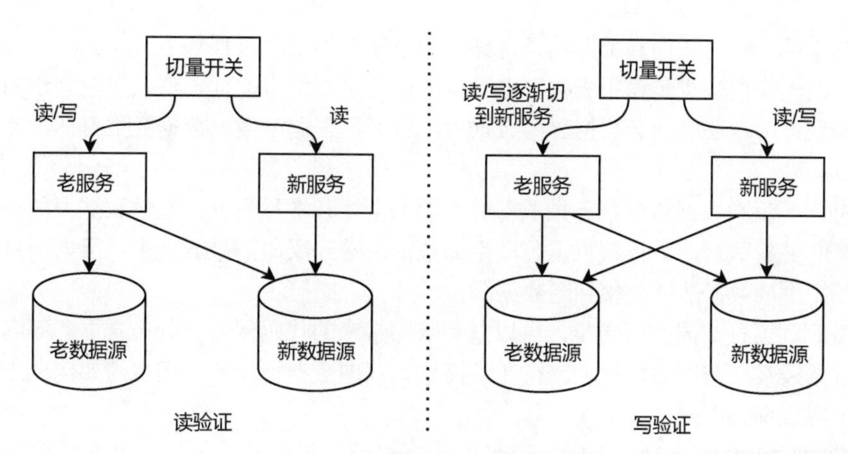

图 18-3　数据双写的实现思路

2）双向数据同步

数据双写的方案虽然能解决问题，但是在新老系统中维护双写也存在一些问题：一方面，实现双写的逻辑存在代码侵入；另一方面，双写属于分布式事务，很容易出现数据不一致的问题，对比新老系统数据源的工作量也会非常大。

对于可以快速完成新老系统更替的重构，数据双写的方案是非常适合的。但是，如果新系统上线后，老系统还需要在线运行很长一段时间，例如，调用方可能最少需要半年的时间才能切换到新系统的接口，那么数据双写就不是很适合。

许多云服务平台都提供了支持双向数据同步的数据传输服务（Data Transmission Service，简称 DTS），可以采用双向数据同步的方式完成灰度切量的操作。

双向数据同步的实现思路如图 18-4 所示。

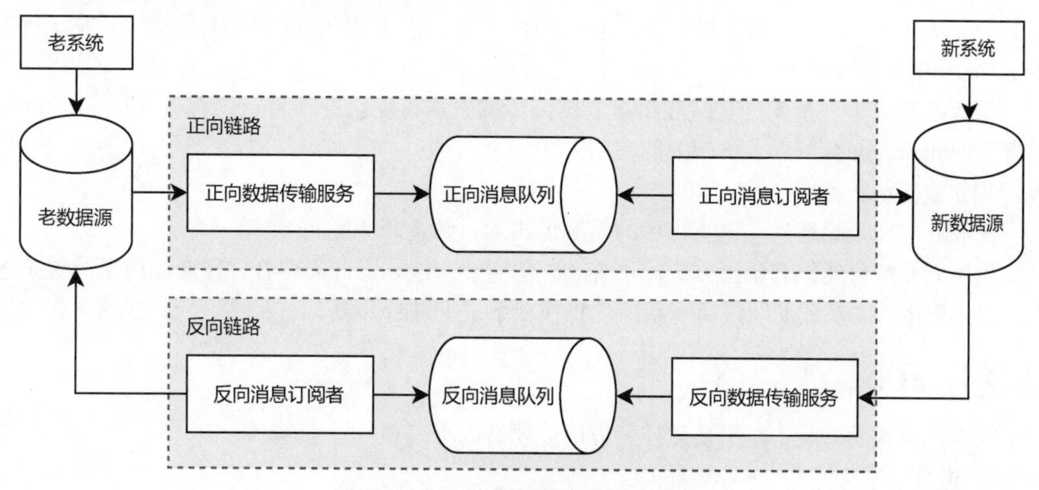

图 18-4　双向数据同步的实现思路

双向数据同步包含正向和反向两条链路，两条链路的处理过程如下。

正向链路：正向数据传输服务抽取老数据源的全量和增量数据，将其发送到正向消息队列中，正向消息订阅者获取到老数据源的数据后，对老数据源产生的数据变更打标，然后持久化到新数据源。

反向链路：反向数据传输服务抽取新数据源的全量和增量数据，通过数据上的标识过滤来自老数据源的更新数据，只将新数据源产生的数据发送到反向消息队列中，反向消息订阅者获得新数据源产生的数据并持久化到老数据源。

可以看到，通过双向数据同步，可以避免双写带来的代码侵入、分布式事务等问题，使系统重构的数据迁移、灰度切量过程变得非常简单。双向数据同步的方案也需要定期进行数据校验，避免出现数据丢失或者错误。

双向数据同步在实施时，正向链路可以一直打开，将全量数据迁移到新数据源后，持续将增量数据同步到新数据源。新系统验证写操作前，先将反向链路同步打开，之后一直保持运行，直到老系统下线。

在这两条链路中，有两个技术要点需要注意：数据标记和数据传输服务。

本书在事件溯源章节中介绍了如何使用拉链表实现事件溯源，并提到在数据表中添加row_start_time 等字段以维护拉链表。类似地，可以在表中添加 row_sign 列，该列定义为字符串（例如 char 类型，长度为 8，默认值为 00000000），其中一位用于标识新老系统产生的更新，其余的标识位可保留以备将来使用。

例如，第 1 位为 0 时，代表该更新来自老系统，第 1 位为 1 时，代表该更新来自新系统。正向消息订阅者在处理来自老数据源的数据时，将该标识位设置为 0，而新系统在正常持久化时，将该标识位设置为 1。

数据传输服务用于抽取新老数据源的全量和增量数据，并将其发送到消息队列中。数据传输服务可以基于支持全量和增量数据同步的 CDC（Change Data Capture）工具进行开发，例如 Debezium、Flink CDC 等。

笔者还开源了一个支持全量和增量数据同步的数据传输服务项目，读者可以在 GitHub 中搜索“feiniaojin/ddd-dts”了解相关的使用方法。

11. 重构系统上线

完成灰度切量验证后，将重构后的系统正式发布到生产环境。

由于老系统可能仍有调用方或使用者，无法直接下线，因此需要在一段时间内继续维护老系统的正常运行。在此期间，所有新需求将在新系统上进行开发。

18.3.4 监控

在系统重构的过程中，需要监控的方面主要有以下三项。

1. 进度

要定期检查当前的进度是否达到计划的里程碑，如果进度落后，尝试找到原因和解决方案。

如果原定的计划实在跟不上，需要及早向上暴露进度风险，越早暴露风险，越有利于准备应对策略。

2. 质量

一方面，要监控某些质量缺陷（或者是 Bug）是否安排到具体的团队成员、是否明确了完成时间、是否明确了验收标准。

另一方面，某些缺陷修复的任务分派出去后进度如何，是否遇到问题，如果一定时间内没有收到反馈，要主动去了解，帮助团队成员解决问题。

3. 待办项

在重构的过程中，可能经常发现某些东西有遗漏，当前可能人手不足无法处理，因此将其记录为待办，要定期检查这些待办项是否已分派到团队成员进行处理。

18.3.5 收尾

新系统上线后，重构系统的工作并没有随之终止，还需要进行一系列的收尾工作。

1. 沉淀组织过程资产

为了推动用户从老系统转移到新系统，需要提供详细的使用文档。对于用户在使用过程中反馈的问题，团队帮助用户解决之后，也应该将解决方案整理为文档并加入使用文档中，避免频繁为用户解决同样的问题。

如果重构的系统是一些微服务，还需要提供详细的接口文档，并对接口的核心逻辑、返回的状态码等提供详细说明。

对于系统重构过程中的一些知识储备、过程文档等，应及时整理出来并纳入知识库，使其成为团队的经验教训。

2. 推动新系统普及

用户从老系统转移到新系统需要学习成本，很多用户不会积极主动地转移到新系统中，因此需要想办法推动用户新系统的普及。

可以通过站内信、聊天群、邮件、线上会议等形式告知用户新系统已上线，老系统将排期下线，敦促用户做好切换到新系统的准备。

对于微服务接口提供者类的应用，一般至少要通知三次，并且确保每个调用方都知晓。如果调用方不能在预定的时间内迁移到新服务，需要进行登记，定期催促调用方完成接口切换。

一般通知三次之后，就可以对老系统进行相应的缩容，在完全下线前还需要关注近期是否还有流量进来。

1）使用培训

在新系统推广期间，可以定期举办培训会议，帮助用户快速掌握新系统的使用方法。培训会议可以录制为视频，将其纳入使用文档。

2）知识分享

在系统重构的过程中，沉淀了很多经验教训，这些经验教训可以被整理出来在公司范围内进行分享，帮助其他同事获得重构相关的知识提升。

第 19 章

布道领域驱动设计

19.1 为团队引入领域驱动设计

本节将从授权、培训、文化等多个角度探讨如何在团队中推广领域驱动设计。

1. 授权

领域驱动设计是一套完整的软件开发方法论，在实施过程中需要对业务领域有深入的理解和分析，团队需要有足够的时间去学习，才能将其应用于复杂的实际业务。

因此，公司高层管理人员需要认识到领域驱动设计的价值，并给予相应的支持和授权，这包括：

- 指定领域驱动设计的负责人或团队，负责推广、实践和培训。这些负责人需要具备深入理解业务领域的能力，并能够将这些知识转化为软件设计和实现。
- 明确领域驱动设计的目标和计划，并监督推广的进展情况。
- 提供足够的时间和资源，让团队有机会深入研究业务领域，并学习领域驱动设计。
- 鼓励团队成员采用领域驱动设计的方法进行软件开发。
- 推动架构委员会制定领域驱动设计的编码指南。

2. 培训

推广领域驱动设计需要有足够的人才基础。团队可以组织相关的培训和学习，以帮助团队成员掌握领域驱动设计的基本理念和方法。具体包括：

- 建立内部培训课程，普及领域驱动设计的基本概念、实践经验和模式等知识，以增强团队成员对领域驱动设计的理解。
- 建立知识库或内部社区，为团队成员提供可以分享学习资料和实战经验的平台。
- 鼓励团队成员参加外部的培训和会议，学习业界先进经验。

3. 文化

笔者在职业生涯中始终坚信“技术服务业务，业务创造价值”的理念。业务研发团队的领导者应该建立以业务为中心的文化氛围，使团队成员意识到业务需求的重要性，并为领域驱动设计提供文化土壤，具体包括：

- 建立以业务为主导的文化氛围，帮助团队成员明确业务的重要性，并将业务作为设计和开发的出发点。
- 建立开放的交流环境。营造开放、包容、学习的交流氛围，鼓励团队成员进行交流和分享经验。
- 鼓励合作。建立跨部门合作的机制，让不同部门之间能够共同协作，深入了解各自的业务领域，促进跨子域的知识分享。
- 建立奖励机制。激励团队成员在领域驱动设计方面做出贡献，如经验总结、组件沉淀。
- 鼓励创新。为实践领域驱动设计提供试错的空间；鼓励团队成员探索适合自己项目的领域驱动设计实践方式。
- 鼓励分享。通过分享来加强团队成员之间的交流和学习，包括在内部社区或知识库中分享成功案例和最佳实践，让其他团队成员可以借鉴经验；在公司内部或外部举办相关的技术分享会或研讨会，宣传领域驱动设计的理念和方法；在公司网站或博客中发布相关的文章或博客，让更多的人了解领域驱动设计。

4. 循序渐进

领域驱动设计中涉及非常多的模式。在项目开发中，不要一下将所有的原则和模式都引入，应该循序渐进、逐步引入。可以先从一些简单的原则和模式开始，逐步扩大范围。这样可以避免团队成员因为难以驾驭过多的模式而产生挫败感。

5. 沉淀

在实践领域驱动设计的过程中，团队需要不断沉淀经验和教训，这包括：

- 将经验转化为最佳实践和模板。这些最佳实践和模板可以帮助开发人员更快地上手 DDD，并避免一些常见的错误。
- 将常用的工具和框架沉淀下来，如代码生成器等。
- 将业务模型沉淀下来，并建立一个可复用的业务模型库。
- 对于常用的文档和规范，都应该进行整理和归档并持续更新，包括领域词汇表等。

6. 职业成长

让职业成长成为学习领域驱动设计的动力，为学习者提供职业发展的机会。这些机会包括：

- 让团队成员参与更多的项目，提高他们的经验和技能水平。
- 为出色的 DDD 实践者提供晋升机会，激励他们更加努力地工作。
- 转变价值导向，将业务作为晋升考核的核心标准，扭转将“造轮子”“做 PPT”作为考核指标的不良风气，不能只是口号上的“公平、公开、公正”。

19.2 编码指南

19.2.1 核心概念

1. 实体

实体必须拥有业务上的唯一标识，并且要注意避免将数据库的自增主键作为实体的唯一标识。原因是在分库分表的情况下，假如每张表都有自己的自增主键，设计不当很有可能重复。

要避免在实体外部使用 set 方法执行业务操作，因为 set 方法没有明确的业务含义，更多地将 set 方法用于聚合根的创建和加载过程，完成创建和加载过程后，每次使用 set 方法都必须慎重。

- 实体应建模为充血模型，避免贫血模型。
- 实体的命名一般为“XxxEntity”。
- 实体中不应该调用基础设施层。
- 实体应与基础设施层解耦，避免直接使用 ORM 注解修饰实体。

2. 值对象

值对象的方法应该被实现为无副作用的函数。

对于值对象，推荐将其实现为不可变对象。请注意，一旦值对象被创建，严禁使用 set 方法来更改其属性。

在对值对象进行命名时，应直接使用与其抽象业务概念相符的名称，例如，地址值对象应该被命名为 Address。

为了保持值对象的清晰性和内聚性，值对象不应该调用基础设施层的代码。

3. 领域服务

领域服务是领域中必需的业务操作，但该操作无法归属于实体和值对象，通常涉及多个聚合根。

领域服务的命名推荐根据操作进行定义，例如，数据导出领域服务应命名为 ExportDomainService。

领域服务是无状态的，类似于工具类的角色。

不应滥用领域服务，否则将导致业务逻辑无法封装，回到贫血模型。

4. 聚合和聚合根

聚合和聚合根表达的是一致性的范围，因此并不推荐将某个聚合根实体命名为“AggregateRoot”。

在设计系统时，我们应该创建小而全的聚合，这样可以避免大聚合可能带来的性能瓶颈。每个聚合根代表事务的边界，确保在其内部实现强一致性，严格遵循 ACID 属性。在进行事务处理时，应限制每个事务只更新单个聚合根，以维护数据的完整性，降低复杂度。为了实现聚合之间的解耦，应当通过唯一标识来引用其他聚合根，而不是直接引用其他聚合根对象。

当需要跨聚合的数据一致时，推荐使用最终一致性模型。此外，设计原则要求我们只能通过聚合根来修改聚合的状态，防止绕开聚合根导致的数据不一致问题，同时聚合根不应该直接调用基础设施层，以保持业务逻辑与底层实现的分离。

5. 领域事件

领域事件的命名采用“聚合根 + 命令的过去式 +Event”的形式，例如 OrderCreatedEvent。

领域事件应具有唯一性，在此推荐携带全局唯一的事件 ID，方便订阅者进行幂等设计。

6. Factory

Factory 可以用于复杂的领域对象创建，包括实体和值对象。

Factory 封装领域对象的创建逻辑，创建出来的领域对象应该具有合法的默认值。

7. Repository

Repository 应实现为行模式，仅支持单个聚合根的操作。不应该将条件查询、分页查询等查询操作放到 Repository 中，这些查询操作应该通过 CQRS 切换出去。

19.2.2 应用架构

1. 架构选择

DDD 对架构没有硬性的要求，理论上不管采用何种应用架构，均不影响 DDD 的实施。

在此推荐采用第 2 章中整理出的应用架构，本书的所有案例都使用该架构进行开发，并已整理为脚手架 ddd-archetype，读者可获取随书资源并直接安装使用。

2. 工程结构

DDD 的应用架构如图 19-1 所示。开源项目 ddd-archetype 将该应用架构实现为 Maven archetype。ddd-archetype 的项目结构如图 19-2 所示。

工程结构的各层、包说明如下。

- 领域层：包含所有的领域模型，包括实体、值对象和领域服务。存储库和网关等组件也应该先在领域层进行定义。
- 应用层：定义具体的业务用例；协调领域模型和基础设施完成业务逻辑的执行过程。应用层不包含业务逻辑代码，在应用层实现 CQRS，将应用层区分为命令应用服务（Command Application Service）和查询应用服务（Query Application Service）两种。
- 基础设施层：实现领域层定义的基础设施组件，例如仓储和网关。它封装了基础设施操作的技术实现细节，为业务执行提供支持。
- 用户接口层：暴露应用层定义的业务操作，例如，应用层定义了“创建文章”的操作，user-interface-web 包将其暴露为 Web 服务。
- 启动器：为项目提供启动类，作为项目启动的入口。根据需要引入用户接口层。同一个项目可能有多个启动器。

ddd-archetype 中各包的定义如表 19-1 所示。

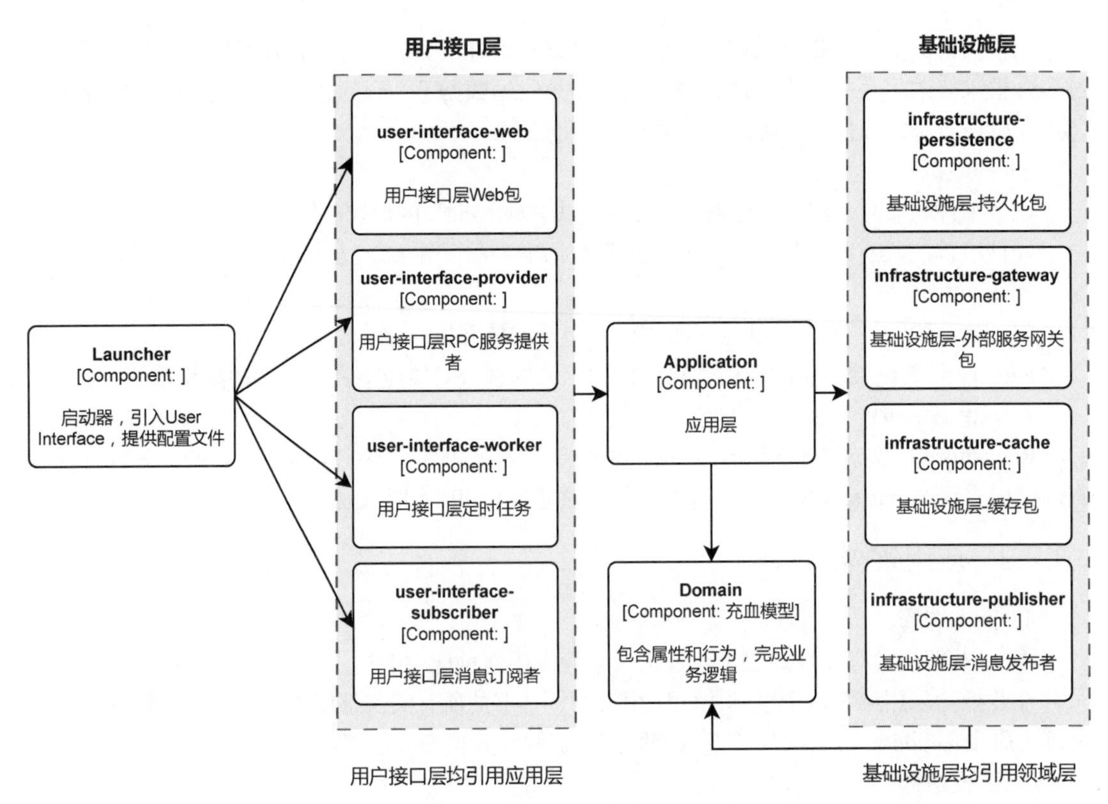

图 19-1　DDD 的应用架构

图 19-2　ddd-archetype 的项目结构

表 19-1　ddd-archetype 中各包的定义

包名称	所属的层	职责	依赖
domain	领域层	领域模型	无
application-service	应用层	应用服务	领域层、基础设施层
infrastructure-persistence	基础设施层	持久化	领域层
infrastructure-publisher	基础设施层	消息发布	领域层
infrastructure-gateway	基础设施层	外部调用网关	领域层
infrastructure-cache	基础设施层	缓存操作	领域层
user-interface-web	用户接口层	Web 接口	应用层
user-interface-worker	用户接口层	定时任务	应用层
user-interface-provider	用户接口层	RPC 服务提供者	应用层
user-interface-subscriber	用户接口层	消息队列订阅者	应用层
launcher	项目启动器	启动项目	用户接口层

ddd-archetype 中各包的说明如下：

- infrastructure-persistence：实现领域层定义的 Repository 接口，封装与数据库交互的细节。进行写操作时，将领域模型转换为数据模型，进行读操作时，通过数据模型重建领域模型。所有与数据库交互的技术细节都放置在该包中，例如，数据库配置类和 Mybatis 的 xml mapper 配置文件。
- infrastructure-publisher：实现领域层定义的 Publisher 接口，该接口用于发布领域事件。所有与消息队列相关的技术细节都包含在该包中。
- infrastructure-gateway：实现领域层定义的外部服务网关接口，是应对外部上下文的防腐层。
- infrastructure-cache：实现领域层定义的缓存聚合根接口。所有与缓存相关的细节均包含在该包中。
- user-interface-web：将应用层的用例以 Web 接口的形式暴露。拦截器、跨域等 Web 相关的技术均实现在这一层。
- user-interface-worker：将应用层的用例以定时任务的形式暴露。user-interface-worker 会定时自行组装 Command 报文并调用应用服务，定时自动进行某些业务处理。
- user-interface-provider：RPC 服务提供者，实现 RPC 接口定义，将应用层的用例暴露为 RPC 服务。
- user-interface-subscriber：领域事件订阅者，在技术上体现为 Listener，例如 Kafka 的 Listener。
- launcher：提供项目启动必需的配置文件。根据需要引入 user-interface 层的包。

3. 脚手架

团队建设自己的项目脚手架，并统一通过脚手架完成项目的创建，避免团队成员产生理解成本。

4. CQRS

在应用层实现CQRS，将应用层区分为命令应用服务和查询应用服务两种。

命令应用服务：实现命令操作，通过加载聚合根完成领域模型的状态修改。

查询应用服务：实现查询操作，直接调用基础设施层的数据模型查询接口完成数据查询，并将查询结果封装为View对象进行返回。

19.2.3 事务控制

1. 事务控制的位置

基于性能的考量，事务控制应放在Repository中，避免在应用层进行数据库事务控制。

2. 乐观锁

充血模型在实际运行的过程中，非常依赖乐观锁。因此，数据库在建表时应定义好乐观锁字段。

19.2.4 研发效率

推荐团队沉淀出自己的通用组件和代码生成工具，以提高研发效率。例如，笔者一般会在user-interface-web包中引入Graceful Response组件，使接口响应更优雅。

19.2.5 代码质量

1. 单元测试

在开发过程中，务必为领域模型（实体、值对象和领域服务）编写单元测试用例，并且这些单元测试必须覆盖所有的逻辑分支。同时，建议对Factory、Repository、基础设施层也进行单元测试，在测试这些组件时，要注意对外部调用进行模拟（Mock）。

在需求提测时，应确保所有的历史单元测试均能成功运行。

2. 静态扫描

在需求提测时，应使用SpotBugs、SonarLint等静态代码扫描工具进行扫描，只有在确认代码无明显缺陷后方可提交需求进行测试。

19.2.6 过程文档

敏捷开发提倡精简文档，因此，在开发过程中应尽量避免代码层面的UML设计。

推荐使用规范良好的C4模型产出架构设计图作为设计和沟通的工具，并且根据需要只产出System、Container和Component这三个层次的C4架构图，避免产生代码层次的架构图。

19.3　能力成熟度模型

19.3.1　软件能力成熟度模型

软件能力成熟度模型（Capability Maturity Model For Software，缩写为 SW-CMM，简称 CMM）是一种用来评估和改进组织的软件开发和管理能力的模型。它分为五个等级，分别是：初始级（Initial）、可重复级（Repeatable）、已定义级（Defined）、已管理级（Managed）和优化级（Optimizing）。

初始级是成熟度模型的第一级，处于初始级的组织往往是无序的和不可预测的，缺乏标准的流程和完善的制度，也缺乏可复制的成功经验。

可重复级是成熟度模型的第二级，组织已经取得过项目的成功，已经初步建立起一些基本的流程和标准，并且可以将成功经验应用到其他项目中。

已定义级是成熟度模型的第三级，组织建立起完整的流程和标准，实现了软件开发过程的标准化。

已管理级是成熟度模型的第四级，为了不断提高质量和效率，组织开始注重过程的量化和度量，以确保项目能够按照规定的指标进行。组织需要建立一套有效的度量和分析机制，并且可以根据获得的数据进行决策和改进。

优化级是成熟度模型的第五级，组织已经具备持续改进软件开发和管理过程的能力，可以根据实际情况不断调整。

19.3.2　领域驱动设计能力成熟度模型

目前业界尚未形成评价领域驱动设计能力成熟度的模型。根据笔者的实际经验，基于软件能力成熟度模型，笔者提出了一个简单的领域驱动设计能力成熟度模型（领域驱动设计能力成熟度模型，缩写为 DDD-CMM）。在该 DDD-CMM 中，领域驱动设计的能力分为五个级别：初始级、可重复级、已定义级、已管理级和优化级。

初始级是第一个级别，属于领域驱动设计能力的起始阶段。其主要特征是尽管渴望应用领域驱动设计，但由于实践经验的限制，仍然在使用贫血模型。“基于领域驱动设计思想进行设计”的口号表达了对领域驱动设计的向往，但并未真正实现领域驱动设计。

可重复级是第二个级别，实践者通过摸索使用充血模型来实现业务，并将领域驱动设计的战术设计（实体、值对象、聚合、聚合根、仓储等）、战略设计和领域建模等理念付诸实践，已经具备使用 DDD 解决复杂业务实现的能力。

已定义级是第三个级别，实践者在实践过程中形成了良好的编码规范，并将领域驱动设计转化为一套标准，能够将领域驱动设计与其他开发理论结合使用。

已管理级是第四个级别，主要是对领域驱动设计过程进行定量的管理。在形成与领域驱动设计相关的标准后，提出一系列用于评估模型有效性、应用执行性能和衡量研发效率的指标。

优化级是第五个级别，实践者已经完全掌握了领域驱动设计，并根据实际开发过程中遇到的问题，提出新的领域驱动设计理念，然后积极发展与领域驱动设计生态相关的组件，以促进领域驱动设计理论和生态的完善。

第 20 章

使用DDD开发视频直播服务

20.1 视频直播技术介绍

视频直播是当前非常流行的业务场景。它指的是将主播实时拍摄的音视频内容传输到用户终端，供观众实时观看和互动。观众不仅可以观看视频直播内容，还可以点赞、评论，以及与主播或其他观众进行互动。

视频直播技术应用场景非常广泛。

1. 社交媒体

通过社交媒体的直播功能，用户可以分享旅行、美食、活动等内容，并随时与朋友互动交流。

2. 电商直播带货

视频直播已经成为电商行业重要的销售渠道。商家可以通过直播平台展示产品、介绍特点、回答观众问题，并即时促成销售。直播带货提供了即时互动和购买的便利性，为商家和用户带来共赢的体验。

3. 教育和培训

在线教育和培训机构利用视频直播技术，可以实时传输教学内容，并与学生进行教学互动。学生可以在家观看直播课程，拓宽了学习渠道，从而获得高质量的教育体验。

4. 娱乐和文化活动

音乐会、体育赛事、电影首映等各类文化娱乐活动通过视频直播技术实现实时传播，观众无论身在何处，都能欣赏到现场的精彩表演。

视频直播整体架构如图 20-1 所示。

视频直播核心流程分为推流和拉流两个环节，具体如下。

- 推流：指的是将现场的音视频信号通过编码器进行压缩编码后推送到流媒体服务器。编码器通常会将音频和视频信号分别压缩为较小的数据包，并通过互联网传输到服务器。

- 拉流：观众通过访问直播网页或应用程序向流媒体服务器发送请求，并从服务器拉取音视频流数据。用户终端设备会使用解码器对接收到的音视频流进行解码和播放。

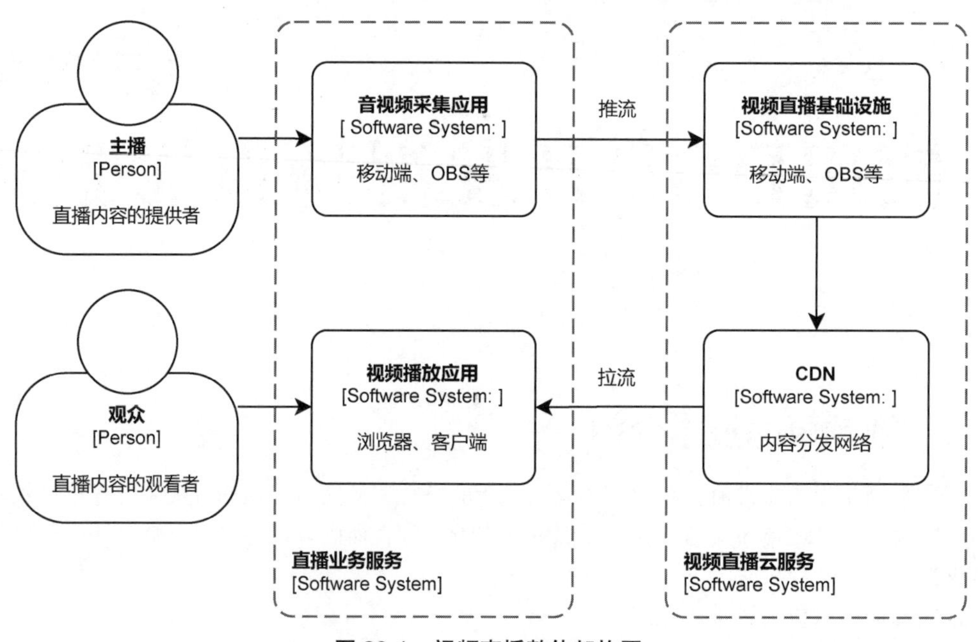

图 20-1　视频直播整体架构图

20.2　视频直播服务案例介绍

本节将带领读者使用领域驱动设计开发一个视频直播服务，该视频直播服务的业务需求是虚构的，但真实地实现了主播推流和观众拉流观看的功能。

接下来从项目背景、核心业务逻辑、技术选型等方面介绍这个案例。

20.2.1　项目背景

直播带货作为一种新兴的电商模式，受到了越来越多生产者和消费者的青睐，直播带货已经成为一种新兴的电商趋势。越来越多的商家和品牌开始利用直播平台进行产品展示和销售，通过主播的实时演示和推荐，吸引消费者的注意力，提高购买转化率。

在业务初期，企业一般会选择现有的短视频平台进行直播带货，达到快速实现业务的目的。但是，随着业务的增长或者受到短视频平台相关流量规则的限制，短视频平台已经不能满足企业的带货需求，企业决定自建直播带货平台，以更好地支持主播团队的直播带货业务。

在自建直播带货平台初期，如果要自建音视频推拉流服务，则可能需要投入比较多的成本。因此，企业一般会选择整合公有云服务提供的音视频直播能力。

本案例就是基于公有云服务的音视频直播能力搭建直播服务的。

20.2.2 核心业务逻辑

视频直播服务的核心功能包括直播间管理、主播管理、直播管理和推拉流。下面将分别介绍这些功能的实现逻辑。

1. 直播间管理

直播间是主播进行直播带货的场所，也是观众观看直播的场所，该应用提供了创建和修改直播间的功能。

直播平台的运营人员可以在应用中创建直播间，并设置直播间的名称、封面图等信息。同时，主播也可以在应用中修改自己的直播间的信息。

2. 主播管理

主播是直播带货的核心人物，直播平台提供了创建和修改主播信息的功能。

直播平台的运营人员可以在应用中创建主播的账号。主播可以完善个人信息、上传头像等。

3. 直播管理

直播是直播带货的核心环节，直播平台提供了创建和修改直播信息的功能。

主播可以在平台中创建自己的直播，并设置直播的计划开始 / 结束时间、主题、商品等信息，该直播会与直播间进行关联。

另外，主播也可以修改自己创建的直播信息。

4. 推拉流

推拉流是实现直播服务的核心技术，直播平台整合了云服务提供商的视频直播能力。

主播创建直播后，可以通过直播平台获得该直播对应的推流地址，将该推流地址配置到 OBS 中，即可进行视频推流，并将视频内容传输到云端。

观众则可以通过该直播平台对外的落地页观看直播。

20.2.3 技术选型

为了实现视频直播服务的核心业务逻辑，该服务采用了以下技术选型。

1. 前端技术

为了便于读者学习，分别基于 Vue 和 React 两套技术栈进行前端工程实现。

2. 后端技术

后端采用 Spring Boot 框架，数据库选择 MySQL。

3. 音视频推拉流

整合了云服务提供商的视频直播能力以完成直播的推流、拉流。

20.3 使用 DDD 实现视频直播服务

本案例配套的所有代码已开源并上传至 GitHub，读者可以根据本书前言提供的随书资源获取方式进行获取，也可以自行到 GitHub 中搜索并获取，后端代码搜索“feiniaojin/ddd-live”，前端代码搜索“feiniaojin/ddd-live-front”。

20.3.1 领域建模

采用事件风暴法对视频直播服务进行领域建模，建模结果如图 20-2 所示。

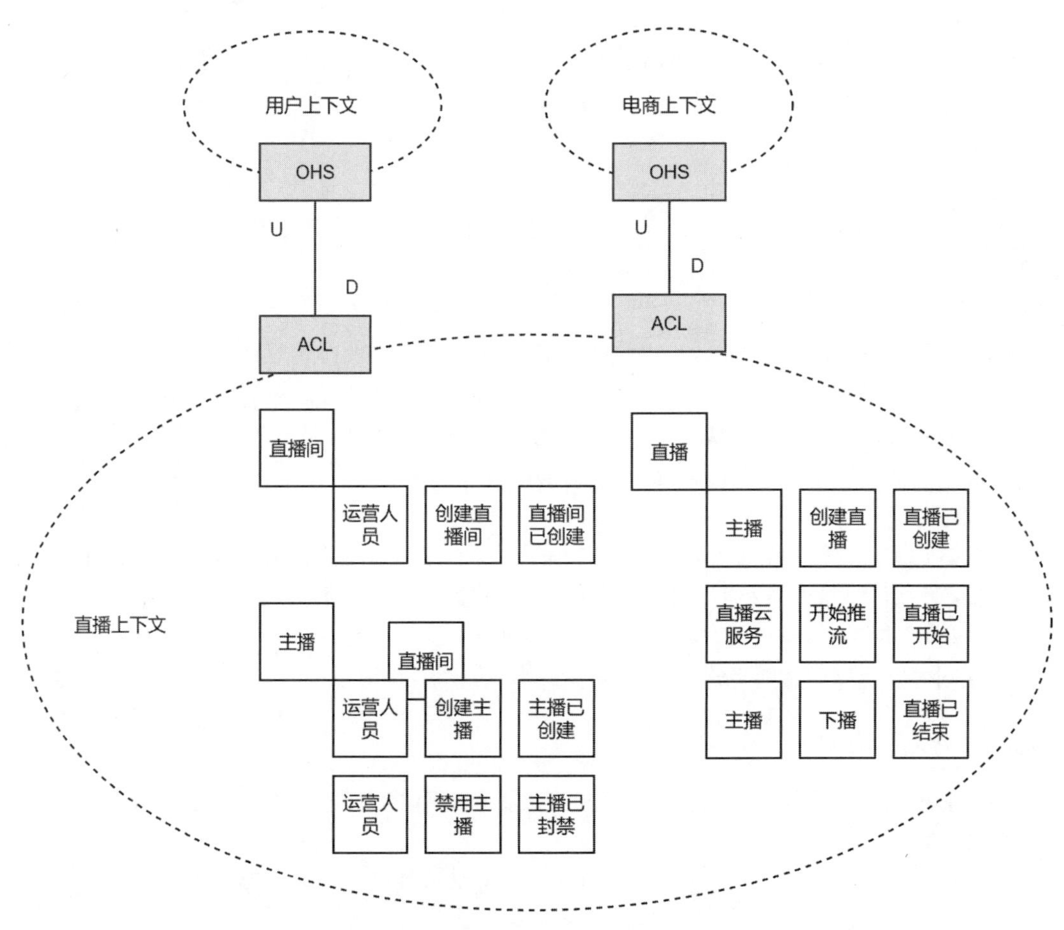

图 20-2 视频直播服务领域模型示意图

由于只关注视频直播服务，因此直播上下文就是核心子域。其他子域要么是通用子域，要么是支撑子域，聚焦在直播子域上即可。

直播子域目前只有一个限界上下文——直播上下文，该上下文包括直播间、主播和直播三个聚合。

注意，该建模结果仅用于演示，实际的视频直播服务还有非常多的命令和领域事件。

20.3.2　系统架构

视频直播服务的系统架构如图 20-3 所示。

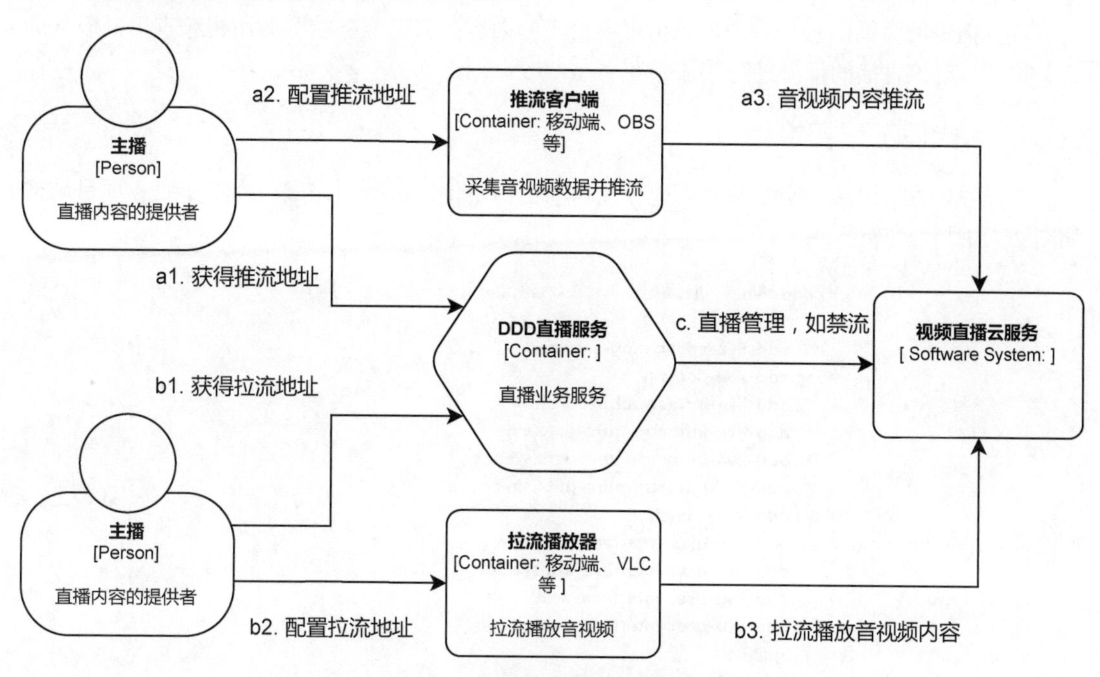

图 20-3　视频直播服务系统架构图

在该架构图中，分为三个过程：推流过程、拉流过程、直播管理。

1. 推流过程

推流过程是图 20-3 中编号为 a1、a2、a3 这三个处理过程。

a1：主播从 DDD 直播服务中获得推流地址。通常该推流地址会进行加密，避免不法分子推送非法内容。

a2：配置推流地址。一般采用 OBS 进行推流时才需要配置推流地址，业界一些直播应用会在客户端整合推流 SDK，主播开播时将自动从直播服务中获得推流地址并完成配置。

a3：开启直播并进行推流。

2. 拉流过程

拉流过程是图 20-3 中编号为 b1、b2、b3 这三个处理过程。

b1：获得拉流地址。

b2：将拉流地址配置到播放器中。

b3：根据拉流地址播放直播内容。

在实际应用中，不需要观众手工配置拉流地址进行播放，当观众单击进入直播间的链接时，通常就会自动完成拉流地址的获取和配置。

3. 直播管理

直播管理是图 20-3 中编号为 c 的处理过程。

在主播进行直播的过程中，如果出现不恰当的内容，直播服务就会调用视频直播云服务的相关接口，对该直播的推流进行禁流。

20.3.3 代码工程初始化

本项目使用 ddd-archtype 脚手架进行代码工程初始化，初始化完成后，直播服务项目结构如图 20-4 所示。

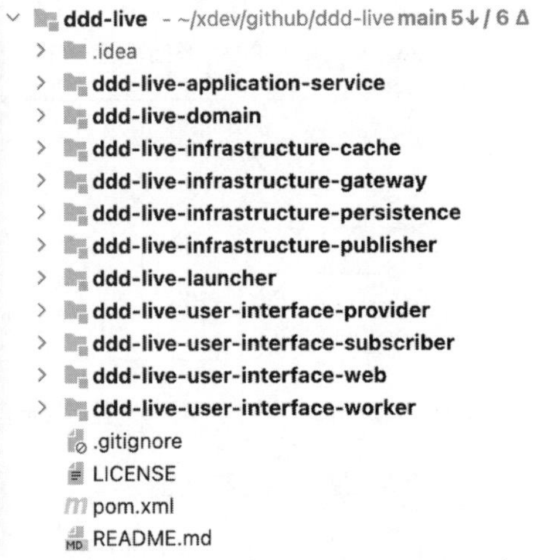

```
ddd-live - ~/xdev/github/ddd-live main 5↓ / 6 Δ
  .idea
  ddd-live-application-service
  ddd-live-domain
  ddd-live-infrastructure-cache
  ddd-live-infrastructure-gateway
  ddd-live-infrastructure-persistence
  ddd-live-infrastructure-publisher
  ddd-live-launcher
  ddd-live-user-interface-provider
  ddd-live-user-interface-subscriber
  ddd-live-user-interface-web
  ddd-live-user-interface-worker
  .gitignore
  LICENSE
  pom.xml
  README.md
```

图 20-4　直播服务项目结构

ddd-archtype 的使用方法请参考 14.1 节。

20.3.4 CQRS

命令查询职责分离（Command Query Responsibility Segregation，CQRS）将应用程序的查询操作和命令操作分离。

在传统的架构中，读操作和写操作通常是混合在一起的，导致系统难以扩展和维护。CQRS 通过明确地将读操作和写操作分离，分别由不同的模型进行处理，使得系统能够更好地适应不同的需求和变化。

1. 查询操作

查询操作不会改变领域模型的状态，因此不需要加载领域模型，直接通过持久化层的数据模型完成查询，非常灵活。

2. 命令操作

命令操作会造成领域模型状态的改变，因此需要加载完整的领域模型（聚合根）进行处理。

以“直播（LiveEntity）”这个聚合根为例，在应用层分别拆分为 LiveQueryService 和 LiveCommandService 两个应用服务类。

LiveQueryService 负责实现查询操作，在 LiveQueryService 内部会直接通过 ORM 框架查询数据，并将其转换为数据传输对象（如 LiveView 对象）进行返回，伪代码如下。

```
public class LiveQueryService {
  @Resource
  private LiveJdbcRepository liveJdbcRepository;
  @Resource
  private LiveMapper liveMapper;
  public PageBean<LiveView> pageList(LiveQuery liveQuery) {
    //查询数据模型并转成 LiveView 返回
    return pageBean;
  }
}
```

LiveCommandService 负责命令操作，在 LiveCommandService 内部，需要先获得聚合根才能执行相应的业务操作。伪代码如下。

```
public class LiveCommandService {
  @Resource
  private LiveEntityFactory entityFactory;
  @Resource
  private LiveEntityRepository entityRepository;
  public void create(LiveCreateCommand command) {
    LiveEntity entity = entityFactory.newInstance(command.getRoomId(),
        command.getStreamerId(),
        command.getDescription(),
        command.getPlanStartTime(),
        command.getPlanEndTime());
    entity.create();
    entityRepository.save(entity);
  }
  public void modifyBasic(LiveModifyBasicCommand command) {
    LiveEntity liveEntity = entityRepository.load(new LiveId(command.getLiveId()));
    Date pst = this.stringToTime(command.getPlanStartTime());
    Date pet = this.stringToTime(command.getPlanEndTime());
    liveEntity.modifyBasic(command.getDescription(), pst, pet);
    entityRepository.save(liveEntity);
  }
  //省略其他方法
}
```

其中，create 方法需要通过 Factory 创建聚合根，modifyBasic 需要通过 Repository 加载聚合根，两者执行业务操作后，都需要通过 Repository 保存聚合根的状态。

20.3.5 ACL

视频直播服务需要整合云服务的视频直播能力。视频直播是一个非常专业的领域，为了将这些知识融入本地上下文领域模型中，我们可以采用防腐层（ACL）与云服务进行交互，并将与云服务相关的知识封装在防腐层中。

将与云服务的交互抽象为StreamGateway接口，该接口定义在领域层，并由ddd-live-infrastructure-gateway模块提供实现。

```
public interface StreamGateway {
  /**
   * 生成推流地址
   * @param liveId 直播 ID
   * @return 安全加固后的推流地址
   */
  String generatePushUrl(String liveId);
  /**
   * 生成拉流地址
   * @param liveId 直播 ID
   * @return 安全加固后的拉流地址
   */
  String generatePullUrl(String liveId);
  /**
   * 禁流，一般禁止推流
   * @param liveId 直播 ID
   */
  void forbiddenStream(String liveId);
  // 省略其他方法
}
```

generatePushUrl方法通过liveId生成推流地址，generatePullUrl方法则根据liveId生成拉流地址，这两个方法都依赖云服务提供的生成规则。这些生成规则实际上是云服务上下文的领域知识，本地上下文的领域模型不应该了解这个知识，所以生成推拉流地址的方法被放置在StreamGateway中。

forbiddenStream方法用于向云服务发起禁流操作的网络请求，其中涉及报文拼装、请求加密等云服务的知识，因此该方法也被定义到StreamGateway中，调用者只需要提供需要禁流的直播ID，即可完成禁流操作，不需要了解技术实现细节。

20.3.6 Graceful Response

为了提高开发效率，避免在每个Web接口中手动组装返回的报文，本案例使用了能够自动封装响应报文的组件Graceful Response。

由于只需要对Controller接口进行自动处理，因此在ddd-live-user-interface-web模块中引入了该组件，并提供了一个与Web相关的配置类WebConfig。

WebConfig的代码如下。

```
@Configuration
@EnableGracefulResponse
public class WebConfig {
}
```

为 WebConfig 配置类加一个 @EnableGracefulResponse 注解，启用 Graceful Response 组件，Controller 中的方法将会自动完成数据封装，其示例代码如下。

```
@RestController
@RequestMapping("/live")
public class LiveController {
  @Resource
  private LiveQueryService liveQueryService;
  @Resource
  private LiveCommandService commandService;
  @RequestMapping("/pageList")
  public PageBean<LiveView> pageList(LiveQuery query) {
    return liveQueryService.pageList(query);
  }
  @RequestMapping("/create")
  public void create(@RequestBody LiveCreateCommand command) {
    commandService.create(command);
  }
  @RequestMapping("/modifyBasic")
  public void modifyBasic(@RequestBody LiveModifyBasicCommand command) {
    commandService.modifyBasic(command);
  }
}
```

可以看到，Query 类型的 pageList 直接返回了 PageBean<LiveView>，而 Command 类型的 create 方法和 modifyBasic 方法的返回值虽然为 void，但前端发起调用时，Graceful Response 仍会直接封装为统一的格式。

pageList 的执行结果将被封装为如下信息。

```
{
  "code": "0",
  "msg": "ok"
 ,
 "daga": {
  "pageSize": 10,
  "total": 6,
  "page": 1,
  "list": [{}, {}, {}, {}, {}, {}]
 }
}
```

modifyBasic 的执行结果将被封装为如下信息。

```
{
    "code": "0",
    "msg": "ok"
```

```
  ,
  "data": {}
}
```

可以看到，不需要再手动封装响应报文，即可按照预定的格式进行返回。

20.3.7 接口自动化测试

在开发期间推荐使用 TDD 的开发方式，除此之外，还可以针对接口层面引入接口自动化测试。

目前有许多接口调用工具都支持接口自动化测试，可以先录入接口，待调试通过后，添加调用结果的断言，并将其保存为测试用例。

录入接口如图 20-5 所示。

图 20-5 录入接口

保存用例并添加调用结果的断言，如图 20-6 所示。

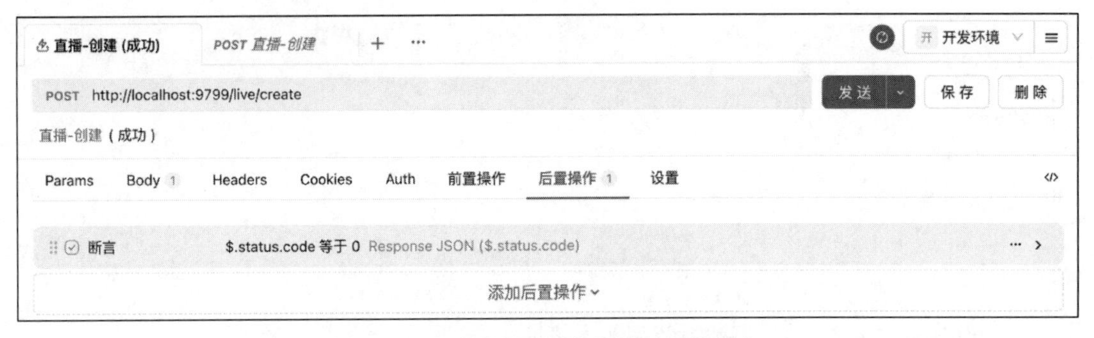

图 20-6 保存用例并添加调用结果的断言

运行所有接口的自动化测试，自动化测试报告如图 20-7 所示。

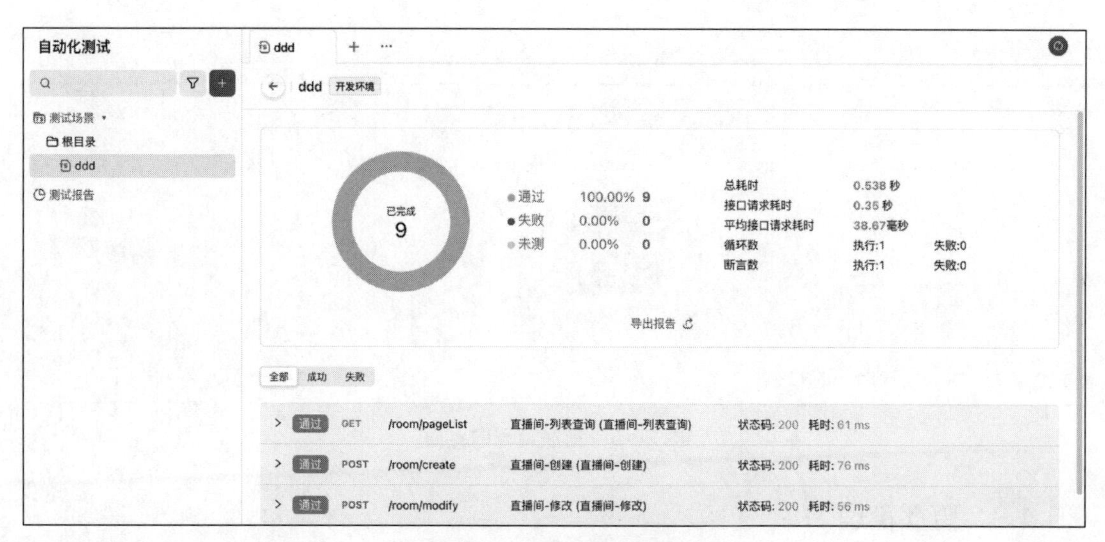

图 20-7　自动化测试报告

20.4　案例运行截图

20.4.1　直播间管理

直播间的管理界面如图 20-8 所示。

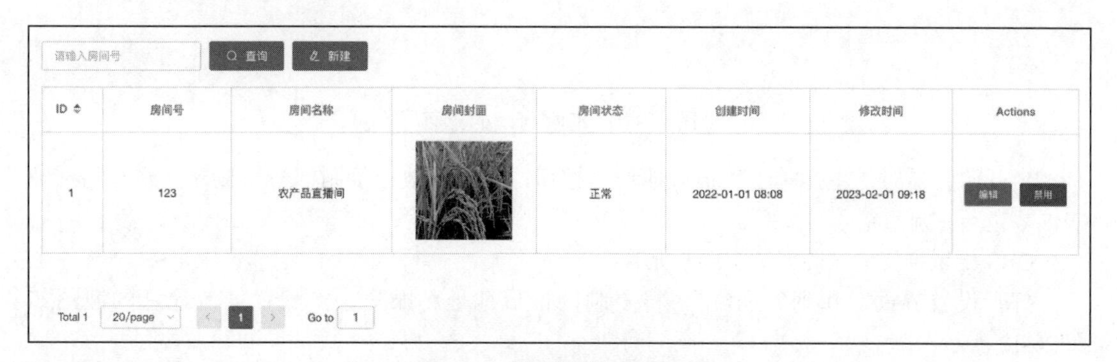

图 20-8　直播间的管理界面

20.4.2　主播管理

主播管理的界面如图 20-9 所示。

图 20-9　主播管理的界面

20.4.3　直播管理

直播管理的界面如图 20-10 所示。

图 20-10　直播管理的界面

当开始直播时，主播单击“推流地址”按钮，将推流地址复制到剪切板，并将其粘贴到 OBS 中进行推流直播。

OBS 配置推流的截图如图 20-11 所示。

打开设置界面，找到“推流”，将复制的推流地址粘贴进去。配置推流地址的截图如图 20-12 所示。

接下来单击“开始推流”按钮即可。开始推流的截图如图 20-13 所示。

主播开始推流之后，单击“直播预览”按钮，即可弹出直播预览窗口，通过该窗口可实时观看正在进行推流的直播。直播预览的截图如图 20-14 所示。

注意，此处仅演示了观看直播的功能，在实际应用中会为观众提供直播落地页面或者客户端。直播落地页如图 20-15 所示。

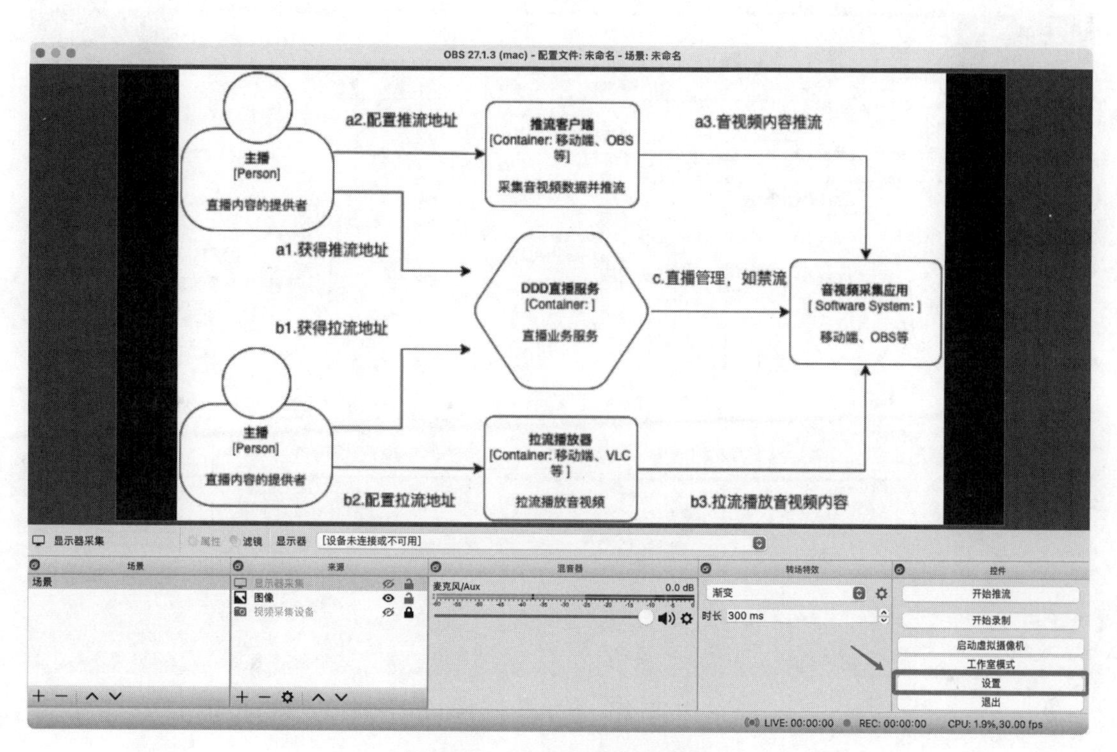

图 20-11　OBS 配置推流截图

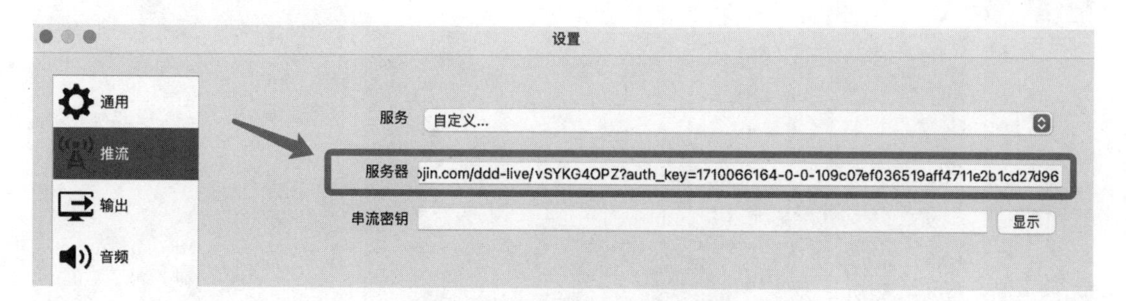

图 20-12　配置推流地址的截图

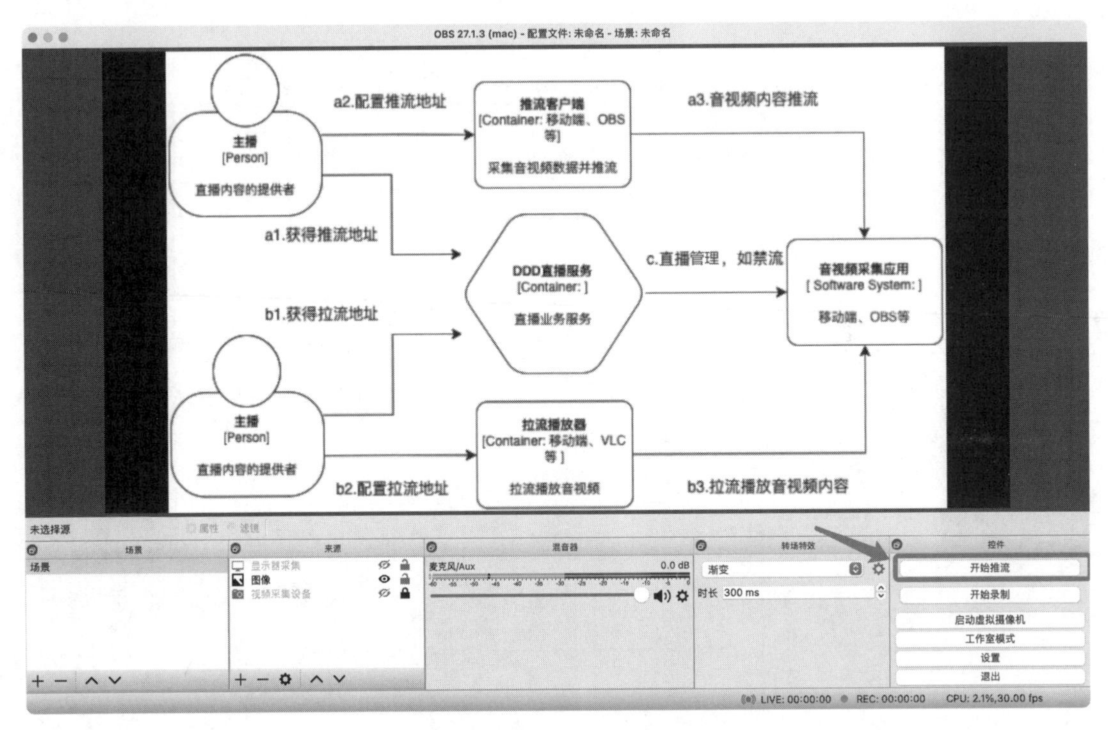

图 20-13　开始推流的截图

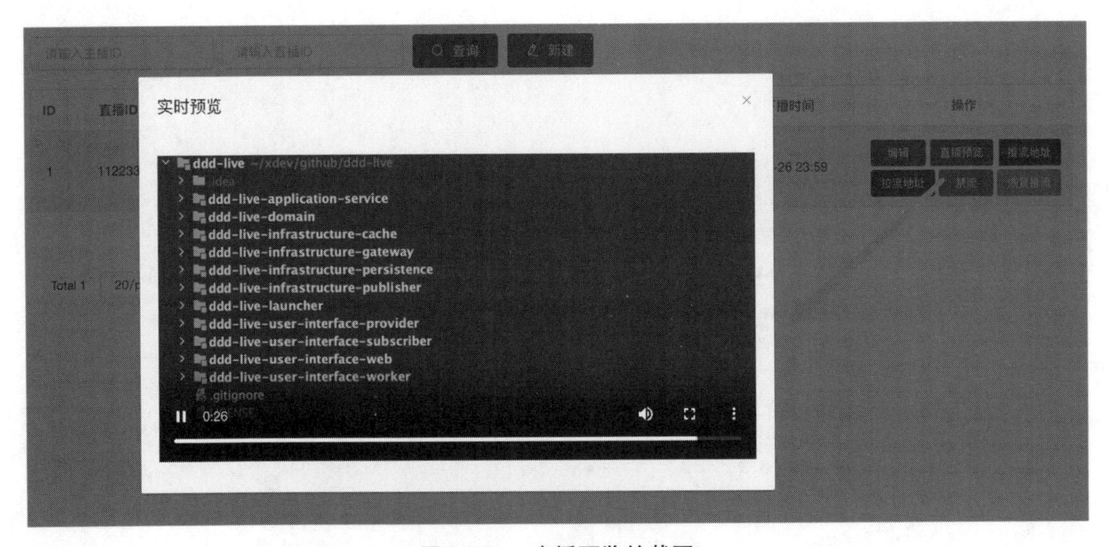

图 20-14　直播预览的截图

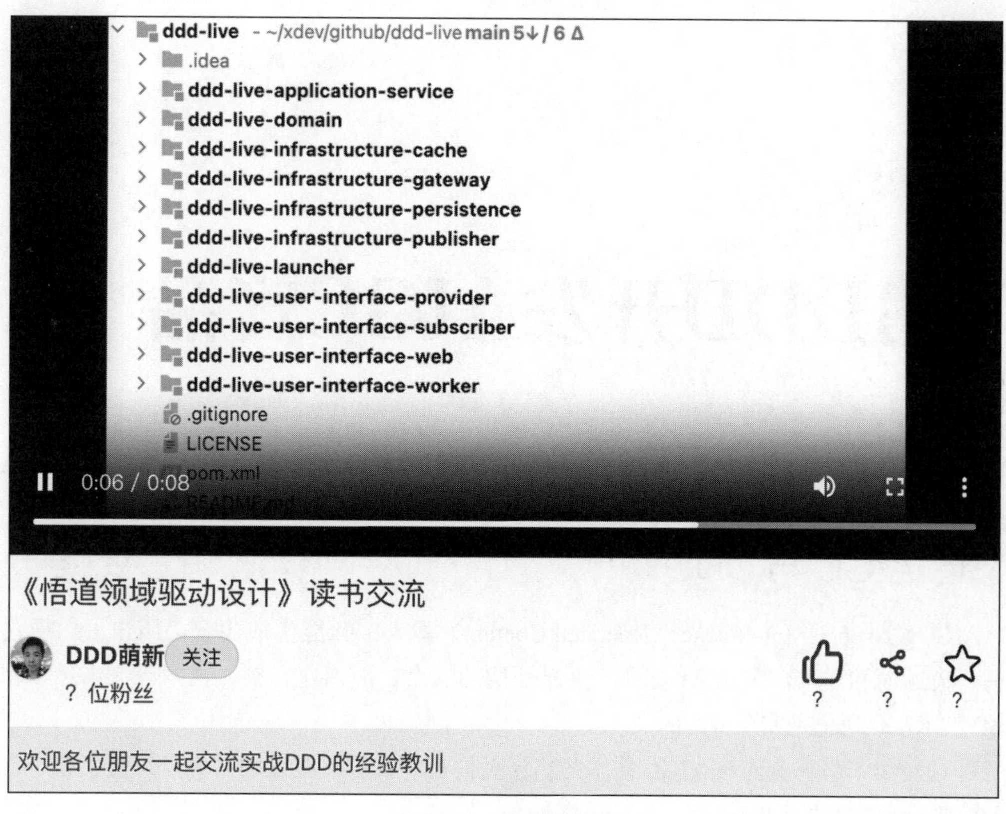
ddd-live - ~/xdev/github/ddd-live main 5↓ / 6 Δ
.idea
ddd-live-application-service
ddd-live-domain
ddd-live-infrastructure-cache
ddd-live-infrastructure-gateway
ddd-live-infrastructure-persistence
ddd-live-infrastructure-publisher
ddd-live-launcher
ddd-live-user-interface-provider
ddd-live-user-interface-subscriber
ddd-live-user-interface-web
ddd-live-user-interface-worker
.gitignore
LICENSE
pom.xml
0:06 / 0:08
《悟道领域驱动设计》读书交流
DDD萌新
关注
? 位粉丝
?
?
?
欢迎各位朋友一起交流实战DDD的经验教训

图 20-15　直播落地页

第 21 章

使用DDD开发AIGC产品

21.1 AIGC 与 DDD

AIGC（Artificial Intelligence Generated Content）即人工智能生成内容。用户可以通过关键词、描述词和样本，采用 AI 技术，生成预期的文章、图像、音频、视频等，当然，使用 AIGC 技术写代码也是完全可行的。

自 ChatGPT 引起业界对 AIGC 技术的广泛关注后，许多一线互联网大厂纷纷发布了自己的大模型，可谓是“百花齐放”、各有千秋。

DDD 和 AIGC 的关系可以从两个方面考虑。

一方面，可以使用 AIGC 技术，帮助开发者完成业务的领域建模甚至 DDD 项目代码开发，也就是使用 AIGC 技术写 DDD 的代码。本书不涉及这个主题，期待业界未来有实践者分享相关经验。

另一方面，可以基于 AIGC 技术，采用 DDD 开发相关的 AIGC 类应用。本章案例基于 AIGC 技术，采用领域驱动设计开发一个生成日记内容的应用。

21.2 AIGC 案例介绍

本案例将实现一个 AIGC 类应用——“贴纸日记”，我们将从项目背景、核心业务逻辑、技术选型等方面介绍这个案例。

21.2.1　项目背景

目前各应用市场已经有很多日记类的应用可供用户选择。用户可以利用这类 App 详细记录每天的生活，但这类日志应用通常需要用户自己完整地创作日记内容。然而，用户创作完整的日记内容可能需要花费很多时间，这使得用户难以坚持下去。

为了给用户提供一种更快捷的写日记的方式，同时也为了探索将 AIGC 技术应用于日常生活，本案例构思了“贴纸日记”应用。

“贴纸日记”为用户提供了不同颜色的贴纸，用户只需要将贴纸拖放到白板上，简单地完善贴纸信息，即可根据所有贴纸的内容生成当天的日记正文，从而极大地提高了写日记的效率。

21.2.2　核心业务逻辑

“贴纸日记”应用核心业务逻辑如图 21-1 所示。

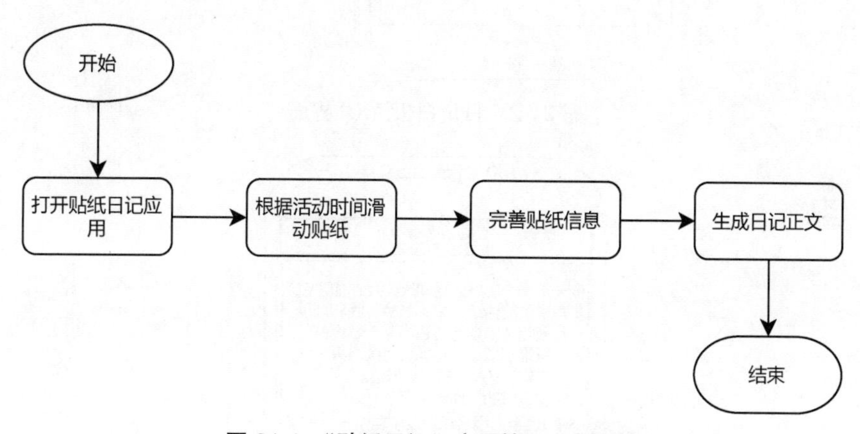

图 21-1　“贴纸日记”应用核心业务逻辑

- 用户需要记日记时，打开“贴纸日记”App 或者小程序。
- 用户在写日记界面（即下文的“日记白板页”），根据活动发生的时间，选择对应颜色的贴纸，并将其划动到白板中，此时会弹出贴纸信息维护界面。贴纸的颜色代表活动发生的时间，从 00:00 至 24:00 分别提供了不同颜色的贴纸。
- 完善贴纸信息，记录活动内容和参与者。例如：活动内容可以是“喝咖啡，聊到工作的事情”，参与者则是参与这个活动的人的名字。
- 切换到日记正文页面，根据贴纸内容生成日记正文。贴纸日记服务端接入了 ChatGPT，ChatGPT 根据贴纸内容生成日记正文。

日记白板页 UI 界面如图 21-2 所示。日记的正文页 UI 界面如图 21-3 所示。

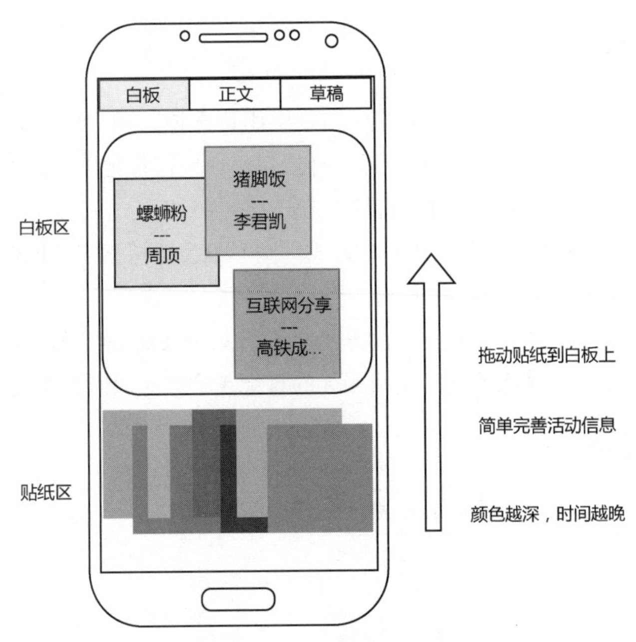

图 21-2　日记白板页 UI 界面

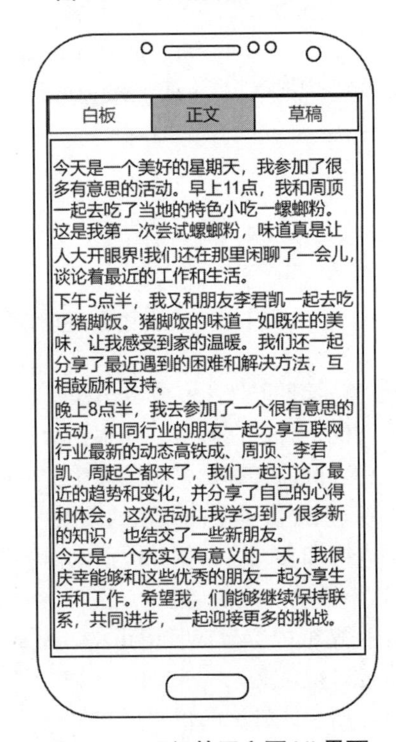

图 21-3　日记的正文页 UI 界面

21.2.3　系统架构

“贴纸日记”应用系统架构图如图 21-4 所示。

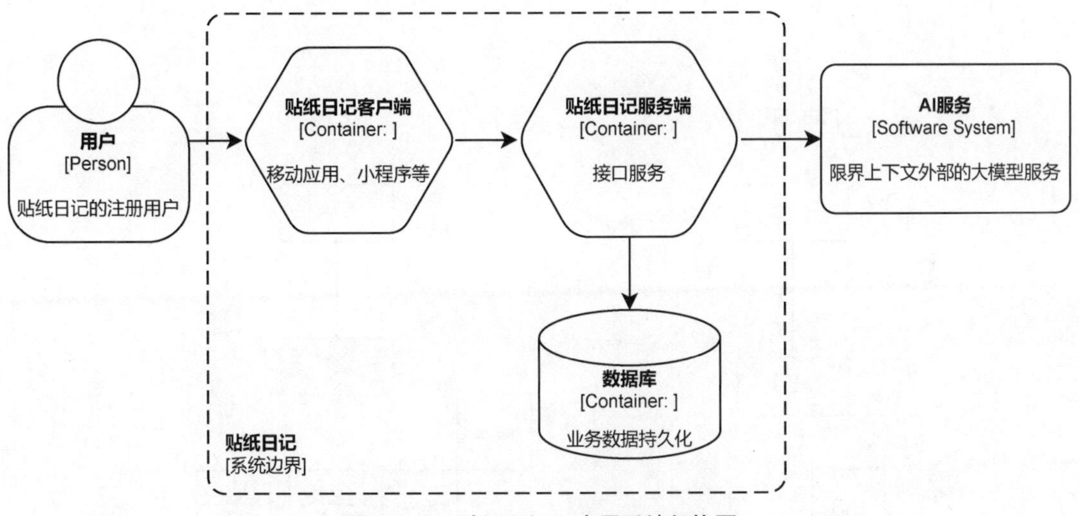

图 21-4 “贴纸日记”应用系统架构图

- “贴纸日记”客户端：为用户提供入口和界面，包括小程序、安卓、iOS 等客户端。
- “贴纸日记”服务端：为客户端提供接口服务，保存日记和贴纸等业务数据，并对接 AIGC 服务，调用其接口将贴纸信息补全为日记正文。
- AI 服务：外部 AIGC 服务提供商，例如 ChatGPT 等。

21.2.4　技术选型

“贴纸日记”应用包括客户端和服务端。

- 客户端。目前仅提供小程序版的贴纸日记，该小程序基于 React 技术栈构建。
- 服务端。服务端基于 Spring Boot 开发，采用 MySQL 作为数据库。
- AIGC。采用 GhatGPT 作为底层 AIGC 技术。

21.3　DDD 开发 AIGC 产品

本案例所有配套的代码已开源并上传至 GitHub，读者可根据本书前言提供的随书资源获取方式进行获取，也可以自行在 GitHub 中搜索并获取，后端代码搜索“feiniaojin/ddd-aigc”，前端代码搜索“feiniaojin/ddd-aigc-front”。

21.3.1 领域建模

采用事件风暴法进行领域建模，建模结果如图 21-5 所示。

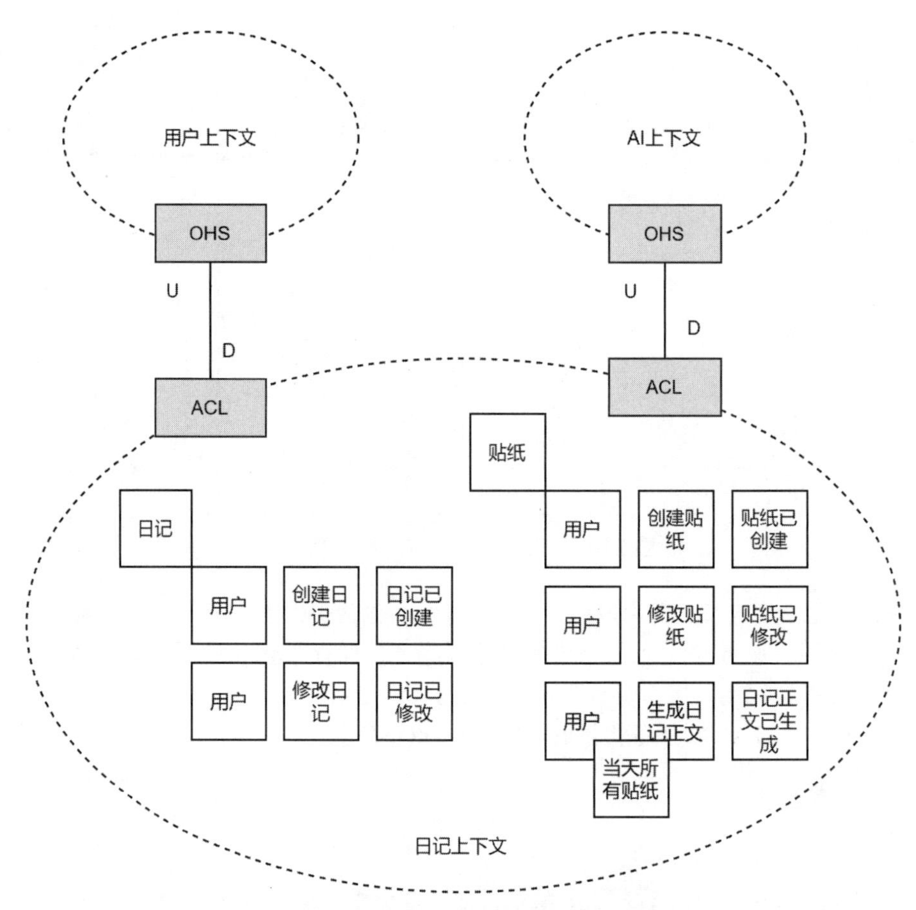

图 21-5 “贴纸日记”应用领域模型示意图

完成领域建模后，得到了日记和贴纸两个聚合根，这两个聚合根属于日记限界上下文。

根据贴纸生成日记文本是“贴纸日记”应用向用户提供的主要服务。“使用贴纸记日记”和“根据贴纸生成日记正文”这两个功能是“贴纸日记”应用与其他日记应用相比提供的差异化服务，承载了核心商业价值。将日记上下文抽取出来，形成日记子域，日记子域是核心子域。

AI 子域代表提供内容生成服务的 AI 服务供应商。虽然 AI 属于高新技术，但在“贴纸日记”应用中可以通过购买等方式获得，并且业界已经有通用、成熟、易于集成的解决方案。因此，AI 子域属于通用子域。

用户子域提供用户注册、登录、鉴权、用户信息维护等能力。虽然每个应用都会有其自己的用户中心，但是用户子域一方面很难通过采购或者选择开源产品的方式直接进行集成，仍然需要投入开发资源进行开发。另一方面，用户子域并不能直接提供核心商业价值，因此用户子域属于支撑子域。

用户上下文和日记上下文两者之间、日记上下文和 AI 上下文两者之间，都通过开放主机服务和防腐层的方式进行集成。

21.3.2　代码工程初始化

使用 ddd-archetype 脚手架进行项目工程初始化，初始化完成后，贴纸日记服务端项目结构如图 21-6 所示。

```
ddd-aigc - ~/xdev/github/ddd-aigc main 2↓ / 2 Δ
  .idea
  ddd-aigc-application-service
  ddd-aigc-domain
  ddd-aigc-infrastructure-cache
  ddd-aigc-infrastructure-gateway
  ddd-aigc-infrastructure-persistence
  ddd-aigc-infrastructure-publisher
  ddd-aigc-launcher
  ddd-aigc-user-interface-provider
  ddd-aigc-user-interface-subscriber
  ddd-aigc-user-interface-web
  ddd-aigc-user-interface-worker
  .gitignore
  pom.xml
  README.md
```

图 21-6　贴纸日记服务端项目结构

ddd-archetype 的使用方法请参考 14.1 节。

21.3.3　CQRS

在本案例中，查询操作直接使用持久化层的数据模型来完成，命令操作通过领域模型（聚合根）来完成。

下面以贴纸聚合根为例，其读操作对应 StickyNoteQueryApplicationService 应用服务，其写操作对应 StickyNoteCommandApplicationService 应用服务。

StickyNoteQueryApplicationService 示例代码如下。

```
@Service
public class StickyNoteQueryApplicationService {
  @Resource
  private StickyNoteGenerateContentDomainService generateContentDomainService;
  private PageBean<StickyNoteView> pageList(StickyNoteQuery query) {
```

```
    //TODO 完成分页查询
    return null;
  }
  // 此处不落库进行存储，所以该方法放在 Query Application Service 中
  public StickyNoteGenerateContentView generateDiaryContent(
                              StickyNoteGenerateContentQuery query) {
    String content = generateContentDomainService.generateContent(
new DiaryEntityId(query.getDiaryId()));
    StickyNoteGenerateContentView view = new StickyNoteGenerateContentView();
    view.setGenerateContent(content);
    return view;
  }
}
```

StickyNoteCommandApplicationService 示例代码如下。

```
@Service
public class StickyNoteCommandApplicationService {
  @Resource
  private StickyNoteEntityFactory factory;
  @Resource
  private StickyNoteEntityRepository repository;
  public StickyNoteCreateView createStickyNote(
                                        StickyNoteCreateCommand command) {
    StickyNoteEntity entity = factory.newInstance(command.getUid(),
        command.getDiaryId(),
        command.getContent(),
        command.getParticipants(),
        command.getOccurrenceTimeStr());
    entity.completeCreate();
    repository.save(entity);
    return new StickyNoteCreateView(
                         entity.getStickyNoteEntityId().getValue());
  }
  public void modifyStickyNote(StickyNoteModifyCommand command) {
    StickyNoteEntity entity = repository.load(new StickyNoteEntityId(command.
getStickyNoteId()));
    entity.modify(command.getContent(), command.getParticipants());
    repository.save(entity);
  }
}
```

21.3.4 领域服务

贴纸日记有一个“根据当天的所有贴纸生成日记正文”功能，需要获取多个贴纸的数据。

在领域建模时，将贴纸 StickyNote 建模为聚合根，因此要实现“根据当天的所有贴纸生成日记正文”功能，必须加载多个贴纸聚合根。

聚合根上的业务行为是针对聚合根自身的，这种需要多个聚合根一起完成的业务操作不适

合将其建模在聚合根上。

因此，需要将“根据日期加载当天所有贴纸并生成日记正文”这个业务操作建模成领域服务，即 StickyNoteGenerateContentDomainService。

另外，虽然根据日期加载了多个贴纸聚合根，但生成日记正文的操作并没有修改贴纸的状态。因此并不需要加载领域模型，只需要查询贴纸对应的数据模型获得贴纸信息即可。

StickyNoteGenerateContentDomainService 的伪代码如下。

```
/**
 * 根据贴纸生成文本的领域服务
 * 要根据日记下的多个 StickyNote 聚合生成文本，因此是一个领域服务
 */
public interface StickyNoteGenerateContentDomainService {
  String generateContent(DiaryEntityId diaryEntityId);
}
```

在 StickyNoteGenerateContentDomainService 实现类中，将贴纸的信息封装为以下格式。

```
时间：08:00:00，参与者：aaa、bbb，活动：正文；
```

调用 OpenAiGateway 的接口生成日记正文，代码如下。

```
    @Service
    public class GenerateContentDomainServiceImpl implements
StickyNoteGenerateContentDomainService {
      @Resource
      private OpenAiGateway openAiGateway;
      @Resource
      private StickyNoteJdbcRepository stickyNoteJdbcRepository;
      Gson gson = new Gson();
      @Override
      public String generateContent(DiaryEntityId diaryEntityId) {
        //1.加载日记下的所有贴纸，由于不修改聚合根状态，因此不需要加载领域模型
        List<StickyNote> noteList = stickyNoteJdbcRepository.
  queryListByDiaryId(diaryEntityId.getValue());
        //2.拼写报文
        if(CollectionUtils.isEmpty(noteList)) {
          return "";
        }
        String uid = noteList.get(0).getUid();
        DateFormat dateFormat = new SimpleDateFormat("HH:mm:ss");
        StringBuilder sb = new StringBuilder();
        for (StickyNote note : noteList) {
          //时间:08:00:00,参与者:aaa、bbb,活动:正文;
          if (note.getOccurrenceTime() != null) {
              sb.append("时间:");
              sb.append(dateFormat.format(note.getOccurrenceTime()));
              sb.append(",");
          }
         String participants = note.getParticipants();
```

```
        if (StringUtils.isNoneBlank(participants)) {
            sb.append("参与者:");
            List<String> pList = gson.fromJson(participants, new TypeToken<ArrayList<String>>() {
            }.getType());
            for (String p : pList) {
                sb.append(p);
                sb.append("、");
            }
            sb.deleteCharAt(sb.lastIndexOf("、"));
            sb.append(",");
        }
        //活动
        sb.append("活动:");
        sb.append(note.getContent());
        sb.append(";");
      }
      String noteContents = sb.toString();
      //3.根据贴纸聚合的集合，生成文本
      String generateContent = openAiGateway.generateContent(uid, noteContents);
      return generateContent;
    }
  }
```

21.3.5 ACL

贴纸日记服务需要整合AI服务商的AIGC能力，可以采用防腐层（ACL）与AIGC服务进行交互，将AIGC相关的专业知识封装在防腐层，该防腐层对象即为OpenAiGateway。

```
/**
 * Open AI 调用网关
 */
public interface OpenAiGateway {
  String generateContent(String uid, String input);
}
```

OpenAiGateway在ddd-aigc-infrastructure-gateway包中进行实现，该实现类为OpenAiGatewayImpl，示例代码如下。

```
/**
 * open ai 调用网关
 */
@Component
public class OpenAiGatewayImpl implements OpenAiGateway {
  @Resource
  private OpenAiConfig openAiConfig;
  private String promptTemplate = "根据以下提示，生成一篇日记。\n{0}";
  @Override
  public String generateContent(String uid, String input) {
    String token = openAiConfig.getToken();
```

```
        OpenAiService service = new OpenAiService(token, Duration.ofSeconds(30));
        String prompt = MessageFormat.format(promptTemplate, input);
        CompletionRequest completionRequest = CompletionRequest.builder()
            .model("gpt-3.5-turbo-instruct")
            .prompt(prompt)
            .echo(false)
            .user(uid)
            .maxTokens(1024)
            .n(1)
            .build();
        CompletionResult completion = service.createCompletion(completionRequest);
        List<CompletionChoice> choices = completion.getChoices();
        CompletionChoice completionChoice = choices.get(0);
        String text = completionChoice.getText();
        service.shutdownExecutor();
        return text;
    }
}
```

21.3.6　Graceful Response

引入 Graceful Response 提高开发效率。Graceful Response 的相关介绍见 14.2.2 节。

21.3.7　接口自动化测试

在接口层面引入接口自动化测试，可以使接口调试和测试回归变得更加便捷。

目前有许多接口调用工具都具备自动化测试的功能，允许用户在接口调用工具中录入接口信息并设置调用成功的验证条件。一旦调试通过，这些测试就可以被保存为一个测试用例。

下面以创建贴纸接口为例，首先录入接口信息，如图 21-7 所示。

图 21-7　录入接口信息

设置调用成功的验证条件，如图 21-8 所示。

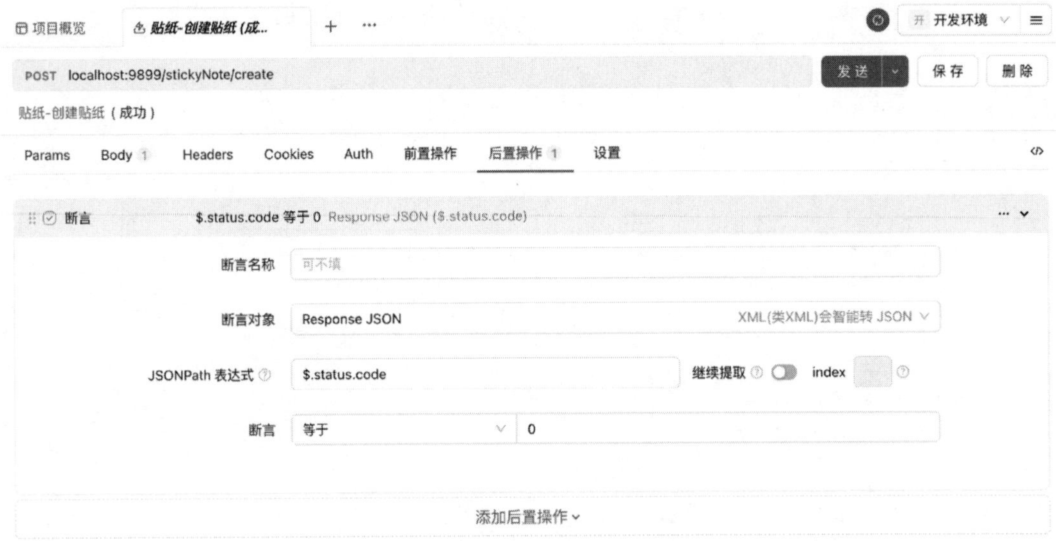

项目概览
贴纸-创建贴纸 (成...
开发环境
POST localhost:9899/stickyNote/create
发送
保存
删除
贴纸-创建贴纸（成功）
Params
Body 1
Headers
Cookies
Auth
前置操作
后置操作 1
设置
断言
$.status.code 等于 0 Response JSON ($.status.code)
断言名称
可不填
断言对象
Response JSON
XML(类XML)会智能转 JSON
JSONPath 表达式
$.status.code
继续提取
index
断言
等于
0
添加后置操作

图 21-8　设置调用成功的验证条件

将调试成功的测试信息保存为用例，即可将接口加入自动化测试，如图 21-9 所示。

自动化测试
ddd-aigc
测试步骤
测试数据
测试报告
CI/CD
测试场景
根目录
ddd-aigc
测试报告
P2
ddd-aigc
添加描述
pZGe 更新于 14 小时前 · 创建于 14 小时前
已选 5 项
POST 日记-创建当天的日记 (成功)
GET 日记-列表查询 (成功)
POST 贴纸-创建贴纸 (成功)
POST 贴纸-修改属性 (成功)
GET 贴纸-生成日志内容 (成功)
+添加步骤
运行配置
运行环境
开发环境
测试数据
不使用测试数据
循环次数
线程数
1
1
高级设置
运行
保存
保存为场景实例

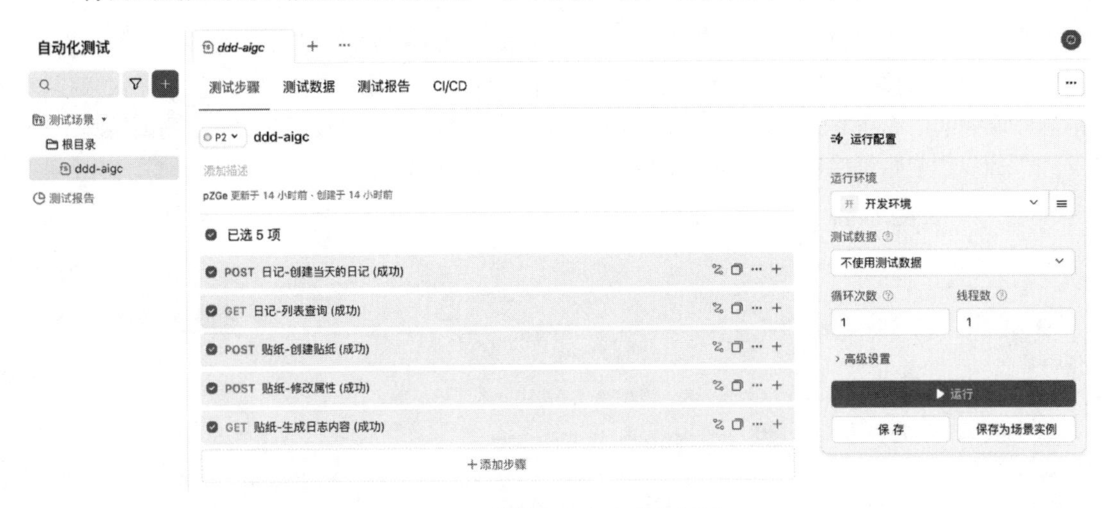

图 21-9　将接口加入自动化测试

运行自动化测试，其结果如图 21-10 所示。

以后每次完成开发后，在提交测试前，都可以运行一次自动化测试，从接口层面保证历史业务逻辑没有受影响。

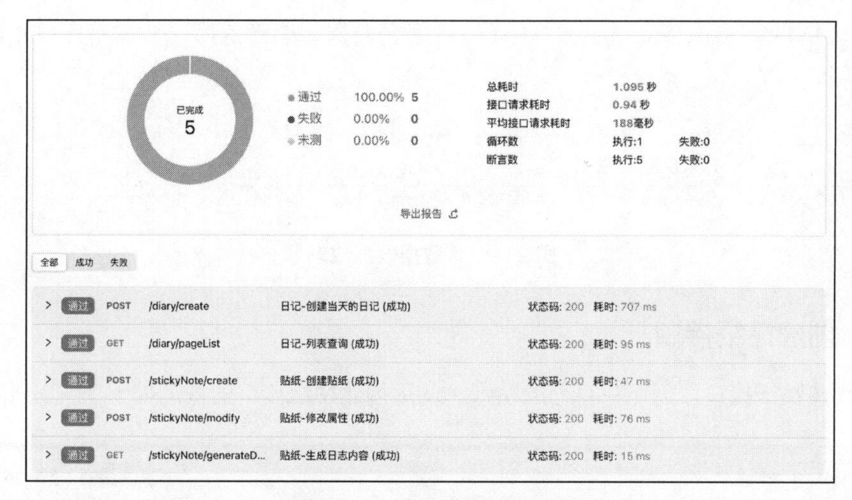

图 21-10　自动化测试结果

21.4　案例运行截图

限于篇幅，在此仅针对部分核心接口进行截图。

21.4.1　创建日记接口

调用日记创建接口的运行结果如图 21-11 所示。

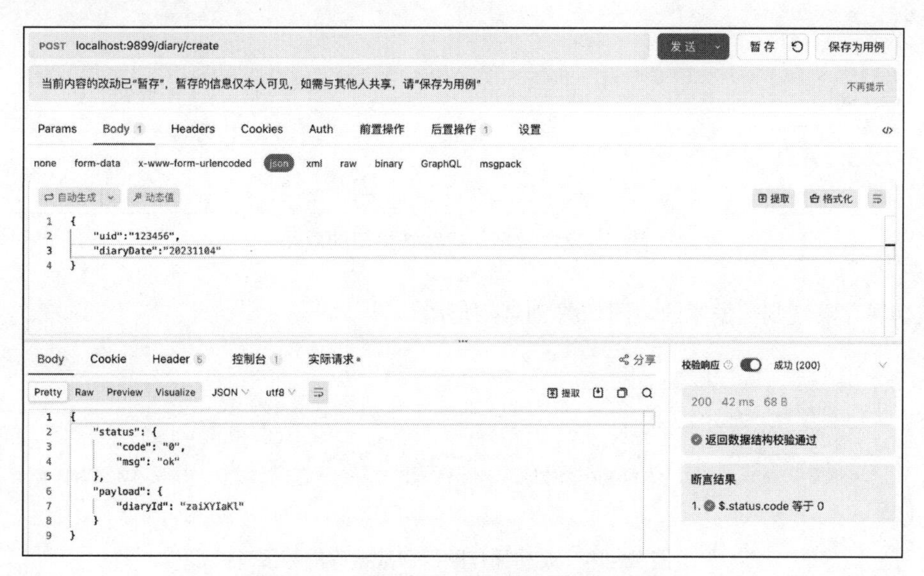

图 21-11　调用日记创建接口的运行结果

uid 为 123456，diaryDate 为 20231104 的数据在数据库中已落库，数据落库成功的截图如图 21-12 所示。

t_diary uid='123456'

	id	diary_id	content	diary_date	diary_date_str	uid	deleted	created_by
1	5	zaiXYlaKl	[NULL]	2023-11-04 00:00:00	20231104	123456	0	[NULL]

图 21-12　数据落库成功

21.4.2　创建贴纸接口

调用创建贴纸接口，创建一系列的贴纸。调用创建贴纸接口的截图如图 21-13 所示。

图 21-13　调用创建贴纸接口的截图

成功保存贴纸到数据库的截图如图 21-14 所示。

t_sticky_note diary_id ='zaiXYlaKl' and uid ='123456'

	id	sticky_note_id	content	diary_id	uid	participants
1	16	uQUYxnN43	螺蛳粉	zaiXYlaKl	123456	["周顶"]
2	17	DS4GISZIL	猪脚饭	zaiXYlaKl	123456	["李君凯"]
3	19	loLiOAJ90	分享互联网行业最新动态	zaiXYlaKl	123456	["高铁成","周顶","李君凯","周起全"]

图 21-14　成功保存贴纸到数据库的截图

21.4.3　根据贴纸生成日记正文接口

在调用“根据贴纸生成日记正文”的接口之前，先在服务端设置断点；调用接口时，在断点处追踪根据日记的贴纸生成内容的过程。加载日记对应的所有贴纸执行断点截图如图 21-15 所示。

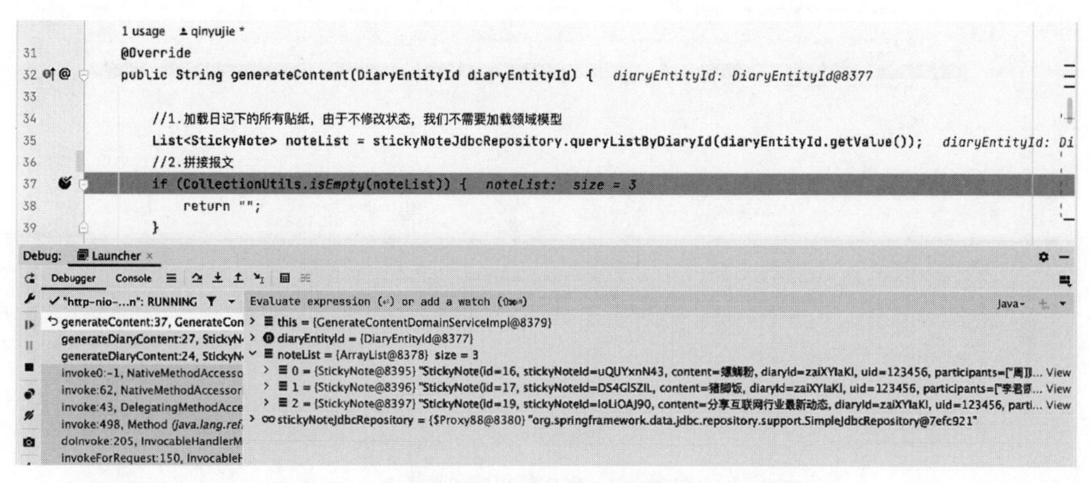

图 21-15　加载日记对应的所有贴纸执行断点截图

拼接报文断点截图如图 21-16 所示。

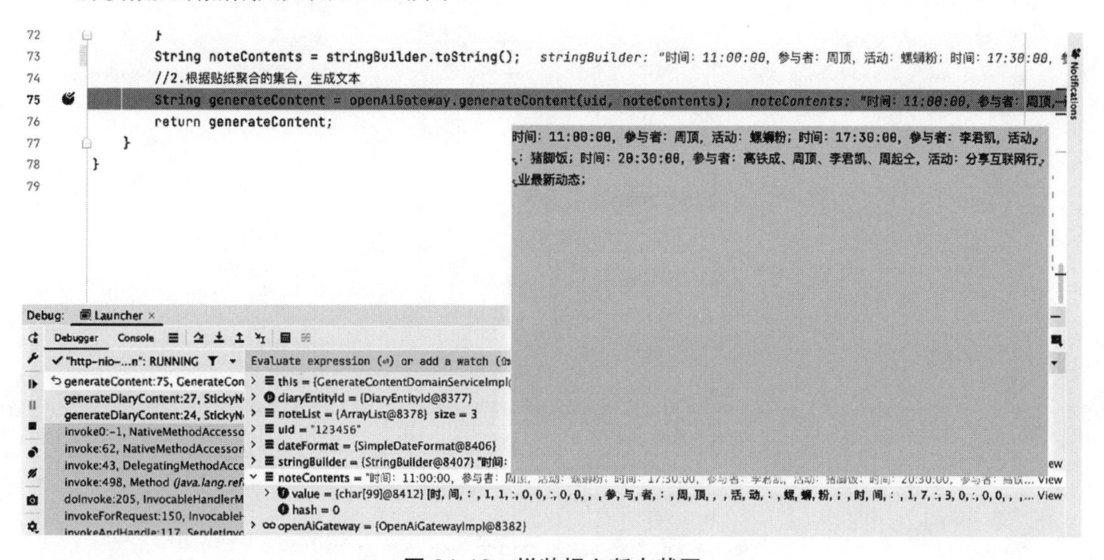

图 21-16　拼装报文断点截图

生成结果断点截图如图 21-17 所示。

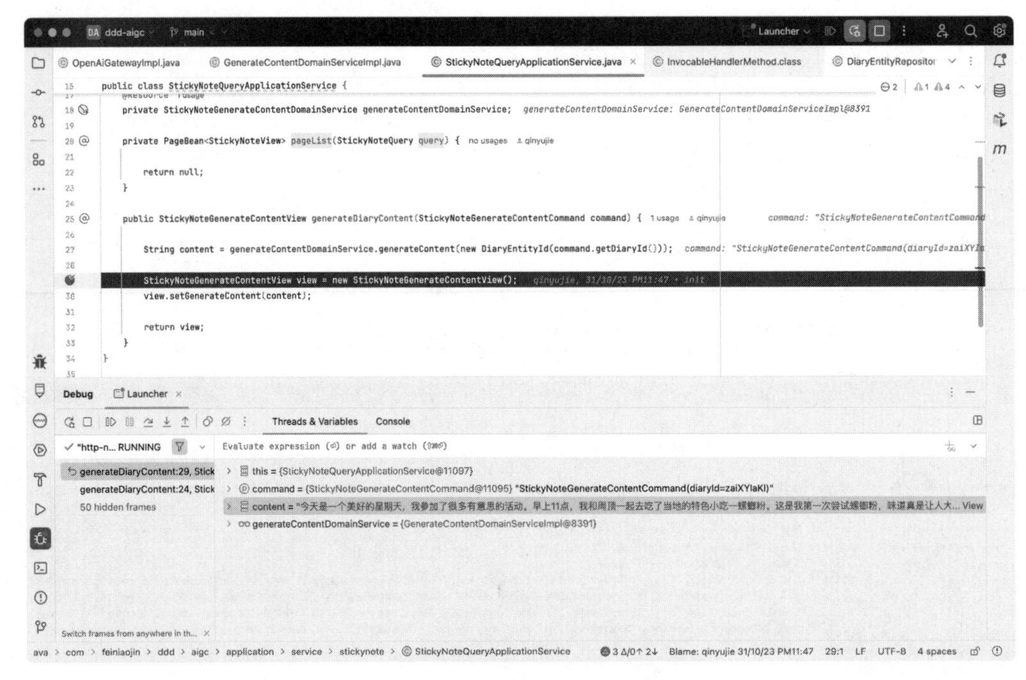

图 21-17　生成结果断点截图

调用生成日记正文接口截图，如图 21-18 所示。

图 21-18　调用生成日记正文接口截图

可以看到，“根据贴纸生成日记正文”接口使用贴纸信息生成了日记内容。